Círculo Rojo

LAS LLAMADAS «PLANTAS SIN FLORES»
Un fascinante mundo en la botánica

LAS LLAMADAS «PLANTAS SIN FLORES»

Un fascinante mundo en la botánica

Carolina Martínez Pulido

Círculo Rojo
EDITORIAL

Primera edición: mayo 2025

Depósito legal: AL 4493-2025

ISBN: 979-13-7008-746-3
Impresión y encuadernación: Editorial Círculo Rojo

© Del texto: Carolina Martínez Pulido
© Maquetación y diseño: Equipo de Editorial Círculo Rojo

Editorial Círculo Rojo
www.editorialcirculorojo.com
info@editorialcirculorojo.com

Impreso en España - Printed in Spain

A la memoria de mi querido y recordado padre que,
como buen republicano,
siempre nos inculcó el valor de la ciencia.

ÍNDICE

INTRODUCCIÓN.. 15

CAPÍTULO 1
¿A QUÉ LLAMAMOS «PLANTAS SIN FLORES»? 23
Los hongos sostienen la vida en la Tierra 24
Los líquenes, una de las simbiosis más benéficas de
la biósfera 30
Las algas: importantes pulmones de nuestro planeta 35
Briofitas, bellos y útiles bosques y oasis en miniatura 45
Papel evolutivo de las briofitas 47

CAPÍTULO 2
LAS CIENTÍFICAS ESTUDIAN LAS «PLANTAS SIN
FLORES» 53
Puerta de entrada a un tema casi mágico......................... 55
La ilustración botánica descubre con la actividad
femenina un gran trasfondo científico............................ 60
Precursoras estudiosas de las «plantas sin flores» 63
La secular «protectora» sombra masculina, un muro
a derribar... 67
    Un contexto de penas, luchas y logros......................... 68
    Los bellos álbumes decimonónicos 70
Los primeros pasos de la ciencia profesional: grietas
prometedoras.. 73
Un anhelado objetivo: la educación superior con
presencia femenina 77
    Un ejemplo clarificador.. 78
    La batalla alcanza un final feliz.................................. 80
    El floreciente triunfo de las universitarias 83
Nacidas en el siglo XX 87

CAPÍTULO 3
PROGRESIVA PARTICIPACIÓN DE LAS MUJERES
Testimonios en el listado de referentes.............. 96

MICÓLOGAS 97
Catharina Helena Dörrien (1717-1795), *sorprendente
y original botánica alemana* 97
Marie-Anne Libert (1782-1865), *abriendo camino
al estudio de los hongos* 103
Anna Maria Reed Hussey (1805-1853), *ilustradora
y escritora botánica*...................................... 111
Mary Elizabeth Banning (1822-1903), *observando
y pintando hongos* 114
Elise Caroline Destrée Bommer (1832-1910) y
Mariette Hannon Rousseau (1850-1926), *dos
destacadas micólogas belgas*.............................. 120
Gulielma Lister (1860-1949), *original micóloga
que descifraba los mohos* 125
Gertrude Simmons Burlingham (1872- 1952),
entre esporas fúngicas................................... 131
Elizabeth Eaton Morse (1864-1955), *una curiosa micóloga* ... 134
Beatrix Potter (1866-1943), *extraordinaria
ilustradora amante de los hongos* 138
Violetta S. White Delafiel (1875-1949), *exitosa
combinación entre el arte y el estudio de los hongos*.............. 147
Helen Fraser Gwynne-Vaughan (1879-1967),
curioso encuentro entre la botánica y la vida militar........... 153
Johanna Westerdijk (1883-1961), *micóloga holandesa
que despertó un aprecio generalizado* 157
Elsie Maud Wakefield (1886-1972), *reconocida botánica
en el arte y en la ciencia*................................. 168
Helen M. Gilkey (1886-1972), *estudiando unos
hongos que crecen bajo tierra: las trufas* 171

Lilian Edith Hawker (1908-1991), *respetada micóloga inglesa* 175

Margaret E. Barr Bigelow (1923-2008), *notable experta en la gran diversidad fúngica* 182

Lois Hattery Tiffany (1924-2009), *una «dama entre hongos»* 187

María Teresa Telleria (1950), *fructífera coexistencia entre ciencia, gestión y aventura* 196

LIQUENÓLOGAS 202

Annie Lorraine Brown Smith (1854-1937), *imprescindible referente en el conocimiento de los líquenes* 202

Matilda Knowles (1864-1933), *una botánica en las costas de Irlanda* 207

Elinor Bertrand Vallentin (1873-1924), *recolectando exóticos especímenes en las Islas Malvinas* 213

Maria Bandeira (1902-1992), *una mística transición desde la botánica al convento* 217

Marta María Grassi (1921-2005), *recordada liquenóloga argentina* 226

Aino M. Saraste Henssen (1925-2011), *botánica alemana apasionada por los líquenes* 229

Wanda Quilhot Palma (1929-2023), *una de las figuras más importantes de la liquenología latinoamericana* 234

Ana Crespo de las Casas (1948), *primera presidenta en la Academia de las Ciencias de España* 248

FICÓLOGAS 256

Amelia Rogers Griffiths (1768-1858), *ficóloga que abrió nuevos horizontes* 256

Elizabeth Andrew Warren (1786-1864), *afanada estudiosa de las algas marinas* 261

Anna Children Atkins (1799-1871), *creativa científica que vinculó la botánica y la fotografía* 264

Ellen Hutchins (1785-1815), *convenciendo sobre la escondida belleza de las algas* 273

Margaret Scott Gatty (1809-1873), *meticulosa recolectora de algas marinas* 280

Anna Weber van Bosse (1852-1942), *primera científica en una expedición oceanográfica* 284

Annie Slade (1860-1951), *elaborando un bello álbum con fines científicos* 291

Josephine Elizabeth Tilden (1869-1957), *una valerosa y singular ficóloga* 294

Margery Knight (1889-1973), *precursora británica en dar relevancia a las algas marinas* 303

Elsie Phillips Conway (1902-1992), *admirada ante la belleza de las algas rojas* 305

Irene Manton (1904-1988), *asombrosa bióloga con excelentes aportaciones a la ciencia de las plantas* 308

Mary Winifred Parke (1908-1989), *promotora de magníficos cultivos de algas marinas* 332

Ruth M. Patrick (1907-2013), *gran figura en el mundo de las algas* 339

Elsie Pearson Burrows (1913-1986) *ante el significado de las macroalgas* 345

Carmen Pujals (1916-2003), *encuentro entre ciencia y aventura en el sur del mundo* 349

Joanna Kain Jones (1930-2017), *aclarando por qué las algas están entre las plantas más interesantes* 358

BRIÓLOGAS 364

Clara Eaton Cummings (1855-1906), *entre musgos y hepáticas* 364

Elizabeth Knight Britton (1858-1934), *botánica de gran dinamismo y originalidad* 366

Destacadas colaboradoras del Jardín Botánico de Nueva York: Anna Murray Vail y Mary Emily Eaton 373

Eleanora Armitage (1865-1961), *valorada especialista en briofitas* 374

Margaret Sibella Brown (1866-1961), *dedicada a un mundo vegetal diminuto* 378

Eula Whitehouse (1892-1974), *entusiasta estudiosa de las briofitas* 382

Kathleen Murphy King (1893-1978), *brióloga irlandesa de gran vocación* 386

Margaret H. Fulford (1904-1999), *investigando las briofitas de América del Norte y del Sur* 390

Ursula Duncan (1910-1985), *trabajando entre musgos y líquenes* 394

Creu Casas i Sicart (1913-2007), *recordando a una reconocida botánica catalana* 399

Noris Salazar Allen (1947), *despejando las claves de la vida temprana en nuestro planeta* 405

COMENTARIO FINAL, A MODO DE EPÍLOGO 415

BIBLIOGRAFÍA 419

INTRODUCCIÓN

A menudo no somos conscientes de que ciertos investigadores,
y sus voceros más mediáticos, pretenden usar la ciencia
para «verificar» añejos estereotipos de género carentes de rigor
Ángela Saini

La doctora en filosofía y profesora de investigación del CSIC Eulalia Pérez Sedeño[1] ha escrito que «en el año 1673, el cartesiano François Poullain de la Barre[2] afirmaba que la mente, el intelecto, no tiene sexo. Según él, los entonces recientes desarrollos de la anatomía mostraban la igualdad entre hombres y mujeres con respecto al cerebro y los órganos sensoriales. Si esto era así, ¿por qué no podían las mujeres desempeñar trabajos o puestos similares a los de los hombres?, ¿por qué no ser juezas, profesoras, embajadoras, militares, científicas o pensadoras?».

Esta vieja polémica, con sus afirmaciones y preguntas, ha perdurado hasta nuestros días y, si bien es cierto, como apunta la profesora Pérez Sedeño, «lo políticamente correcto hoy es afirmar que no se puede, ni se debe, diferenciar entre hombres y mujeres a la hora de desarrollar actividades». Esto no es menos cierto que si examinamos la historia de la humanidad y comprobamos que las mujeres, raras veces, durante siglos, han desempeñado un papel protagonista que fuera «oficialmente» reconocido. Según la citada profesora, «tal afirmación no se corresponde con los hechos, sino que es una distorsión histórica».

---

[1] Pérez Sedeño, Eulalia. *Las mujeres en la historia de la ciencia.* 8/03/2007. http://www.prbb.org/quark/27/027060.htm
[2] Poullain De La Barre, F.: *De l'égalité des deux sexes: Discourse physique et moral*, Jean Du Puis,París, 1673

15

Ciertamente, a lo largo de la historia, han existido muchas mujeres que han dedicado sus esfuerzos a la investigación científica, logrando importantes avances sin los cuales nuestros conocimientos serían hoy notablemente más limitados. Esa es precisamente la senda que pretendemos seguir con este libro, centrando nuestro objetivo en figuras femeninas que, pese a haber sido excluidas durante largo tiempo de la vida académica y de la bibliografía influyente, no dejaron de estar activamente implicadas en descubrimientos y aportaciones a la prolífica y bella ciencia de la botánica.

Valga empezar señalando que, desde la expansión de los estudios de historia natural en los siglos XVIII y XIX, numerosas mujeres estuvieron interesadas en indagar en el mundo de las plantas. Aunque subsista la idea y parezca que solo trabajaron como asistentes de sus compañeros varones, o ser extrañas «outsiders», esto no es del todo verdad, ya que hubo entre ellas naturalistas vocacionales e independientes que recolectaron, describieron y clasificaron plantas y animales con homologable rigor científico. A medida que la ciencia se profesionalizó a finales del siglo XIX, las mujeres se fueron sumando al rango académico y profesional en las universidades y en los museos, en los herbarios, como directoras de laboratorios de investigación, o formando parte de acreditadas sociedades científicas y en exploraciones de gran calado.

Lo que ha distinguido a las féminas de sus contemporáneos masculinos han sido los obstáculos sociales añadidos a los que tenían que enfrentarse debido a su género, como ha subrayado la profesora de Ciencias Biológicas de la Universidad de Washington, Diana Lipscomb[3]. La perseverancia con que superaron esas barreras artificiales e institucionales fue lo que convirtió sus lo-

---

[3] Lipscomb, Diana (1995). Women in Systematics. Annual Review of Ecology and Systematics
Vol. 26, pp. 323-341. Published By: Annual Reviews

gros científicos y personales en extraordinarios. Vistas desde hoy, esas «barreras» al talento demuestran haber sido burdos prejuicios de género.

Desde una modesta posición divulgadora, pretendemos, con este libro, recuperar las contribuciones de las mujeres en una de las ramas menos conocidas de la botánica: las popularmente llamadas «plantas sin flores», que constituyen un conjunto muy variado que abarca a los hongos, los líquenes, las algas y las briofitas. En términos generales, cabe apuntar que se trata de organismos que, por su apariencia a primera vista, fueron categorizados durante mucho tiempo de raros e insignificantes, razón por la que se les ha prestado menor atención que a las plantas con flores. Entre las varias motivaciones, se ha señalado que la mayoría presenta tamaños pequeños, son relativamente poco llamativas o porque una parte importante de su estructura es subterránea y estas no resaltan con la vistosidad que tienen muchas de las especies con flores.

En las últimas décadas, sin embargo, han salido a la luz numerosos trabajos, tanto actuales como referidos a tiempos antiguos, que muestran con nitidez la verdadera importancia de ese grupo en la naturaleza, desmintiendo que se trate de organismos vivos de escaso valor. Ciertamente, diversos equipos de investigación, en los que las científicas están cada vez más y mejor representadas, han puesto de manifiesto que la supuesta insignificancia de los organismos que aquí tratamos solo es debida a falta de conocimiento y a esa superficial costumbre humana de «evaluar demasiado con los ojos». Lo menos o poco visible, puede ser esencial y con gran potencial analítico, parodiando la célebre cita de A. Saint Exupery.

Con este trabajo, no pretendemos proporcionar una inédita información técnica sobre las «plantas sin flores», lo que estaría por encima de nuestros objetivos divulgadores. Modestamente, nuestra prioridad es tratar de arrojar algo de luz sobre figuras femeninas especializadas en ese campo vegetal que el errado y largo sexismo reinante ha obviado o, aún peor, procurado borrar de la intrahistoria de su conocimiento y de los hallazgos impulsores. Hemos constatado que cuando, poco a poco, se despeja la nefasta niebla que ha ocultado al colectivo femenino implicado en ese esfuerzo, encontramos a un sorprendente y elevado número de científicas cuyas valiosas aportaciones evidencian el claro sesgo androcéntrico que ha estado presente y, en menor grado, aún lo está, también en este casuístico discurso científico. No es nada extraño, porque ¿dónde y en qué no se han dado circunstancias parecidas?

Entramos a un mundo dedicado a las «plantas sin flores», organismos vivos con existencias casi arrinconadas y silentes, pero cuyas funciones estratégicas han ido emergiendo poco a poco. Tales emergencias han sido principalmente debidas al esfuerzo denodado, vocacional y de hábiles destrezas puestas al servicio de esa labor descubridora por el colectivo menos «oficial» y valorado socialmente: el de las mujeres. Desde sus iniciales trincheras de amateurs o aficionadas, proyectaron incursiones solitarias y exploraciones intrincadas. Más tarde, desde sus escasos puestos académicos y profesionales, fueron añadiendo resultados inéditos que, por su entidad, deben sumarse a la historia del saber del patrimonio sobre ese mundo vegetal. Fueron pioneras que serían reconocidas con el tiempo; algo común en tantas disciplinas, que han adquirido el rango de autoridades en la temática aludida.

Estructura del libro

En los distintos capítulos de este libro se evidenciará que el trabajo femenino no ha sido de ninguna manera despreciable o de segunda categoría. Un inventario completo que confirme tal aseveración sería una tarea prácticamente inabarcable dentro de los límites de este trabajo. Por esta razón, hemos acotado nuestro objetivo en el tiempo, centrando la atención en personalidades representativas que, a lo largo del periodo comprendido entre los comienzos del siglo XVIII hasta la primera mitad del XX, han participado con notable éxito en la ampliación del conocimiento de las «plantas sin flores».

Dada la amplitud del abanico disponible, ha sido necesario marcar también un límite de criterio selectivo; esta vez desde el punto de vista geográfico. Si bien hubo botánicas que realizaron importantes aportaciones en lugares del mundo muy diversos, aquí hemos limitado el foco a las procedentes de Europa y del continente americano. No solo por razones de espacio editorial, sino también porque la documentación occidental es mucho más completa y accesible, al objeto de redactar solventes perfiles. Un justificante que también habían tenido las estudiosas de plantas con flores, tal como se expuso en nuestro libro Botánicas[4].

Este trabajo se presenta dividido en tres capítulos.

En el **capítulo 1** tratamos de resumir con la mayor claridad posible qué entendemos por «plantas sin flores», subrayando su papel indispensable para el buen funcionamiento de los ecosistemas y sus relaciones con otros seres vivos, y con distintos soportes materiales de la naturaleza (caso de suelos, condensación de aguas, costas y playas, corrientes marinas, colonización de lavas volcánicas…).

En el **capítulo 2** realizamos un breve recorrido por el contexto histórico mencionado. En los sucesivos apartados incorporamos, a título de ejemplo, algunas de las científicas que se han reconocido como generadoras de nuevos conocimientos; ellas representan la mejor prueba que contraponer al sesgado e instalado pensa-

---

[4] Martínez Pulido, Carolina (2023). Botánicas, mujeres sembrando ciencia. Círculo Rojo. Madrid

miento misógino y dominante. Se trata de féminas que lograron alcanzar una presencia activa, pues dejaron su sello y huellas, y en algunos casos hasta crearon «escuela» en la evolución de esta disciplina. Todo ello hace que no merezcan ser silenciadas en su especialidad.

Haciendo bueno el dicho de que la historia necesita testigos que la certifiquen, nos interesa mostrar nuestro reconocimiento y agradecer a las numerosas investigadoras e investigadores que, con sus valiosos testimonios y evidencias, tanto han colaborado en la producción de estudios y rescates con perspectiva de género. Un trabajo con el que han conseguido «resucitar» y ennoblecer la existencia de vidas ilustres, dándoles fé de propiedad en la bibliografía hoy disponible. Han recuperado la identidad de buen número de figuras femeninas entregadas a una rama de la ciencia en la que, desafortunadamente, aún permanecían en vergonzoso olvido.

Asimismo, queremos puntualizar un detalle no menor: cuando se menciona a las distintas autoras, téngase en cuenta que se han incluido con su propio apellido y no solo el de sus maridos, algo que se vieron forzadas a adoptar en la mayoría de los casos. Como ha señalado el filólogo José Manuel Lechado[5]: «No es un tema menor, el de la identidad».

En el **capítulo 3**, mediante cortas biografías, tratamos de reflejar la voluntad y determinación de admirables y audaces figuras femeninas que llegaron a ser prominentes en un ámbito difícil y, en gran medida, hostil. Intentamos superar un mero listado de personalidades sobresalientes con el fin de corroborar que el talento no tiene sexo y, al mismo tiempo, resaltar el lamentable hecho de amputación en el patrimonio completo del saber, en general. Era imperdonable dejar fuera las aportaciones femeninas y condenarlas a una inmerecida oscuridad y anonimato.

---

[5] Lechado, José Manuel (2018). Científicas. Una historia, muchas injusticias. Silex ediciones. Madrid

En este contexto, queremos subrayar que esas biografías, en su mayor parte, se han publicado por la autora que esto escribe en el blog mujeresconciencia.com, editado por la profesora Marta Macho Stadler de la Universidad del País Vasco. No obstante, durante la selección, algunas entradas se han transcrito ligeramente modificadas con el fin de ensamblarlas mejor en el formato de este libro. Al respecto, pedimos comprensión a las y los lectores cuando adviertan comentarios o aclaraciones que se repiten en las biografías, pues el formato de los *podcasts* hace inevitable que el fin didáctico repare en esos matices del descifrar términos y sentidos del lenguaje técnico de la disciplina. Este hecho contribuye, por otra parte, a que las lecturas de las semblanzas personales puedan leerse con independencia del orden en que se exponen.

Frente a la posibilidad de un excesivo optimismo sobre la escalada en la ilusionante igualdad de reconocimientos, quisiera advertir para terminar que, si bien la justicia social e histórica ya emprendida por numerosas autoras y autores nos brinda hoy una situación notablemente mejorada, es imprescindible tener presente que el progreso del saber no es casi nunca una línea recta exenta de zigzagueos ni se salda lo injusto a golpes de saltos en el vacío. Como muy bien señala el citado filólogo José Manuel Lechado: «El viaje de las mujeres hacia la igualdad está muy lejos de haber llegado a buen puerto, y puede dar marcha atrás en cualquier momento».

Con todo, es reconfortante y notorio constatar cómo en una rama no «espectacular» del saber biológico, se ha ido añadiendo al estado de sus estudios el valioso colectivo de creativas mujeres. Ellas optaron por apuestas de rigor y seriedad en sus búsquedas de lo sustancial en esos organismos, desmintiendo así radicalmente perversos tópicos sobre supuestos comportamientos femeninos centrados en lo superficial y lo «delicado». Volcadas en las plantas que menos atraían la antención pública, nos enseñan que la sugestiva inmensidad de la ciencia la vuelve incompatible con cuestiones de simples gustos, y con las condenas a la resignación y pasividad.

CAPÍTULO 1

¿A QUÉ LLAMAMOS «PLANTAS SIN FLORES»?

En ausencia de las «plantas sin flores» no podríamos sobrevivir;
ni nosotros estaríamos aquí ni ningún otro ser vivo conocido
Noris Salazar Allen

Los hongos, los líquenes, las algas y las briofitas (musgos, hepáticas y antoceros) suelen incluirse dentro del amplio grupo llamado «plantas sin flores». Aunque esta definición, actualmente, carece de genuino valor científico, su uso resulta útil para delimitar un conjunto de organismos de gran diversidad y extensa distribución en el mundo. La principal característica que tienen en común es la forma de reproducirse, ya que, al carecer de flores, no producen frutos o semillas. Se reproducen por esporas; esto es, unas estructuras microscópicas que tienen la capacidad de germinar en el suelo, dividirse sucesivamente y acabar formando un nuevo individuo.

Desde el punto de vista taxonómico, hay que señalar que los hongos no son plantas, sino que constituyen el **reino Fungi**, que también incluye a los líquenes. Las algas, según la mayor parte de la comunidad especializada, forman parte del **reino Chromista**[6] (anteriormente conocido como **reino Protista**), que comparten con las briofitas, debido a que no poseen verdaderos tallos, raíces ni hojas, pues su ciclo de vida transcurre a ras del suelo.

Aunque no es objetivo del presente libro detallar el papel esencial que cumplen estos organismos en nuestro planeta, sí creemos

---

[6] Ruggiero MA, Gordon DP, Orrell TM, Bailly N, Bourgoin T, et al. (2015) A Higher Level Classification of All Living Organisms. PLoS ONE 10(6)

imprescindible ofrecer un breve relato con el fin de destacar sus caracteres principales, como el de su sorprendente papel ecológico. Cabe entonces mencionar el estado actual de la cuestión.

Los hongos sostienen la vida en la Tierra

El mundo de los hongos se ha revelado, en las últimas décadas, mucho más importante y diverso de lo tradicionalmente estimado. A pesar de que las evidencias arqueológicas sobre su uso en comidas, bebidas y medicinas vienen de tan atrás como al menos 6.000 años, históricamente han permanecido en la sombra; sobre todo, cuando se comparan con las investigaciones realizadas en plantas y animales, tal como puede leerse en la página web del Jardín Botánico de Kew (Londres), State of the World's Plants and Fungi 2023[7].

La bióloga Aurora Saucedo García, estudiosa de la vida y la ecología de los hongos y colaboradora de la Revista de la Universidad de México[8], ha relatado que, a lo largo de la historia, las primeras clasificaciones de los hongos se hicieron bajo un enfoque utilitario que los describía de acuerdo a sus efectos en el cuerpo humano: venenosos, comestibles, medicinales o con propiedades psicotrópicas.

Gracias al desarrollo del microscopio, a principios del siglo XVIII, el botánico italiano Pier Antonio Micheli (1679-1737) inició el estudio formal de los hongos que dieron lugar a nuevos descubrimientos sobre estos organismos. Logró describir alrededor de novecientas especies, incluidas todas ellas en su libro Nova plantarum genera (1729).

---

[7] State of the World's Plants and Fungi 2023. https://www.kew.org/sites/default/files/2023-10/State%20of%20the%20World%27s%20Plants%20and%20Fungi%202023.pdf
[8] Saucedo García, Aurora. «Historia de la micología». Hongos / DOSSIER /marzo de 2023 https://www.revistadelauniversidad.

Años más tarde, el célebre botánico sueco, Carl Linneo (1707-1778), colocó a los hongos dentro del reino vegetal, específicamente junto con las algas, musgos y helechos, en base a que se reproducen por esporas. Como los consideraba «plantas inferiores», solo les asignó menos de 50 páginas de las 1.200 contenidas en su influyente tratado *Species Plantarum* (1753), según informa la página web del Jardín Botánico de Kew.

A partir del siglo XIX se realizaron diversos estudios que contribuyeron notablemente al aumento de los conocimientos sobre la diversidad de los hongos. Entre los resultados más valorados, se consolidó la relación existente entre los hongos y su incidencia en enfermedades de las plantas y animales, humanos incluidos, lo que potenció importantes usos y aspectos de la **micología** (nombre de la especialidad que los integra).

Por otra parte, Louis Pasteur (1822-1895) y su esposa Marie Laurent (1849-1910) lograron relacionar la presencia de ciertos hongos unicelulares con la fermentación[9] del vino. Queremos apuntar que Laurent, a pesar de haber sido ignorada por la historia de la ciencia, fue una mujer excepcional, dotada de gran inteligencia y enorme capacidad investigadora; trabajó en colaboración con su marido desde el principio de la carrera de éste y participó en gran parte de sus hallazgos, como ha descrito Marylin Bailey Oilvie[10].

Alcanzado el siglo XX, en 1929, el médico británico Alexander Fleming (1881-1955) observó que los cultivos de ciertas bacterias patógenas habían sido contaminados por una especie fúngica. Tras una meticulosa observación del fenómeno, escribió un artículo en el que planteó la idea de que un hongo, concretamente *Penicillium notatum*, era el responsable de la detención

[9] Tortora, Gerard J.; Funke, Berdell R.; Case, Christine L. (2007). Introducción a la microbiología. Ed. Médica Panamericana
[10] Ogilvie, Marilyn Bailey; Harvey, Joy Dorothy (2000). The Biographical Dictionary of Women in Science: L-Z Taylor & Francis. p. 986

del crecimiento bacteriano, aunque no pudo identificar cuál era la sustancia inhibidora. Posteriormente, en el año 1940, el equipo de trabajo de los doctores Howard Florey (1898-1968) y Ernst Chain (1906-1979) aisló y purificó el principio activo, un trascendental antibiótico hoy conocido como **penicilina**. Este señalado hallazgo impulsó múltiples investigaciones que fueron revelando la gran diversidad de compuestos producidos por los hongos como resultado de su metabolismo y su verdadera importancia en la naturaleza

La compleja clasificación de los hongos

A lo largo de la historia de la biología, la clasificación de los hongos se ha reelaborado paralelamente al desarrollo de nuevas y mejores técnicas. Uno de los hechos más notables que emergió mediado el siglo XX fue comprender que los hongos deben considerarse parte de un grupo equivalente a los reinos vegetal y animal. En el año 1969, el ecólogo vegetal Robert Whittaker (1920-1980) propuso un novedoso sistema de clasificación de los organismos vivos en el que incluía a los hongos dentro del **Reino Fungi**.

El reino Fungi está compuesto por más de 144.000 especies diferentes[11] que comparten características fundamentales como la inmovilidad, la presencia de ciertas estructuras celulares y, principalmente, una peculiar forma de alimentarse: la digestión es externa, esto significa que, ante una fuente alimenticia, segregan enzimas que descomponen las moléculas complejas en compuestos más pequeños, los cuales son absorbidos y utilizados por el organismo.

En la naturaleza, es muy frecuente encontrar hongos asociados a las raíces de casi todas las plantas, incluyendo los árboles forestales y la mayor parte de aquellas que producen cosechas alimenticias. Este tipo de interacción raíz-hongo conforma las

---

[11] Hongusto. Conociendo el Reino Fungi.

llamadas micorrizas que actúan como intermediarios vivos entre el vegetal y el suelo que lo rodea[12]. Se trata de asociaciones simbióticas sumamente beneficiosas para ambos componentes; las plantas se vuelven más resistentes a la infección por patógenos, toleran mejor el estrés y, además, promueven la conservación del suelo. A cambio, ceden al hongo los azúcares que han producido mediante la fotosíntesis. Forman un sistema subterráneo, una red que ofrece diversos beneficios en términos de sopervivencia y funcionamiento.

Reino Fungi, una increíble diversidad

Con el fin de aproximarnos a la enorme diversidad de los hongos, nos ha parecido de interés traer a colación las palabras de la biotecnóloga chilena, experta en micología, Daniela Torres, directora de programas de investigación en la Fundación Fungi (Fungi Foundation)[13], organización global que explora los hongos con el principal fin de aumentar conocimientos sobre su diversidad y recomendar políticas públicas de conservación.

En una entrevista concedida a Yvette Sierra Praeli[14], periodista de investigación en temas ambientales y científicos, Daniela Torres ha explicado que «los hongos han sido esenciales para la existencia de la vida tal y como la conocemos hoy en día [...]. Su variedad es inmensa, pues existe aproximadamente un millón y medio de especies en el planeta de las cuales conocemos entre 200.000 a 400.000». Otros científicos, en cambio, sugieren que

---

[12] State of the World's Plants and Fungi 2023. https://www.kew.org/sites/default/files/2023-10/
[13] Fungi Foundation. https://www.ffungi.org/
[14] Sierra Praeli, Yvette. «El reino Fungi: un fantástico mundo poblado de hongos». 19 de abril, 2023. *Mongabay*, periodismo ambiental independiente en Latinoamérica.

la cifra correspondiente a estos organismos en el mundo está entre dos millones y cinco millones de especies.

Tales diferencias de apreciación indican la amplitud de lo que aún queda por conocer sobre este misterioso reino. Por ejemplo, en un elaborado informe titulado Estado del Mundo de Plantas y Hongos (2023) publicado por el Kew Royal Botanic Gardens, se indica que, durante el año 2019, se describieron científicamente por primera vez 1.886 especies de estos organismos[15].

Los datos, insiste Torres, «van dando cuenta de la diversidad y de lo poco que aún conocemos del reino Fungi», y añade que «igual de asombroso es descubrir que el organismo más grande y antiguo en el mundo es un hongo. Se trata del *Armillaria ostoyae*, descubierto en Oregón, Estados Unidos, cuya extensión bajo tierra es aproximadamente de 890 hectáreas con una antigüedad calculada en 2.400 años [...]. A mí me gusta hablar de que debajo del suelo hay una especie de fiesta donde se conectan distintas especies».

El significativo papel de los hongos en la naturaleza y la sociedad

La función más importante de los hongos gira en torno al rol ecológico que estos juegan en los diversos nichos que habitan. Su imprescindible actividad en la descomposición y el reciclado de la materia orgánica, ya sea procedente de animales o plantas muertas, hojas secas y caídas, troncos de árboles derribados, etc., permite la liberación al territorio de nutrientes como el carbono, nitrógeno, fósforo o hidrógeno, quedando así disponibles para su uso. Sin el ciclo de nutrientes realizado por los hongos, la vida en la Tierra no podría existir, ya que «la superficie del planeta estaría atestada de árboles y ramas sin vida que casi no dejarían espacio

---

[15] State of the World's Plants and Fungi 2023. https://www.kew.org/sites/default/files/2023-10/

para que se movieran los animales o crecieran las plantas», ha señalado en esa línea el biólogo Scott Freeman[16].

Sus beneficios, sin embargo, no se limitan a lo citado, pues las funciones que desempeñan son notablemente variadas. Por ejemplo, muchos son útiles para el ser humano, ya sea como especies comestibles, decorativas en jardinería o para las mencionadas levaduras estudiadas por Pasteur y su esposa, que se emplean para la elaboración de pan, queso, cerveza y vino. Debe también valorarse que los miembros del reino Fungi son cada vez más valiosos para la obtención de medicamentos, como antibióticos o para funciones antihemorrágicas. En otro campo, el de la agricultura, su importancia queda reflejada en la formación de las mentadas micorrizas.

No obstante, es necesario tener presente que también pueden ser parásitos causantes de enfermedades, tanto en plantas (en las zonas tropicales se estima que el 50% de las cosechas se pierden a causa de los hongos) como en animales y en humanos. Asimismo, atacan alimentos almacenados, caso del maíz, legumbres o arroz, causando grandes pérdidas económicas. Recientemente, algunas especies segregan toxinas peligrosas que incluso pueden ser letales si son ingeridas o si se respiran sus esporas[17].

Estado actual de la cuestión

Llegados a este punto, nos interesa recordar que, en este apartado, no pretendemos centrarnos en el amplio y creciente campo que, en la actualidad, abarca el estudio de los hongos. Simplemente, se ha pretendido proporcionar información sobre algunos aspectos que permitan aportar una visión global de la considerable importancia de estos organismos, presentes en casi todos los ambientes

---

[16] Freeman, Scott (2010). Biología 3ª edición. Pearson Educación. S.A. Madrid 2009

[17] Reino Fungi. https://concepto.de/reino-fungi/#:~:text=InicioBiolog%-C3%ADa-,Reino%20fungi,-Te%20explicamos%20qu%C3%A9

terrestres del planeta y que generan un profundo impacto en los ecosistemas de la Tierra.

En este contexto, valga solo mencionar que los esquemas tradicionales seguidos en los estudios centrados en el reino Fungi han experimentado un notable desarrollo durante las últimas décadas. Básicamente, las nuevas y poderosas técnicas procedentes de la biología molecular aplicadas al muestreo global de especímenes fúngicos han llevado, por ejemplo, a reconocer características físicas que previamente se habían pasado por alto o que no se consideraron significativas. Todo ello configura hoy un bullente debate que sugiere la existencia de una desconocida diversidad fúngica que, insistimos, cae fuera de los límites de este trabajo.

Los líquenes, una de las simbiosis más benéficas de la biósfera

En el año 1867 el botánico suizo Simon Schwendener[18] (1829-1919) propuso por primera vez una hipótesis que resultó revolucionaria para su época: el lúcido científico apuntaba que los líquenes, hasta esas fechas considerados plantas, no eran un organismo único, sino el resultado de la interrelación mutua entre dos organismos distintos: un hongo y un alga. En su momento, esta «hipótesis dual» no fue aceptada por la mayor parte de la comunidad científica, pero, a medida que las técnicas de microscopía fueron mejorando, las evidencias demostraron que la hipótesis dual de Schwendener era correcta.

A partir de entonces, el nuevo modelo ganó gran popularidad e impulsó, desde de los primeros años del siglo XX, un estimulante y creativo desarrollo de la liquenología, que potenció la apertura a nuevas posibilidades para comprender la vida de una

---

[18] Rosmarie Honegger, (2000). «Simon Schwendener (1829-1919) and the Dual Hypothesis of Lichens». The Bryologist 103 (2)

forma más amplia y global. Diversas autoras y autores afirman con convicción que «las asociaciones y las interconexiones están siempre presentes en la naturaleza».

Actualmente, se asume que los líquenes representan una de las simbiosis más benéficas de la biósfera. Recordemos que, en biología, por *simbiosis* se entiende una productiva asociación de individuos de especies diferentes y, como ha señalado entre otros el profesor de la Universidad de Alberta Toby Spribille[19], se trata de un fenómeno ubicuo en nuestro planeta y fuente de innovación evolutiva.

Morfológicamente, los líquenes son organismos complejos resultantes de la estrecha unión entre, al menos, un hongo y una o varias poblaciones de algas o cianobacterias (bacterias que contienen clorofila), caracterizados por presentar propiedades emergentes que los hacen distintos a cualquiera de sus componentes por separado. El alga o la cianobacteria constituye la parte fotosintética del sistema y es la que aporta los nutrientes, principalmente hidratos de carbono y compuestos del nitrógeno. Por su parte, el hongo proporciona cobijo y protección, así como acceso al agua y a los minerales que absorbe de su entorno[20].

Estas asociaciones permiten a las distintas especies prosperar en casi todos los ecosistemas terrestres, desde el ecuador hasta los polos, y desde las costas hasta las altas montañas hasta cubrir, aproximadamente, el 8% de la superficie del planeta. Las investigadoras de la Universidad de Guanajuato (México), María Jesús Puy Alquiza y Velia Yolanda Ordaz Zubia[21], han señalado que diversos estudios evolutivos sugieren que el estilo de vida liquénico es muy antiguo. Probablemente, surgieron hace unos 190-280 millones de años, observando que, en la actualidad, viven en casi todos los hábitats terrestres; los sustratos orgánicos más comunes

---

[19] Toby Spribille. Wikipedia
[20] Liquen. Wikipedia
[21] Puy y Alquiza, María Jesus y Velia Yolanda Ordaz Zubia. Los líquenes, Universidad de Guanajuato (México)

donde crecen suelen ser las cortezas vegetales, rocas, suelo y hojas. Algunos son capaces de colonizar los espacios desnudos y unos pocos, incluso, viven dentro de las rocas.

La profesora de biología en la Eastern Washington University, Jessica Allen[22], experta liquenóloga que en los últimos años ha descubierto, junto a su equipo, tres especies de líquenes, ha destacado que «hay más de 20.000 especies a las que todavía estamos describiendo». Y añade que «ni siquiera nos acercamos a conocer todas las que existen en el planeta, dónde viven o crean las condiciones en que prosperan».

Por otra parte, subraya Jessica Allen, a pesar de que parecen especies muy pequeñas e insignificantes dentro del conjunto de la vida en la Tierra, los líquenes constituyen un hábitat crítico en recursos alimenticios para muchos organismos. En concreto «no pocos animales dependen de ellos», continúa la liquenóloga, «que es el caso, por ejemplo, de los pájaros cuando los usan para construir sus nidos porque repelen el agua y son antibióticos. Los mamíferos grandes los usan como forraje de invierno; los ciervos, venados y alces los comen en tiempos fríos en que hay menos vegetación; los caribú o renos en la tundra son completamente dependientes de ellos como parte de su dieta». Constituyen pruebas de esa multifuncionalidad que se ha comentado.

Los resultados de las investigaciones de Jessica Allen y su equipo han evidenciado el importante papel que los líquenes juegan en la mayor parte de los ecosistemas del mundo, razón por la que dirigen gran parte de sus esfuerzos a estudios de conservación y protección de estos valiosos organismos y a intentos para reintroducirlos en áreas de las que han sido erradicados. Al respecto, Jessica Allen ha escrito: «Sabemos que los sistemas naturales no

---

[22] BP Hodkinson, JL Allen, LL Forrest, B Goffinet, E Sérusiaux,... (2014). Lichen-symbiotic cyanobacteria associated with Peltigera have an alternative vanadium-dependent nitrogen fixation system European Journal of Phycology 49 (1), 11-19

funcionan sin todas las piezas del puzle, y que los líquenes son una parte importante de ello. Generalmente, su conservación es poco apreciada o simplemente no se los tiene en cuenta, pero cada vez somos más los y las liquenólogas que estamos trabajando con el fin de arrojar luz sobre la importancia de estos organismos y conseguir que su preservación alcance el mismo nivel de atención que se presta a otras especies de mayor tamaño».

En la misma línea, las citadas científicas mexicanas Puy Alquiza y Ordaz Zubia, han subrayado la importancia de los líquenes en la industria; por ejemplo, como colorantes para telas o en la elaboración de perfumes. También son valiosos como alimento para animales y en la producción de pan. Asimismo, en la medicina tradicional se usan por sus propiedades antibióticas para elaborar pomadas, ungüentos o aprovechar su vitamina C.

Un aspecto que está cobrando cada vez más relevancia es el valor de los líquenes desde el punto de vista ecológico como indicadores de contaminación; esto es, evidencian el grado de salud ecológica, la calidad del aire y el nivel de polución. «Si vas a un lugar donde no hay ninguno, porque han muerto todos, esto probablemente nos dice que la calidad del aire no es buena», ha afirmado Jessica Allen. De hecho, añade la experta: «Son excelentes bioindicadores que ayudan a conocer mejor las condiciones en las que se encuentra nuestro entorno. Es decir, son un medidor natural de la situación atmosférica, del grado de contaminación acuática o de las perturbaciones forestales». Un interesante aspecto descubierto recientemente es que aquellos lugares en los que se ha conseguido una reducción de los niveles de contaminación se ha producido una recolonización progresiva de los líquenes[23].

Entre las primeras científicas y científicos en detectar la propiedad de los líquenes como bioindicadores destaca la liquenólo-

---

[23] Scott, Chey. Scholastic Fantastic: EWU professor Jessica Allen studies the diverse world of lichens. Two species she discovered are named after famous women. *Inlander*. September 30 2019.

ga chilena Wanda Quilhot Palma[24], quien estudió la respuesta de estos organismos ante las variaciones de los niveles de radiación ultravioleta. Sus resultados han quedado reflejados en más de cien publicaciones en revistas y diversos capítulos de libros. Y el paso del tiempo no ha hecho sino confirmar los hallazgos de esta innovadora científica.

Una compleja simbiosis

El uso combinado de novedosas técnicas procedentes de la microscopía y de la biología molecular dio lugar a la publicación, en el año 2016, de un importante e inesperado descubrimiento en lo que respecta a la estructura de los líquenes: la presencia de un tercer componente en una asociación que, durante más de 140 años, se había considerado como una simbiosis entre un único hongo y un socio fotosintético.

Ciertamente, el paradigma de un liquen-un hongo rara vez se había cuestionado. Sin embargo, la sorpresa saltó porque un equipo de investigación dirigido por el profesor Toby Spribille de la Universidad de Alberta, Canadá[25], hizo público un revolucionario trabajo con el que demostraba la presencia de un componente fúngico adicional: el de una levadura como tercer participante en la simbiosis liquénica.

Este descubrimiento dio rápidamente la vuelta al mundo; no solo por su novedad, sino porque impulsaba una visión más holística del liquen al asemejarse a un microhábitat en donde varias especies de hongos, microalgas y bacterias coexisten en un intrincado sistema simbiótico. Además, con posterioridad, se ha com-

---

[24] Martínez Pulido, Carolina. https://mujeresconciencia.com/2023/12/13/wanda-quilhot-palma-importante-figura-de-la-liquenologia-latinoamericana/

[25] Spiribille, Toby; Tuovinen, Veera; other co-authors, and 13 (2016). "Basidiomycete yeasts in the cortex of ascomycete macrolichens". Science. 353 (6298): 488–492.

probado que la levadura está presente en un considerable número de especies liquénicas distintas, aunque aún no se conoce con certeza cuál es su contribución a tan compleja simbiosis[26].

En suma, los nuevos hallazgos muestran que muchos líquenes comunes están compuestos por un hongo, el socio fotosintetizador (alga o cianobacteria), y, de forma inesperada, por una levadura específica. Este hecho ha provocado una disrupción o sacudida en lo que siempre se había considerado como un sistema dual[27]. El estudio revela claramente que los líquenes son, en realidad, mucho más que la suma de sus partes, lo que muestra, así, implicaciones de largo alcance no solo para la liquenología, sino también para otros campos de la ciencia.

Las algas: importantes pulmones de nuestro planeta

Las algas son un grupo de organismos muy diversos que, mayormente, viven en ambientes acuáticos como los ríos, los lagos y el mar, aunque, con algunas excepciones, habitan en la superficie terrestre y es posible encontrarlas creciendo sobre troncos de árboles, en la nieve e incluso hasta en los desiertos. El estudio científico de las algas se llama ficología y su historia está ligada a la historia de la botánica general. El nombre procede del término griego *phykos*, que significa «planta marina», del que derivó el nombre latino *fucus* (Wikipedia).

La mayor parte de la comunidad científica considera, actualmente, que las algas y las briofitas, debido a que carecen de raíces, tallos y hojas verdaderos, deben incluirse en el llamado reino **Chromista** o **Protista**.

---

[26] Johnston, Eddie, 24 june 2022 .Lichen Adventurer: Elke Mackenzie. Royal Botanical Gardens, Kew.
[27] Elrod, Alice B. Montana Scientist makes Global Discovery. Visit Nw Montana

Un aspecto muy destacado de las algas es su capacidad para realizar la fotosíntesis; esto es, el proceso que permite producir materia orgánica y oxígeno a partir de la energía procedente de la luz del sol y del dióxido de carbono (CO_2) atmosférico. Esta actividad, como se explicita en el blog *El mundo submarino de Galicia*[28], es vital para el equilibrio del planeta, pues las convierte en los principales organismos acuáticos productores de oxígeno y hace que constituyan una pieza clave para el equilibrio de la biodiversidad marina.

La morfología que presentan es muy variada, ya que muchas son unicelulares microscópicas y suelen encontrase flotando en el agua, mientras que otras son macroscópicas, visibles a simple vista, y pueden alcanzar hasta 50 metros de longitud. Las algas microscópicas se cuentan entre los componentes más importantes del plancton, concretamente del fitoplancton.

La periodista científica coeditora de la revista National Geographic, Natasha Daly[29], ha concretado que «el plancton es un conjunto de organismos diminutos que viven en la superficie de lagos, ríos, estanques y océanos de todo el planeta. Su nombre proviene de la palabra griega *planktón,* que significa "lo que va errante"», debido a que no navega o nada por sí mismo, sino que es arrastrado por las mareas, las corrientes del agua que los acarrean y otras fuerzas atmosféricas. La comunidad científica estima que en torno al 50% de la producción de oxígeno de la Tierra procede del fitoplancton.

Por su parte, las algas de mayor tamaño, o macroalgas, forman parte en las líneas de costa de uno de los ecosistemas del planeta más significativos desde la perspectiva ecológica y socioeconómica. En estas zonas, constituyen la biomasa autótrofa dominante

---

[28] Algas y Plantas. El mundo submarino de Galicia. https://www.13grados.com/algas-y-plantas.

[29] Daly, Natasha. «¿Qué es el plancton?» 24 de noviembre de 2023, *Medio Ambiente. National Geographic.*

y alcanza grandes tamaños. Dado que requieren un punto de anclaje, suelen adherirse a lugares rocosos y con menor frecuencia sobre la arena; también, existen unos pocos géneros que flotan libremente en la superficie[30].

Diferentes tipos de algas

En base a su pigmentación, se distinguen tres tipos de algas: verdes, pardas y rojas. Todas poseen clorofila y sus diferentes colores se deben a la presencia de pigmentos accesorios que enmascaran el verde (Museo de Historia Natural de Chile).

Las algas verdes o **Clorofíceas** son consideradas el grupo más estrechamente relacionado con las plantas terrestres. Están entre las más diversas y, hasta ahora, se han descrito unas 10.000 especies diferentes; el 90% de ellas vive en agua dulce, abarcando una amplia variedad de hábitat. Muchas son unicelulares, frecuentemente flageladas (con un apéndice móvil en forma de látigo), mientras que otras desarrollan formas pluricelulares, aunque nunca son muy complejas[31].

Las algas pardas o **Feofíceas** comprenden unas 1.500-2.000 especies y presentan una amplia variedad de tamaños y formas, siendo mayoritariamente marinas. Sus miembros más pequeños constan de solo unas pocas células, por lo que constituyen algas microscópicas, mientras que las más grandes pueden alcanzar hasta 60 m de longitud. Suelen encontrarse en las aguas frías de las costas rocosas o en zonas templadas y subpolares, constituyendo auténticas praderas submarinas, sobre todo en el Pacífico.

---

[30] «European seaweeds under pressure: Consequences for communities and ecosystem functioning»
Journal of Sea Research. Volume 98, April 2015 (Elsevier).
https://www.sciencedirect.com/journal/journal-of-sea-research
[31] https://es.wikipedia.org/wiki/Alga_verde

Deben su color a un pigmento marrón sensible a la luz que les permite vivir en aguas de cierta profundidad[32].

Las algas rojas o **Rodofíceas** son un importante grupo que comprende en torno a 7.000 especies con una gran diversidad de formas y tamaños. Al igual que las algas pardas, las rojas son también casi exclusivamente marinas. Se caracterizan por su inmovilidad y deben su color a pigmentos accesorios que encubren el color de la clorofila y le dan el tono rojo distintivo. Estos pigmentos son capaces de captar la tenue luz que llega a gran distancia de la superficie del mar y permiten que las algas rojas puedan habitar en aguas muy profundas, repartidas por todo el mundo[33].

Todos los tipos de algas necesitan luz para sintetizar materia orgánica, por ello, como indica la página web *L'Acuàrium de Barcelona*[34], su distribución a diferentes profundidades está adaptada de acuerdo a los pigmentos que contienen. Así, las algas verdes suelen ser las más superficiales, seguidas de las algas pardas y, finalmente, de las rojas que, como hemos mencionado, son las que colonizan las zonas más profundas.

Propiedades de las algas

Aunque los conocimientos científicos sobre todas las especies de algas y sus posibles utilidades todavía son limitados, la comunidad especializada considera que ofrecen un potencial enorme tanto para el medio ambiente como para el ser humano[35]. Por ejemplo, diversos estudios biológicos les atribuyen propiedades antibacterianas, antiinflamatorias y antioxidantes, por lo que re-

---

[32] https://es.wikipedia.org/wiki/Phaeophyceae

[33] https://es.wikipedia.org/wiki/Rhodophyta

[34] Algas y plantas marinas. 3 de marzo de 2017. L'Acuàrium. Barcelona. https://www.aquariumbcn.com/animales-flora-marina/algas-y-plantas-marinas/

[35] Algas, todo un mundo por descubrir. http://www.barrameda.com.ar/dp/index.php?option=com_content&task=view&id=708&Itemid=27

presentan un recurso abundante como moléculas bioactivas. O sea, disponen de sustancias presentes en pequeñas cantidades que pueden promover la buena salud. De hecho, en la medicina tradicional oriental, tales moléculas son muy utilizadas y, actualmente, se están empleando en diversas partes del mundo para combatir un número de afecciones y enfermedades cada vez mayor.

Cabe apuntar, asimismo, que muchas algas son comestibles, directamente o como base combinatoria, siendo su utilidad alimenticia la resultante de que son bajas en calorías y presentan una alta concentración de proteínas, fibras dietéticas, minerales y vitaminas. En los últimos años, las recetas culinarias que contienen estos organismos ha aumentado notablemente en el mundo occidental. Los pueblos costeros, especialmente los asiáticos de China, Corea y Japón, han empleado las algas marinas en la alimentación desde tiempos inmemoriales. En la actualidad, en muchos países proliferan los viveros de cultivos, dado el alto rendimiento de los mismos.

La estética es otro ámbito en el que suelen utilizarse, debido a sus propiedades hidratantes, antioxidantes y regeneradoras. Y, por citar algún ejemplo más sobre los múltiples beneficios de las algas, mencionamos su uso como fertilizantes en tierras de cultivo o que, industrialmente, son valoradas como fuente de agar, un gel extraído a partir de la pared celular de las algas que tiene variados usos; entre ellos, su empleo para cuajar los medios de cultivos en microbiología y biología molecular[36].

Los bosques de algas en mares y océanos: verdaderos pulmones del planeta

Los ecosistemas marinos son los espacios acuáticos más grandes de la Tierra y juegan un papel vital en los hábitats costeros, siendo

---

[36] https://es.wikipedia.org/wiki/Agar-agar

las algas pardas y las rojas sus componentes primordiales (Journal of Sea Research). Recordemos que un ecosistema está formado por el conjunto de organismos, además del medio ambiente en el que viven; esto es, el hábitat y las relaciones que se establecen entre ellos.

Las macroalgas, y también las microalgas, juegan un relevante papel ecológico en los ecosistemas marinos; gracias a su actividad fotosintética producen más del 50% del oxígeno global disponible para los organismos vivos terrestres, humanos incluidos. En palabras del editor de la revista *National Geographic*, periodista especializado en ciencia y naturaleza, Héctor Rodríguez[37], «existe la extendida y errónea creencia de que los bosques son los principales productores de oxígeno de nuestro planeta, lo que conviene desmentir, no por restar importancia al papel que selvas y bosques desempeñan, sino por dársela a los verdaderos responsables de que hoy tú y yo podamos respirar: los océanos».

Además de ser parte importante del aporte de oxígeno al planeta, las macroalgas proporcionan un hábitat protector para un amplio rango de flora y fauna. A ello, hay que sumar que también preservan la comunidad costera, ya que disminuyen la energía de las olas y retienen sedimentos y nutrientes. Es de interés subrayar que, en los últimos años, su importancia se está incrementando notablemente debido al creciente número de especies descritas en todo el mundo[38], cuyos resultados muestran propiedades hasta hace poco desconocidas y, en muchos casos, sorprendentes.

Aunque las algas no son tan complejas como las plantas, juegan el mismo rol en los ecosistemas acuáticos como pro-

---

[37] Rordíguez, Héctor. El verdadero pulmón del planeta está en los océanos. *National Geographic*. 3 de enero de 2023.
[38] Mahmoud El-Manaway, Islam and Hamdy Rashedy, Sarah (2022). The Ecology and Physiology of Seaweeds: An Overview https://www.researchgate.net/publication/359551565_The_Ecology_and_Physiology_of_Seaweeds_An_Overview#fullTextFileContent

ductores primarios. Esto significa, como apunta la página web *L'Acuàrium*, que forman el primer eslabón de la cadena trófica marina y que proporcionan alimento al resto de organismos. Tengamos presente que la cadena trófica o alimenticia se refiere al proceso de transferencia de sustancias nutritivas a través de las diferentes especies de una comunidad biológica, en la que cada una se alimenta de la precedente y es alimento de la siguiente. Así pues, como las algas están en la base de la cadena alimenticia, la existencia de casi toda la vida marina (ballenas, focas, tortugas, peces, langostinos, langostas, pulpos, almejas y un largo etc.) depende de ellas.

Por otra parte, los nuevos hallazgos sobre la importancia de las algas en nuestro planeta demuestran que los bosques submarinos constituyen un ecosistema frágil y, al igual que tantos otros organismos, se encuentran bajo amenazas cada vez más preocupantes.

Sin pretender profundizar en los acalorados debates que actualmente atañen a la comunidad especializada, sí nos parece de interés subrayar que los mares y océanos en la actualidad están cambiando más rápido que en cualquier otro momento de la historia geológica. Tales transformaciones se deben, en gran medida, a los graves efectos que provoca en el agua el exceso de dióxido de carbono (CO_2). Además de cuestiones climáticas, o la acumulación de microplásticos, inciden los vertidos químicos industriales y otros materiales de difícil descomposición.

A lo largo de miles o decenas de miles de años, los mares y océanos han absorbido y expulsado dióxido de carbono a la atmósfera, en un lento y equilibrado intercambio, tal como ha descrito la escritora científica Alejandra Borunda en National Geographic[39]. Las actividades humanas, sin embargo, llevan tiempo perturbando esa delicada reciprocidad al añadir toneladas de

---

[39] Borunda, Alejandra. Acidificación de los óceanos. National Geographic. https://www.nationalgeographic.es/medio-ambiente/que-es-la-acidificacion-de-los-oceanos-y-por-que-se-produce

dióxido de carbono adicional a la atmósfera, como resultado de la quema de combustibles fósiles, la tala de bosques y otras acciones. Estas emisiones industriales de carbono no solo provocan un recalentamiento del planeta y de sus mares, sino que también generan la acidificación de dichos mares y océanos.

Dado el creciente interés ecológico del llamado «efecto invernadero», que implica el aumento de la temperatura en la Tierra, debemos detenernos brevemente en ello. Por un lado, las emisiones de CO_2 influyen en la atmósfera porque sus partículas en suspensión dejan pasar la radiación solar, pero impiden que esta se escape, dando como resultado un incremento de la temperatura en la Tierra. Por otro lado, el aumento de temperatura afecta al pH del agua, esto es, al índice que expresa el grado de acidez o alcalinidad de una solución acuosa. Con el calor, las moléculas tienden a separarse en sus elementos: hidrógeno y oxígeno. Al crecer la proporción de moléculas fragmentadas, se libera hidrógeno y el medio se vuelve más ácido, o sea, su pH desciende.

En este contexto, se ha comprobado que cada año las aguas de océanos y mares absorben alrededor del 25 % de todo el CO_2 extra emitido, lo que da lugar a que el pH del agua baje; es decir, que aumente la acidez del medio, poniendo en peligro la vida circundante. Entre los numerosos aspectos dañinos podemos destacar un aumento de la vulnerabilidad de las especies[40] y una clara disminución de la biodiversidad.

En suma, cuando el planeta se calienta, debido al exceso de emisiones de carbono, los mares y océanos cambian, tornándose cada vez más ácidos, lo cual pone en peligro a un sinfín de organismos marinos que pueblan los ecosistemas acuáticos.

[40] Qinton, Elisa. The Botanical Ocean: Seaweeds and their Ecology.26/08/2019
https://www.themarinediaries.com/tmd-blog/the-botanical-ocean-seaweeds-and-their-ecology

Un ejemplo esclarecedor

La investigadora del Museo de Historia Natural (Natural History Museum) de Londres Juliet Brodie[41], especialista en taxonomía de las algas, ecología, conservación y evolución, estudia las numerosas especies de estos organismos que viven en los mares fríos del Reino Unido.

La experta mirada de esta científica ha constatado que los vastos bosques de algas que crecen en la profundidad de los océanos tienen un papel esencial en los ecosistemas submarinos. Al respecto, en una entrevista concedida a Emily Osterlof[42], Brodie destaca que entre las muchas especies de algas marinas presentes en los fríos mares británicos, las de mayor tamaño son las pardas (Feofíceas). Asimismo, describe que crecen desde la costa hasta 20-30 metros por debajo, o incluso a más profundidad si el agua es clara, hasta formar densos y bellos bosques que proporcionan el hábitat para un amplio rango de organismos.

Dichos bosques submarinos, continúa la científica, contribuyen a la proliferación y diversidad de un elevado número de seres vivos propios de aquellas regiones, y añade que «suelen ser refugio de los peces y de otras especies de animales y de algas. [Además], cuando estas colonias se observan cuidadosamente, se detectan en ellas gusanos, caracoles e incluso esponjas. Hasta el rizoide, la estructura que conecta un alga parda grande con el suelo marino rocoso, sostiene una gran cantidad de seres vivos». Juliet Brodie ha declarado, admirada: «El bosque sumergido está lleno de una sorprendente y variada vida», subrayando en múltiples ocasiones la urgente necesidad de proteger el extraordinario paisaje submarino.

---

[41] Juliet Brodie contributes to Kew's State of the World's Plants and Fungi 2020.
https://www.nhm.ac.uk/press-office/press-releases/natural-history-museum-s-professor-juliet-brodie-contributes-to-.html
[42] Osterloff, Emily. A window into the world of seaweeds

Brodie no olvida denunciar con energía que las algas pardas de muchos lugares del mundo, al igual que las verdes y las rojas, están paulatinamente desapareciendo debido al aumento de la temperatura del agua del mar. «En esta época de rápido cambio ambiental», insiste, «tales pérdidas a gran escala dañan los ecosistemas marinos, desplazando los organismos que viven en ellos. Igualmente, las costas de alrededor del mundo también se ven muy expuestas a deterioros debidos a la erosión al perderse las algas que forman barreras protectoras». Recuerda también, para sorpresa de muchos, el significativo tamaño que las algas pardas pueden alcanzar, ya que las halladas a lo largo de la línea de la costa británica crecen hasta los tres metros de altura; las mayores del mundo son realmente gigantescas y suelen encontrarse en regiones como la costa de California, donde llegan hasta 50 metros.

Al mismo tiempo, Brodie denuncia que «aún se conoce muy poco sobre estos irremplazables organismos, [por lo que] la falta de medidas protectoras ante diversas amenazas disminuye nuestras oportunidades de conocerlos mejor». Y continúa informando que «en los últimos años hemos hecho considerables progresos en nuestros conocimientos sobre las algas marinas del Reino Unido, pero solo estamos empezando a comprender la enorme escala de la diversidad de algas marinas en otras partes del mundo. Hay una gran riqueza de diversidad a la espera de ser descubierta antes de que sea demasiado tarde».

Aspectos negativos de las algas

No debe olvidarse, sin embargo, que las algas también presentan una serie de problemas. Por ejemplo, en ciertas condiciones ambientales, que son en gran parte inducidas por la contaminación humana, pueden crecer a una velocidad más alta de la habitual, lo que se refleja en diversas perturbaciones sobre el equilibrio ecológico. Las propagaciones más extendidas son las llamadas «mareas verdes», que dificultan el baño en las costas e incluso para la navegación portuaria, así como las «mareas rojas»[43]. Asimismo, las algas pueden almacenar gran cantidad de los metales tóxicos vertidos por la producción industrial, lo que supone un peligro para el ser humano, puesto que estos metales se van concentrando en los peces o moluscos que consumimos.

Por otra parte, como se indica en el blog Mundo Submarino de Galicia[44], cuando las especies no autóctonas se introducen en ecosistemas a los que no pertenecen, pueden colonizar amplias zonas y desplazar o hacer desaparecer las especies autóctonas, convirtiéndose, entonces, en algas invasoras. Esta problemática tiene muy difícil solución, debido a la facilidad con la que se reproducen, suponen una importante amenaza para la biodiversidad local. Aunque estos temas caen fuera del propósito de este trabajo, es de interés subrayar que se trata de un asunto colectivo que hoy forma parte de controvertidos debates, relacionados con el equilibrio ecológico en la naturaleza y la actividad humana.

Briofitas, bellos y útiles bosques y oasis en miniatura

Entre los diversos ecosistemas que pueblan nuestro planeta, queremos fijar nuestra atención en unos pequeños y bellos bosques formados por un conjunto de diminutos vegetales agrupados bajo el nombre de briofitas. Técnicamente las *Bryophytas* incluyen a los musgos, las hepáticas y los antoceros. Pertenecen al grupo de **plantas no vasculares** porque no tienen raíces ni tejidos conductores que les permitan distribuir el agua y los nutrientes en el cuerpo, por lo que los toman del entorno a través de la superficie

---

[43] Daly, Natasha. «¿Qué es el plancton?» 24 de noviembre de 2023, Medio Ambiente. National Geographic

[44] Algas y plantas. El mundo submarino de Galicia. https://www.13grados.com/algas-y-plantas

corporal. Además, la carencia de un sistema vascular resta fortaleza al organismo, lo cual determina su pequeño tamaño. Dado que la mayoría poseen clorofila, suelen presentar un color verde y son fotosintéticas[45].

Las briofitas sobreviven casi en cualquier lugar del mundo excepto en el mar. En general, se expanden desde la Antártida hasta el Ártico, pasando por bosques tropicales húmedos, donde suelen prosperar ampliamente, cubriendo grandes extensiones de tierra. También se encuentran sobre rocas o árboles e incluso hay especies en zonas desérticas.

Los **musgos**, pueden extenderse como un tapiz a lo largo de superficies a veces bastante extensas, principalmente en lugares húmedos como las proximidades de arroyos, ríos, sitios con niebla o lluviosos. Su tamaño oscila desde algunas especies microscópicas hasta otras que alcanzan un tamaño mayor. Las **hepáticas**, que deben el nombre a su aspecto irregular semejante a la forma del hígado, son muy pequeñas, pues miden entre 2 y 20 mm de ancho y menos de 10 cm de largo. Constituyen el grupo más simple de briófitas y se parecen a musgos aplastados que, a menudo, pasan desapercibidas. Finalmente, los **antoceros**, también llamados pinitos de agua, se distinguen por tener el cuerpo semejante a una hoja, normalmente alargada y cilíndrica. Suelen encontrarse en zonas tropicales y subtropicales que crecen en la corteza de los árboles[46].

Las briofitas constituyen el segundo grupo de plantas terrestres con mayor diversidad[47] después de las plantas con flores. Se conocen en torno a 20.000 especies, de las que alrededor de 11.000 son musgos, 7.000 son hepáticas y unas 220 corresponden a los antoceros.

[45] About bryophytes. British Bryological Society
[46] Adriana Schnek y Graciela Flores. *Invitación a la Biologia* (6ª ed.) Panamericana.
[47] Bryophyte. En: Britannica

Como carecen de flores y de semillas, estos pequeños vegetales se reproducen mediante **esporas**. Ya hemos apuntado que se trata de estructuras de tamaño microscópico que pueden ser unicelulares o pluricelulares y tienen como finalidad la propagación. Las esporas de las briofitas pueden germinar en entornos devastados, lo que les permite sobrevivir en todas las regiones climáticas del planeta donde el agua esté presente, desde los hielos permanentes de la Antártida y del Ártico a los cálidos y húmedos bosques tropicales. Estas propiedades hacen posible que las briofitas sobrevivan en lugares que resultan inhabitables para las plantas vasculares[48], de modo que son, por lo tanto, capaces de propagarse por nuevas áreas, de las que son importantes colonizadoras.

Debido a su modesta naturaleza, sobre todo por la falta de vistosas flores y su pequeño tamaño, en la página web de la British Bryological Society[49], en concordancia con la opinión ampliamente extendida, se apunta que las briofitas habitualmente han sido ignoradas o incluso despreciadas como «aburridas» o marginales por su insignificancia. Sin embargo, es creciente el número de especialistas que, al observarlas con la lupa o el microscopio, además de con cuidadoso interés, han ido revelando su escondida belleza, así como su importancia y complejidad a nivel evolutivo, bioquímico y genético.

Papel evolutivo de las briofitas

Hace en torno a 450 millones de años, unas plantas que habitaban en el agua dieron los primeros pasos en la colonización del medio terrestre. Se trataba de ciertas algas verdes que se despla-

---

[48] Briofitas (Wikipedia)
[49] https://www.britishbryologicalsociety.org.uk/learning/about-bryophytes/#:~:text=Become%2a%20member-About%20bryophytes,-HomeLearning

zaron hasta los márgenes de pantanos, lagos y ríos, donde los cambios necesarios para su supervivencia originaron un nuevo grupo de vegetales cuyos descendientes son las actuales briofitas. El registro fósil de esta época es muy escaso y de difícil interpretación, aunque, generalmente, se asume que constituyeron los primeros linajes de plantas terrestres. Según la British Bryological Society, los «estudios recientes tienden a presentar hipótesis diferentes, pero ninguno disminuye el rico potencial evolutivo [de las briofitas]».

En este aspecto, la acreditada botánica panameña especialista en briofitas Noris Salazar Allen[50], ha subrayado en un entrevista concedida a la escritora del Smithonian Tropical Research Institute Vanessa Crook[51], que «las briofitas pueden revelar información muy valiosa sobre cómo las primeras plantas se adaptaron en la conquista de la tierra». No obstante, añade que las pequeñas plantas existentes en la actualidad son muy recientes y que gran parte de las originales ya han desaparecido; sus descendientes han evolucionado y dado como resultado la gran diversidad que hoy presentan los musgos, hepáticas y antoceros.

Asimismo, Noris Salazar Allen ha señalado en diversas ocasiones que «las especies de briofitas hoy existentes tienen una diversidad genética inmensa y un potencial evolutivo aún desconocido». De hecho, aunque poseen un número menor de especies y una morfología menos compleja que las plantas con flores, exhiben una diversidad genómica mucho mayor, lo que se expresa en un amplio conjunto de adaptaciones fisiológicas y bioquímicas, aunque de momento siguen estando científicamente poco analizadas.

---

[50] Salazar Allen, Noris and José A Gudiño, 2020. Octoblepharum peristomiruptum (Octoblepharaceae) a new species from the Neotropics. PhytoKeys
[51] Crooks, Vanessa. Importancia de las briofitas.Smithsonian Tropical Research Institute. March 8th, 2021

El papel de las briofitas en los ecosistemas

Formando densas alfombras verdes de gran belleza, las aparentemente insignificantes briofitas han revelado, tras meticulosos estudios, que juegan un papel vital en los ecosistemas; o sea, en el conjunto de especies que habitan un área determinada e interactúan entre ellas y con el ambiente.

La citada experta Noris Salazar Allen ha explicado, en su conversación con Vanesa Crook, que el papel fundamental de estos diminutos vegetales en la formación y mantenimiento de los ecosistemas se debe principalmente a su valiosa capacidad de absorción. «Pueden capturar humedad del aire o incluso de la niebla, retener el exceso de lluvia y evitar inundaciones o la erosión del suelo». Siguiendo esa línea, añade la científica que «en los bosques con nubes, actúan como una esponja: capturan y almacenan el agua hasta convertirse en excelentes reservas hídricas». Además, debido a su capacidad de retener los minerales disueltos en las aguas de lluvias, permiten la incorporación posterior de estos en el ecosistema por lo que disminuyen su lavado hacia los ríos y mares.

Cuando un ecosistema ha sufrido una perturbación y comienza a regenerase, por ejemplo, tras una erupción volcánica, un incendio, deforestación, desglaciación, etc., Salazar Allen ha descrito que «las briofitas participan en los primeros estadios de sucesión ecológica, preparando el suelo para que otros organismos puedan crecer». La materia vegetal creada por el crecimiento continuo de las capas de musgos y hepáticas sobre rocas, zonas volcánicas u otros sustratos son el primer paso en la sucesión, que permitirá el posterior asentamiento de las plantas vasculares. Casuísticas como las de ir convirtiendo esos eriales en suelo, son de incalculable valor.

Según se indica en la página web del New York Botanical Garden Bryophytes[52], al generar las condiciones necesarias para el establecimiento de plantas de mayor tamaño, también brindan protección a un sinnúmero de pequeños animales, especialmente invertebrados como insectos, arácnidos, nematodos, moluscos o anélidos.

La enciclopedia *Britannica* recuerda que las briofitas pueden crecer en un amplio rango de sustratos naturales (suelos, rocas, cortezas y troncos de árboles, madera en descomposición, estiércol y cadáveres de animales o en la cutícula de las hojas), razón por la cual muchas de ellas son indicadores fiables de las condiciones o características singulares de diversos sustratos; o sea que, su presencia en un ecosistema es útil para evaluar sus incidencias o rendimientos y el estado de sus nutrientes.

Con todo, las propiedades de las briofitas van incluso más allá. En las últimas décadas, a partir de estudios cada vez más detallados la comunidad especializada ha ido descubriendo varios fenómenos biológicos relacionados con la tolerancia de estas diminutas plantas a factores ambientales adversos. Como resultado, están saliendo a la luz detalles sobre diversos mecanismos fisiológicos de adaptación, entre los que destaca la producción de compuestos bioactivos con diversas funciones de considerable interés[53]. Recordemos que tales compuestos son moléculas químicas presentes en pequeñas cantidades en algunos vegetales y que pueden promover efectos beneficiosos para la salud humana. Los musgos, hepáticas y antoceros, además de su importancia eco-

---

[52] Bryophytes of New York City (NYBG). https://www.nybg.org/plant-research-and-conservation/science-programs/center-for-conservation-strategy/new-york-city-ecoflora/plants-of-new-york-city/bryophytes-of-new-york-city/#:~:text=Search-

[53] Horn, A. et al. Natural products from bryophytes: from basic biology to biotechnological applications. Critical Reviews in Plant Sciences, 2021.Taylor & Francis

lógica global, se encuentran entre esas plantas con esperanzador potencial farmacológico[54].

El potencial de las briofitas en biomedicina

Los compuestos químicos elaborados por los vegetales han servido a la humanidad para un amplio rango de aplicaciones como, por ejemplo, la elaboración de medicamentos y los populares remedios caseros y hasta esotéricos brebajes. Las plantas con flores, debido sobre todo a sus vistosas y predominantes características, se han analizado con detalle en esa vertiente de los propósitos medicinales. Las briofitas, sin embargo, aunque constituyen el segundo grupo del reino vegetal en términos del número de especies, en su mayor parte se han infravalorado; quizás por su pequeñez y por su naturaleza supuestamente simple. Desde no hace mucho, la identificación en ellas de sustancias químicas de alto interés por sus potenciales aplicaciones biotecnológicas está cambiando notablemente esa minusvaloración, como describen Armin Horn y colaboradores.

Un interesante hallazgo ha sido que las briofitas pueden prosperar en hábitats muy diversos, y a menudo hostiles, precisamente por su alto grado de complejidad bioquímica; es esa complejidad la que permite su gran diversificación ecológica. En los últimos años, los diferentes compuestos químicos biológicamente activos producidos por estas plantas, que presentan capacidades antimicrobianas, antifúngicas, antivirales e incluso anticancerígenas, se han incrementado de manera tan sorprendente como prometedora.

Paralelamente, los avances de la biología molecular están desarrollando la disponibilidad de mayores recursos genómicos; esto es, rigurosos análisis del material genético con capacidad para

---

[54] https://es.wikipedia.org/wiki/Potencia_(farmacolog%C3%ADa)

abrir puertas a técnicas cada vez más precisas. La identificación de genes implicados en el metabolismo especializado de musgos y hepáticas, que están ausentes en las plantas con flores, ofrecen posibilidades cuyos límites son difíciles de predecir.

En otras palabras, es sabido que el metabolismo celular comprende una serie de reacciones que ocurren en el interior de una célula bajo el control de los genes; o, lo que es lo mismo, cada paso de una ruta metabólica depende de un gen específico. En las briofitas, han señalado Armin Horn et al., existen genes especializados que están ausentes en las plantas con flores; dado que el producto final de las rutas en que dichos genes actúan podría ser de interés para la humanidad, el investigarlos es una tarea prometedora. Es el caso de, por ejemplo, la producción de compuestos relevantes como biofármacos.

En suma, y reiterando consecuencias, a lo largo de estos años recientes se han identificado grupos de genes exclusivos de las plantas sin flores. Estos genes codifican información para la síntesis de moléculas con un elevado potencial de productos naturales de interés para la humanidad. Estudiar esos genes con las novedosas herramientas biotecnológicas ya está generando un ámbito de investigación en auge y en donde las briofitas ocupan una posición central.

CAPÍTULO 2

LAS CIENTÍFICAS ESTUDIAN LAS «PLANTAS SIN FLORES»

*Cuanto más diverso sea un grupo de investigación,
más sólido será, más flexible y mayor será su éxito*
Jocelyn Bell Burnell

Uno de los principales objetivos de la investigación científica con perspectiva de género ha sido averiguar cómo se han ido incorporando las mujeres a los nuevos campos de estudio, a medida que estos se fueron desarrollando. Así se puede indagar sobre cuáles han sido los logros por ellas alcanzados. La profesora de Historia de la Universidad de Birmingham Ruth Watts (2007)[55], ha señalado acertadamente que «la bibliografía disponible es un redescubrimiento de las mujeres que, de alguna manera, han tomado parte en el debate científico sobre su exclusión de los escalones más elevados y sobre por qué ha sido así».

En el presente capítulo, realizamos un breve recorrido histórico sobre la presencia en la botánica de mujeres nacidas entre el siglo XVIII y la primera mitad del siglo XX con el fin de subrayar su activa participación en la ciencia moderna. Aunque es un tema que actualmente cuenta con una bibliografía cada vez más amplia, creemos que, a nivel divulgativo, se trata de una cuestión que todavía está lejos de agotarse. Las figuras femeninas dedicadas a expandir conocimientos con vocación y entrega durante el citado periodo solo han empezado a reconocerse con el debido

---

[55] Watts, Ruth Routledge (2007). Women in science: a social and cultural history. London, UK & New York, USA

rigor en las últimas décadas. Razón, por lo tanto, para abundar en sus presencias, argumentos y hechos tantas veces olvidados o minusvalorados. Pedimos comprensión si algunos aspectos son reiterativos en pasajes concretos.

Valga recordar que, en el ámbito de las ciencias naturales, mientras los llamados «caballeros científicos» viajaban por todo el mundo dibujando, describiendo y coleccionando plantas y animales, las mujeres estaban presionadas a mantenerse recluidas y apartadas de esas tareas. Las principales sociedades británicas de historia natural, como la Royal Society y la Linnaean Society, las rechazaban e incluso impedían que formaran parte de sus reuniones «públicas», tal como han descrito numerosas historiadoras e historiadores de la ciencia.

A título de ejemplo, y a modo de ficha sintética, incorporamos en este capítulo algunas de las científicas que lograron ser protagonistas activas en sus especialidades, haciendo público su indiscutible sello y afán por los avances de la disciplina. Consideramos que es una buena forma de demostrar una especie de rebeldía frente al pensamiento dominante, por el cual se las excluía sin remisión de los debates de esa construcción de paradigmas. Sus ricas trayectorias vitales y valientes en tantos casos, junto a las de otras investigadoras distinguidas de la esfera académica, serán detalladas en el siguiente capítulo 3.

Nos interesa ahora señalar que, si bien la memoria colectiva considera que la presencia masculina ha superado con creces a la femenina, los estudios con perspectiva de género están demostrando, sin embargo, que la desigual relación no puede descartar ese valioso caudal de aportes originados por ellas. Lo que sí ha sido profundamente desigual es el interés que la historia de la ciencia oficial, incluida la academia e instituciones culturales, ha dedicado a unos y otras al buscar las cuotas de aportaciones realizadas. De ahí la necesidad de centrar el foco de atención en las féminas, sin pretender que ello sea saldar una deuda con *vendetta*.

Nuestro cometido divulgador es el de sumarnos a lo que ha ido acreditando la investigación histórica de género.

Puerta de entrada a un tema casi mágico

En los comienzos de la botánica moderna, el estudio de las «plantas sin flores» no fue considerado una disciplina, y mucho menos ser una fuente para una carrera profesional; ni siquiera en el ámbito de los hongos, que es, quizás, la rama más antigua. Las actividades dedicadas a estos organismos, ha señalado la historiadora de la ciencia Sarah Maroske y el micólogo Tom W. May[56], empezaron a valorarse como disciplinas científicas con posterioridad, aunque de manera desigual según el sexo. Debemos tener presente que no podemos ponderar adecuadamente las aportaciones porque ellas no tuvieron el mismo acceso que los hombres a la formación, las instituciones, la tecnología ni la difusión pública.

En las últimas décadas, valga reincidir en ello, la perseverancia de un progresivo número de investigadoras e investigadores, enarbolando con energía la bandera de la verdad e igualdad, han conseguido desempolvar de viejos archivos numerosas biografías ignoradas pertenecientes a mujeres hoy calificables de científicas. El balance obtenido no ofrecía dudas: ellas empujaron también al conocimiento de las «plantas sin flores». Diversos trabajos revelan que ya en el siglo XVIII había destacadas figuras femeninas que realizaron novedosas propuestas y evidencias de alto nivel al conocimiento de estos organismos. Aflorarlas a la superficie, sin embargo, ha sido un camino plagado de complicados pasos para reconstruir sus dedicaciones.

---

[56] Maroske, Sara and Tom W. May (2018). Naming names: the first women taxonomists in mycology. Stud Mycol. 2018 Mar; 89: 63–84

Aquellas precursoras centraron sus intereses, principalmente, en los aspectos taxonómicos; recordemos que la taxonomía es una subdisciplina encargada de clasificar los organismos vivos y que, en la actualidad, ofrece un rico registro histórico. Ser taxonomista, sin embargo, advierten Maroske y May, no es tarea fácil; requiere contar con recursos como un herbario (en el caso de la botánica), colegas con los que debatir, bibliotecas a las que acceder y capacidad para publicar o notificar sus resultados. Además de todo ello, son necesarios ciertos conocimientos de latín, pues esa es la lengua usada para dar nombre a los seres vivos.

La taxonomía moderna empezó a dar sus primeros pasos en el siglo XVIII, cuando el célebre botánico sueco Carl Linnaeus (1707-1778) publicaba en 1735 su influyente obra Systema Naturae (Sistema de la Naturaleza), con el que sugería las normas para ordenar el mundo vivo. El naturalista proponía que los especímenes debían designarse utilizando dos nombres latinos, el primero definía el género y el segundo la especie; es la llamada nomenclatura binomial. Asimismo, en las sucesivas ediciones de este tratado, realizadas entre 1735 y 1758, proponía nombrar a las plantas en base a un sistema sexual fundamentado en el número y disposición de sus órganos reproductores.

El descubrimiento de la sexualidad de los vegetales provocó en aquellos años una revolución en el ámbito de la botánica, y agitó el debate en torno al tema. La cuestión afectó rápidamente a las féminas, ya que, hasta entonces, las actividades relacionadas con las plantas habían sido consideradas un ámbito que, dentro de ciertos límites, resultaba adecuado para las mujeres.

Con la obra del botánico sueco, tal consideración saltó por los aires. Así, por ejemplo, el erudito escocés William Smellie (1740-1795) sostenía en 1768 que «la obscenidad es la verdadera base del sistema linneano», y por ello impropia para las jóvenes o las damas. Años más tarde, el acreditado botánico inglés John

Lindley (1799-1865)[57] argumentaba, en coherencia con el pensamiento de su tiempo, que, si bien algunas prácticas botánicas eran aceptables para las mujeres, como por ejemplo la de recolectar, pintar o enseñar a los niños, «la verdadera investigación debía reservarse para el serio pensamiento de los hombres».

Al amparo de la misoginia reinante, quedaría claro durante largo tiempo que, mientras las féminas no pretendieran alcanzar un nivel elevado de formación y participar en estudios y cónclaves académicos, el ámbito de la botánica sería aceptado como «un campo amable de la ciencia donde las jóvenes podrían conservarse virtuosas y pasivas». Diversas especialistas, entre ellas Christie Ane Farnham[58], profesora de historia de la Universidad de Iowa y fundadora de la revista sobre la historia de las mujeres (The Journal of Women's History), han confirmado que hasta mediados del siglo XVIII se admitió que el estudio de las plantas «requería tranquilidad para sus fines y, por ello, era apropiado para las damas y su vida sedentaria».

El debate, sin embargo, no se apaciguaba, pues en su sistema de clasificación para las «plantas sin flores», Linneo acuñó el término **Criptógamas**, que por sus raíces griegas literalmente significa «unión sexual oculta». Aunque se tradujo como «casamiento clandestino», fue considerado por los sabios del momento totalmente inadecuado como quehacer para el «bello sexo» y, por lo tanto, rememoran Maroske y May, las mujeres debían quedar excluidas de tales saberes.

En suma, aunque el nuevo sistema sexual de clasificación introducido por Linneo facilitó enormemente el estudio de las ciencias naturales, no había acuerdo en lo referente a si se trataba

---

[57] Lindley, John (1856). Lady´s Botany. London, James Ridgway and Sons, Piccadilly.

[58] Farnham, Christie Ane (1995) The Education of The Southern Belle. New York University Press. Fundadora, además de la revista sobre la historia de las mujeres (The Journal of Women's History)

de una actividad femenina admisible. Diversas críticas sostenían que «iba en contra de toda noción de decencia y decoro permitir que las jóvenes estudiaran botánica usando un sistema de clasificación fundado en los órganos sexuales».

Si bien es cierto que argumentos como los citados y tantos otros del mismo tenor, constituyeron una pesada losa para las mujeres, no consiguieron apartarlas del todo. Hubo quienes lograron desarrollar con éxito sus vocaciones. Haciendo gala de una inquebrantable determinación, consiguieron no solo satisfacer sus propias vocaciones, sino también desbrozar caminos para posteriores generaciones que supieron ver en ellas estimulantes ejemplos o referentes[59]. Encontraron «rendijas», podríamos decir.

El acreditado botánico estadounidense Emanuel D. Rudolph (1927-1992)[60], ha explicitado al respecto que «en la Europa del siglo XVIII, la botánica se había convertido en un estudio científico popular para las féminas de las clases altas. Solo basta con recordar las instrucciones de Linneo a la reina de Suecia sobre su nuevo sistema de clasificación; o las cartas de Jean Jacques Rousseau, publicadas en 1771, como una guía dedicada a las damas. Ejemplos que nos han ayudado, continúa Rudolph, a visibilizar los comienzos de un movimiento reformador que confirma la botánica como un estudio científico adecuado para las jóvenes».

Prueba de ello es que, por aquellas fechas, varias mujeres escribieron libros sobre botánica. Aunque sus obras no estaban dedicadas a las «plantas sin flores», nos parece de interés recordarlas brevemente en estas páginas. Valga señalar que sus autoras nacieron después de 1750, y fueron parte de un creciente grupo

---

[59] Dree-Baker, Kathleen M. 2022. Then And Now: Women Making Waves In The Science Of Seaweed. University of Tasmania

[60] Rudolph, Emanuel D. (1982). «Women in Nineteenth Century American Botany. A Generally Unrecognized Constituency». American Journal of Botany. Vol. 69, No. 8 (Sep., 1982), pp. 1346-1355 (10 pages). Published By: Wiley

de activas lectoras entendidas en el tema, que desarrollaron sus carreras de ilustradoras, escritoras y divulgadoras centradas en asuntos estrechamente relacionados con el mundo de las plantas. Ellas buscaron la forma de editar sus trabajos y compartirlos con un público interesado cada vez más numeroso.

Recordamos a la prolífica y erudita escritora británica **Priscilla Bell Wakefield** (1751-1832), quien, como ha señalado la historiadora de la ciencia de la Universidad de Cambridge, Patricia Fara[61], publicó varios libros ilustrados. Asimismo, fue una de las primeras escritoras inglesas que, a finales del siglo XVIII empezaba a demandar una vida «más amplia» para las mujeres.

En la misma línea, es recordada especialmente la inglesa **Jane Haldimand Marcet**[62] (1769-1858), sobre todo por sus populares libros de introducción a la ciencia. Su trabajo estuvo principalmente dirigido a las mujeres y a combatir la idea de que la ciencia era inapropiada para ellas. Su obra consiguió abrir nuevas puertas y llegar a un amplio grupo de lectores y lectoras interesadas.

Por la misma senda, pueden encontrarse los valiosos escritos de **Sarah Mary Fitton** (1796-1874) en torno a la botánica que, como ha señalado la acreditada historiadora Ann Shteir[63], tuvieron una gran influencia en potenciar la botánica como un campo de estudio científico para las mujeres.

La gran científica estadounidense, autora de una amplia y diversa obra, **Almira Hart Lincoln Phelps** (1793-1884)[64] es quizás la más conocida. Empeñada en defender una educación igualita-

---

[61] Fara, Patricia (2004). Pandora's breeches: women, science and power in the Enlightenment. London: Pimlico. p. 205.

[62] Morse, Elizabeth J. "Marcet, Jane Haldimand (1769–1858)" in Oxford Dictionary of National Biography, online ed.

[63] Shteir, Ann B. (1996). Cultivating women, cultivating science : Flora's daughters and botany in England, 1760-1860. Baltimore and London: Johns Hopkins University Press. pp. 89–93

[64] Almira Phelps. History of American Women. https://www.womenhistoryblog.com/2013/08/almira-phelps.html

ria para ambos sexos, sus escritos sobre botánica se difundieron con éxito por los Estados Unidos y Canadá. El citado botánico Emmanuel Rudolph ha señalado que los textos de botánica de Almira Hart Phelps «fueron muy educativos e innovadores».

Al respecto, la escritora inglesa de libros infantiles **Maria Edgeworth** (1768-1849), declaraba en 1810: «Muchas de las cosas que pensábamos que estaban por encima de la comprensión, o que eran inadecuadas para nuestro sexo, se encuentran ahora dentro de las capacidades femeninas y peculiarmente adaptadas para su posición. La botánica se ha puesto de moda y, con el tiempo, puede volverse útil, si no lo es ya».

La ilustración botánica descubre con la actividad femenina un gran trasfondo científico

Las indagaciones sobre participación femenina en el mundo vegetal no pueden prescindir del mágico mundo de la ilustración botánica. De hecho, entre las mujeres que han realizado significativas aportaciones a la ciencia de las plantas, hubo grandes maestras expertas en el arte de pintar. Es indiscutible que las más reconocidas fueron aquellas que ilustraron trabajos científicos con láminas de preciosas flores, cuyo colorido y belleza despiertan la admiración entre quienes las contemplan, sean o no especialistas en la materia.

No obstante, las «plantas sin flores», menos vistosas en apariencia, ofrecen un sorprendente atractivo, aunque este haya permanecido oculto durante largo tiempo. En la actualidad, los trabajos publicados sobre estos organismos y las ilustraciones que contienen, no solo asombran porque son bellas, sino también por su indudable utilidad para el estudio científico.

Recordemos que, desde el nacimiento de la ciencia moderna, muchas mujeres se dedicaron a la ilustración con gran maestría, contribuyendo, a su manera, en elevar la botánica al nivel de una disciplina científica imbuida de la incipiente modernidad. Sus aportaciones fueron variadas, ya que encontramos grandes pintoras que ilustraron los escritos de sus colegas varones; muchas veces gracias a su parentesco o casamiento con eminentes científicos. Sin embargo, hubo otras que, desafiando las costumbres de la época, se atrevieron a ilustrar su propio trabajo, dando audaces pasos pioneros con el fin de conseguir que sus contribuciones a la ciencia fueran reconocidas como una profesión femenina[65].

Es de interés subrayar, siguiendo a la respetada ilustradora botánica estadounidense Alice R. Tangerini[66], que todos los trabajos de arte botánico comparten el énfasis en una cuidadosa observación y una precisa representación del material escogido. Sin embargo, subraya esta experta, la belleza no debe declinar ante el objetivo científico; la finalidad del artista es «incluir la belleza en lo que dibuja y pinta». En suma, el arte botánico es «arte al servicio de la ciencia». En la misma línea; la profesora de la Universidad Complutense de Madrid, Toya Legido[67] ha subrayado que «la historia de la botánica está entretejida con la historia del arte», pues añade que los trabajos de las ilustradoras botánicas demuestran cómo «la ciencia puede ser arte y el arte ciencia».

La relevancia de las ilustraciones científicas en la actividad académica es reveladora porque estas cumplen con un claro propósito: complementar lo escrito y aclarar detalles que son difíciles de describir con palabras. Al respecto, la ilustradora Meryl Westlake[68] apunta que «las artistas botánicas han sido y son, de hecho,

[65] Martínez Pulido, Carolina (2013). Botánicas. Mujeres sembrando ciencia. Ed. Círcurlo Rojo. Madrid

[66] Alice Tangerini". American Society of Botanical Artists. Archived from the original on April 13, 2016

[67] Legido, Toya y Luis Castelo (Eds.). Herbarios imaginados. Entre el arte y la ciencia. Ediciones Complutense. Madrid. 2020

[68] Westlake, Mary. What is botanical art? Royal Botanic Gardens Kew. 26 April 2019.

científicas profesionales». Una ilustración rigurosa es, sin lugar a dudas, una herramienta científica absolutamente esencial para la identificación de los especímenes. Diversas expertas, que son artistas actuales, sostienen que la capacidad del ilustrador o ilustradora para observar meticulosamente y registrar con detalle lo observado es un acto clave que asegura la continua supervivencia de esta forma de arte.

En torno al cambio del siglo XVIII al XIX, la representación artística se convirtió en clave para el establecimiento de un nuevo campo de investigación: el estudio de las «plantas sin flores», como ha explicitado la escritora científica Anna Marija Helt[69]. Tal escenario propició que los dibujos botánicos fuesen una puerta que se entreabría para aquellas mujeres dotadas de capacidad artística, lo que facilitó que un grupo de ellas consiguiese comprometerse con la ilustración científica. «Rompieron con los moldes sociales de la época y desarrollaron sus trabajos, esbozando caminos de igualdad», ha puntualizado Lejido.

En el ambiente propio de una sociedad patriarcal que daba prevalencia al tóxico y lamentable prejuicio basado en la sentencia largamente alimentada, según la cual «la ciencia no es cosa de mujeres», las figuras femeninas no fueron bienvenidas en los reinos profesionales. El trabajo científico era claramente una actividad «impropia de las damas», y el *establishment* masculino se esforzaba en ignorarlas, pese a que sus considerandos técnicos en numerosos casos tenían gran valor.

Decididas a superar normas tan arbitrariamente impuestas, cierto número de féminas resolvió desafiar a las trasnochadas convenciones. Como apunta Anna M. Helt: «Rompieron con la romántica pintura de flores a cambio de la ilustración botánica seria y útil para la investigación». En este contexto, ha insistido Helt,

---

[69] Helt, Anna Marija. The Fungi-Mad Ladies of Long Ago. Art & Art History. JSTOR. August 9, 2023

junto a más autoras y autores, que las mujeres «desearon hacer contribuciones significativas a ese naciente campo [de las "plantas sin flores"] y, al mismo tiempo, promocionar el estudio científico más allá del enrarecido ambiente de las instituciones de élite».

Precursoras estudiosas de las «plantas sin flores»

La educación femenina comenzó en Europa occidental en torno a la primera parte del siglo XVIII; usualmente impartida en el hogar familiar. En el mejor de los casos, destacan Maroske y May, las chicas de clase alta o media podían recibir las mismas lecciones que sus hermanos, aunque lo más frecuente era que ellas recibieran instrucción sobre tareas domésticas y de arte. Se pensaba que estos temas eran los más apreciables para el futuro papel de esposa y madre que las esperaba. La asistencia como internas a un colegio femenino durante un año era el «broche final» al que optaban las mejores familias. No obstante, hay que tener presente que, en aquellas fechas, no había acceso a la educación para las mujeres ni para la mayoría de los hombres por su situación económica y de clase.

La autorizada química e historiadora de la ciencia Mary R.S. Creese (1935- 2017)[70], ha relatado que «a finales de la década de 1980, cuando empecé a interesarme por las contribuciones de las mujeres del siglo XIX a la investigación científica, [el tema] estaba aún en su infancia. Una enorme cantidad de material yacía esperando a que lo examinaran, interpretaran y sacaran a la luz». Más adelante, apunta que «la bibliografía del siglo XIX muy pronto me mostró los nombres de mujeres científicas hoy olvidadas […]. Desde entonces, me he sumergido más y más en este

---

[70] Creese, Mary R.S. & Thomas Creese (1998). Ladies in the Laboratory? American and British Women in Science, 1800-1900: A Survey of Their Contributions to Research. Scarecrow Press (Lanham, MD)

campo [...], descubriendo las fascinantes vidas de mujeres, a veces muy llenas de color, que impulsaron la entrada femenina al mundo de la educación e investigación en la ciencia moderna dos o tres generaciones atrás».

Ajustando el foco de atención a las «plantas sin flores», comencemos dirigiendo la mirada hacia los **hongos**. Resulta importante recordar que el interés por estos organismos ha existido desde mucho tiempo antes de que el término «micología» fuera acuñado en 1836 por el clérigo inglés Miles Joseph Berkeley (1803-1889)[71]. La larga tradición vinculada a su estudio solo empezó a configurarse como una disciplina independiente a partir del siglo XIX.

Las investigaciones con perspectiva feminista han destacado que, desde muy antiguo, hubo mujeres dedicadas a los hongos. Y, a lo largo de sucesivas generaciones, fueron adquiriendo detallados conocimientos acerca de su utilidad; sobre todo, para la alimentación y para curar enfermedades[72]. Pese a que esos conocimientos iniciales han sido escasamente valorados o se han perdido a lo largo del tiempo, hoy resulta indiscutible que ellas jugaron un importante papel en la configuración de esta disciplina. Como sostienen Maroske y May, estuvieron presentes en el avance del pujante campo de la micología hasta la altura donde está hoy, lo cual no significa que la brecha de género haya sido menos pronunciada en este ámbito, aunque en algunos casos se haya interpretado de esa manera. Los desafíos y dificultades a los que debieron enfrentarse las interesadas en investigar los hongos[73] han sido similares a los de otras disciplinas.

---

[71] Ainsworth, G. C (1976). Introduction to the History of Mycology. Cambridge University Press.

[72] Prithvi Kini. The Role of Women in Mycology: A Tribute. Blog Novedo.

[73] Nada Kraševec. Towards a Fungal Science That Is Independent of Researchers' Gender.
J Fungi (Basel). 2022 Jun 28;8(7):675. doi: 10.3390/jof8070675.

Pese al sempiterno panorama misógino, donde la sociedad educada tendía a considerar excéntricas a las féminas interesadas en las «plantas sin flores»[74], el entusiasmo de ellas no flaqueaba. Hubo figuras femeninas que, insistimos, se negaron a permanecer al margen, consiguiendo participar y enriquecer la ciencia de su tiempo. A continuación, mencionamos a título de ejemplo algunas de las más destacadas, cuyas biografías se ampliarán en el próximo capítulo.

La intención de estas cortas menciones, es evidenciar una selección de ejemplos que ratifican unas valías comparables, en muchos casos, a los hombres instruidos en la materia. En el capítulo 3 completamos con información suplementaria dichos nombres y otros, comprobando que se han ganado estar en el mejor inventario biográfico de esta temática.

Entre las primeras en dedicarse vocacionalmente al tema destaca una brillante contemporánea de Linneo, la alemana **Catharina Dörrien** (1717-1795). Fue una talentosa artista botánica que tuvo la *osadía* de dar nombre a un nuevo espécimen de **hongos**. Como apunta el escritor científico De Bakcsy[75], aunque «se desvaneció en una completa oscuridad durante los dos siglos que siguieron a su muerte […], en la actualidad es reconocida como una mujer polifacética que surge casi increíblemente rica en dones intelectuales y artísticos».

La micóloga autodidacta **Anna Maria Reed Hussey** (1805-1877) formó parte esencial de un grupo de mujeres del siglo diecinueve, comprometidas con la ilustración científica[76]. En

---

[74] The Role of Women in Mycology: A Tribute. Prithvi Kini (Blog Novedo)
[75] De Bakcsy, Dale (24 January 2018). How 18th Century Botanist Catharina Helena Dorrien Created Girls' Science Education. Women You Should Know
[76] Hussey, Anna M. Reed (1847). Illustrations of British Mycology: Containing figures and descriptions of the funguses of interest and novelty indigenous to Britain in two volumes. London.

1847, publicó el primero de los dos volúmenes integrantes de un ambicioso trabajo titulado Illustrations of British Mycology, que contenía 90 hermosas láminas en colores de diversas especies de **hongos**, recolectadas en el campo, que han sido consideradas de «artística elegancia»[77].

En los Estados Unidos, una figura clave entre las micólogas precursoras fue la ilustradora **Mary Elizabeth Banning** (1822-1903)[78]. Elaboró unas pinturas extraordinarias que, dada su autoría femenina, permanecieron totalmente olvidadas durante más de un siglo, como ha relatado Anna M. Helt[79].

Entre las figuras femeninas con vocación por las «plantas sin flores» es obligado recordar a la original autora inglesa **Anna Children Atkins** (1799-1871), considerada una de las primeras en transformar las **algas** en un objeto artístico. Siguiendo una novedosa técnica llamada cianotipia, precursora de la fotografía, logró producir detalladas imágenes de más de 500 especímenes que han quedados reflejados en 12 álbumes bajo el título de British Algae: Cyanotype Impressions (1843-1854)[80].

A propósito de esta importante obra, la profesora de la Facultad de Bellas Artes de la UCM, Lucía Diz[81] ha subrayado que «pese a los esfuerzos del patriarcado por masculinizar el uso de las nuevas tecnologías, las mujeres estuvieron implicadas en la utilización de las diversas técnicas que han existido para la producción de imágenes botánicas».

[77] Shteir, Ann B. (1996). Cultivating women, cultivating science : Flora's daughters and botany in England, 1760-1860. Johns Hopkins University Press
[78] Brown, David. A Naturalist's Overlooked Devotion to Mind and Morels. The Washington Post. September 9, 1996.
[79] Helt, Anna Marija. The Fungi-Mad Ladies of Long Ago. Art & Art History. JSTOR. August 9, 2023
[80] Cohen, Alina. (Oct 15, 2018). The 19th-Century Botanist Who Changed the Course of Photography. ART SY
[81] Diz, Lucia (2023). Ellas ilustran BOTÁNICA. Consejo Superior de Investigaciones Científicas. Madrid

La secular «protectora» sombra masculina, un muro a derribar

A medida que el siglo XIX avanzaba, aunque la educación en casa era la opción preferida para las hijas de las familias de clase alta o media, el número de jóvenes que al menos se beneficiaron con algunos años de escolarización primaria iba en aumento. En consecuencia, describen Maroske y May, a lo largo de las décadas posteriores se fue produciendo un constante crecimiento de las tasas de alfabetización femenina. Ser capaz de leer y escribir creó más oportunidades para que las mujeres fueran autodidactas, razón por la que, progresivamente, conformaron un conjunto de naturalistas con actividades de campo. Las más voluntariosas, incluso consiguieron participar en algunas de las sociedades científicas que mantenían sus puertas abiertas para ambos sexos y todas las edades.

En aquellas sociedades profundamente misóginas, las féminas sin derecho a una educación formal, aunque decididas a practicar su vocación, se vieron obligadas a exteriorizar sus hallazgos y a disimular los logros bajo distintos subterfugios, siendo el más frecuente mantenerse bajo la sombra «protectora» de un hombre.

Como ha descrito la citada profesora de la Facultad de Bellas Artes de la UCM, Toya Lejido[82], «frecuentemente las mujeres dependían de la ayuda de los naturalistas masculinos, con los que colaboraban y mantenían correspondencia. En realidad, no existía ninguna rivalidad entre ellos por dos motivos: el primero es un exceso de modestia de las mujeres que estaban muy agradecidas por poder trabajar para estos grandes nombres masculinos; el segundo es que los hombres se sentían orgullosos de tener mujeres protegidas dentro de sus equipos, [a las que],

[82] Lejido, Toya (2023). Ellas ilustran BOTÁNICA. Consejo Superior de Investigaciones Científicas. Madrid.

generalmente, reconocían su ayuda. La historia está poblada de este tipo de cooperaciones; basta con repasar la cantidad de plantas que tienen nombre de mujeres, aunque fueron ellos quienes las bautizaban».

Un contexto de penas, luchas y logros

En la primera mitad del siglo XIX, destacó la figura de la botánica **Marie-Anne Libert** (1782-1865)[83], quien personifica una presencia femenina realmente excepcional entre una inmensa mayoría de botánicos hombres. Nacida en Bélgica y profundamente interesada en el estudio de los **hongos**, tuvo la oportunidad de entrar en contacto con el prestigioso micólogo suizo Augustin Pyramis de Candolle (1778-1841), quien reconoció su valía e impulsó su carrera profesional.

Con respecto a otro de los grupos incluidos en las «plantas sin flores», es preciso recordar que en las costas británicas durante el siglo XIX la recolección de **algas marinas** se había convertido en una actividad muy popular. Tal como se describe en el blog Atlas Obscura[84]: «La biología marina era un hervidero de entusiasmo biológico que impulsó la "moda" de recolectar algas».

La acreditada historiadora de la ciencia estadounidense y conservadora de libros antiguos Laura Massey, ha puesto el acento en rememorar que «parte de estas actividades científicas [las recolecciones] no estuvieron limitadas a los hombres; también representaron un respetable pasatiempo para las mujeres, aunque de ellas no se esperaba que practicaran ciencia por iniciativa propia, sino como un complemento social».

Sin prestar demasiada atención a lo que se esperaba de ellas, diversas entusiastas de la botánica dieron rienda suelta a su voca-

---

[83] Historique du Cercle Royal Marie-Anne Libert. 2012-06-30.
[84] Cara Giaimo. The Forgotten Victorian Craze for Collecting Seaweed. Blog Atlas Obscura. November 14, 2016

ción; emprendieron numerosas excursiones en búsqueda de algas y se desplazaron algunas veces por la arena, otras trepando sobre rocas, con el fin de alcanzar las pocetas formadas tras la retirada de la marea y recuperar de sus aguas diversos especímenes para conservarlos y estudiarlos con sumo cuidado. El escritor y artista Bronwen Scott[85] ha señalado que las recolectoras de estas plantas «no solo fueron capaces de explorar la naturaleza, sino también de mejorar sus conocimientos científicos», cumpliendo una ambición largamente acariciada por muchas.

Entre estas figuras femeninas destaca la botánica británica **Amelia Rogers Griffiths**[86] (1768-1858), que, por sus sobresalientes conocimientos en el tema, llegó a ser la experta en **algas** más distinguida de su tiempo. Descubrió numerosos ejemplares de algas, muchos de ellos nuevos para la ciencia; en su tiempo fue reconocida como una versada botánica, aunque tras su muerte fuera tristemente olvidada.

Otra destacada ficóloga inglesa fue **Margaret Scott Gatty** (1809-1873), que coleccionó, catalogó y estudió durante largo tiempo un elevado número de **algas**. Su espléndido trabajo ha quedado reflejado en un extenso libro titulado British Sea Weeds, compuesto por dos volúmenes y cuya elaboración le llevó 14 años.

Diversas historiadoras de la ciencia han lamentado que, pese a la dinámica actividad femenina desplegada en torno a la recolección de algas, un gran número de mujeres optaran por considerarse a sí mismas como meras coleccionistas aficionadas, haciendo esfuerzos para evitar definirse como científicas profesionales. Tal comportamiento favoreció que su obra permaneciera largamente olvidada y no por su falta de calidad, sino simple-

---

[85] Scott, Bronwen. The Seaweed Queens of Torquay: Amelia Griffiths and Mary Wyatt. May 11, 2021. Página web Medium
[86] Strange, Phillip (2014). The Queen of Seaweeds - The Story of Amelia Griffiths, an Early 19th Century Pioneer of Marine Botany. Philip Strange Science and Nature Writing. 19 August. 2014

mente por tratarse de mujeres anónimas. Sin embargo, pese a permanecer escondidas tras la mediación de figuras masculinas, las huellas del trabajo de algunas recolectoras vocacionales han quedado plasmadas en los cuidados **álbumes de algas** que ellas mismas elaboraron. La creación de estos álbumes tuvo una notable importancia durante aquellas fechas, por lo que consideramos oportuno dedicar un breve apartado a este tema.

Los bellos álbumes decimonónicos

La especialista en literatura inglesa y escritora Liz Downes[87], ha puntualizado que «la colección y preservación de algas marinas puede parecernos un improbable pasatiempo para las damas victorianas, [ya que], en general, se esperaba que las mujeres de clase media y alta solo desarrollaran habilidades para la música, el bordado u otro arte doméstico». Sin embargo, continúa Downes, «el crecimiento de la industrialización trajo un creciente interés por las actividades al aire libre en el campo o en la playa». La afición a esta última proporcionó a las féminas objetivos menos convencionales de lo habitual, y «se convirtió en un pasatiempo de moda, con el añadido de la aventura al tener que lidiar con las olas, las mareas y las rocas resbaladizas».

No obstante, para algunas mujeres la recolección tuvo un propósito mucho más serio que un mero entretenimiento. La citada Cara Giamo, junto a otras especialistas, sostiene que les proporcionó «la posibilidad de participar activamente en el descubrimiento científico y, en algunos casos, las llevó a conseguir el reconocimiento de los hombres que trabajaban en el mismo campo». Sus resultados han quedado reflejados en los bellos álbumes que ellas crearon, conservados actualmente en diversos museos.

---

[87] Downes, Liz. Slade's British Marine Algae. James Cook University. Australia. https://jcu.pressbooks.pub/yonge/chapter/slades-british-marine-algae/#:~:-text=SLADE%E2%80%99S%20BRITISH%20MARINE%20ALGAE

Los y las estudiosas que meticulosamente han analizado esos testimonios de la era victoriana, han mostrado su sorpresa ante lo bien que los especímenes conservan el color, la forma y la claridad de sus detalles después del tiempo transcurrido. Al parecer, el proceso de preservación, aunque era muy minucioso, no ofrecía grandes dificultades. En el libro del estadounidense A. B. Hervey, titulado Sea Mosses: A Collector's Guide[88] (1881), se describe que dichos álbumes estaban compuestos por folios encuadernados, al igual que un libro, y cada uno tenía adherido un espécimen. Estos se preparaban con suma pulcritud ya que, tras recolectarlos, se lavaban y secaban cuidadosamente. Luego se pegaban a una hoja de grueso papel blanco, provista de una etiqueta con el nombre de quien había recolectado el material y su clasificación científica, además de otros datos relacionados con la fecha, lugar y condiciones de la recolección. Por último, se encuadernaban y adquirían el aludido aspecto de libro.

Entre los álbumes botánicos mejor conservados que han llegado hasta nuestros días sobresale el elaborado por la británica **Mary Wyatt** (1789-1871) cuya obra, describe el mencionado escritor y artista Bronwen Scott, ha sido muy bien valorada tanto por su ciencia como por su arte.

Una de las últimas botánicas inglesas en llegar a este escenario recolector fue **Annie Slade** (1860-1951), que vivió durante un tiempo en la costa de Devon. Alrededor de 1880, esta joven de poco más de veinte años de edad creó un hermoso álbum de algas prensadas, actividad que, insiste la escritora Liz Downes, «representaba una relación entre las mujeres y la ciencia que venía desarrollándose lentamente a lo largo del siglo».

---

[88] Alpheus Baker Hervey, Sea Mosses: A Collector's Guide and an Introduction to the Study of Marine Algae (Boston: S.E. Cassino, 1881), 19 –28. https://doi.org/10.5962/bhl.title.64258

Por otra parte, la historiadora de la ciencia estadounidense Laura Massey[89], especialista en el estudio de libros antiguos, ha rememorado que comenzó a investigar sobre la recolección de algas marinas después de haber adquirido un álbum procedente del siglo XIX, hecho a mano y que llevaba el nombre de «**Miss Mary Carrington**».

La historiadora ha confesado tener un particular interés por la historia de las mujeres y sus habilidades artesanas, tradicionalmente definidas como femeninas, por lo cual ese álbum despertó en ella gran curiosidad. Aunque estaba algo deteriorado, detectó que procedía del noreste de los Estados Unidos; «un lugar apropiado porque fue publicado en New Haven, Connecticut, donde la extensa y rocosa costa de Nueva Inglaterra presenta abundantes algas marinas».

La especialista apunta que la elaboración de álbumes estuvo limitada a las regiones costeras, donde las algas marinas se encuentran de manera natural. Además, subraya que la zona de Nueva Inglaterra «tenía una gran población de clase media y alta con jóvenes mujeres que disfrutaban del tiempo suficiente y de recursos para desarrollar entretenimientos estéticos e intelectuales». Laura Massey concluye al respecto que «aunque la recolección de algas parece haber alcanzado su máxima popularidad en Gran Bretaña, ciertamente también se practicaba en los Estados Unidos, como lo demuestra el álbum de Mary Carrington».

Ante lo expuesto, queremos insistir en que estas valiosas obras femeninas, a las que se ha prestado atención solo en las últimas décadas, constituyen fehacientes pruebas del meticuloso trabajo realizado por científicas autodidactas que supieron aunar ciencia y arte en bellos álbumes botánicos. Como ha detallado Massey «los especímenes de algas recolectados, preservados y montados, demuestran paciencia, talento artístico y la refinada sensibilidad necesaria para apreciar la belleza más sutil de la naturaleza».

---

[89] Hunter Oatman-Stanford: When Housewives Were Seduced by Seaweed. November 7th, 2013

Los primeros pasos de la ciencia profesional: grietas prometedoras

Los estudios sobre las «plantas sin flores» alcanzaron un notable auge durante la época en que la tradición amateur daba lugar al nacimiento de la ciencia profesional. Sin embargo, han apuntado Maroske y May: «Mientras este hecho, mayormente, es verdad para los hombres […], la transición para las mujeres fue mucho más despareja, variada y ardua».

Ciertamente, cuando, a mediados del siglo XIX, la ciencia empezó a cambiar desde una actividad propia de aficionados y aficionadas a un trabajo profesional, las mujeres ya familiarizadas con el coleccionar, clasificar e ilustrar especímenes, tuvieron que enfrentarse a nuevas barreras igualmente impregnadas del perenne sesgo sexista. Con férrea determinación, no se dieron por vencidas ni cejaron en su empeño. Un notable número de talentosas féminas autodidactas escribieron y publicaron influyentes artículos y libros, tanto de divulgación como a nivel especializado. No obstante, raramente fueron identificadas como científicas, incluso a pesar de generar trabajos originales y rigurosos[90].

De hecho, la profesionalización de la ciencia fortaleció y aumentó las murallas arbitrariamente edificadas por quienes, desde un poder que se otorgaban a sí mismos, decidían impedir la participación femenina en tareas consideradas «exclusivamente masculinas». Apoyaban sus argumentos en prejuicios culturales, basados en la supuesta inferioridad intelectual y física del «sexo débil».

Con relación al trabajo de campo, esencial en las disciplinas de ciencias naturales, se hizo particular insistencia en que las féminas eran demasiado «delicadas como para abrirse camino, dando hachazos en la jungla o trepando por las montañas». Recolectar

---

[90] Margaret Horsfield, 2016. The Enduring Legacy of Josephine Tilden Hakai Magazine. https://hakaimagazine.com/features/enduring-legacy-josephine-tilden/

muestras, excavar la tierra o registrar culturas populares en los extremos del mundo, se consideraron actividades que requerían fuerza física, y que a menudo debían realizarse bajo condiciones que imponen insalvables desafíos para las delicadas «señoritas». Además, los «caballeros» esgrimieron un insidioso argumento declarando que la presencia femenina provocaba «distracciones en los científicos mientras estaban realizando un trabajo importante[91]».

Las falsas trincheras construidas con declaraciones tan poco consistentes como las citadas, frustraron las carreras de numerosas jóvenes interesadas en participar en la ciencia. Algunas, sin embargo, haciendo gala de ese inagotable espíritu de lucha que ha caracterizado a tantas mujeres de distintas generaciones, lograron superar los múltiples obstáculos que se les interponían y convirtieron en realidad sus propias ilusiones y proyectos. Nunca podremos saber cuántas lo intentaron, pero sí podemos afirmar que no fueron pocas las que consiguieron triunfar; y, a tenor de los últimos hallazgos, probablemente sean muchas más de las inicialmente supuestas.

Entre las que han salido a la luz, cabe mencionar a la botánica inglesa **Beatrix Potter**[92] (1866-1943), una excelente artista botánica que llegó a producir en torno a 350 láminas, principalmente de **hongos**, tan bellas como científicamente precisas. No obstante, sus desavenencias con algunos miembros del Jardín Botánico de Kew, en gran parte debidas a su condición de mujer, terminaron por frustrar sus estudios botánicos.

Por otra parte, la **micóloga** estadounidense **Violetta White Delafield** (1875-1949) disfrutó de su capacidad para unir el amor por la ciencia de las plantas y la pasión por el arte. No solo

---

[91] Ellen Liberman. The Changing Face of Fieldwork. March 12, 2018. The University of Rhode Island (URI)

[92] Perlmutter, Gary. NCBG Newsletter. March–April 2008. Report from the Herbarium

creó cientos de acuarelas de hongos distinguidas por un exquisito nivel de detalle, sino que también las acompañó de fidedignas anotaciones descriptivas.

En lo que respecta a los **líquenes**, es difícil hallar figuras femeninas nacidas con anterioridad a la segunda mitad del siglo XIX que escogieran dedicarse a esta especialidad. A partir de esas fechas, encontramos entre las primeras liquenólogas a la estadounidense **Carolyn Wilson Harris** (1849-1910), recordada por haber sido una infatigable recolectora durante una época en que los **líquenes** eran muy poco conocidos. Además de sus abundantes recolecciones, la botánica participó activamente en su identificación y clasificación[93], y estuvo entre las primeras figuras femeninas en publicar en la acreditada revista The Bryologist.

Como breve comentario, apuntamos que la citada revista The Bryologist, fundada en 1898 es la segunda más antigua de los Estados Unidos. Entre los años 1906 y 1911 desempeñó el cargo de editora la botánica autodidacta estadounidense **Annie Morrill Smith**[94](1856-1946), quien ejerció su oficio con notable eficacia.

La inglesa **Annie Lorraine Brown Smith** (1854-1937), fue, asimismo, una destacada **liquenóloga** y micóloga (es frecuente hallar expertas en ambas especialidades). Su logro más valorado fue un libro titulado Lichens (1921), que durante varias décadas constituyó un texto de referencia y se empleó en las universidades británicas y de otros países[95]. Además, Brown Smith fue miembra fundadora de la British Mycological Society.

Brown Smith trabajó en diversas ocasiones en colaboración con su pupila, la botánica irlandesa **Matilda Cullen Knowles** (1864-1933), hoy considerada fundadora de los estudios modernos sobre

---

[93] Miller, Mary F. (July 1910). Carolyn Wilson Harris. The Bryologist. 13 (4): 86.

[94] Anne Morril Smith. Wikipedia.

[95] Creese, Mary R. S. Annie Lorrain Smith (1854–1937). Oxford Diccionary. 6 May 2005

los **líquenes** en Irlanda. La comunidad especializada[96] ha calificado su obra como «una importante contribución de referencia a la botánica criptogámica de Irlanda y de la Europa oceánica occidental».

En la lejanas Islas Malvinas, la británica **Elinor Frances Vallentin** (1873-1924) recolectó en torno a 400 ejemplares de **algas marinas** que resultaron particularmente valiosos para la ciencia. Proporcionó sus especímenes al destacado botánico inglés Arthur Disbrowe Cotton (1879-1962), gracias a los cuales el científico llevaría a cabo el primer estudio completo de las «plantas sin flores» de las islas, como ha dejado escrito la profesora Margaret Clayton[97], de la Universidad Monash, de Australia.

En lo que respecta a las **briofitas** (musgos, hepáticas y antoceros), en la página web de la British Bryological Society[98] se apunta que, debido a su modesta naturaleza, sobre todo por la falta de vistosas flores y su pequeño tamaño, estas plantas han sido ignoradas o incluso despreciadas por su insignificancia. Sin embargo, es creciente el número de especialistas que, al observarlas con la lupa o el microscopio, han ido revelando una escondida belleza, así como su notable importancia y complejidad a nivel evolutivo, bioquímico y genético.

Entre las botánicas dedicadas al estudio de los **musgos** y **hepáticas** destaca la figura de la estadounidense **Clara Eaton Cummings** (1855-1906). Realizó importantes aportaciones a su especialidad, entre las que sobresale un valorado Catálogo sobre los musgos y las hepáticas de Norteamérica y el norte de México (1885). Según la profesora Patricia Palmieri[99], con este trabajo

[96] Mulvihill, Mary. To Matilda Knowles: a woman's life in lichen honoured in death Irish Times. Oct 9 2014

[97] Clayton Margaret (2003). Falkland Islands Seaweed Survey *(PDF). The Shackleton Scholarship Fund. p. 1.*

[98] About bryophytes https://www.britishbryologicalsociety.org.uk/learning/about-bryophytes/

[99] Palmieri, Patricia Ann. In Adamless Eden: The Community of Women Faculty at Wellesley. p. 11

Cummings se convirtió en una especialista ampliamente respetada por sus originales resultados sobre una temática poco conocida aunque con valor al alza.

Un anhelado objetivo: la educación superior con presencia femenina

El avance de las mujeres en la ciencia, pese a la tenaz voluntad mostrada por un buen número de ellas, fue lento, al estar entorpecido por una perpetua misoginia que, como hemos mencionado, no dudaba en interponer constantemente todo tipo de obstáculos para mantenerlas apartadas del mundo científico en cualquiera de sus funciones y especialidades, la botánica incluida. Como resultado, hasta el último tercio del siglo XIX, la educación femenina superior se vio obstinadamente limitada mediante inverosímiles supuestos sexistas basados en toda suerte de argumentos dirigidos a privarlas de una formación universitaria.

En ese panorama, mientras los hombres, con su libre acceso a esa formación, afianzaban sus conocimientos y alcanzaban profesiones especializadas, ellas vieron declinar el estatus de sus actividades. Sin oportunidad para incorporarse a la universidad y tener la facultad de realizar estudios superiores, describe Marilyn Ogilvie[100], se vieron limitadas a seguir siendo autodidactas y a investigar sin paga ni apenas reconocimiento. No obstante, debemos recordar que los estudios universitarios también tenían claras barreras de entrada a los jóvenes, especialmente en función de sus status de clase social y niveles económicos.

---

[100] Ogilvie, M. & Harvey J., editors. The biographical dictionary of women in science: pioneering lives from ancient times to the mid-20th century. 2 vols. Routledge; Abingdon, UK & New York, USA: 2000.

Un ejemplo clarificador

Los argumentos esgrimidos para justificar que «el bello sexo» no debía recibir educación superior constituyen una larga lista de creencias pseudocientíficas que alcanzó gran auge en el cambio del siglo XIX al XX. Como botón de muestra, resumimos la tesis mantenida por un médico neurólogo estadounidense llamado William A. Hammond[101] (1828-1900), quien defendía con vehemencia la superioridad del cerebro masculino frente al femenino como un hecho infalible que impedía la formación universitaria de las féminas.

A través de sus investigaciones sobre desórdenes de tipo nervioso, Hammond se mostraba convencido de la existencia de un estrecho vínculo entre la educación femenina y el colapso mental. Aseguraba haber observado que «muchas jóvenes, cuyo sistema nervioso estaba exhausto, se habían vuelto irritables debido a una intensa aplicación al estudio para el cual sus mentes no estaban preparadas». Este influyente médico proclamaba la superioridad intelectual del cerebro masculino sobre el femenino debido a su mayor tamaño y complejidad, y afirmaba que «cuanto más grande es el cerebro mayor es la capacidad mental de un individuo».

Hammond aseveraba que sus resultados ponían en evidencia que los cerebros femeninos carecían del escrupuloso rigor que requiere el método experimental característico de los trabajos científicos, y concluía que, por el contrario, estaban «perfectamente adaptados para la función propia de las mujeres en el plan establecido por la naturaleza» que, por supuesto, eran la maternidad y los cuidados.

Sin extendernos demasiado, queremos recordar que los razonamientos de Hammond fueron claramente desmentidos por la acreditada bióloga y escritora **Helen Hamilton Gardener**[102]

[101] https://en.wikipedia.org/wiki/William_A._Hammond
[102] Martínez Pulido, Carolina. https://mujeresconciencia.com/2016/02/24/cerebro-femenino-cerebro-masculino/

(1853-1925). Al igual que otras defensoras de los derechos femeninos de finales del XIX, Gardener consideraba que la ciencia era una herramienta importante para los avances de la lucha por la igualdad. Siguiendo esta idea, se involucró profundamente en los esfuerzos por resolver cuestiones sobre las diferencias biológicas entre los sexos. Se especializó en el estudio del cerebro humano y publicó en 1888 uno de sus artículos más conocidos, titulado *Sexo y Cerebro*, con el que alcanzó un gran respeto entre sus pares.

Helen Hamilton Gardener se enfrentó con firmeza a los argumentos del citado médico William A. Hammond en las páginas de la revista Popular Science Monthly [103], lo que generó, durante varios meses, un intenso debate en la sección de cartas al director. Gardener objetaba que los métodos del médico eran tan sexistas como sus hallazgos, pues estaban cimentados en la «asunción de prejuicios» más que en «hechos científicos y descubrimientos». Uno de los argumentos más convincentes de Gardener fue proponer a Hammond que demostrara, observando cerebros humanos anónimos conservados en los hospitales, cuáles habían pertenecido a hombres y cuáles a mujeres. El médico se negó rotundamente a realizar tal prueba, dando así indirectamente la razón a la ilustrada científica.

Nos parece apropiado traer aquí a colación un comentario realizado por la periodista y escritora británica especializada en divulgación de la ciencia, Ángela Saini[104], quien ha escrito que «a menudo no somos conscientes de que ciertos investigadores, y sus voceros más mediáticos, pretenden usar la ciencia para "verificar" añejos estereotipos de género carentes de rigor». Más adelante, apunta con acierto: «Se recurre a débiles evidencias científicas para defender ideologías [...]. Generan así una falsa apariencia de respetabilidad científica proveniente del uso de resultados que

---

[103] Popular Science Montly. https://es.wikipedia.org/wiki/Popular_Science#:~:text=Enlaces%20externos-,Popular%20Science,-16%20idiomas

[104] Saini, Ángela (2018). *Inferior*. Círculo de Tiza. Madrid

coinciden con opiniones y hacen que todo parezca convincente y respetable».

En suma, Saini concluye que los modelos de carácter sexista procedentes del mundo académico y apoyados en argumentos definidos como «naturales», popularmente han ejercido y ejercen una poderosa influencia en el pensamiento colectivo, pues son fáciles de entender y, por ello resultan sumamente difíciles de extirpar.

La batalla alcanza un final feliz

«La principal razón que explica la gran diferencia entre el número de especialistas masculinos y femeninos han sido sin duda las murallas levantadas con el fin de impedir formación superior de las mujeres», afirman Maroske y May; añadiendo, a continuación, que, frente a la pertinaz discriminación establecida «lo llamativo no está en que haya habido pocas científicas antes de 1900, la maravilla es que hubiera alguna».

Y las hubo porque las más interesadas, perseverantes y, en cierta manera, privilegiadas, además de tener acceso a buenas bibliotecas familiares o públicas donde ampliar conocimientos de forma autodidacta, lograron adquirir formación con cariz especializado; por ejemplo, acudiendo a conferencias y charlas impartidas por figuras de prestigio. No obstante, como ha descrito la profesora del Valencia College, Tennessee, Estados Unidos, Elizabeth S. Eschbach[105], «esta vía de instrucción era informal y no conducía a [poder] aumentar el estatus ni otorgaba ningún tipo de reconocimiento profesional a las mujeres».

---

[105] Eschbach E. S. (1993). The higher education of women in England and America, 1865–1920. Garland New York, USA.

El citado botánico estadounidense Emanuel D. Rudolph (1927-1992)[106] ha descrito que, en su país, pese a que raramente hubo botánicas profesionales durante el siglo XIX, ellas constituyeron una parte significativa de la comunidad botánica, por lo que desempeñaron un importante papel al fomentar el interés por la disciplina. A finales de la década de 1860 (tras terminar la guerra civil americana), continua este experto, «surgió un periodo de rápida expansión en la educación de las mujeres que promovió el interés por las plantas». No obstante, muy pocas se doctoraron. Las barreras en contra de las féminas en la academia, simplemente por el hecho de ser mujeres, eran exageradamente elevadas.

En la misma línea, la historiadora de la ciencia Margaret Rossiter[107] ha declarado que «la discriminación de las mujeres fue una forma particularmente opresiva de segregación que aplastó sus logros, quebrantando lo que nos gusta pensar acerca de "las normas de la profesión científica" [...]. Mis hallazgos demuestran que tal exclusión fue cierta para las botánicas profesionales; sin embargo, tengo evidencias de que las botánicas no profesionales en los Estados Unidos durante el siglo XIX fueron un componente importante para el desarrollo de la ciencia».

Debemos recordar que, en aquel polémico clima decimonónico, se consolidó un movimiento político y social, surgido en torno a finales del siglo XVIII: el **feminismo** (y el sufragismo), cuyo objetivo era alcanzar la igualdad entre mujeres y hombres. Sus integrantes no estaban dispuestas a retroceder en su ardua batalla por la conquista del derecho a la educación superior femenina. El más que merecido triunfo se consiguió cuando un creciente

---

[106] Rudolph, Emanuel D. (1982). «Women in Nineteenth Century American Botany. A Generally Unrecognized Constituency». American Journal of Botany. Vol. 69, No. 8 (Sep., 1982), pp. 1346-1355 (10 pages). Published By: Wiley

[107] Rossiter, Margaret (1982) Women Scientists in America: Before Affirmative Action, 1940-1972 . Baltimore. Johns Hopkins University Press

número de países occidentales se vio obligado a levantar arcaicas barreras y admitir alumnado femenino en sus aulas. Aquellos espíritus combatientes, aunque siguiendo un lento y tortuoso camino, habían, por fin, alcanzado el legítimo derecho a ser, si lo deseaban, estudiantes universitarias.

Las estadounidenses estuvieron entre las primeras en lograr que, a partir de 1862, su país permitiera la entrada de alumnas en la universidad. No obstante, advierten Maroske y May, este hecho «fue debido únicamente a que ellas no estaban específicamente excluidas de la legislación federal».

En Europa, se negó la educación superior a las mujeres hasta la década de 1880; aunque ello no fue óbice para que diversos grupos femeninos autodidactas desarrollaran una gran actividad. De hecho, hasta los primeros años del siglo XX, esa tradición altruista permaneció como el modo dominante entre las féminas. En Gran Bretaña, por ejemplo, el amateurismo persistió durante más tiempo que en otros países, debido a la fuerte resistencia local frente a la coeducación. La misoginia llegó hasta el punto en que, por ejemplo, las estudiantes no pudieron obtener el título de graduada en Cambridge ¡hasta 1947!

A lo expuesto hay que añadir un hecho: a medida que la actividad científica se iba transformando en una profesión remunerada, el número de especialistas con interés por obtener un contrato de trabajo dedicado a la docencia e investigación en los centros más prestigiosos dio lugar a una fuerte competencia entre los candidatos masculinos.

Como era de esperar, en este contexto las mujeres no fueron bienvenidas. Maroske y May han citado cartas en las que científicos varones expresaban su consternación por la «feminización» de la botánica. Por ejemplo, el conocido botánico especialista en micología y patología vegetal George Perkins Clinton (1867-1937), revelaba su enfado al escribirle a un colega que «no habría estado mal con una única mujer ¡pero ahora se han extendido a una docena o más!». Los citados Maroske y May insisten en que «los intentos por confinarlas a la esfera de amateurs y la resistencia a la "feminización" de la botánica estuvieron respaldados durante largo tiempo por convencionalismos establecidos e inagotables prejuicios».

Por otra parte, la respetada doctora en Química y especializada en las contribuciones científicas femeninas Mary R. S. Creese (1935-2017)[108], ha recordado que la mayor parte de las mujeres graduadas en los Estados Unidos que publicaron antes de 1900 solo pudieron hacer modestas intervenciones, basadas en la investigación de sus tesis doctorales. Aunque hubo varias botánicas que en la década de 1890, inicialmente, se dedicaron a su especialidad, luego acabaron trabajando en institutos de enseñanza media, que constituía la opción más accesible para las universitarias. Asimismo, otras ni siquiera continuaron con sus carreras científicas, siendo la razón más frecuente el matrimonio y la maternidad, que se suponían incompatibles con una labor profesional.

El floreciente triunfo de las universitarias

La incorporación de las mujeres a la ciencia experimentó, sin duda alguna, un verdadero cambio a partir de su entrada en las universidades. Ante ellas, se extendió entonces un inmenso horizonte que, con anterioridad, solo habían podido intuir. Muy pronto, algunas figuras femeninas empezaron a ocupar cargos en centros universitarios o en instituciones de investigación gubernamentales al tiempo que conseguían publicar sus trabajos en revistas especializadas.

---

[108] Creese M.R.S. Ladies in the laboratory. II: West European women in Science, 1800–1900: a survey of their contributions to research. Scarecrow Press; Lanham, USA & London, UK: 2004.

El conjunto de profesionales femeninas, sin embargo, solo logró superar en número a las amateurs tras el cambio del siglo XIX al XX. Fue a partir de esas fechas cuando las aficionadas empezaron a perder terreno al ser rápidamente superadas en número por las graduadas universitarias. La calidad de sus contribuciones, apuntan Maroske y May, «sugiere con meridiana claridad todo lo que se había perdido al restringir el acceso de la mitad de la población a la educación superior y a las carreras especializadas».

Entre 1918 y 1919 en el Reino Unido, por ejemplo, se incorporaron numerosas mujeres a la educación secundaria, lo cual les abrió el camino hacia la universidad. Las estudiantes graduadas en ciencias naturales, encontraron ciertas facilidades en el estudio de la botánica, ya que, siguiendo cierta tradición dominante, esta disciplina era apropiada para las jóvenes. La razón de tal tolerancia, ha recordado el profesor de la Universidad del País Vasco Ibon Cancio[109], era debida a que «no las exponía a "las inmoralidades de los animales" en su lucha por la supervivencia y la reproducción».

Una de las primeras universidades de Europa occidental que aceptó conceder títulos a mujeres fue la Universidad de Londres, a partir de 1880. Con posterioridad, un destacado centro de educación superior, fundado en 1849, el Bedford College [110], pasó a formar parte de dicha universidad, y en 1900 abrió por completo sus puertas a las mujeres, participando así del liderazgo en la formación femenina.

En esta institución, por ejemplo, cursó estudios la notable botánica y **micóloga** inglesa **Gulielma Lister** (1860-1949). Como ha descrito la historiadora de la ciencia de la Universidad de

---

[109] Ibon Cancio, Mary Parke, the phycologist with 'green fingers' for tiny marine algae. 22. de marzo 2021

[110] https://en.wikipedia.org/wiki/Bedford_College,_London

Cambridge, Patricia Fara[111], desde muy joven Lister «se negó con determinación a que los obstáculos acumulados en contra de las mujeres detuvieran su carrera». Y, ciertamente, lo consiguió, ya que con un apreciable arrojo llegó ser una autoridad internacional en **hongos**.

En esta misma especialidad, años más tarde, la ilustre científica holandesa **Johanna Westerdijk** (1883-1961)[112] tuvo una influencia determinante en el estudio de los hongos al potenciar el desarrollo del Central Bureau of Fungal Cultures (CBS) de su país. Se trata de un destacado laboratorio de micología, hoy llamado en su honor Instituto Johanna Westerdijk[113].

Dirigiendo la mirada hacia el continente americano, cabe indicar que, en la Universidad de California, Berkeley, se doctoró por primera vez una mujer en el año 1915. Se trataba de la botánica **Helen Margaret Gilkey** (1886-1972), notable **micóloga** e ilustradora botánica especializada en trufas; un tipo de hongos que crece bajo tierra en estrecha asociación con las raíces de árboles[114].

Entre las liquenólogas, recordamos a la botánica alemana **Erna Schenck Walter**[115] (1893-1992), doctorada por la Universidad de Heidelberg y particularmente interesada por los **líquenes**. Esta científica jugó un papel de capital importancia en los trabajos de investigación publicados por su marido Heinrich Walter y, como en tantos otros casos, fue una experta olvidada; no obstante, ella llegó a recolectar 584 especímenes procedentes de al menos 16 países distintos a lo largo de su fructífera vida profesional.

---

[111] Fara, Patricia (2021). Gulielma Lister: the female botanist who became the queen of slime mould. BBC History Magazine.

[112] Boonekamp, P.M., et al. (2019). Johanna Westerdijk (1881–1961). The impact of the grand lady of phytopathology in the Netherlands from 1917 to 2017. Eur J Plant Pathol 154, 11–16 (2019).

[113] Money, Nicholas P. Women mycologists. March 4th. 2016

[114] Leonard, Lois. Helen Gilkey (1886-1972). Oregon Encyclopedia (5-6-2019).

[115] Erna Schenck Walter https://en.wikipedia.org/wiki/Erna_Walter

Prestando atención a las que optaron por especializarse en **algas**, encontramos a la bióloga marina holandesa graduada por la Universidad de Ámsterdam, **Anna Antoinette Weber-van Bosse** (1852-1942), memorable por ser una de las primeras mujeres en formar parte de una gran expedición oceanográfica; en este caso, con destino a Indonesia. Su logro más reconocido fue demostrar, tras un minucioso estudio, que los arrecifes de coral son ecosistemas vivos donde las algas rojas cumplen una importante función[116].

En los Estados Unidos, brilla con especial luz la experta en **algas Josephine Elizabeth Tilden** (1869-1957). Viajera incansable, logró salvar todo tipo de obstáculos con el fin de recolectar especímenes en el océano Pacífico, en su mayor parte desconocidos para la ciencia de su tiempo. «Los ejemplares allí conservados», relata Emily Dzieweczynski[117], «ofrecen importantes datos históricos, además de material disponible para los y las especialistas interesados procedentes de todo el mundo».

En este contexto, resulta muy ilustrativo hacer referencia a un centro británico que ostentó una célebre tradición de investigadoras en **algas**. Se trata de la Estación Biológica Marina (Marine Biological Station) dependiente de la Universidad de Liverpool y situada en Port Erin, Isla de Man. En esa Estación se llevó a cabo un extraordinario trabajo de equipo dirigido por la prominente botánica Margery Knight (1889-1973).

Como ha descrito la investigadora del Museo Nacional de Liverpool, Geraldine Reid[118], el estudio de las algas en Gran Bretaña «experimentó una explosión de actividad investigadora gracias

---

[116] Hutcheson, Emily. Scientist of The Day, Anna Weber-Van Bosse. March 27, 2021

[117] Dzieweczynski, Emily (2022). Celebrate Women's History Month with us by learning about Josephine Tilden, an algae expert and the first woman scientist at the University of Minnesota. Bell Museum. University of Minnesota.

[118] Geraldine Reid, Ph.D. From the Shore to the Sublittoral: Liverpool's Algal Women.
Volume 14, Issue 4 (2018). https://doi.org/10.1177/155019061801400405

a un formidable equipo de mujeres de la Estación Marina, cuyos resultados dieron forma a partir de 1920 a la ficología británica […] y colocaron a la Universidad de Liverpool en la vanguardia de la investigación en algas».

En el ámbito dedicado al estudio de las **briofitas**, sobresale la asombrosa botánica estadounidense **Elizabeth Knight Britton** (1858-1934). Como ha explicitado la escritora Marcia Myers Bonta[119], su mayor logro fue impulsar y dirigir la fundación del Jardín Botánico de Nueva York. Abierto al público en 1900, muy pronto se convirtió en uno de los centros punteros de la investigación botánica de los Estados Unidos, y su herbario alberga hoy la colección más importante de briofitas del mundo.

En Gran Bretaña, la prestigiosa sociedad British Bryological Society, dedicada a incentivar principalmente el estudio de **musgos y hepáticas**, contó entre sus fundadores a un grupo de todos hombres excepto una única mujer: **Eleonora Armitage** (1865-1961), destacada por su magnífica y productiva labor en esta especialidad. Pese a que, como ha descrito el briólogo Mark Lawley[120], en sus comienzos las instituciones le cerraron el paso y afirmaron que «las mujeres con sus encantos y artimañas podrían distraer a sus miembros de los serios asuntos objeto de sus estudios», Armitage no se desanimó y consiguió publicar un conjunto de valiosos y originales trabajos.

Nacidas en el siglo XX

Las científicas de la segunda mitad del siglo XIX, tras un combativo trayecto que tenía ya un largo recorrido, lograron dotar al

---

[119] Bonta, Marcia Myers (1991). Women in the Field: America's Pioneering Women Naturalists. Texas A & M University Press.
[120] Lawley, Mark (2021). Eleonora Armitage (1865-1961) britishbryologicalsociety.org.uk.

panorama femenino con nuevas oportunidades para la siguiente generación. No obstante, pese a que, por fin, se había conseguido que las mujeres pudieran matricularse libremente en la universidad, es necesario subrayar que seguía existiendo una tozuda visión androcéntrica en el ámbito del conocimiento. Diversas historiadoras de la ciencia han denunciado que la comunidad de especialistas masculinos, al verse obligados a caducar ante la frase de «la ciencia no es cosa de mujeres», optaron sustituirla por otra igualmente misógina, «la ciencia hecha por mujeres es de baja calidad».

Las universitarias, resistentes a ese enmohecido sexismo, no permitieron que se las excluyese de un ámbito por el que tanto habían luchado. Así pues, aunque la relación entre la ciencia y las mujeres continuó siendo difícil, y la igualdad con sus colegas varones estaba aún por alcanzar, las nacidas a comienzos del nuevo siglo desplegaron un floreciente entusiasmo. En paulatino aumento, fueron configurando con determinación un colectivo cualificado en diversas ramas de la ciencia, entre las que prosperó el estudio de las «plantas sin flores». A continuación, citamos algunas de las numerosas expertas nacidas en la primera mitad del siglo pasado que se dedicaron con ahínco a esta rama de la botánica.

Valiosas contribuciones femeninas

Empecemos subrayando que, en 1970 la Facultad de Ciencias de la Universidad de Bristol elegía como decana por primera vez en el Reino Unido a una profesora especializada en **hongos**. Se trataba de **Lilian Edith Hawker** (1908-1991), conocida por ser una infatigable y original científica[121] que realizó excelentes trabajos sobre la fisiología de los hongos.

---

[121] Madelin, M. F. (1991). Obituary: Lilian E Hawker: 19 May-1908. February 1991. Mycological Research. 95: 1343-1344

En la misma especialidad, recordamos a la canadiense **Margaret Elizabeth Barr Bigelow** (1923-2008)[122] que, según diversos autores y autoras «pasó su vida adulta trabajando en un grupo de **hongos** tan amplio que llegaría a observar más diversidad en estos organismos que la detectada por la mayor parte de sus colegas en toda su carrera». Describió especímenes aislados de ambientes tan extremos como dentro de rocas, en la helada planicie Antártica o incluso en las profundidades del mar.

Su contemporánea, la estadounidense **Lois Hattery Tiffany** (1924-2009), fue también una acreditada **micóloga** cuya extensa carrera profesional en la universidad de Iowa alcanzó un relevante éxito. Sin embargo, sus primeros 20 años de profesión constituyeron una época turbulenta debido al descarado sexismo de algunos miembros de la universidad, que «como una plaga obstaculizaron su desarrollo»[123]. Hattery Tiffany respondió empeñándose con diligencia y tenacidad en la lucha por la igualdad y defendió que «las mujeres debían aceptarse completamente y con total normalidad en el campo de la ciencia».

En España, la primera mujer directora del Jardín Botánico de Madrid ha sido la **micóloga María Teresa Telleria**, nacida en Bilbao en 1950. Gran viajera, ha formado parte de diversas expediciones científicas, tanto en el extranjero como en la Península Ibérica, y ha realizado extensos trabajos de campo centrados en desentrañar la diversidad que encierra el mundo de los hongos.

Sobre el papel de las mujeres en el estudio de los **líquenes**, es de interés traer a colación la figura de la británica **Ursula Duncan** (1910-1985). Su exalumno, Peter James[124], ha recordado que

---

[122] Blackwell, Meredith; Emory Simmons and Sabine Huhndorf (2008) Margaret Elizabeth Barr Bigelow 1923–2008. Pages 281-283.

[123] Healy, R.A., et al. «Lois Hattery Tiffany, 1924–2009». Mycologia. Volume 102, 2010

[124] James, Peter Wilfred. Obituario. Lichenologist. October 1986, 18:4, pp. 383-385

«fue una de las escasas personas que, en la primera mitad del siglo XX, mostró interés por estudiar los líquenes». En 1961, publicó una excelente monografía ilustrada que fue altamente valorada por sus colegas y, durante años, un referente para los y las estudiantes de botánica y de ecología.

En este recorrido que incluye algunas destacadas liquenólogas, es de interés resaltar el cuidado artículo escrito por la investigadora británica Ellie Harvey[125]. Se trata de una amplia investigación cuya finalidad fue catalogar y organizar los archivos de la prestigiosa Sociedad Británica de Líquenes (British Lichen Society, BLS), fundada en 1958.

Harvey comienza su escrito apuntando que, en cuanto dio sus primeros pasos en la realización de su proyecto, notó ciertos vacíos en los archivos, siendo lo más chocante la falta de representación de varias mujeres que formaron parte del personal de la Sociedad. Entre otras, cita, por ejemplo, a **Pauline Topham**, de la que «solo se conservan un par de fotos». Sin embargo, aprecia Harvey, como prolífica investigadora y recolectora Topham contribuyó con más de 34.000 registros a la base de datos de la Sociedad; además, emprendió largos viajes con el fin de recolectar especímenes en lugares tan lejanos como, por ejemplo, Groenlandia. Asimismo, Tophan fue quien realizó la primera publicación sobre un **liquen**, *Acarospora oxyonata*, localizado en las Islas Canarias[126]. Por si todo ello fuera poco, añade la escritora, la olvidada científica participó en actividades de gestión y administración, ya que ocupó el cargo de vicepresidenta de la citada Sociedad y, durante 1980 y 1981, fue directora y organizadora de diversas reuniones de campo. No obstante, insiste Harvey, «aunque toda

---

[125] Harvey, Ellie. «Growing in Plain Sight: Women in the British Lichen Society Archives»
British Lichen Society 2023. Bulletin no 123, pp 29-33
[126] Las Cañadas del Teide. Published online by Cambridge University Press: 28 March 2007

esta información está bien documentada en los archivos, Pauline Topham apenas ha sido recordada».

Ellie Harvey también ha hecho hincapié en otros «olvidos», apuntando que «desde su fundación, la Sociedad Británica de Líquenes ha tenido cinco mujeres presidentas, y otras cinco que han recibido algún premio». Sin embargo, subraya, «no pude encontrar dentro del material actualmente conservado en los archivos menciones sobre los logros o trabajos de ellas que justifican el que recibieran sus respectivos reconocimientos».

Finalmente, Ellie Harvey concluye afirmando que «las contribuciones de estas mujeres se han desarrollado con una perspectiva plana, permaneciendo aún hoy casi ignoradas». Y razona que «esos inesperados vacíos y carencias de narrativa muestran que ningún archivo es completamente neutral en su representación de la historia. Dado el pernicioso estereotipo de género que, históricamente, ha existido en la botánica y, por extensión, en liquenología, es responsabilidad de todos los científicos y científicas el asegurar que ninguna contribución sea minusvalorada o minimizada en los registros históricos». Como conclusión, denuncia que «los archivos son testigos del pasado, y es necesario que representen con exactitud el trabajo de **todos** sus miembros».

Dirigiendo la mirada hacia el continente europeo, dentro del ámbito de la **liquenología,** es indispensable citar a la acreditada científica alemana **Aino Marjatta Henssen** (1925-2011). Según han descrito el botánico H. Thorsten Lumbsch y la botánica Heidi Döring[127], durante una época en que la liquenología era a menudo solo local, Aino Henssen estuvo entre las primeras expertas verdaderamente internacionales. Sus numerosas publicaciones están entre las más valoradas en su especialidad; sobre todo, porque

---

[127] Thorsten Lumbsch, H. and Heidi Döring (2011) A tribute to Aino Marjatta Henssen (1925-2011). Published online by Cambridge University Press: 12 December 2011

introdujeron nuevos y revolucionarios conceptos para la época en que las realizó.

Cambiando nuestro foco de atención y centrándonos ahora en Sudamérica, encontramos la valiosa figura de la botánica chilena **Wanda Quilhot Palma**[128] (1929-2023). Experta en **líquenes**, dedicó sus esfuerzos a investigar un original tema: el papel de los líquenes como bioindicadores[129], gracias al cual logró unos extraordinarios resultados que han quedado reflejados en más de cien publicaciones en revistas y en diversos capítulos de libros.

En España, la actual presidenta de la Real Academia de Ciencias Exactas, Físicas y Naturales, **Ana Crespo de las Casas,** nacida en 1948, es hoy una valorada especialista en **líquenes**, reconocida a nivel nacional e internacional[130]. Impulsó, con éxito, una red de trabajo entre colegas de toda Europa, y amplió un interesante proyecto de investigación sobre los líquenes de la región mediterránea occidental y de la Macaronesia. Además, Crespo es una perseverante defensora de la igualdad entre mujeres y hombres en la ciencia y, por ello, partidaria de adoptar medidas activas en este terreno[131].

Formando parte de la generación de botánicas de la primera mitad del siglo XX, especializadas en **algas**, sobresale la inglesa **Mary Winifred Parke**[132] (1908-1989). Sus técnicas sobre el cul-

---

[128] Carvajal, Yuri (2012). «Investigación apasionada en ciencias básicas en Chile: una conversación con Wanda Quilhot» [Passionate Research in Basic Sciences in Chile: A Conversation with Wanda Quilhot]. Revista Chilena de Salud Pública (Santiago, Chile: Equipo Editorial) 16 (2): 181-184

[129] Quilhot, Wanda et al. (2002).Efectos de la radiación ultra violeta solar en la acumulación de [compuestos fotoprotectores], Boletín del Museo Nacional de Historia Natural, Chile 51: 75-80

[130] Pradeep K. Divakar, Eva Barreno, Leopoldo Sancho and H. Thorsten Lumbsch. Ana Crespo: a 70th birthday tribute. Published online by Cambridge University Press: 8 May 2018

[131] Martínez Pulido, Carolina. Ana Crespo, primera presidenta en la Academia de las Ciencias de España. Blog Mujeres con ciencia. 1109/2024

[132] Fogg, G.E. (2004). Parke, Mary Winifred (1908–1989). Oxford Dictionary of National Biography (online ed.)

tivo de algas marinas han constituido un modelo para los centros de investigación sobre organismos acuáticos de todo el mundo. Asimismo, describe la escritora británica Catharine M. C. Haines[133], Parke produjo bellos y precisos dibujos de algas.

Con posterioridad, Mary Parke, junto a la brillante botánica también inglesa y profesora de la Universidad de Leeds **Irene Manton**[134] (1904-1988), realizaron espectaculares avances sobre una gran variedad de algas, gracias a un nuevo y poderoso instrumento: el microscopio electrónico. Sus novedosos hallazgos no solo revelaron muchos aspectos desconocidos hasta esos momentos, sino que las técnicas desarrolladas por estas investigadoras también pudieron usarse en numerosos estudios posteriores realizados por laboratorios británicos y del extranjero[135].

Con el fin de citar las aportaciones de científicas destacadas, damos un salto geográfico hasta Sudamérica y traemos a la palestra a la argentina **Carmen Pujals**[136] (1916-2003), experta en **algas,** que participó en un encuentro entre ciencia y aventura en la Antártida. Junto a otras tres destacadas investigadoras, lograron recolectar para su estudio numerosas muestras de organismos capaces de habitar en ambientes extremos.

Otro punto del globo, en la isla de Irlanda, disfrutó durante largos años de una importante autoridad en los estudios de las «plantas sin flores». Se trata de la acreditada botánica **Kathleen**

---

[133] Haines, Catharine (2001). International Women in Science: A Biographical Dictionary to 1950 (Google eBook)

[134] Leadbeater, Barry. Irene Manton: A Biography (1904-1988). The Linnean Society of London. Special Issue No 5. 2004

[135] Cancio, Ibon. Mary Parke, the phycologist with 'green fingers' for tiny marine algae 22. de marzo 2021
Fogg, G.E. (2004). Parke, Mary Winifred (1908–1989). Oxford Dictionary of National Biography (online ed.).

[136] Quartino, María Liliana (2005). «Carmen Pujals (1916-2005)». Bol. Soc. Argent. Bot. v.40 n.1-2. Córdoba ene./jul. 2005

Murphy King[137] (1893-1978). Especializada en **briofitas**, tal como se recuerda en el blog Ask about Ireland [138], «fue un ejemplo de cuánto una "talentosa aficionada", con escasa formación institucional, puede añadir al legado científico de un país».

En esta misma especialidad, la brióloga estadounidense **Margaret Hannah Fulford** (1904-1999) alcanzó un indiscutido papel de liderazgo durante la mayor parte del siglo XX. Fue mundialmente respetada como una autoridad en **hepáticas y musgos,** y recibió merecidamente numerosos premios nacionales e internacionales.

La botánica catalana **Creu Casas i Sicart** (1913-2007), es considerada la mejor especialista española en briología del siglo XX. Exploró, con gran éxito, las briofitas de la Península Ibérica, y su valorado herbario se conserva hoy en la Universidad Autónoma de Barcelona. Impulsó muchas vocaciones y contó con numerososos entusiastas colaboradores y colaboradoras en diversas universidades españolas y portuguesas.

En Panamá, la distinguida científica especializada en el estudio de las **briofitas, Noris Salazar Allen**, ha sido profesora universitaria e investigadora con una extensa y rica proyección profesional. Su trabajo ha permitido despejar muchas de las claves sobre la vida temprana en nuestro planeta[139]. Además de docente e investigadora de la Universidad de Panamá, Salazar Allen forma parte del acreditado Smithonian Tropical Research Institute, donde ha recibido numerosos premios y honores «por contribuir de manera sobresaliente a la poco conocida diversidad y belleza de las briofitas[140]».

[137] Byrne, Patricia M. (2009). "King, Kathleen". In McGuire, James; Quinn, James (eds.) Dictionary of Irish Biography. Cambridge: Cambridge University Press

[138] Kathleen King (1893-1978). Ask About Ireland. 14 May 2015

[139] Crooks, Vanessa. Pequeñas plantas en un gran mundo cambiante. Smithonian Tropical Research Institute. Febrero 2021.

[140] Pérez, J. I. (2013-08-16). Profile: Noris Salazar. Smithsonian Tropical Research Institute

Finalizamos este capítulo 2 poniendo en perspectiva el fenómeno histórico de toda una transición, entre cuyos hechos fue esencial que la formación universitaria admitiera el acceso de las mujeres (sin olvidar que en su mayor parte pertenecían a familias adineradas o de clase media), imbuidas de personalidad y decididas vocaciones. En esa generalizada dinámica de cambios hay que inscribir el notable salto ocurrido en el estudio sobre las «plantas sin flores».

CAPÍTULO 3

PROGRESIVA PARTICIPACIÓN DE LAS MUJERES
Testimonios en el listado de referentes

El hecho de ser mujer e investigadora destacada
a muchos parecía «poco natural»,
puesto que el pensamiento dominante sostenía que
«la ciencia no es cosa de mujeres»
Michael J. Carlile

En este capítulo realizamos un breve recorrido histórico sobre la presencia en la botánica de mujeres nacidas entre el siglo XVIII y la primera mitad del siglo XX, con el fin de subrayar su activa participación en la ciencia moderna. Pese a que los «sabios» del momento arbitrariamente decidieron que la investigación científica debía reservarse solo para «el serio pensamiento de los hombres», un destacado número de figuras femeninas, defensoras de la igualdad de oportunidades y caracterizadas por ser aguerridas autodidactas, optó por ampliar conocimientos con vocación y entrega durante el citado periodo. Por esta senda, lograron transferir su indiscutible impronta a los avances de la disciplina.

Rememorar estas breves semblanzas constituye una buena forma de contraponerse al pensamiento misógino y dominante, previamente dictado, que las excluía de la ciencia sin remisión alguna. Las aquí citadas, y tantas otras que no hemos podido incluir por razones de espacio, no solo lograron posicionarse honestamente y con exitosos resultados en sus carreras profesionales, sino también convertirse en figuras de referencia en esta especialidad para las nuevas generaciones.

MICÓLOGAS

Catharina Helena Dörrien (1717-1795), sorprendente y original botánica alemana

El destacado escritor, artista y colaborador de la página web Women you Should Know, Dale DeBakcsy[141] afirmaba categóricamente en 2018 que «la desafortunada tendencia a infravalorar la Ilustración alemana ha dado como resultado que personajes verdaderamente notables se hayan deslizado casi hasta el olvido cuando, claramente, merecían un destino mejor». En este sentido, continúa el escritor, «una generación de genios fue infravalorada, incluyendo a una mujer polifacética que surge casi increíblemente rica en dones intelectuales y artísticos».

Dale DeBakcsy se está refiriendo a Catharina Helena Dörrien (1717-1795), artista con mucho talento, ya que hoy es reconocida como «la naturalista femenina más famosa de habla alemana de su tiempo». Nacida el 1 de marzo de 1717 en Hildesheim, Baja Sajonia, Alemania, Catharina Dörrien, según subraya el autor, fue una «innovadora pedagoga, pintora de renombre, naturalista rigurosa, esforzada traductora y dotada narradora que ganó fama internacional en su tiempo, [si bien parecía] desvanecerse en una completa oscuridad durante los dos siglos que siguieron a su muerte».

Catharina fue la segunda hija de cuatro hermanos de una culta familia formada por el pastor Johann Jonas Dörrien y Lucia Catharina Schrader. «Como defensor de la naciente Ilustración, indica DeBakcsy, su padre creía que sus hijas e hijos debían tener acceso por igual a los recursos necesarios para aprender sobre el mundo y su historia, tanto natural como política». A la luz de

---

[141] DeBakcsy, Dale (24 January 2018). How 18th Century Botanist Catharina Helena Dorrien Created Girls' Science Education. Women You Should Know

tales ideas, la niña recibió la misma formación que sus hermanos varones y pudo «aprender todo aquello que despertara su fantasía, incluyendo latín, historia, geografía y ciencia». Su biógrafa, Regina Viereck [142], ha destacado la amplitud de los temas que interesaban a Catharina, enfatizando que la joven también aprendió botánica al colaborar con sus padres en el cuidado del jardín de la casa parroquial, «actividad que se convirtió para ella en un verdadero placer».

Cuando Catharina tenía 16 años, falleció su madre y, cuatro años más tarde, moría su padre. Sobre la década siguiente existen muy pocos datos biográficos, y se supone que la joven probablemente vivió con parientes o amigos mientras que sus hermanos fueron a la universidad.

La vida de Catharina Dörren experimentó un notable cambio tras recibir una carta de su amiga de la infancia, Sophie Anna Blandina von Alers, que la invitaba a su casa en Dillenburg, ahora estado de Hesse, situado a unos 260 kilómetros de Hildesheim, para que fuera institutriz de sus hijos. La intelectualmente inquieta Dörren, que tenía entonces 30 años de edad, aceptó, gustosa, la sugerencia. Pronto, se vio incluida en una atmósfera donde reinaba el estudio, pues el marido de su amiga era el respetado historiador y amante de las plantas Anton Ulrich von Erath (1709-1773). Estimulada por el ambiente de esta familia culta y defensora de la educación femenina, relata Debakcsy, la joven «aprendió francés, pintura y taxonomía botánica en una rápida sucesión».

Inicialmente, Catharina Dörrien pintaba por placer, pero Erath detectó sus múltiples habilidades y la invitó a desplazarse con él por el Principado de Orange-Nassau, estimulándola en la búsqueda de nuevas variedades de plantas que documentar y pin-

---

[142] Viereck, Regina (2000). Zwar sind es weibliche Hände - Die Botanikerin und Pädagogin Catharina Helena Dörrien (1717-1795).Frankfurt/New York: Campus Publisher

tar. Entusiasmada con los hallazgos, Dörrien publicó sus primeros trabajos ilustrados; estos eran, sobre todo, de carácter pedagógico y ofrecían deslumbrantes relatos dirigidos principalmente a la educación de las jóvenes.

Como muy bien ha recordado Dale DeBakcsy, en 1756, tres años antes de que naciera Mary Wollstonecraft (1759-1797), célebre autora británica que reivindicó los derechos de las mujeres (Vindication of the Rights of Woman, 1792), Catharina Dörrien decidió desafiar en sus escritos la forma en que las niñas eran educadas. Esta pionera alemana concebía la educación como un gran ejercicio para generar gente útil, tanto para sí mismas como para los demás, e insistía en que «una buena formación generaría mujeres intelectualmente satisfechas mucho más útiles que las educadas para ser dóciles y placenteras compañeras».

Dörren puede considerarse una adelantada a su tiempo, pues declaraba que «las mujeres podían hacer cualquier cosa que la vida requiriera en términos de su propio mantenimiento, sin depender perezosamente de otros». Asimismo, sostenía que «el conocimiento debe suplementarse de lecturas regulares, dirigidas con pasión y placer desde los primeros años de vida, y que traten sobre historia y, más importante, sobre ciencia». En sus numerosos escritos, recomendaba varias revistas con detallados artículos científicos que debían incluirse en el régimen de lectura de las jóvenes (DeBakcsy, 2018).

Anton von Erath murió en 1773, pero Dörrien no abandonó sus estudios ni perdió el entusiasmo por su trabajo. Tal y como ha descrito la experta en historia de la botánica y Asociada Honoraria del Jardín Botánico de Merlbourne (Honorary Associate del Royal Botanic Gardens), Sara Maroske[143], la creativa Dörrien, en 1777, publicaba finalmente su obra maestra: un catálogo de

---

[143] Maroske, Sara; May, Tom W. (March 2018). Naming names: the first women taxonomists in mycology. Studies in Mycology. 89: 63-84

496 páginas de las plantas de Orange-Nassau, acompañado de un gran número de ilustraciones. La historiadora ha señalado al respecto que «el exhaustivo detalle con el que esta botánica interpretó y describió las plantas locales condujeron a que su obra fuera ampliamente admirada y reconocida y a que varios de sus trabajos se tradujeron a otras lenguas, alcanzando numerosas ediciones».

Sara Maroske también ha hecho referencia al extraordinario mérito de Dörren al subrayar que «ser taxonomista [quien clasifica y ordena jerárquicamente las plantas] requiere acceso a la educación, incluyendo conocimientos de latín y a recursos como herbarios, colegas y bibliotecas, y la posibilidad de publicar. La taxonomía moderna comenzó con Carl Linneo (1707-1778) en el siglo XVIII, y la única mujer contemporánea comparable a él fue precisamente la alemana Catharina Helena Dörrien, quien fue también la primera mujer que dio nombre al primer grupo de clasificación científica de hongos. Sus logros no los repetiría ninguna otra en medio siglo».

El catálogo de Dörrien estaba dividido en cuatro partes, describe Sara Maroske, con la sección final dedicada a los hongos. Linneo solo incluyó una docena de hongos en la primera edición de Species Plantarum (Linnaeus 1753), y no es sorprendente que Dörrien encontrara especies adicionales en Orange-Nassau. En la mayor parte de los casos no introdujo formalmente especímenes nuevos, aunque sí proporcionó descripciones con un nivel de detalle y de notable meticulosidad[144].

Por su parte, DeBaksy calificaría el libro de Dörren de «obra magistral, en la cual las plantas coleccionadas durante más de 30 años a lo largo de cientos de kilómetros, están descritas y dibujadas magníficamente». Asimismo, añade que «la autora, conscientemente evita el uso del latín o el empleo de un estilo académico

---

[144] Geller-Grimm, Fritz (31 July 2018). Catharina Helena Dörrien (1717-1795). Museum Wiesbaden Natural History State Collection

con el fin de que su libro fuera más accesible a los aficionados a la botánica y a los profesores de ciencia». Y concluye que era «una revolución adelantada en dos siglos».

Reconocimientos concedidos en vida de la botánica

La comunidad científica ha puesto de manifiesto que Catharina Dörrien fue reconocida en vida como una notable botánica. Ciertamente, fue elegida integrante honoraria de numerosas sociedades, entre ellas la Societatis Botanicae Florentinae, desde 1766, la Sociedad de Amigos de la Investigación Natural de Berlín (Gesellschaft Naturforschender Freunde zu Berlin), desde 1776, y la Sociedad Botánica de Regensburg, desde 1790. Al respecto, Sara Maroke ha subrayado que «estos nombramientos fueron logros extraordinarios en una época en que solo unas pocas mujeres, principalmente de la nobleza, pertenecían a sociedades ilustradas alemanas».

A lo largo de su vida, Catharina Dörren pintó más de 1.400 hermosas acuarelas en color de la flora regional. Cuando murió, el 8 de junio de 1795 en Dillenburg, el naturalista alemán Moritz Borkhausen (1760-1806) dio en su honor el nombre de *Doerriena* a un género de plantas.

Las ilustraciones de Dörrien fueron heredadas por la familia von Erath. Una pequeña colección se prestó en 1875 a la Asociación de Arqueología e Investigación Histórica de Nassau (Verein für Nassauische Altertumskunde und Geschichtsforschung), donde fue altamente admirada. Sara Maroske ha relatado que, en 1890, el Museum of Wiesbaden (situado en el suroeste de Alemania) adquirió una colección de unas 2.500 acuarelas de plantas pintadas por Johan Philipp Sandberger, un artista amigo de Anton Von Erath, si bien la mayor parte de sus acuarelas se consideran copias de los originales de Dörrien. Posteriormente, en 1937, el museo compró 34 pinturas auténticas de Dörrien, que posiblemente, añade Maroske, eran las que fueron exhibidas en 1875.

La historiadora ha escrito que «el contraste entre los originales de Dörrien y las copias de Sandberger enfatiza la pérdida para el arte botánico, debido a la desaparición del grueso de la colección de la botánica. En 1941, continúa Maroske, «el conservador del museo Friedrich von Heinbeck declaraba que la agudeza del estilo de las pinturas de ella podía compararse con las puntadas de una bordadora que trabajara con los más finos hilos». Finalmente, concluye, lamentado, que «el destino del herbario de Dörrien es hoy desconocido».

Un penoso olvido

El lugar en la historia de la ciencia de Catharina Dörren después de su muerte fue constantemente menguando, de manera semejante a lo ocurrido con la extraordinaria naturalista, exploradora e ilustradora científica alemana Maria Sybilla Merian (1647-1717) o con la excelente ilustradora botánica Elizabeth Blackwell (1707-1758)[145]. Tal como ha explicitado DeBakcsy: «Los catálogos sobre biografías que solían incluir párrafos acerca de su trabajo en pedagogía, traducción, ilustración y botánica le fueron concediendo cada vez menos espacio a medida que el siglo XIX transcurría; en el cambio al siglo XX, incluso las fuentes alemanas rutinariamente omitieron su nombre por completo o permaneció en una o dos líneas, presentando datos incorrectos y vagas generalidades. Mientras tanto, las 1.400 acuarelas que creó se dispersaron con el viento, y hoy solo nos queda un puñado de ellas».

Y esto no fue una excepción. Al igual que lo ocurrido con la biografía de numerosas científicas, cuyas contribuciones fueron

---

[145] Martínez Pulido, Carolina. Catharina Helena Dörrien (1717-1795), una sorprendente y original botánica alemana. Blog Mujeres con ciencia

extraordinarias, hubo que esperar a finales del siglo XX, cuando los múltiples esfuerzos de los estudios con perspectiva de género empezaron a producir sorprendentes resultados; salió entonces a la luz un creciente número de trabajos realizados por agudas y afanadas estudiosas, cuyas aportaciones, pese a todo, habían caído mayoritariamente en el más lamentable de los olvidos.

Por fortuna, dentro de este nuevo panorama, tal como narra DeBakcsy, «unos pocos historiadores [e historiadoras] se dedicaron a la tarea de descubrir los rastros perdidos de la vida y trabajo de Catharina Dörren, y hoy su estrella brilla nuevamente en Alemania y también en el resto del mundo. Su obra es citada en la actualidad como una fuente invaluable para la reconstrucción del pasado de la botánica, y su ejemplo como una voz temprana y distintiva en el campo de la pedagogía de las mujeres. [Por eso] es reconocida como el gran adelanto que representó».

Y el autor termina con una satisfactoria afirmación: «Finalmente hemos avanzado lo suficiente como civilización como para apreciar al completo los logros de Catharina Dörrien, y esto augura beneficio tanto para ella como para nosotros».

Marie-Anne Libert (1782-1865), abriendo camino al estudio de los hongos

En la primera mitad del siglo XIX destacó la figura de la botánica Marie-Anne Libert, quien personifica una presencia femenina realmente excepcional entre la inmensa mayoría de botánicos hombres. Desde muy joven, Libert centró su interés en el estudio de los hongos y, como han descrito Sara Maroske y Tom May [146], fue una autora autodidacta muy prolífica, que consiguió alcanzar

---

[146] Maroske, Sara & Tom W. May. Naming names: the first women taxonomists in mycology. Studies in Mycology, Volume 89, Number 1, 1 March 2018, pp. 63-84(22)

el respeto de sus pares científicos. En la actualidad, su recuperada figura alcanza un notable reconocimiento en la historia de la ciencia.

Marie-Anne Libert vino al mundo el 7 de abril de 1782, en Malmedy, un pueblo perteneciente a la región de las Ardennes, situado entre Bélgica, Luxemburgo y Francia. Tal como se describe en Wikipedia, formó parte de una familia muy numerosa, pues fue la número doce de los trece hijos que tuvieron Henri-Joseph Libert y su esposa Marie-Jeanne-Bernadine Dubois. Ambos eran personas educadas de clase media y regentaban un negocio de procesado de pieles para producir cuero. De pequeña, Marie-Anne recibió instrucción en casa hasta los once años. Posteriormente, fue a una escuela interna para niñas en Alemania con el fin de completar su formación, aprender el idioma y el violín; actividades que muy pronto dominó.

Cuando volvió del colegio, su padre reconoció el potencial intelectual de la joven y se preocupó por completar su educación. Para ello, le enseñó algebra y geometría al objeto de que pudiera participar en el negocio familiar. No obstante, Marie-Anne Libert, con un gran entusiasmo por la ciencia, amplió sus estudios mucho más allá de las necesidades gestoras del comercio.

Según el botánico Charles Morren (1807-1858), la dedicación de Libert a la botánica comenzó con el intento de preparar una receta medicinal compuesta solo por plantas silvestres a partir de un libro escrito en latín. Aunque la obra contenía ilustraciones, ella deseaba comprender el texto, lo que hizo cuando aprendió el idioma de forma autodidacta, consiguiendo así una llave para abrir otros volúmenes de historia natural de la biblioteca familiar. También existen evidencias de que aprendió griego antiguo por sí misma e, igualmente, se inició en la botánica leyendo a J. J. Rousseau (Maroske y May, 2018).

Movida por una intensa curiosidad, «todo le interesaba y de todo quería saber»; Libert principalmente se dedicó a estudiar las plantas criptógamas, esto es, aquellas que carecen de flores y semillas; caso de los hongos, las algas o los musgos, aunque su amplitud de miras también la llevó a interesarse por muchas otras plantas existentes en la región de las Ardennes. Según relatan Maroske y May: durante sus numerosas excursiones al campo, la joven llevó a cabo un extenso trabajo e iba vestida con el traje de las campesinas de su entorno, al parecer, con el fin de no llamar la atención.

Dedicó largas horas a caminar por los entornos del pueblo de Malmedy, observando y recolectando en sus bosques multitud de ejemplares de diversas plantas. Luego, en las oficinas de su padre, con ayuda de algunos libros que tenía a su alcance, catalogó y clasificó con notable rigor científico el material recolectado, según refleja el Historique du Cerque Royal[147]. Asimismo, se esforzó por entrar en contacto con algunos especialistas de la época a fin de confirmar sus conclusiones como autodidacta. Asombrados por las facultades botánicas de la joven, al menos dos de ellos se convirtieron en sus tutores.

Antes de continuar, nos interesa abrir un breve paréntesis para referirnos al papel de los tutores en aquella época y a la actitud de cierta humildad que no pocas mujeres interesadas en la ciencia se vieron obligadas a guardar.

La «modestia» femenina en el avance profesional

Según han señalado Maroske y colaboradores, el uso del término «modestia» por las mujeres como coartada a su autoría está bien reconocido en la historia de la ciencia. Las figuras femeninas, conscientes del profundo rechazo que despertaban entre los «sabios» del momento, optaron por ocultar su vocación bajo un aspecto sumiso con el fin de apaciguar la misoginia reinante.

---

[147] Historique du Cercle Royal Marie-Anne Libert. 2012-06-30.

Aparentemente, Libert confirmaba ese estereotipo femenino de humildad y falta de pretensiones. Tal actitud le permitió contar con el apoyo de tutores que, a modo de trampolín, contribuyeron a que fuera aceptada dentro de los círculos científicos de habla francesa.

No obstante, aunque algunas cartas escritas por Libert constituyen el ejemplo clásico femenino que emplea una voz formal de inferioridad, en otras epístolas la propia botánica revela las limitaciones de la estrategia modesta y se muestra como una persona resuelta, capaz de protegerse y de impactar con su formación. Un comportamiento, sostienen Maroske y May, que dejaba perplejos a sus defensores y terminaba por provocar que fueran ellos quienes explicaran y minimizaran su aparente falta de modestia.

Una espléndida carrera profesional

Con poco más de 20 años de edad, Libert se había creado una reputación suficiente como naturalista, logrando atraer la atención de su primer mentor, el médico y botánico belga Alexandre Louis Lejeune (1779-1858); un insigne estudioso de la flora de Bélgica que, además vivía a unos 20 Km de Malmedy. En varias ocasiones, se describe en la Revista de Botánica Lejeunia, recorrieron juntos los bosques de la región y el científico no solo valoró y estimuló los conocimientos y actividades de la joven, sino que también la impulsó a buscar y a clasificar nuevos especímenes. Consciente del interés de los hallazgos de su pupila, Lejeune le pidió que elaborara una lista con el nombre de las especies de plantas de Ardennes.

Con impecable rigor científico Marie-Anne Libert redactó la lista pedida, contribuyendo así al principal trabajo de Lejeune, Flore des environs de Spa, compuesto por dos volúmenes, publicados en 1811 y 1813. Al respecto, el botánico dejaba escrito en el primer tomo que había «esperado a Libert para escribir la sección sobre criptógamas». Y en el segundo volumen, añadía que «la criptogamia presenta tantas dificultades en la descripción de las especies que ha puesto a prueba las habilidades de una inteligente botánica». Aclaraba seguidamente que «la práctica de la medicina requiere la mayor parte de mi tiempo, [por lo tanto] dejé el estudio de esta curiosa rama de la botánica para que fuese completamente descrita por Miss Libert». (Maroske y May, 2018).

Cuatro años más tarde, Lejeune amplió el círculo de mentores de Libert al presentarla personalmente al famoso botánico suizo Augustin Pyramus de Candolle (1778-1841), quien estaba preparando un trabajo sobre la vegetación de varios departamentos del lugar. Cuando el célebre botánico acudió a Malmey, el trío recolectó plantas conjuntamente, con resultados muy fructíferos: hermosos y variados especímenes, algunos muy poco conocidos para la ciencia, fueron cuidadosamente coleccionados en los frondosos bosques de Ardennes.

De Candolle registró sus impresiones sobre Marie-AnneLibert en su diario manuscrito y en un informe oficial. Según han relatado Maroske y colaboradores, en su diario escribió que se trataba de una «una mujer notable». Además, añadió que «sin otra ayuda que una enciclopedia de la flora de Francia se las arregló para determinar casi todas las plantas, incluso los líquenes, con gran precisión […]. Ella cultivaba los ejemplares que recogía en un pequeño jardín y consideraba esta actividad con gran modestia y simplicidad».

En su informe oficial sobre la excursión a Bélgica, de Candolle repetía aproximadamente sus afirmaciones privadas: «Miss Libert, de Malmedy, en un lugar tan distante de toda instrucción, se ha dedicado a estudiar la historia natural de su región con un celo y un talento dignos del más merecido elogio, ya que su éxito no ha alterado de ninguna manera su modestia e ingenuidad mental». (Maroske et al., 2018.)

En ambos escritos, el célebre botánico introducía tres aspectos clave sobre la personalidad de Libert en la esfera pública, de los cuales se hicieron eco otros mentores y biógrafos: tenía talento, era autodidacta y era modesta. Además, elogia la última característica porque permitía que «ella expresara las dos anteriores abiertamente, sin disminuir su femineidad o respetabilidad». Estos comentarios reflejan con nitidez la pericia de Libert para representar un comportamiento adecuado a su tiempo. De hecho, con posterioridad, demostraría que era perfectamente consciente de su capacidad intelectual y de su valía como botánica.

Especialistas como Maroske y May han acreditado que De Candolle había dirigido la atención de Libert hacia la flora criptógama de Malmedy. El científico claramente apreció que dicha flora era muy rica en hongos, líquenes, musgos y hepáticas, pero estaba escasamente estudiada. Al estimar la capacidad e interés de Libert, estimuló su vocación y, probablemente, contribuyó al éxito profesional de la joven.

En este contexto no debemos olvidar que De Candolle fue un influyente especialista en micología, profesor de la Universidad de Montpellier y fundador del Jardín Botánico de Ginebra. Fue realmente un científico extraordinario que dedicó su vida profesional a un exhaustivo estudio del mundo vegetal.

La historia de la botánica reconoce a Augustin de Candolle por ser uno de los fundadores, junto a Linneo, de la **taxonomía moderna**, que en biología hace referencia a la clasificación ordenada y jerárquica de los organismos vivos. El perspicaz botánico estableció este modelo en una de sus principales obras, Teoría elemental de la botánica (1813), donde acuñó el término «taxonomía», derivado de dos palabras griegas: *Taxis* (ordenar, clasificar), *Nomos* (tratado, conocimiento), como puede leerse en Wikipedia. De Candolle también emprendió la redacción del Sistema natural del reino vegetal, obra monumental que tenía como objetivo describir todas las plantas conocidas. No pudo acabarla en vida y completaron la tarea su hijo y su nieto.

Mujer y botánica merecidamente reconocida

Tras la rica experiencia alcanzada, en parte fruto de la colaboración con expertos botánicos, Libert concentró intensamente su propio trabajo en la taxonomía de los hongos, tema al que se dedicaría durante la mayor parte de su vida. Según contiene Wikipedia, describió 200 especímenes nuevos, una extraordinaria conquista que superó a muchos de sus contemporáneos micólogos varones. Tan notable actividad como criptógama también enfatiza el éxito con que fue capaz de colocarse a sí misma como figura de autoridad en un ambiente científico dominado por los hombres.

Marie-Anne Libert recibió destacados premios y homenajes. Por ejemplo, en 1820 fue elegida integrante de la Société Linnéenne de Paris, además de galardonada con la medalla de oro. Años más tarde, en 1836, fue unánimemente elegida como presidenta de la sección de ciencias naturales de dicha sociedad, con una especial nota escrita que destacaba que «[Libert] ha llevado a cabo su trabajo sin contar con el beneficio de algún gran centro científico próximo o de una biblioteca importante».

El proyecto más ambicioso en el que Marie-Anne Libert se involucró tenía como finalidad el estudio taxonómico de toda la flora criptógama de Ardennes. Pese a su gran interés en el tema, debió interrumpir ese proyecto debido a que, en torno a 1845, en los Países Bajos, Irlanda e Inglaterra se produjo una devastadora enfermedad en las plantaciones de patata que terminaría por provocar una espantosa hambruna[148] entre la población.

Ante tan terrible situación, Libert dedicó sus esfuerzos a investigar las plantas enfermas. Tras meticulosos análisis, sus observa-

---

[148] Wikipedia. Gran hambruna irlandesa

ciones al microscopio le permitieron identificar que el causante era un hongo al que identificó con precisión como *Asteroma rosae.* Sus resultados tuvieron gran trascendencia al contribuir en la superación de tan destructora plaga. Además, sus conclusiones sirvieron para que la comunidad botánica tomase consciencia de que los hongos constituyen la principal causa de numerosas enfermedades de las plantas. En este contexto, la sagaz botánica impulsó el nacimiento de una nueva disciplina hoy conocida con el nombre de **patología vegetal** o **fitopatología.**

Los múltiples éxitos alcanzados por Marie-Anne Libert, resultantes de un impecable rigor científico, le proporcionaron considerable notoriedad no solo en su país, sino también a nivel internacional. Su fama propició que cada vez más naturalistas acudieran a visitar la región de Ardennes, donde ella los recibía, entusiasta, y acompañaba y guiaba en excursiones por los bosques locales (Wikipedia).

A lo largo de su fructífera vida, esta distinguida botánica recibió reconocimientos de gran estimación. Por ejemplo, apuntan Maroske y May, en 1862, una época en que las mujeres estaban rigurosamente excluidas de las instituciones científicas, la prestigiosa Société Royale de Botanique de Belgique invitó a Marie-Anne Libert a formar parte de sus miembros, hasta la fecha solo masculinos. Además, otras sociedades de Europa occidental siguieron la misma senda, pues la científica belga entró a formar parte del personal premiado en investigación. Durante su vida, Libert dio nombre a cuatro géneros, y tres más fueron nombrados después de su muerte, lo que refleja que sus colecciones se siguieron usando y estudiando.

Esta gran micóloga nunca se casó; vivió con cinco hermanas solteras en la casa familiar, donde compartían la gestión de la propiedad heredada de sus padres y administraban una modesta casa de huéspedes. El 14 de enero de 1865, unos meses después de cumplir 83 años, Marie-Anne Libert murió en Malmedy a causa de una enfermedad que solo duró tres días[149].

Su biblioteca se vendió en 1871, y el Jardin Botanique National de Belgique (BR) compró su herbario, como se describe en Wikipedia. Los especímenes, muy bien conservados, constituyen hoy un valioso recurso para las investigaciones de diversos científicos y científicas. No nos cabe duda de que el legado de tan destacada micóloga, una de las primeras mujeres europeas dedicadas a esta especialidad, ha constituido y constituye un gran referente para todas las interesadas en el estudio de los hongos.

Anna Maria Reed Hussey (1805-1853), ilustradora y escritora botánica

La acreditada historiadora Anne B. Shteir en su conocido libro Cultivating women, cultivating science (1996)[150], incluyó a una gran ilustradora y escritora botánica dotada de notable vocación por la historia natural. Se trata de la británica Anna Maria Redd Hussey, de cuya infancia y educación se conoce muy poco[151].

Según podemos leer en Wikipedia, recién empezado el siglo XIX, nació en Inglaterra Anna Maria, hija del clérigo John T. A. Reed y de su esposa Anna Maria Dayrell, en una casa donde la abundancia de libros ha llevado a suponer que allí se fomentaba la lectura. Es probable que su padre, aficionado naturalista, estimulara en la niña el interés por la ciencia, especialmente por la

---

[149] Martínez Pulido, Carolina. Marie-Anne Libert (1782-1865), abriendo camino al estudio de los hongos. https://mujeresconciencia.com/2024/12/04/
[150] Shteir, Ann B. (1996). Cultivating Women, Cultivating Science: Flora's Daughters and Botany in England, 1760 to 1860. The Johns Hopkins University Press
[151] Anna Maria Hussey. Linda Hall Library. Linda Hall Library of Science, Engineering & Technology. Retrieved 3 April 2016

botánica, aunque los diarios de Anna indican que su curiosidad estaba centrada en la geología.

En 1831, cuando Anna Maria Reed tenía 26 años, se casó con el religioso y doctor Thomas John Hussey (1792-1866), un científico dedicado a la astronomía. Tuvieron seis hijos de los cuales solo dos sobrevivieron hasta la edad adulta.

La fuerte y decidida personalidad de Reed Hussey, junto a su gran interés por la historia natural, señala Shteir, fueron el motor que la impulsó a emprender numerosos estudios personales con notable entusiasmo. A título de anécdota, cabe mencionar que llegó a conocer a Charles Darwin, que vivía en las proximidades de su casa, e incluso uno de sus hermanos fue tutor de los hijos del célebre naturalista, como se indica en el Oxford Dictionary of National Biography[152].

En 1847, Anna Maria Reed Hussey publicó el primer volumen de un ambicioso trabajo titulado Illustrations of British Mycology, firmado siguiendo la costumbre de su tiempo como Mrs T. J. Hussey. Este libro, realizado con la ayuda de su hermana, Frances Reed, contenía 90 hermosas láminas en colores de diversas especies recolectadas en el campo, que han sido consideradas de «artística elegancia». La obra, sin embargo, no era solo un listado taxonómico de los hongos, sino que incluía descripciones, observaciones personales, algunas anécdotas y adecuados comentarios que añadían valor al trabajo.

Como subraya Anne B. Shteir el libro de Reed Hussey constituye en realidad un catálogo muy bien coordinado de las experiencias y conocimientos de su autora sobre los hongos, por lo que representa una inteligente combinación entre ciencia, arte y referencias literarias. Con este tratado Reed Hussey esperaba despertar el entusiasmo por el mundo de los hongos, especialmente entre la gente joven, al proporcionar instrucciones sobre cómo

---

[152] Oxford Dictionary of National Biography http://www.oxforddnb.com

cuidar y conservar los especímenes una vez recolectados, aprender a describirlos y a clasificarlos.

Es de interés apuntar que Anna Reed Hussey mantuvo una activa correspondencia con uno de los más destacados micólogos del momento: el clérigo Miles Joseph Berkeley (1803- 1889), a quien envió muchos de los especímenes que recolectaba, contribuyendo así a enriquecer el herbario del científico. Por su parte, Berkeley ayudó a Redd Hussey a identificar y describir sus colecciones; todo ello consolidó una sólida y fructífera colaboración que duró años (Women's Work, 2020). La correspondencia entre ambos está contenida en el citado libro de A. B. Shteir mientras que los especímenes de hongos que ella envió a Berkeley están ahora en el herbario de micología del Royal Botanic Gardens, Kew.

El segundo trabajo de Reed Hussey se publicó póstumamente en 1855, poco después de su temprana muerte el 23 de agosto de 1853. Esta obra contenía 50 láminas en color. Al igual que la primera, fue muy bien recibida por la comunidad especializada de su tiempo, principalmente debido a sus bellas ilustraciones y al rigor científico con que estaban dibujadas y descritas (Shteir, 1996).

Unos años más tarde, el respetado Miles Joseph Berkeley bautizó un género de hongos con el nombre de *Husseia,* «en honor de mi amiga, Mrs Hussey, cuyo talento merece esta distinción». Berkeley también nombró una especie de hongo con el nombre *Cortinarius reediae*, en recuerdo a la micóloga [153].

En las últimas décadas, Anna Maria Reed Hussey ha sido redescubierta como ilustradora científica, pues formó parte de las doce artistas que fueron seleccionadas para la exposición «El trabajo de las mujeres» (2005 'Women's Work' exhibition), celebrada en el Linda Hall Library y en Missouri Botanical Garden Library, de los Estados Unidos. Asimismo, el nombre de Anna

---

[153] Hussey, Anna Maria (1847-1855). Illustrations of British mycology. London: Reeve, Benham and Reeve. doi:10.5962/bhl.title.3606. Retrieved 10 April 2016.

Maria Reed Hussey tiene una entrada en el Dictionary of National Biography, que recoge referencias sobre figuras notables en la historia de Gran Bretaña.

Mary Elizabeth Banning (1822-1903), observando y pintando hongos

El respetado especialista en hongos estadounidense John Haines[154], tras recuperar a finales de la década de 1970 un manuscrito botánico magníficamente ilustrado, afirmaba que «las extraordinarias pinturas de hongos del siglo XIX realizadas por Mary Elizabeth Banning son una fusión de ciencia y arte popular, científicamente rigurosas y muy hermosas al contemplarlas. Su autora las entregó en 1890 al Museo del Estado de Nueva (New York State Museum), donde permanecieron en la oscuridad durante casi un siglo».

Actualmente, la comunidad especializada considera que Mary Elizabeth Banning fue una extraordinaria botánica, estudiosa clave entre las fundadoras de la investigación científica realizada por mujeres en el complejo ámbito sobre el patrimonio de los hongos en los Estados Unidos[155].

El rescate de una artista botánica desconocida

Mary Elizabeth Banning nació en 1822 en la costa atlántica de Maryland. Era la hija de Mary Macky y Robert Banning, quien falleció en 1845, cuando la joven tenía 23 años. Diez años más

---

[154] Haines, John. Women's History in the Collections: Mary Banning, en Women's History.
Heist, Annette (Sep 1999). "Joyous Mushrooms". *Natural History*. 48
[155] Stegman, Carol B (2002). "Mary Elizabeth Banning". Women of Achievement in Maryland History. Ed. Suzanne Nida Seibert: 191-192

tarde, en 1855, según se describe en los Archivos de Maryland, el resto de la familia se trasladó a vivir a Baltimore, donde Mary Elizabeth tuvo que cuidar de su madre inválida.

El citado botánico John Haines ha referido que «la principal vía de escape para su indomable espíritu fue a través del estudio y la ilustración de la naturaleza. Finalmente, se centró en los hongos porque le parecieron los organismos vivos más desafiantes y misteriosos». Con su propio dinero, continúa el científico, se compró un microscopio y comenzó a reunir una biblioteca científica y un herbario privado.

En la misma línea, la investigadora Emily J. Steedman[156] sostiene que «el interés de Banning por la micología se convertiría durante la última mitad de su vida en una gran pasión». Pese a carecer de una formación formal en el tema, decidió y consiguió estudiar meticulosamente el registro de los diversos tipos de hongos de Maryland, hasta llegar a ser una erudita micóloga (rama de la ciencia que estudia los hongos). Por su parte, el periodista científico David Brown[157] del The Washington Post, ha recordado que, según Mary Elizabeth Banning, «los hongos eran cosas para admirar y amar».

Esta vocacional botánica fue una asidua visitante de los parques y bosques de su entorno donde, relatan diversos autores y autoras, realizaba excursiones periódicas al campo con el fin de recolectar hongos que luego estudiaba y dibujaba con gran pericia hasta lograr crear hermosas ilustraciones. Durante algunas de sus excursiones, Banning incluso empleó a chicos en edad escolar para que la ayudasen a recolectar los hongos. Tras extensas exploraciones que incrementaron en gran medida el material disponible, su interés inicial por estos organismos se desarrolló rápida-

---

[156] Steedman, Emily J. "Mary Elizabeth Banning (1822-1903)". Archives of Maryland (Biographical series) Maryland State Archives, 2013.

[157] Brown, David. A Naturalist's Overlooked Devotion to Mind and Morels. The Washington Post. September 9, 1996

mente, alcanzando un nivel profesional que la guiaría por el resto de su vida, según consta en los Archivos de Maryland. De hecho, la fascinación de esta botánica por la micología estuvo presente a lo largo de su vida personal y de su vida pública.

En su formación autodidacta, Mary Elizabeth Banning recibió el significativo apoyo de Charles Horton Peck (1833-1917), importante micólogo del Museo de Nueva York, con quien mantuvo un intercambio de cartas a lo largo de 30 años. En palabras de John Haines: «Aunque nunca se encontraron en persona, Peck se convirtió en su mentor en la identificación de hongos por correspondencia. Entre ellos intercambiaron regularmente numerosas cartas y bellas láminas al tiempo que Banning se iba convirtiendo en una experta en los hongos de su región». La mayor parte de lo que se conoce sobre la vida adulta de Banning procede de las 37 cartas que envió a Peck, según han relatado diversos especialistas.

John Haines ha comprobado que Mary Banning descubrió 23 especies desconocidas para la ciencia, que fueron descritas y publicadas en la revista Botanical Gazette y en el Annual Report of the New York State Botanist. Asimismo, la investigadora Annette Heist apuntaba en 1999 que «Banning escribió alrededor de media docena de artículos cortos que se publicaron en revistas respetables semipopulares de su tiempo».

Un extraordinario manuscrito arrinconado

En 1868, la entusiasta botánica emprendió un proyecto completamente novedoso para su tiempo y que le llevaría más de 20 años: comenzó a elaborar un libro cuyo resultado fue un extraordinario manuscrito. Como ha detallado Haines, contenía precisas descripciones científicas de numerosos hongos junto a 174 bellísimas y detalladas pinturas de acuarela en color, todo ello acompañado de amenas historias. Por ejemplo, en 1877 la botánica escribía que «los micólogos pueden parecerse a pioneros caminando por una tierra llena de formas alternativamente hermosas y fantásticas».

Mary Elizabeth Banning, insistimos, elaboró sus magníficas láminas ella sola, contando únicamente con la colaboración de Peck, que la ayudó a confirmar la taxonomía de varios hongos que la perspicaz botánica había recolectado y analizado. Este conjunto de láminas científicamente clasificadas y descritas, constituyó un manuscrito (no estaban encuadernadas) titulado The Fungi of Maryland.

En 1889, Banning dio por terminado dicho manuscrito ilustrado y se lo dedicó a su tutor y amigo Charles Peck. Un año más tarde, sintiéndose enferma, se lo envió al Museo de Nueva York con una nota en la que decía: «al separarme de él [del manuscrito] siento que me despido de un amigo querido con quien he pasado muchas horas placenteras. Las circunstancias me empujan a colocarlo en un lugar seguro» (Annette Heist, 1999).

Cuando el botánico recibió la obra la guardó en un cajón, donde permaneció olvidada durante casi un siglo, hasta que el citado micólogo John Haines la recuperó. Desde entonces, el manuscrito se hizo famoso por sus vívidas ilustraciones de acuarela correspondientes a diversas especies, y que Annette Heist ha descrito como «jubilosos hongos, de colores resplandecientes, con su forma completa, y rodeados de un conjunto de musgos, pastos y pequeñas flores pintados con preciso detalle».

Al respecto, David Brown puntualiza que «las pinturas presentan un color brillante (demasiado brillantes, de acuerdo con algunos micólogos). Como muchas de las ilustraciones científicas realizadas con anterioridad al siglo XX, las imágenes están compuestas de manera atrayente y decorativa, aunque sin renunciar a su propósito descriptivo. Cada imagen incluye una sección transversal del hongo representado, que revela sus estructuras anatómicas. Muchos también muestran diminutos dibujos de las esporas de la especie».

Además, continúa detallando Brown, «debajo de cada acuarela, Banning escribió el nombre científico y el nombre común, un párrafo o dos describiendo el ejemplar y, a menudo, los acontecimientos que llevaron a su hallazgo. Por ejemplo, en un dibujo apuntaba: "El hongo aquí pintado fue recolectado por la mañana, pero era tan delicado que se deshizo antes de las cinco de la tarde"».

El asombro despertado cuando el trabajo se desempolvó, tras más de 80 años sin estudiar y completamente olvidado, «revelaba en sus páginas a una desconocida, talentosa y excéntrica autora perteneciente a la gran tradición de la historia natural descriptiva», ha referido David Brown. Tras la sorpresa inicial de la comunidad especializada, y de un meticuloso estudio del documento hallado, las láminas de Mary Elizabeth Banning se encuentran actualmente expuestas en la Sociedad Histórica de Maryland (Maryland Historical Society). Y al respecto, Brown ha comentado que «como un retrato metafórico de una vida oculta, las pinturas de hongos de Banning están hoy entre las más valoradas en su especialidad».

Cabe señalar que el descubrimiento de la obra de Mary Banning ha generado un breve debate entre especialistas, no por su valía que es indiscutible, sino por la fecha en que fue realizado. Los Archivos del Estado de Maryland, citando a Carol Stegman, afirman que «en esa época nadie había escrito un libro sobre los hongos de Norteamérica». John Haines, por su parte, también defiende que «en 1868 no había libros a partir de los que aprender sobre los hongos de Norteamérica». Sin embargo, en Wikipedia podemos leer que ninguna de estas afirmaciones es técnicamente correcta, ya que el botánico y micólogo germano-estadounidense Lewis David de Schweinitz (1780-1834), considerado el «padre de la micología de Norteamérica», en 1822 había publicado el primer trabajo sobre la flora fúngica de los Estados Unidos.

Científica minusvalorada solo por ser mujer (¡una vez más!)

Gran parte de quienes han estudiado la vida de Mary Elizabeth Banning consideran que «indudablemente ella deseaba la aceptación y la fraternidad de los científicos del siglo XIX, pero como mujer no lo tuvo fácil». Tenía vetada la educación formal, y los científicos del establishment ni siquiera la tomaron en serio; fue rechazada por la sociedad académica, un espacio que en aquel tiempo estaba exclusivamente reservado para los hombres. De hecho, solo Charles Peck la apoyó en sus empeños micológicos.

Banning, sin embargo, no pensaba aceptar que actitudes arbitrarias y misóginas la mantuvieran fuera de su vocación por la ciencia y, en su correspondencia con Peck, revelaba su profunda insatisfacción ante tales comportamientos. Así lo reflejan también los Archivos de Maryland, denunciando que «incapaz de obtener fondos y teniendo que cuidar a su madre inválida […], sufrió crecientes problemas económicos», además de la animadversión que despertaban sus objetivos micológicos entre sus colegas. Al igual que muchas otras mujeres, era considerada una advenediza en un mundo de hombres, y tuvo que soportar incómodos encuentros con ciertos «sabios» del momento. Mary Banning, sin embargo, superando limitaciones y restricciones, supo encontrar su camino.

El final de una fructífera vida

En 1903, «con pérdida de visión y reumatismo, Mary Banning murió soltera y sola, incapaz ya de disfrutar del confort que la naturaleza le había proporcionado», rememora la página web Women's History. Terminaba así la vida de una «mujer excepcional que vivió tiempos de desafío, demostrando con su persistencia y paciencia el carácter de una verdadera científica».

Hoy es elogiada como miembro sobresaliente del Maryland Women's Hall of Fame, en el que fue incluida en 1994. Esta es

una institución creada en 1985 con el fin de reconocer públicamente los logros significativos y contribuciones estatales realizadas por mujeres. Es, asimismo, de interés subrayar que en 2013
Mary Elizabeth Banning tuvo uno de los reconocimientos más
destacados que puede recibir un naturalista: se nombró una especie, *Amanita banningiana*, en su honor.

Elise Caroline Destrée Bommer (1832-1910) y Mariette Hannon Rousseau (1850-1926), dos destacadas micólogas belgas

Entre las grandes botánicas dedicadas al estudio de los hongos,
destacan las autodidactas belgas de habla francesa Elise Caroline Destrée Bommer y Mariette Hannon Rousseau. Siguiendo la
excelente huella dejada por su compatriota Marie Anne Libert
(1782-1865) fueron muy activas en micología y estuvieron entre
las primeras mujeres en nombrar especímenes de hongos y en
establecer una sociedad micológica[158].

Elise Caroline Destrée nació en 1832 en el Royal Castle of
Laeken (la residencia oficial de los reyes de los belgas). Según
han descrito Sara Maroske y Tom May[159], su padre trabajaba en
el castillo, lo que propició que Élise-Caroline disfrutara de la libertad de pasear por los cuidados jardines y explorar los bosques
de la zona mientras iba creciendo. Su formación también se vio
favorecida porque una de las institutrices de palacio le dio clases y
así ella recibió su primera educación. A partir de los diez años, la
niña perdió la independencia de la que gozaba, pues fue enviada
de interna a un colegio femenino en el que permaneció durante

---

[158] Brown, David. A Naturalist's Overlooked Devotion to Mind and Morels.
The Washington Post. September 9, 1996

[159] Maroske, Sara and Tom W. May (2018). Naming names: the first women
taxonomists in mycology. Stud Mycol. Mar, 89: 63-84.

seis años. Inicialmente, continúan los autores, se sintió extraña pero pronto se adaptó a la disciplina y reveló ser una buena estudiante, además de desarrollar su talento para la música.

Cuando Elise-Caroline regresó con veinte años tuvo que abandonar la música por una carrera comercial. Fue aprendiz de una firma en Bruselas, pero las largas horas de monótono e insatisfactorio trabajo debilitaron su salud, como podemos leer en Wikipedia. A partir de esas fechas, decidió satisfacer su curiosidad intelectual estudiando botánica, una disciplina que desde pequeña había despertado su interés. El médico de su familia le prestó ayuda al ponerla en contacto con un profesor de botánica de la Universidad de Bruselas, Jean-Edouard Bommer (1829-1895), quien le proporcionó una necesaria guía intelectual.

La «guía intelectual» se convirtió en una relación más estrecha, y el profesor y su alumna se casaron en 1865. Tuvieron al menos dos hijos y uno de ellos, Charles (1866-1938), sería posteriormente un notable paleobotánico. A pesar de sus nuevas responsabilidades domésticas, han puntualizado Maroske y May, ahora también apellidada Bommer, continuó estudiando botánica con la ayuda de su marido.

En 1873, Destrée Bommer conoció a la esposa de otro profesor de la universidad, Mariette Hannon Rousseau (1850-1926). Tras largas charlas, descubrieron que tenían intereses semejantes y decidieron trabajar juntas. Jean Edouard Bommer sugirió a las dos amigas que estudiaran los hongos locales, muy poco analizados, salvo por las importantes aportaciones de Marie Anne Libert[160]. El proyecto las entusiasmó, por lo que emprendieron con notable interés un trabajo de investigación que se reveló muy fructífero. Siendo autodidactas, encontraron una gran ayuda al poder acceder a la biblioteca local del Jardín Botánico de Bruselas, Jardin botanique de Bruxelles.

Con respecto a **Mariette Hannon Rousseau**, señalemos que había nacido en una educada familia belga de clase media. Su padre,

---

[160] Wikipedia: Marie Anne Libert

Joseph Hannon, era profesor de zoología y anatomía comparada en la Universidad de Bruselas. Sobre los detalles de su escolarización, apuntan Maroske y May, solo se conoce que vivió en Alemania durante un año donde estudió lenguas y trabajó como profesora.

En 1871 se casó con Ernest Rousseau, profesor de zoología y rector de la Universidad de Bruselas, amigo de su padre y con 28 años mayor que ella. Pese a la diferencia de edad, formaban una pareja sociable que organizó en su casa un conocido salón de encuentros al que acudía la élite intelectual y artística de la ciudad. La pareja tuvo al menos un hijo, Ernest Rousseau Jr., que años más tarde también sería profesor de zoología.

Una sólida amistad

La respetada profesora de química y escritora Mary Creese (1935-2017) ha puntualizado que Mariette Hannon Rousseau adquirió sus conocimientos de micología de manera autodidacta y que el tema supuso para ella un constructivo despertar, acentuado por su amistad con Elise Caroline. Al respecto, Mariette dejaba escrito que «la semejanza de nuestros gustos y el parecido de ciertos aspectos de nuestro carácter formaron la base para un completo acuerdo de colaboración cuya actividad nunca se frenó».

Durante largas estancias en el Jardín Botánico, las dos botánicas dedicaron horas y horas de arduo estudio con el fin de adquirir la suficiente confianza en sus conocimientos de micología y poder expresarlos. Entre sus primeras publicaciones, indica Wikipedia, se encuentra un catálogo de la flora fúngica de la región de 195 páginas (1879), posteriormente ampliado hasta las 350 páginas (1884). Les siguieron varios artículos sobre los hongos de Bélgica, que vieron la luz en la revista de la Société Royale de Botanique de Belgique.

En 1896 publicaron un interesante artículo sobre los hongos de Costa Rica, tras llevar a cabo un intenso análisis del material que había sido recolectado por una expedición belga en 1887. Unos años más tarde, en 1905, ambas botánicas realizaron un trabajo semejante, aunque esta vez dedicado al estudio de los hongos de la Antártida, también recolectados por otra expedición belga que había tenido lugar durante los años 1897-1899. La precisión y rigor científico con que los estudios de ambas botánicas estaban elaborados, proporcionó solidez a los pilares sobre los cuales se asentó su prestigio como expertas micólogas entre sus colegas.

Todas las publicaciones de Rousseau, indican Maroske y May, fueron realizadas con Bommer quien, además, publicó un valorado libro de texto de 317 páginas sobre los hongos de los Países Bajos.

En 1910, dos días antes de cumplir 78 años de edad, fallecía Elise Caroline Destrée Bommer. En sus últimos años sufrió una discapacidad física que limitó sus actividades; abandonó entonces las expediciones al campo y optó por la pintura botánica, incluyendo hongos y plantas con flores, tarea para la que gozaba de notable habilidad. También dedicó tiempo a la poesía y a la música, sobre todo a tocar el piano.

Según ha relatado Mariette Hannon Rousseau[161], el herbario de hongos de su amiga fue donado a petición propia al Jardin botanique National, hoy llamado Jardin botanique de Meise de Brussels, uno de los más grandes de Europa. Asimismo, cientos de plantas, animales y hongos recolectados por Bommer en torno a 1890 se conservan en el Museo Nacional de Historia Natural (Naturalis Biodiversity Center) de Leiden; un centro de investigación dedicado al estudio de la biodiversidad. Cabe igualmente recordar que en honor a Bommer se nombró el género *Bommerella*.

Después de la muerte de su querida colega, Hannon Rousseau dejó de recolectar. A partir de esa fecha, empleó su tiempo en conservar la colección micológica del Jardín Botánico, donde

---

[161] Rousseau, M., Necrologie Madame J. E. Bommer, nee Elisa Destrée, in: Bulletin de la Société royale de Botanique de Belgique, 47 (1910), 256-261.

contaba con un espacio para trabajar. Al parecer, según Maroske y May, se trataba de una habitación muy silenciosa, casi ignorada, en la cual la botánica se esmeraba en su labor, rodeada por montañas de hojas del herbario.

Al aire libre en el jardín de su casa, la vocacional Hannon Rousseau organizaba exhibiciones públicas de hongos y dirigía excursiones a un bosque cercano (Sonian Wood). Conocida por su experiencia, representaba un estímulo para los y las jóvenes que deseaban dedicarse a la micología, a quienes recibía, gustosa, tanto en su habitación de trabajo como en las salidas al campo.

En 1924, relatan Maroske y May, dos años antes de su muerte, Mariette Hannon Rousseau fue distinguida con la orden más alta de su país «Caballero de la orden de Leopoldo» (Knight of Order of Leopold). Además, en su honor se dio nombre a un género de hongos, *Roussoella*, y con posterioridad se le dedicó otro género, *Roussoellopsis*.

Para concluir, nos interesa subrayar que la significativa labor de estas dos botánicas, en un tiempo donde había tantas dificultades para el trabajo científico de las mujeres, ha permanecido olvidada hasta recientemente. Incluso ellas mismas, al menos en apariencia, relegaron su trabajo a un papel secundario. Así, por ejemplo, Mariette Hannon Rousseau escribía en el obituario, dedicado a Elise Caroline Destrée Bommer, y enfatizaba con claridad que su amiga «fue siempre mujer antes que científica, y solo se dedicaba al trabajo botánico por las tardes, después de completar sus tareas domésticas» (Rousseau 1910).

Por fortuna, en las últimas décadas, y gracias a los numerosos trabajos con perspectiva de género publicados, se ha ido perdiendo la patriarcal noción de que una mujer antes que científica debe ser abnegada esposa y madre. Es de lamentar, no obstante, que tal pensamiento históricamente haya llevado a la pérdida de tanto talento femenino.

Gulielma Lister (1860-1949), original micóloga que descifraba los mohos

La historiadora de la ciencia de la Universidad de Cambridge Patricia Fara[162] ha descrito muy oportunamente que «tratamos al suelo que está debajo de nuestros pies como suciedad. Sin embargo, en una pequeña cucharadita hay más microorganismos que toda la gente de la Tierra. Pese a ser diminutos, son cruciales para mantener saludable al planeta, [por eso] es tan importante preservarlos como salvar al oso panda».

Una de las primeras ambientalistas que dedicó su carrera a documentar cientos de diferentes tipos de hongos conocidos como mohos del limo o mohos mucilaginosos, fue la botánica y micóloga británica Gulielma Lister, que se convirtió en una autoridad internacional en estos minúsculos organismos. Recordemos que los mohos son un tipo de hongos microscópicos multicelulares que, en la naturaleza, contribuyen a descomponer la materia orgánica muerta. Pertenecen al mismo grupo biológico que los hongos, pero estos presentan un cuerpo macroscópico, o sea, que se ve a simple vista, y normalmente tiene la típica forma de sombrero[163].

Desde muy joven, Gulielma Lister, ha descrito que Patricia Fara «se negó con determinación a que los obstáculos acumulados en contra de las mujeres detuvieran su carrera. Inicialmente, trabajó con su padre, pero tras la muerte de éste la emprendedora científica se convirtió en una autoridad internacional por derecho propio. Formó parte de una extensa red de biólogos distribuida alrededor del mundo, con numerosos miembros, muchos de los cuales eran mujeres que fueron marginadas en aquel tiempo y ahora han sido olvidadas».

---

[162] Fara, Patricia (2021). Gulielma Lister: the female botanist who became the queen of slime mould. BBC History Magazine
[163] Wikipedia: Gulielma Lister

Una productiva vida dedicada a la ciencia

Gulielma Lister nació en Leytonstone, al este de Londres, el 28 de octubre de 1860. Fue una de los siete hijos de Susanna Tindall y Arthur Lister, además de sobrina del destacado Lord Lister, un cirujano famoso por revolucionar la cirugía con antisépticos. La familia gozaba de una buena situación económica y la niña recibió la mayor parte de su educación en casa. Su madre tenía una formación formal como artista y enseñó a su hija a convertirse en una consumada ilustradora científica.

El respetado micólogo británico John Ramsbottom, J. (1875-1974)[164] , ha señalado que cuando Gulielma tenía 16 años acudió durante un curso al Bedford College for Women, donde adquirió una formación básica en botánica sistemática y estructural. Fundado en 1849, el colegio fue el primer centro de educación para mujeres del Reino Unido, aunque hubo que esperar medio siglo hasta que en 1900 pasara a ser parte de la Universidad de Londres

La familia Lister pertenecía a una comunidad religiosa conocida como cuáqueros, protestantes disidentes de origen cristiano, que permitía a sus hijas disfrutar de más oportunidades que otras jóvenes de familias acaudaladas. En este contexto, desde muy pequeña la joven Gulielma pudo alimentar su curiosidad y dedicarse a la observación y estudio de los organismos vivos.

Durante toda su vida, Gulielma Lister vivió donde nació, aunque la familia pasaba los veranos en una casa situada en el bonito pueblo costero de Lyme Regis, donde llevó a cabo gran parte de su trabajo de campo. Su padre, Arthur, era un empresario del comercio de vino en Londres; sin embargo, su mayor interés estaba centrado en la historia natural. Impulsado por su vocación, construyó un laboratorio científico dentro de su confortable casa y desde muy pronto Gulielma fue, como ha descrito el profesor

---

[164] Ramsbottom, John (1949). "Miss Gulielma Lister". Nature. 164 (4159): 94

de la Universidad de Washington Seatle Edward Haskins[165], «su entusiasta "ayudante" de campo y de laboratorio».

Ciertamente, ese hecho ha quedado claramente reflejado en el artículo titulado Monografía de Mycetozoa de 1895, firmado por Arthur Lister. El trabajo estaba basado en las numerosas anotaciones y observaciones que padre e hija realizaban a diario, y muy pronto se convirtió en un destacado artículo de referencia en su especialidad durante largo tiempo.

No obstante, como ha descrito la doctora en ciencia y tecnología de los alimentos Edurne Gaston Estanga, «a pesar de que ella había participado activamente en la recolección y documentación de especímenes para la publicación, el único reconocimiento público que recibió Gulielma al respecto fue un agradecimiento en el texto del prefacio, donde Arthur indicó que su hija lo había "asistido" a lo largo de sus estudios y en la preparación de los dibujos». En la misma línea, Patricia Fara ha denunciado que «detrás del escenario, él se había apoyado profusamente en su invisible asistente de investigación, la mujer [su hija] que había realizado muchos de los dibujos y que lo ayudó a catalogar los especímenes en los que trabajaron conjuntamente». Una vez más, y pese al vínculo padre-hija, la figura femenina se veía oscurecida frente al brillo masculino.

Sin amilanarse, Gulielma Lister fue una gran defensora de la participación femenina en la ciencia y, aunque siempre permaneció próxima a sus raíces, nunca fue la típica mujer soltera que se quedaba en casa. Por el contrario, fue una exitosa y dinámica botánica que se implicó en diversos viajes. Cuando tenía 16 años visitó por primera vez el continente con su familia y, durante toda su vida, ha descrito Patricia Fara, acudió regularmente a ciudades como París, Estrasburgo o Leyden. Incluso acompañó a su tío

---

[165] Haskins, E.F. (1999). "Miss Gulielma Lister F.L.S. remembered". Mycologist. **13** (2): 54-56.

Joseph, al que estuvo muy unida desde su infancia, a un viaje a Canadá y las Indias Occidentales (hoy islas del Caribe).

Joseph, que había sido nombrado Lord Lister de Lyme Regis, continúa Patricia Fara, «pasaba los veranos en esa localidad costera británica con Gulielma, otros parientes y amigos en una enorme casa colgada en lo alto de los acantilados. Famosa por sus fósiles y con una abundante vida salvaje, Lyme Regis fue un paraíso para los naturalistas victorianos». Gulielma realizó largas caminatas con su tío por aquellos originales parajes, observando fascinada la naturaleza.

Arthur Lister, por su parte, montó allí un segundo laboratorio provisto de un equipo para el estudio de los hongos, líquenes y los mohos del limo. «La casa se parecía a una pequeña colonia científica, cuyos visitantes asiduos incluían a biólogos como Dukinfield Henry Scott [respetado botánico británico que vivió entre 1854 y 1934]», ha recordado Patricia Fara. «La esposa de Scott, Henderina [1862-1929], al igual que Gulielma, denuncia la historiadora, había sido estimulada en la ciencia por su padre, y también fue una naturalista olvidada. Sin embargo, fue una pionera en el arte de una fotografía especializada que hoy es una técnica esencial para revelar los complejos movimientos de los mohos del limo».

Gulielma Lister también trabajó en las colecciones del British Museum (Natural History) de Londres, junto a su padre. Cabe apuntar que, pese a sus valiosas aportaciones, Lister nunca tuvo un contrato de trabajo en el museo. Asimismo, catalogó y estudió las colecciones botánicas del Kew Gardens de Londres, investigó en las del Muséum national d'histoire naturelle de París, y en las de la Université de Strasbourg, según se describe en el Oxford Dictionary of National Biography[166]

---

[166] Creese, Mary R. S.; Creese, Thomas M. (2004). M. Lister Gulielma (1860-1949).Oxford Dictionario of National Biography. 2004

Después de la muerte de su padre en 1908, «Gulielma Lister salió de la sombra. Publicó ediciones mucho más detalladas, combinadas con bellas y coloreadas láminas que ella misma había realizado. Esta vez, su nombre aparecía también en la página del título», ha destacado Patricia Fara. Ella fue la responsable de la segunda edición (1911) y de la tercera (1926), en las que aparecieron reproducidas en color muchas hermosas imágenes. A partir de entonces, Gulielma Lister se convirtió en una autoridad mundial sobre los hongos mucilaginosos y su popularidad dio lugar a que recibiera material para estudiar de numerosos lugares del mundo, que enriquecerían sus colecciones.

Mantuvo igualmente correspondencia con diversos micólogos de todo el mundo, incluyendo al emperador del Japón quien, como relata Patricia Fara, para expresarle su gratitud por haber dado su nombre a un espécimen, le envió un par de jarrones esmaltados que la científica consideraría una de sus posesiones más apreciadas.

En 1903, la British Mycological Society admitió como una de sus 100 primeros miembros fundadores a Gulielma Lister, quien, durante toda su vida, hizo mucho por ayudar a esta sociedad. Fue dos veces presidenta, en 1912 y 1932, y en 1924 la nombraron Miembro Honorario en reconocimiento a la ciencia y al gran valor de su influencia en la gestión de los asuntos de la Sociedad, como ha señalado el citado profesor de la Universidad de Washington Seatle Edward Haskins.

Diversas historiadoras de la ciencia, han subrayado que en 1905 la Linnean Society se vio obligada a renunciar a la exclusión de las mujeres y, tras años de agrios debates y dilación en el tiempo, finalmente admitió a 25 científicas. Gulielma Lister estaba entre ellas; también formaba parte del grupo la experta ornitóloga y anónima pionera de la ecología moderna, Alice Hibbert-Ware, (1869-1944). Entre ambas surgió una estrecha amistad, pues, aunque sus respectivas especialidades eran diferentes, compartían un interés por los organismos vivos en general. Juntas realizaron diversos viajes por Europa y Nueva Zelanda con el fin de observar y estudiar pájaros y hongos, como podemos leer en Wikipedia.

Aunque Lister no vivió en Irlanda, visitó este país en diversas ocasiones y participó en un importante proyecto de investigación llamado Clare Island Survey. Consistía en un ambicioso estudio multidisciplinar sobre una pequeña isla situada en la costa oeste de Irlanda, Clare Island. Gulielma Lister colaboró al verificar los nombres de la mayor parte de las especies de mohos mucilaginosos encontrados en la costa irlandesa hasta 1912, fecha en que se publicó la parte del trabajo dedicada a los hongos.

Gulielma Lister, gracias a que era una mujer económicamente adinerada, pudo seguir una carrera científica con independencia; por ejemplo, durante muchos años fue conservadora sin salario del Museo de Historia Natural de Londres. Patricia Fara ha denunciado al respecto que evidentemente «otras mujeres no tuvieron esa suerte. Su mejor amiga, Annie Lorrain Smith (1854-1937), soportó grandes adversidades a pesar de ser una autoridad internacional en hongos y líquenes». Durante largo tiempo, tuvo que tolerar ser marginada y mal pagada como «trabajadora no oficial» en citado Museo de Historia Natural. Pese a todo, afortunadamente su obra más importante, Lichens (1921), sería un libro de texto de referencia esencial durante varias décadas». Además, fue miembro fundadora de la British Mycological Society, donde ejerció de presidenta durante dos períodos, como ha descrito la historiadora de la ciencia Mary Creese.

Gulielma Lister falleció en su casa natal de Leytonstone el 18 de mayo de 1949. Gran parte de su colección botánica y micológica puede encontrarse en el Museo de Historia Natural, y sus ilustraciones científicas han sido reconocidas por esta institución como verdaderas obras de arte, según se apunta en el blog Women artists [167].

---

[167] "Women artists". www.nhm.ac.uk. 15 April 2023

Consideramos interesante añadir como comentario final que el estudio de los complejos hongos multicelulares a los que se dedicó Gulielma Lister presentan, según ha descrito la citada Gaston Estanga y más especialistas, «un funcionamiento y modo de relacionarse con el entorno que está inspirando a la vanguardia de la investigación actual en inteligencia artificial. Los procesos de prueba-error y toma de decisiones de estos seres, que, aun careciendo de cerebro, son capaces de recorrer laberintos y almacenar memoria, ofrecen pistas para la resolución de problemas de inteligencia».

Gertrude Simmons Burlingham (1872- 1952), entre esporas fúngicas

La micóloga Gertrude Simmons Burlingham, aunque escasamente apreciada en su tiempo, fue una innovadora botánica estadounidense que utilizó la tintura de yodo para teñir esporas de distintos hongos e identificar la especie a la que pertenecían[168].

Nacida en un pueblo del estado de Nueva York el 21 de abril de 1872, fue la única hija de Alfred Burlingham y Mary Simmons. Estudió ciencias naturales en la Universidad de Siracusa y, en 1896, a los 24 años de edad se graduó en botánica con una tesis de grado sobre la morfología de un helecho nativo de Nueva Zelanda llamado *Asplenium bulbiferum*. Una vez graduada fue contratada por un Instituto para dar clases como profesora de biología[169].

Unos años más tarde, decidió realizar un posgrado en la Universidad de Columbia. Aprovechó una oportunidad para trabajar en el Jardín Botánico de Nueva York (NYBG) gracias a un convenio existente entre ambas instituciones. Tal como han descrito el profesor

---

[168] Gertrude Simmons Burlingham (1872 - 1952). Historical Biographies of Mycologists. Mushroom the Journal. 2010
[169] Wikipedia: Gertrude Simmons Burlingham

de la Universidad de Cincinnati David L. Lentz[170] y la ilustradora
Marlene Bellengi, Burlingham fue la primera mujer en conseguir
doctorarse en el célebre Jardín Botánico. Realizó su tesis dirigida por
el prestigioso conservador del centro, el botánico especialista en micología William A. Murrill (1869-1957). En honor de su tutor, con
posterioridad daría su nombre a la especie *Russula murrillii*, un hongo presente en los bosques de coníferas californianos.

Durante su carrera universitaria, Burlingham pasó largos periodos en Vermont, situado en el noreste de Estados Unidos, donde
poseía una segunda vivienda. Esta región tuvo una notable influencia en la joven científica, ya que su primera publicación versaba
sobre los hongos del lugar, tal como se describe en Wikipedia.

En el año 1908, Gertrude Simmons Burlingham leyó su tesis
doctoral, titulada A Study of the Lactariae of the United States,
centrada en la especie *Lactarius* (al que ella llamaba *Lactaria*),
caracterizada porque, al cortarlos, exudan un líquido lechoso. En
adelante, continuó con su docencia en los institutos de Bingham-
ton y de Brooklyn, hasta que se jubiló en 1934. A pesar de que
nunca se le permitió enseñar a nivel universitario, y del escaso
soporte formal por parte de la comunidad científica micológica,
Burlingham continuó con sus estudios sobre hongos, principalmente en los géneros *Lactarius* y *Russula*, que forman abundantes
micorrizas en árboles forestales, según menciona la revista Historical Biographies of Mycologists.

Los estudios sobre hongos han sido parte del programa de
investigación del Jardín Botánico de Nueva York desde los comienzos de su existencia[171], razón por la que Burlingham pudo

---

[170] Lentz, David & Marlene Bellengi (1996). «A Brief History of the Graduate Studies Program at The New York Botanical Garden». Vol. 48, No.
3. (Jul. -Sep., 1996), pp. 404-412

[171] Rogerson Clark T. and Gary J. Samuels (1996). «Mycology at The New
York Botanical Garden, 1895-1995». Brittonia, 48(3), pp. 389-398. 1996,
by The New York Rotanical Garden, Bronx, NY.

continuar con sus investigaciones en este centro, donde realizó la mayor parte de sus trabajos. Dedicó notables esfuerzos a demostrar la importancia de la ornamentación que presentan las esporas de los hongos en su superficie. Inicialmente, la científica detectó que, al teñir las esporas con tintura de yodo, se podía observar la presencia de espinas, una condición que usualmente simplemente se describía como «cubiertas de picos». Burlingham se dio cuenta de que esas espinas o púas estaban a menudo conectadas por una red de cordoncillos a la que llamó reticulum, y que sus detalles permitían identificar diferentes especies.

Aunque, inicialmente, algunos expertos dudaron sobre la utilidad de este criterio, con posteriores estudios se acabó reconociendo su gran valor para establecer el estatus de muchas especies. De hecho, en la actualidad, esta característica es considerada esencial para la clasificación de ciertos hongos, aunque se han realizado novedosas correcciones, unas más acertadas que otras. Por ejemplo, algunas de las especies que ella nombró fueron renombradas por investigadores posteriores sin razón aparente. Con el transcurso del tiempo, sin embargo, se han restaurado los originales dada su mayor precisión, admitiendo, así, la calidad de las aportaciones de Burlingham (Historical Biographies of Mycologists).

Además de los géneros que estudiaba y en los que estaba especializada, esta botánica era respetada por su amplio conocimiento de los hongos en general. A lo largo de su vida, realizó importantes viajes de recolección por su país y por el extranjero, entre los que se encuentran California, Washington, Oregón y Suecia. Tales recolecciones resultaron verdaderamente importantes porque, a menudo, ofrecían nuevas especies de hongos, o bien ampliaban el rango de hábitats documentados para los ya conocidos, como ha descrito el autorizado micólogo estadounidense Fred Jay Seaver (1877-1970)[172] .

---

[172] Seaver, Fred J. (1953). Gertrude Simmons Burlingham: 1872-1952. *Mycologia*. 45 (1): 136-138

En 1934, Gertrude Simmons Burlingham se retiró de la enseñanza y optó por desplazarse a vivir en Florida. Allí, se reunió con varios micólogos también retirados, y colaboró principalmente con el botánico y micólogo Henry Curtis Beardslee (1865-1948).

El 11 de enero de 1952, la científica falleció en su casa de Florida de una enfermedad no especificada. A lo largo de su vida, publicó más de 20 artículos, principalmente basados en sus extensas recolecciones realizadas en el este de Estados Unidos (particularmente en Nueva Inglaterra, Nueva York y Florida) y en la costa oeste, así como en Europa (especialmente en Suecia)[173].

Sus escritos, notas de campo y varios cientos de fotos, una biblioteca personal (que incluía algunas primeras obras raras y especializadas) y los 10.000 ejemplares contenidos en su herbario, que comprendía más de 40 años de trabajo, fueron legados al Jardín Botánico de Nueva York. Aquí se creó una Fundación que otorgaba becas a estudiantes de micología, los cuales podían así tener acceso a las instalaciones del jardín. La beca fue concedida a 27 jóvenes entre 1956 y 1994. Varios de los receptores de dichas pensiones se convirtieron en micólogos de notable prestigio.

En el obituario de la científica, el mencionado micólogo Fred J. Seaver (1877-1970), que trabajó durante cuarenta años en el Jardín Botánico de Nueva York, dejaba escrito que «ella tenía un gran conocimiento sobre los hongos en general y dado que había crecido en una granja era una naturalista completa».

Elizabeth Eaton Morse (1864-1955), una curiosa micóloga

La directora del Herbario de Criptógamas (Cryptogamic Herbarium) del Jardín Botánico de Nueva York (NYBG) Ellen Diane

---

[173] Wikipedia: Gertrude Simmons Burlingham

Bloch[174], ha relatado que uno de sus descubrimientos favoritos durante los treinta años que trabajó en este herbario fue una original y valiosa colección de hongos, con la que casualmente tropezó en abril de 2014. «Cuidadosamente incluida en una bella caja procedente de Berkeley, California», apunta Bloch que encontró «una selección de casi 40 especímenes de hongos recolectados en Maine durante 1935». Ante este inesperado hallazgo, la directora se propuso averiguar cómo habían llegado esos especímenes de hongos desde California hasta el Jardín Botánico de Nueva York.

Sus pesquisas la llevaron a descubrir que los especímenes habían sido recolectados por una micóloga escasamente conocida llamada Elizabeth Eaton Morse[175]. Indagando en más detalles, Ellen Bloch averiguó que la micóloga había nacido en Massachusetts el 31 de diciembre de 1864 y que había dedicado gran parte de su vida a viajar por el oeste del país con el fin de recolectar, estudiar y coleccionar la gran diversidad de hongos que encontraba.

Como podemos leer en Wikipedia, Elizabeth Eaton Morse pasó su infancia en una granja, lo que despertó su interés por la historia natural. Tras acabar sus estudios secundarios en 1882, dio clases durante varios años en diversas escuelas para ahorrar dinero. Al cabo de un tiempo dedicada a la docencia, se matriculó en el Wellesley College, donde obtuvo el grado de Botánica. Poco tiempo después, Eaton Morse optó por realizar un viaje a California, donde acudió a una entrevista con el destacado micólogo Dr. Lee Bonar (1891-1977)[176] de la Universidad de California, Berkeley.

Valga abrir un breve paréntesis para hacer referencia a este acreditado micólogo. En la página Myko Webs se indica que, durante las primeras décadas del siglo XX, numerosos botáni-

---

[174] Ellen Diane Bloch. New York Botanical Garden
[175] Wikipedia. Elizabeth Eaton Morse
[176] Werner Peter G. Pioneers of California Mycology: Lee Bonar. Miko Webs

cos abrieron caminos en el estudio de los hongos de California. Sin embargo, ninguna de sus universidades contó en aquellas fechas con un micólogo que tuviese dedicación a tiempo completo. Esta distinción corresponde a Lee Bonar, que fue el primer especialista en hongos con dedicación exclusiva de la Universidad de California, Berkeley. Se trata de un científico muy querido y respetado que realizó una considerable cantidad de trabajo en su especialidad. Contó, además, con alumnos que luego serían autorizados expertos en la materia. Asimismo, varias mujeres estudiantes graduadas trabajaron con Bonar, y entre ellas destaca la figura de nuestra protagonista: Elizabeth Eaton Morse.

En su entrevista con Bonar, Elizabeth E. Morse explicó su deseo de estudiar botánica criptogámica y, tras escucharla atentamente, el científico optó por aceptarla. La joven tomó entonces la decisión de abandonar la docencia y establecerse en Berkeley, donde se matriculó como estudiante graduada en el Departamento de Botánica de la Universidad. Ellen Diane Bloch ha relatado que Morse, pese a no aspirar a un grado superior, consiguió que le proporcionaran como invitada un lugar de trabajo y material de investigación adecuado. El sitio que le designaron fue el ático del edificio de botánica (Botany Building), donde permaneció durante más de 20 años.

Elizabeth Eaton Morse dedicó gran parte de sus vacaciones de verano a emprender viajes de recolección por los estados del oeste americano, realizando periplos a la frontera con México, al Rainier National Park (localizado en el estado de Washington), Alaska y Hawaii. Su principal interés fueron los hongos, dando nombre a varias especies de estos, aunque también recolectó otras plantas.

Durante sus trayectos por diversos parques nacionales se prestó a organizar numerosas exposiciones sobre micología al tiempo que impartía algunas charlas de divulgación para turistas. Asimismo, Morse contrató fotógrafos científicos profesionales con el fin de capturar imágenes de especímenes frescos antes de que se secaran. En 1952 presentó una selección de 364 fotos enmarcadas en el Mycological Herbarium de su universidad, titulada Photo Prints of Western Fungi, cuyo fin era mostrar el conjunto completo de su colección. Además, distribuyó copias de estas fotografías y especímenes a otras diversas instituciones.

Entre los viajes de recolección realizados por Elizabeth Eaton Morse, se encuentra un trayecto por Maine en 1935. Durante sus últimos años, la micóloga distribuyó gran parte de su amplia colección a distintas instituciones, comenzando con el herbario de Berkeley, pero incluyendo también conjuntos más pequeños enviados a otros centros. Entre estos estaba el Herbario de Criptógamas del Jardín Botánico de Nueva York, ha declarado triunfante Ellen Diane Bloch, ya que así lograba desempolvar la curiosa historia de la bella caja con hongos disecados que había encontrado en el Herbario de Criptógamas.

Cabe añadir que Elizabeth E. Morse desplegó una notable actividad, ya que también organizó la Sociedad Micológica de California (California Mycological Society), donde desempeñó el cargo de secretaria. Bajo su influencia, la Sociedad impulsó el intercambio de especímenes y la discusión científica a través de una extensa correspondencia con otros micólogos y recolectores con los que Morse había trabado amistad. Además, esta incansable botánica contribuyó con artículos en revistas populares publicando varios trabajos especializados en la revista Mycologia.

El 13 de noviembre de 1955 fallecía Elizabeth Eaton Morse, en Berkeley, California Tras de sí dejaba un legado cuyo valor ha sido apreciado en las últimas décadas, gracias a los incansables estudios realizados con perspectiva de género.

Beatrix Potter (1866-1943), extraordinaria ilustradora amante de los hongos

Gran admiradora de la naturaleza, Beatrix Potter fue una excelente artista botánica inglesa que pintó cientos de detalladas y minuciosas láminas, poniendo de manifiesto la belleza escondida de los hongos y los líquenes. Según Linda Lear[177], una de sus biógrafas, «Potter nunca vio el arte y la ciencia como mutuamente excluyentes, sino que registró lo que veía principalmente para evocar una respuesta estética».

En Wikipedia podemos leer que Beatrix Potter nació en una familia de clase media alta, recibiendo una esmerada educación en casa a cargo de institutrices y donde creció junto a su hermano, pero algo alejada de otros niños y niñas. Su padre y su madre tenían talento artístico y ambos disfrutaban de la vida en el campo. La familia pasaba sus vacaciones principalmente en una región situada en el noroeste de Inglaterra llamada Lake District, hoy Parque Nacional, con bellos parajes montañosos donde Beatrix desarrolló un gran amor por el paisaje, la flora y la fauna, que observaba y pintaba meticulosamente.

Cuando tenía 15 años, Potter empezó un diario al que se considera sustancial para comprender la evolución de su creatividad. El escritor Leslie Linder (2012)[178] ha descrito que «le sirvió como experimento literario», ya que sus escritos reflejan cómo fueron madurando los intereses artísticos e intelectuales de la joven, su sorprendente visión de los lugares que visitaba y su inusual capacidad para observar la naturaleza y describirla. El diario comenzó en 1881 y terminó en 1897, fecha en la que sus energías artísticas

---

[177] Lear, Linda (2007). Beatrix Potter: a life in nature. St. Martin's Press, New York

[178] Leslie Linder (2012). "The Journal of Beatrix Potter from 1881 to 1897" by Beatrix Potter

e intelectuales se vieron absorbidas por los estudios científicos y los esfuerzos para publicar sus dibujos.

En el desarrollo personal de Beatrix Potter influyó bastante la vida rural junto a su interés por la naturaleza. Inicialmente, ha descrito Linda Lear, se despertó en ella una gran curiosidad casi por todas las ramas de la ciencia, pero con el tiempo su interés se centró en la micología. Recordemos que esta es una rama de la biología dedicada al estudio de los hongos, e incluye sus propiedades genéticas y bioquímicas, su taxonomía o clasificación, sus múltiples utilidades para la humanidad y su capacidad para provocar enfermedades.

Desde pequeña, Beatrix Potter encontró gran deleite en pintar diversos tipos de hongos, a los que dibujaba con sorprendente pericia y belleza. Una labor estimulada por Charles McIntosh (1830-1922), un cartero rural escocés amigo de la familia y cuidadoso observador de la flora y la fauna locales. Este naturalista autodidacta era conocido por «usar sus recorridos de repartidor postal como un gran laboratorio al aire libre». Según ha relatado la escritora Marta McDowell[179], tuvo gran influencia en la joven Beatrix.

Charles McIntosh no solo proporcionó a Potter numerosos especímenes, sino que la entrenó en la clasificación científica, en prestar atención a los diversos detalles y en las técnicas de microscopía tan necesarias para la observación de estructuras minúsculas. Como ha señalado el escritor Byron Breedlove[180], Beatrix se sintió atraída por «la variedad de formas y colores de los hongos, además del desafío que representaban para las técnicas de acuarela [que ella empleaba]».

El primer trabajo conocido de Beatrix Potter fue precisamente la pintura de unos hongos datada en el verano de 1887, cuando contaba con 20 años de edad. En la página web The British

[179] McDowell, Marta. Beatrix Potter's Gardening Life. Timber Press. 2015
[180] Breedlove B. «Beatrix Potter, author, naturalist, mycologist». Emerg Infect Dis. 2019

Mycological Society, se subraya que, con posterioridad, llegaría a producir unas 350 láminas muy precisas, principalmente de hongos y líquenes.

En torno a 1895, el interés de Potter por los hongos se fue transformando en una actividad cada vez más científica. Siguiendo los consejos de McIntosh, comenzó a incluir en sus ilustraciones detalladas secciones transversales observadas al microscopio, junto a minuciosos dibujos de las diminutas esporas fúngicas. Recordemos que las esporas son estructuras microscópicas unicelulares importantes para la reproducción de los hongos, helechos, musgos, hepáticas y algas verdes. Tras largas horas de observaciones, la joven produjo delicados dibujos y realizó diversas indagaciones sobre la germinación de las esporas fúngicas, y la influencia del ambiente en este proceso[181].

Beatrix Potter se reveló como una micóloga capaz y entusiasta. Hacia 1896 había logrado cultivar con éxito varias especies de hongos en placas de vidrio y de llevar a cabo detallados seguimientos al microscopio. La página web de la Linnean Society [182] sostiene que su punto fuerte estaba basado en una «meticulosa observación y gran destreza artística. No cabe duda de que era una ilustradora consumada que observaba minuciosamente y registraba con fidelidad lo que veía».

El interés científico de Beatrix Potter fue impulsado por su tío, el eminente químico inglés sir Henry Roscoe (1833-1915), quien reconoció el talento artístico de la joven y valoró su afición por los hongos. Se convirtió en su principal mentor e intentó, por diversos medios, que fuese admitida como estudiante en el Jardín Botánico de Kew, pero no lo consiguió. Al parecer, el director del Jardín, William Thistleton-Dyer (1843-1928), no le prestó demasiada atención y denegó su admisión.

---

[181] The British Mycological Society. Wikipedia
[182] Beatrix Potter (1866-1943). The Tale of the Linnean Society.

No obstante, como describe la página web The British My-cological Society, tal rechazo no disminuyó el interés de Beatrix Potter, pues al menos durante una década dedicó un cuidado estudio microscópico a las esporas fúngicas, durante la cual exploró intensamente su geminación y características. Cuando se sintió lo suficientemente segura sobre el tema, redactó un artículo con el título On the germination of the spores of *Agaricineae*. En 1897 lo presentó en la Linnean Society de Londres para su publicación (el término *Agaricineae* hace referencia a un amplio grupo de hongos). Desafortunadamente, el manuscrito no fue aceptado.

El conflictivo rechazo de un trabajo científico

Según diversas autoras y autores, Beatrix Potter había invertido un tiempo considerable en la preparación del artículo de On the germination ..., y fue «leído y discutido el 1 de abril de 1897» en la Sociedad Linneana. No fue ella quien realizó la habitual lectura ante quienes debían juzgar el trabajo. Las distintas versiones apuntan que fue así porque era la norma que marcaba la práctica habitual, señalando que los artículos siempre los leía alguien distinto del autor, usualmente los secretarios como se explicita en la Linnean Society of London.

Otras opiniones, por ejemplo, la defendida por Linda Lear, afirman que no se le permitió presentar su artículo por ser mujer. De hecho, han denunciado diversas investigadoras, en aquella época no se permitía que las mujeres asistiesen a los actos científicos y mucho menos que publicaran artículos; como actividad femenina, solo se consentía que ilustraran temas de botánica.

Una vez leído, el documento original fue rechazado porque se llegó a la conclusión de que necesitaba algún trabajo adicional antes de que pudiera imprimirse. Al respecto, Potter escribió a su amigo McIntosh y lo informó de que «el artículo se leyó en la Linnean Society en cuanto fue recibido [...], pero dijeron que requería más trabajo antes de que lo imprimieran». El día 8 de abril, presumiblemente con el fin de realizar correcciones, la autora retiró su manuscrito, lo cual, según la Sociedad Linneana, es lo que suele ocurrir, ya que los trabajos no se publican de forma automática, sino que la mayor parte debe revisarse.

Beatrix Potter nunca volvió a presentar su artículo con las correcciones pertinentes para publicarlo. En los últimos años, este hecho ha causado numerosas controversias, ya que se ha interpretado de maneras muy diferentes. Actualmente, la vida y obra de esta estudiosa ha cobrado importancia en la historia de la botánica, y sus cartas, artículos y comportamiento se han analizado con meticulosidad.

El manuscrito de Potter, como indica su título, hace referencia a la germinación de las esporas y su posterior desarrollo, aunque ella no fue la primera en estudiar estos procesos. En la página web del Australian National Herbario[183] se apunta que el gran exponente de tales estudios fue Heinrich Anton de Bary (1831-1888), pionero en el desarrollo de cuidadosas técnicas de laboratorio para analizar los ciclos de vida de los hongos. Sus publicaciones tuvieron lugar a partir de 1872 en adelante, alcanzando gran credibilidad.

Beatrix Potter también incluyó en su trabajo reflexiones sobre la verdadera naturaleza de los líquenes, tema que, a finales del siglo XIX, se encontraba bajo un duro debate. Hay quienes han descrito que, para la comunidad especializada, estos vegetales representaban un «verdadero rompecabezas». En la década de 1860, el botánico suizo Simon Schwendener (1829-1919) había sugerido que, en realidad, los líquenes eran una estrecha y entretejida combinación de un hongo y un alga. Pese a que trabajos posteriores demostraron que Schwendener tenía razón, ya que los líquenes sí constan de hongos y algas, estas ideas inicialmente

---

[183] Australian National Herbarium: Beatrix Potter

provocaron considerable hostilidad entre sus pares, así como injustas burlas.

Simon Schwendener era uno de los mejores microscopistas de la época, y hacia 1867 llevaba estudiando los líquenes desde hacía más de una década. Según informa la página web del Australian National Herbarium, en 1869 publicó un artículo donde describía los detalles microscópicos sobre la asociación hongo-alga, que la gran mayoría de los liquenólogos del momento rechazó de manera vehemente. En las décadas de 1870 y 1880, otros biólogos realizaron más investigaciones sobre el tema, tanto en Francia como en Alemania, y sus conclusiones también mostraban la asociación defendida por el botánico suizo. Sin embargo, tampoco convencieron a los especialistas destacados, y la hipótesis dual fue negada durante el resto del siglo, e incluso en los comienzos del siguiente.

Cuando en 1897 Beatrix Potter presentó su trabajo, y lo retiró poco después de ser rechazado, su postura respecto a la naturaleza de los líquenes no quedó clara. El manuscrito original no estaba disponible y, por lo tanto, al estudiarse posteriormente sus aportaciones se generó un notable revuelo.

Recordemos que, por otra parte, Beatrix Potter había dejado escrito en un complejo código un diario casi ininteligible[184]. Sin embargo, en 1966 el mencionado escritor Leslie Linder consiguió descodificar ese diario y lo publicó en un libro con el título de The Journal of Beatrix Potter from 1881 to 1897. El traductor introdujo una nota a pie de página, donde apuntaba que, al parecer, Beatrix Potter apoyaba que los líquenes estaban compuestos por dos compañeros que vivían en **simbiosis**. Valga aclarar que este término hace referencia a cualquier tipo de interacción biológica y estrecha de larga duración entre dos organismos pertene-

---

[184] Martínez Pulido, Carolina. https://mujeresconciencia.com/2024/05/22/beatrix-potter-1866-1943

cientes a especies distintas. El término fue introducido en 1877 por el botánico alemán Albert Bernhard Frank (1839-1900), y posteriormente aceptado como «organismos que viven juntos en una asociación mutuamente beneficiosa».

En la página web de la British Mycological Society se apunta que algunos prominentes escritores dieron validez a la nota de pie de página escrita por Linder. En consecuencia, han sugerido que Potter llevó a cabo un trabajo que la persuadió de que Schwendener estaba en lo cierto, y que ella «fue rechazada por un establishment científico elitista muy conservador».

A partir de este punto, la interpretación de los hechos se enturbia, ya que, según algunas interpretaciones, ella no estaba de acuerdo con la idea de la asociación simbiótica. Se ha argumentado que Potter, como mujer amateur, tenía notables dificultades para acceder a la literatura especializada, razón por la que dio prevalencia a las actitudes anti-Schwendener dominantes en su entorno.

En este agitado debate también participó el biólogo y escritor Tom Wakeford, miembro de la Linnean Society. En su libro Liaisons of Life (Intermediarios en la vida) publicado en 2001, apuntaba que Potter fue expulsada de la biología por la estrecha mentalidad dominante en los institutos más prestigiosos de Londres. «Sus miembros se negaron a aceptar las evidencias científicas de Beatrix, que sostenía que los líquenes, habitantes de troncos de árboles, costas marinas, rocas y paredes [...], estaban hechos no por uno, sino por dos organismos en estrecha relación».

Según esta interpretación, «Potter habría estado del lado correcto de la historia», explica la página web de la British Mycological Society. Sin embargo, en años más recientes parte de comunidad especializada alega que Potter, en realidad, creía que los líquenes eran organismos únicos y no el resultado de la convivencia de dos especies diferentes. La nota a pie de página del traductor Leslie Linder, sostienen, estaba equivocada.

Este error se arrastró en diversas biografías escritas sobre Beatrix Potter. La biógrafa citada, Linda Lear, por ejemplo, ha reconocido que ella misma dio a la visión sobre los líquenes de la ilustradora más crédito del debido. «Mis argumentos con respecto a la aceptación de Potter de la simbiosis son sobrevalorados e incorrectos», ha afirmado. Pero Linda Lear también añade que «debería darse credibilidad a las cuidadas y meditadas observaciones de varias especies de líquenes [realizadas por Beatrix Potter], y al coraje como mujer decidida a especular en el campo profesional».

Añadiendo más leña al fuego, el profesor de biología de la Universidad de Miami, experto en micología y escritor científico Nicholas Money[185], argumenta que «Potter pensaba que los líquenes estaban formados por hongos que podían producir su propia clorofila». El científico añade que el director del Jardín Botánico de Kew, el citado William Thistleton-Dyer, se mostró «algo desdeñoso con Beatrix Potter porque, cuando ella estaba haciendo ese trabajo, ya se tenía una gran evidencia de que los líquenes eran una asociación entre un hongo y un socio fotosintético. Ella estaba golpeando en el lado equivocado».

No obstante, Nicholas Money admite que los «dibujos de hongos [de Potter] eran bellos y científicamente rigurosos»; y reconoce que la precisión de sus acuarelas ha permitido que los micólogos modernos aún se refieran a ellas para identificar los hongos. Al final, concluye el profesor, «esta debe ser su importante contribución a la micología». Ciertamente, la maravillosa habilidad para el dibujo técnico de Potter ha sido y es ampliamente reconocida y elogiada por las y los especialistas en el tema.

El debate todavía no está totalmente saldado. En la página web The British Mycological Society se puede leer que hay autores y autoras que defienden que Beatrix Potter «fue una científica importante, frenada en su camino por estirados victorianos eli-

---

[185] Nicholas P. Money. Miami University. Biographical Information

tistas». Empero, son mayoría quienes alegan que una lectura más minuciosa de sus diarios sugiere que tales afirmaciones son exageradas. Dicho esto, también hay que recordar que la misoginia de la comunidad científica de aquellos años era muy acusada, y en la Sociedad Linneana, por ejemplo, no se admitieron mujeres como miembros hasta 1905, y ello tras largas y acaloradas discusiones.

Otro aspecto al que se refieren diversas fuentes, hace referencia a que la lectura cuidadosa del diario sugiere que Beatrix Potter estaba más motivada por buscar algo en lo que ocupar su inteligencia y curiosidad para conseguir ganar algo de dinero. Su finalidad prioritaria era asegurar su independencia económica y personal en un tiempo en que las posibilidades para las mujeres eran muy limitadas. Al respecto, Linda Lear ha escrito, «no creo que Beatrix tuviera la ambición de ser micóloga [...]. Cuando el artículo de investigación que escribió necesitó más trabajo, perdió el interés a favor de algo más adecuado».

En una línea semejante, la página web del Autralian National Herbario ha terciado en el debate alegando que «este episodio [el rechazo del artículo] dio fin a los estudios de Potter sobre hongos, ya fuera por desesperación o por cólera». Además, continúa esa página, «no hay información acerca de que, como amateur y mujer, Potter se enfrentara a los fuertes prejuicios reinantes».

No obstante, se detecta cierta contradicción, ya que esta misma página sostiene que, tras retirar su monografía, Potter siguió con su trabajo hasta producir 70 nuevos dibujos al microscopio durante los dos años siguientes. En su última carta conocida a Charles McIntosh, datada en septiembre de 1897, cinco meses después de haber retirado el artículo, Potter escribía acerca de sus nuevos resultados sobre germinación y desarrollo. «Cuándo y por qué finalmente dejó de trabajar con hongos es desconocido», concluye esta página.

Los entresijos del debate sobre el artículo de Beatrix Potter rechazado por la Linnean Society arrojan luz sobre un tema discutido en diversos ámbitos. Como se explicita en el Autralian

National Herbario: «tan necio ha resultado ignorar su trabajo mientras ella vivía, como igual de necio resulta verter ahora inflamados elogios sobre sus logros». Ciertamente, extralimitarnos sobre la verdadera dimensión de las aportaciones de las mujeres científicas puede contener un pernicioso veneno para una causa tan justa como el evitar su olvido.

Como dato final, apuntemos que en torno al cambio del siglo XIX al XX, Beatrix Potter decidió dedicar su tiempo a escribir libros infantiles ilustrados. Gracias a su detallado estilo naturalista y a la belleza de los dibujos con los que acompañaba sus relatos, se convirtió en una de las principales y más famosas escritoras de cuentos infantiles de su tiempo.

Violetta S. White Delafiel (1875-1949), exitosa combinación entre el arte y el estudio de los hongos

La respetada historiadora de la ciencia estadounidense Margaret Rossiter[186] ha descrito que, a finales del siglo XIX, en los Estados Unidos, la discriminación de las mujeres fue particularmente opresiva con respecto al ejercicio de la profesión científica. Sin embargo, continúa esta autora, «tengo evidencias de que las botánicas no profesionales fueron un componente importante para el desarrollo de esta disciplina». En la misma línea, el escritor y colaborador de la página web Jstor Daily, Matthew Wills[187], sostiene que «como observadoras, recolectoras o escritoras las mujeres fueron participantes no menores en la cultura popular de la botánica americana, lo cual evitó que la disciplina se viera confinada a la academia».

---

[186] Rositter, Margaret W. (1993): The Matthew Matilda Effect in Science, *Social Studies of Science,* vol. 23, no. 2, 325-341.
[187] Matthew Wills. JSTOR Daily

La conservadora del Museo del Bard College, Amy Herman, ha relatado en una entrevista publicada en la página web de Jstor Daily que, durante los primeros años del siglo XX, la micóloga estadounidense Violetta Susana White Delafield (1875-1949) comenzó a dar los primeros pasos en el estudio de los hongos. A lo largo de su vida, rememora Herman, esta artista botánica llevó a cabo un amplio trabajo de campo durante el cual pintó más de 600 asombrosas acuarelas. Posteriormente, la micóloga donaría su obra al New York Botanical Garden».

Violetta Susan White nació en Florencia (Italia), hija de una pareja de estadounidenses emigrados, Louisa Lawrence Wetmore y John Jay White. La mayor parte de su niñez transcurrió en el sur de Francia y desde muy pronto aprendió idiomas, dominando, además del inglés, el francés, el italiano y el alemán. Junto a su familia, se trasladó a los Estados Unidos en torno a 1890 y vivió en la ciudad de Nueva York. Unos pocos años después de su llegada, la joven comenzó a estudiar botánica, anota Amy Herman[188], «inspirada quizás por los viajes que realizaba con sus padres a la casa de veraneo que tenían en Connecticut. [De hecho], fue en el medio rural del noreste de los Estados Unidos donde Violetta empezó a recolectar diversos especímenes de hongos».

Los primeros estudios de White Delafield se encuentran incluidos en un cuaderno de bocetos fechado en 1899. Dos años más tarde, en 1901, ya era investigadora registrada en el New York Botanical Garden. El rigor de sus ilustraciones, describe Amy Herman, despertó el interés de varios investigadores que terminaron por convertirse en sus tutores. Además, también mantuvo correspondencia e intercambió especímenes con el acreditado micólogo estadounidense William Alphonso Murrill (1869-1957), jefe de investigación micológica del Jardín Botánico de Nueva York y fundador de la valorada revista Mycologia.

---

[188] Herman, Amy. The Art of Perception. 23-6-2023. YouTube

Entre 1901 y 1902, la joven botánica publicó tres trabajos científicos sobre hongos[189] que aparecieron en el Bulletin of the Torrey Botanical Club. En esos artículos, exploraba dos importantes familias fúngicas de Norteamérica (*Tylostomaceae* y *Nidulariaceae*). Por esas fechas también presentó un catálogo (Fungi on Mount Desert Island), dedicado a los hongos de la mayor de las islas situadas frente a la costa de Maine (noreste de USA), con el fin de completar unos estudios más antiguos. El notable valor del trabajo, según se describe en la página web de la Biblioteca Digital del Bard College no solo era artístico, sino propio de una naturalista formada, ya que «el texto que acompaña a las imágenes del catálogo de Violetta está elaborado con referencias redactadas siguiendo el estilo de escritura científica de su tiempo».

En 1904, la botánica se casó con John Ross Delafield (1874-1964), perteneciente a una rica y conocida familia. Tuvieron tres hijos, y en 1921 se establecieron en Montgomery Place, donde habían heredado una extensa propiedad. Se trata de un lugar en el estado de Nueva York que, en la actualidad, forma parte del Bard College.

Violetta White Delafield logró mantener durante largo tiempo sólidas conexiones con sus mentores y otros destacados botánicos, e intercambió información y especímenes. Aunque nunca recibió ningún pago, la botánica no fue para ella un mero pasatiempo; trabajó como una profesional, y en aquel ámbito fundamentalmente masculino consiguió ganarse el respeto de la comunidad especializada, como consta en la página web de la Biblioteca Digital del Bard College. Personalmente, nuestra protagonista ha sido descrita como una mujer «llena de vida» que siempre daba la bienvenida a sus amigos; no obstante, es probable que también valorarse su soledad, puesto que pasó incontables horas en los

---

[189] Wikipedia. Violetta White Delafield

bosques de su entorno sin ninguna compañía con el fin de pintar, catalogar y describir los hongos que recolectaba.

La calidad de su trabajo, afirma Amy Herman, refleja que «Violetta deseaba hacer serias contribuciones al campo de la micología [...]. Sus ilustraciones muestran claramente que tenía como propósito la identificación de cada especie, pues se esforzaba por capturar sus características únicas». Además, continua Herman, «sabemos que cuando Violetta entregó sus especímenes de hongos a los herbarios del New York Botanical Garden y del New York State Museum, también incluyó sus bellas ilustraciones, pues consideraba que formaban parte de la contribución que hacía al estudio científico».

Arte y botánica aunados en una hermosa obra

Al igual que numerosas estudiosas capaces de unir la pasión por la ciencia de las plantas y la pasión por el arte, Violetta White Delafield no solo creó cientos de acuarelas de hongos en las que destaca un exquisito nivel de detalle, sino que también las acompañó de importantes anotaciones. Ciertamente, una parte del valor científico de su obra ha quedado reflejado en su amplio conocimiento y dominio del vocabulario micológico, y el correcto uso de términos especializados al realizar sus precisas descripciones.

En referencia a la técnica de ilustración seguida por esta extraordinaria micóloga, Amy Herman opina que «no podemos conocer su procedimiento exacto, aunque es probable que Violetta pintara en el lugar antes de recolectar los especímenes, ya que estos, a menudo, cambian de color o pierden sus escamas rápidamente después de la recolección; por este motivo, tiene gran importancia atrapar su forma y color precisos antes de extraerlos del entorno natural».

Herman añade que «probablemente, Violetta eligió pintar acuarelas porque esta se seca rápidamente, y porque su luminosidad permite capturar la bella cualidad translúcida de los hongos». Asimismo, la decisión de la botánica por usar acuarela no fue solo artística, sino también práctica. La acuarela es ideal para trabajar al aire libre, pues los dibujos pueden completarse en el exterior y luego empaquetarse sin provocar daños. Otro detalle interesante es que White Delafield pintó algunos hongos en diferentes etapas de su vida, mostrando en color más claro la forma joven y más oscuro en la forma madura, lo cual permite reconocer la misma especie en distintas épocas, añadiendo así un nivel de profundidad al estudio.

Por otra parte, continúa explicando Herman, «la ilustración botánica a menudo combina la acuarela con el lápiz o la tinta, y este es el caso de muchas de las ilustraciones de Violetta, como a menudo revelan líneas visibles a lápiz delineando la forma básica del hongo [...]. Unos pocos dibujos de su colección están hechos exclusivamente con pluma y tinta, usando una técnica de punteado, un método de dibujo que usa pequeños puntos para dar la apariencia de sombreado».

Sus textos, puntualiza la Biblioteca Digital del Bard College[190], a menudo incluyen información sobre las condiciones del lugar y los diversos tipos de plantas y árboles que rodeaban a un espécimen en particular. La vegetación del entorno a veces también está incluida en sus dibujos con el fin de describir visualmente los lugares en los que se originan los hongos. Por ejemplo, anotaba: «Creciendo en un bosque húmedo, en un barrizal entre helechos y arces».

William J. Robbins, director del New York Botanical Garden desde 1937 hasta 1958, ha dejado escrito acerca de la calidad de ese trabajo que «las actividades de Mrs. Delafield [...] son especialmente notables porque demuestran como una *amateur* con

---

[190] The Mushroom Drawings of Violetta Delafield. Stevenson Library Digital Collections, Bard College

interés y capacidad puede dedicarse a la investigación en ciencia y realizar contribuciones sustanciales». Recordemos que en esos años las figuras femeninas no eran consideradas profesionales, sino simples «amateurs»[191]. Solo tras una determinada lucha, acompañada de rigurosos resultados, las mujeres se han ganado justamente el derecho a ser consideradas profesionales.

Según figura en la Biblioteca Digital del Bard College, diversos autores y autoras han coincidido al apreciar que «los dibujos de Violetta Whithe Delafield son realmente fascinantes». Agregan, además, que «la atención que prestaba al detalle puede valorarse en su elección del color y de sus pinceladas; tenía una sorprendente habilidad para capturar con fidelidad la esencia visual de cada hongo individual. Su capacidad para atrapar el color y la textura de un hongo ha sido clave para reconocer e identificar una especie en particular. Sin estos detalles, muchos de sus estudios no serían fácilmente distinguibles unos de otros».

Un apunte final

Los excelentes resultados de Violetta White Delafield como recolectora le permitieron documentar varias especies nuevas de hongos, las cuales serían nombradas en su honor por distintos especialistas; por ejemplo, *Cortinarius whiteae Peck* o *Leptoniella whiteae Murrill* (la última palabra corresponde al apellido del autor).

En honor a esta destacada botánica, la página web Jstor Daily[192] ha puntualizado que «es importante conservar y compartir las ilustraciones y textos de Violetta White Delafield porque son

---

[191] Martinez Pulido, Carolina. Violeta S. White Delafield (1875-1949), exitosa combinación entre el arte y el estudio de los hongos. Mujeres con ciencia.com. Octubre 2024.

[192] P.S., Mushrooms Are Extremely Beautiful. Jstor Dayly. March 16, 2020. The Editors

parte de un capítulo con más de 200 años de historia, y ello nos proporciona un vistazo sobre la vida de una de las muchas mujeres interesantes que le dieron forma. Sus dibujos son lo más próximo a disponer de una revista que nos proporciona un acercamiento a su vida interior». Además, en la página se subraya que «entre los dibujos más bellos de Violetta se encuentran los últimos que realizó hacia el final de su vida».

Recordar a una gran botánica que, pese a la animadversión normalmente desplegada en su tiempo en contra de las figuras femeninas interesadas en la ciencia, fortalece un argumento que nos gusta recalcar: «las mujeres no solo pueden contribuir a la construcción del conocimiento científico, sino que ya lo han hecho».

Helen Fraser Gwynne-Vaughan (1879-1967), curioso encuentro entre la botánica y la vida militar

La profesora del University College London, Elizabeth Dearnley[193], tras sus minuciosas investigaciones sobre la vida y la obra de Helen Fraser Gwynne-Vaughan, concluye que «fue una científica líder cuya destacada carrera académica corrió paralela a sus logros con el fin de incorporar las mujeres a las fuerzas armadas, tal como las conocemos hoy [en el Reino Unido]». Faceta que ha proporcionado una notable originalidad a su trayectoria profesional.

Helen Fraser nació el 21 de enero de 1879 en Londres dentro de una familia aristocrática escocesa; fue la hija mayor del capitán de la armada Arthur H. D. Fraser (1852-1884), y de la novelista Lucy Jane Fraser. Tras la temprana muerte de su padre, en 1887 su madre se casó con el diplomático Francis Hay-Newton, lo que

---

[193] Elizabeth Dearnley. Institute of English Studies. University of London

implicó que Helen pasase largas temporadas en el extranjero, educada por diversas institutrices.

De vuelta a Inglaterra cuando contaba 20 años, continúa Dearnley, y venciendo las reticencias de su familia, la joven se incorporó al King's College London con el fin de preparar los exámenes de ingreso para mujeres en Oxford. Logró superarlos con éxito y optó entonces por estudiar Ciencias Naturales, escogiendo la rama de Botánica. Se convertía así en una de las primeras mujeres estudiantes universitarias de su país.

Muy pronto en su carrera empezó a colaborar activamente con el profesor Vernon H. Blackman (1872-1967), acreditado micólogo y editor durante 25 años de Annals of Botany, una de las revistas botánicas más influyentes del mundo. Los excelentes resultados de Helen Fraser en el laboratorio de Blackman condujeron a que en 1904 se graduase con honores y, además, prolongase las investigaciones con su maestro durante un año más.

En 1905, la joven graduada se incorporó al laboratorio de Margaret Jane Benson (1859-1936), una de las botánicas inglesas más prestigiosas del momento. Especialista en paleobótanica, la mayor parte de la carrera de Benson, desde 1893 hasta 1922, transcurrió como directora del departamento de botánica del Royal Holloway College de la Universidad de Londres. Desde 1927 el mencionado laboratorio lleva su nombre. Margaret Benson es también recordada por haber sido una de las primeras mujeres que formó parte de la prestigiosa Sociedad Linneana (Linnean Society of London)[194].

La estancia en el laboratorio de Benson impulsó significativamente la formación de la joven Fraser, que en 1906 fue ascendida a profesora ayudante en el Royal Holloway College. Asimismo, describe Elizabeth Dearnley, durante el tiempo que estuvo en este

---

[194] Helen Gwynne Vaughan. Oxford Dictionary of National Biography (online ed.). Oxford University Press. 2004

centro, Fraser fue una activa participante de los movimientos en defensa de los derechos de las mujeres. Junto a la destacada médica, sufragista y miembra de la Women's Social and Political Union Louisa Garrett Anderson (1873-1943), la joven botánica se implicó con determinación a la lucha por el sufragio femenino.

Las actividades sociopolíticas no frenaron la carrera profesional de Helen Fraser. Esta continuó, paralelamente, con un riguroso trabajo de investigación basado en el desarrollo de los sistemas reproductivos en los hongos, que se concretaría en una excelente tesis doctoral defendida en 1907. Con anterioridad, en 1905, sus estudios ya habían sido reconocidos al ser elegida integrante de la Linnean Society. Como consta en Wikipedia, tras doctorarse recibió el nombramiento de profesora de botánica en el University College, en la ciudad de Nottingham, donde impartió clases hasta 1909, año en que regresó a Londres para dirigir el Departamento de Botánica en el Birkbeck College. Contaba entonces con 30 años de edad, lo que la convirtió en la persona más joven en desempeñar este trabajo y en una de las escasas figuras femeninas que en aquellas fechas alcanzaron tal distinción.

El predecesor de Helen en el Birkbeck, era un galés especialista en anatomía vegetal llamado David Gwynne-Vaughan (1871-1915), que dejaba Londres al ser nombrado profesor de botánica de la universidad Queen's University of Belfast. Según relata Elizabeth Dearnley, «a pesar de la distancia, entre ambos surgió un romance que terminó en una boda celebrada en 1911». Precisamente debido a esa situación, mantuvieron un matrimonio en que solo pasaban juntos seis meses al año, hasta que Davie Gwynne-Vaughan murió de tuberculosis en 1915.

En 1917, continúa describiendo Dearnley, debido al elevado número de pérdidas sufridas durante la Primera Guerra Mundial, la Oficina de la Guerra decidió que las mujeres debían desplegarse en Francia, marcando así por primera vez el alistamiento femenino a las fuerzas armadas británicas. Hasta ese momento, la enfermería había sido el único trabajo militar abierto a las mujeres. En este contexto, Helen Fraser Gwynne-Vaughan se incorporó al ejército y fue nombrada jefa controladora del recientemente creado cuerpo auxiliar de mujeres (Women's Army Auxiliary Corps), compuesto por unas 10.000 mujeres.

En 1920, retornó al Birkbeck College, donde permaneció hasta 1939. Aquí retomó su trabajo como directora del departamento de botánica, al tiempo que ampliaba e intensificaba sus proyectos de investigación. Al respecto, Dearnley ha señalado que «Helen publicó extensamente sobre la genética y la reproducción de los hongos [...]. En 1927, salió a la luz su libro dedicado a la estructura y el desarrollo de los hongos, The Structure and Development of the Fungi, realizado en colaboración con el botánico B. Barnes, que se convertiría en un acreditado texto universitario». Además, en las décadas de 1920 y 1930, escribió importantes artículos sobre citología de los hongos.

Poco después, concretamente en 1928, Helen Fraser Gwynne-Vaughan fue elegida presidenta de la British Mycological Society[195]. Valga señalar que esta sociedad fue creada en 1896 con el fin de promover el estudio de los hongos y disponer de una revista donde publicar trabajos especializados. La primera mujer presidenta de esta institución fue Annie Lorrain Smith (1854-1937), que ocupó este cargo en 1907 y 1908. La segunda, Gulielma Lister (1860-1949), presidenta en 1912 y 1913. Y la tercera elegida, Helen Fraser Gwynne-Vaughan, quien desempeñó la presidencia entre 1928 y 1929.

Tras un paréntesis durante la Segunda Guerra Mundial entre 1939 y 1941, Helen retornó al Birkbeck, donde permaneció hasta su retiro en 1944. Una vez retirada, fue contratada como profesora emérita por la Unversidad de Londres.

---

[195] Beharrell, Will; Douglas, Gina. "New Exhibition: Celebrating the Linnean Society's First Women Fellows". The Linnean Society of London. 2020.

En el año 1967, a los 88 años de edad Helen Fraser Gwynne-Vaughan fallecía en Londres, después de haber sido ampliamente reconocida como una de las mujeres más distinguidas de su generación en dos ámbitos muy separados: la micología y el militar. Un interesante modelo de referencia para aquellas jóvenes que tengan vocaciones tan dispares.

Johanna Westerdijk (1883-1961), micóloga holandesa que despertó un aprecio generalizado

En año 1904, la Asociación Internacional de Botánica (Association internationale des botanistes) fundaba en Ámsterdam un instituto de investigación dedicado a los hongos (Centraalbureau voor Schimmelcultures, CBS), que, con el tiempo, se convirtió en uno de los centros especializados en micología más grandes del mundo. Sus valiosas aportaciones han sido esenciales para la mayor parte de los avances científicos en esta disciplina. El 10 de febrero de 2017, se cambió el nombre del centro por el de Instituto Johanna Westerdijk[196] con el fin de rendir muy merecido homenaje a una gran científica experta en hongos, cuyo trabajo fue esencial para el desarrollo del CBS.

Johanna Westerdijk nació el 4 de enero de 1883 en un pequeño pueblo que hoy forma parte de Ámsterdam, dentro de una familia adinerada con intereses intelectuales y artísticos. Fue la mayor de los tres hijos del doctor Bernard Westerdijk (1853-1927) y de su esposa Aleida Catharina Scheffer (1857-1931). Como ha descrito el biólogo holandés especialista en hongos Johan Gerard ten Houten[197] desde niña sabía muy bien lo que quería y, convencida de que cuando fuera mayor no se dedicaría a las tareas

---

[196] Wikipedia. Johanna Westerdijk
[197] Ten Houten, J. G. (1 July 1963). Johanna Westerdijk, 1883-1961. Journal of General Microbiology. 32 (1): 1-9.

domésticas, durante su formación elemental en la escuela se negó a jugar con muñecas o a seguir clases de bordado, como era habitual para la mayoría de las chicas de su tiempo. En su lugar, eligió leer en voz alta para sus compañeras de clase, revelando ya una temprana vocación intelectual.

Cuando tuvo edad suficiente para decidir su futuro, Westerdijk, que tenía muy buen oído para la música, quiso ser pianista profesional. Sin embargo, una neuritis persistente (alteración neuromuscular del hombro) le impidió dedicarse a esta actividad. Dado que también sentía una gran curiosidad por la botánica, al terminar la enseñanza secundaria a los 17 años, optó por asistir a la Universidad de Ámsterdan (Amsterdam University), y seguir las clases del famoso botánico Hugo de Vries (1848-1935). La joven deseaba trabajar en su laboratorio, pero se encontraba ante un profesor con arraigado pensamiento misógino que no le permitió su colaboración.

Ajena al desaliento, Joanna Westerdijk, que tenía una educación internacional y hablaba con fluidez francés, alemán, inglés y holandés, al acabar sus estudios de biología en 1904 optó por trasladarse a Múnich, donde realizó una notable investigación en musgos. Un año más tarde, ha relatado J. G. ten Houten, se instaló en Zúrich para continuar su investigación sobre estas plantas. En 1906 leyó su tesis doctoral, *The regeneration of mosses,* sobre la fisiología de los musgos y que fue calificada con sobresaliente *cum laude.*

Con solo 23 años de edad, en su país le ofrecieron la dirección de un destacado laboratorio de micología, que la joven aceptó con entusiasmo. Cabe comentar, como se describe en la revista European Journal of Plant Pathology[198], que «el salario era tan bajo que resultaba poco atractivo para que un hombre lo aceptase». Poco después, este centro recibiría el nombre de Centraal-

---

[198] Boonekamp, P.M., et al. (2019). Johanna Westerdijk (1881-1961). The impact of the grand lady of phytopathology in the Netherlands from 1917 to 2017. Eur J Plant Pathol 154, 11-16 (2019)

bureau voor Schimmelcultures (CBS), también conocido como Central Bureau of Fungal Cultures.

En 1907, Johanna Westerdijk se hizo cargo de la colección de cultivos puros de hongos, creada en el instituto cuatro años antes. Señalemos que un cultivo puro es aquel que permite obtener colonias separadas compuestas por individuos que proceden de una única célula, por lo que todos poseen, básicamente, la misma composición genética. Son útiles por varias razones: mantienen los organismos viables, se pueden hacer subcultivos y someterlos a diferentes análisis o tratamientos y, además, permiten intercambiarlos entre diferentes laboratorios[199].

Nos parece de interés apuntar que, a finales del siglo XIX, el cultivo puro de microorganismos fue, en la voz de diversos historiadores e historiadoras, nada menos que una revolución científica. Sin esta técnica, por ejemplo, Louis Pasteur (1822-1895) no hubiera podido llevar a cabo una serie de importantes experimentos que han tenido un profundo impacto en la práctica médica de hoy. En los Países Bajos, el bacteriólogo Martinus Willem Beijerinck (1851-1931) fue el primero en obtener cultivos puros en su país. Hacia finales de 1880, estos cultivos empezaron a revelar sus múltiples y diversas aplicaciones.

Volviendo a Johanna Westerdijk, valga anotar que, con su energía e intelecto, la amplitud de sus intereses científicos y una gran habilidad para relacionarse con la gente, fue capaz de contratar muy buenos colaboradores e impulsar la investigación realizada en el centro. Así pues, bajo su dirección, el CBS se convirtió en un lugar internacionalmente respetado, lo que promovió que su colección de hongos se expandiese notablemente; pues alcanzó más de 10.000 cepas. Esto significa que se contaba con una gran fuente de organismos que pertenecen a la misma especie, aunque mostrasen algunas variaciones.

---

[199] Wikipedia. Johanna Westerdijk

El citado especialista J. G. ten Houten ha insistido en que la colección tenía como finalidad, y la sigue teniendo hoy, mantener una gran variedad de cultivos puros para la investigación local y para intercambiar esos hongos cultivados con laboratorios de todo el mundo. La colección de Ámsterdam potenciada por Westerdijk experimentó una rápida expansión, lo que se considera un fiel reflejo del creciente interés de la comunidad científica por este tipo de estudios. De hecho, se intercambiaron cepas con centros de investigación de distintos países, incluyendo Japón, China, Australia y los Estados Unidos.

Una dinámica y original vida profesional

Johanna Westerdijk logró crear en su laboratorio una atmósfera muy cálida y acogedora. Según diversos autores y autoras, entre ellos el botánico micólogo neerlandés Robert Archibald Samson (1946)[200], «era conocida por su hospitalidad y por su amor a la música». Aunque durante los primeros años trabajó sola o con unos pocos estudiantes de la universidad, muy pronto se fueron incorporando alumnos y alumnas que encontraban en el laboratorio un ambiente muy estimulante. El contexto que allí se vivía hacía justicia a la placa colocada en la puerta, que, aproximadamente traducida, decía: «Trabajo y alegría: la grandeza procede de esta combinación».

La científica tenía un excelente sentido del humor y solía repetir a menudo, «cuando la vida se vuelve aburrida y monótona, incluso los hongos se mueren»; sobre su buen humor afirmaba, bromeando, que su herencia francesa de origen materno era la responsable de su temperamento, vitalidad y afición a una fiesta y a un vaso de buen vino.

---

[200] Samson Robert, A. et al (2004). Centraal Bureau voor Schimmelcultures: hundred years microbial resource centre. *Studies in Mycology* 50: 1-8

Westerdijk fue descrita por un periodista contemporáneo como una mujer fuerte, natural, sencilla y con muy buen trato y gran simpatía. Sus amigos más próximos la describían como amante de los festejos, la bebida y la danza, y sin el menor interés por el matrimonio. Quienes realizaron el doctorado dirigidos por ella, coinciden al apuntar que se vieron inspirados por la atmósfera y la influencia del lema de su laboratorio: «Para las mentes finas, el arte está en combinar el trabajo y la diversión», apunta J. G. ten Houten.

Ciertamente, la personalidad de esta científica era excepcional, como refleja el relato de una de sus biógrafas, Patricia Faasse[201], quien ha descrito que «Johanna disfrutaba organizando fiestas con música para su equipo mientras ella tocaba el piano [...]. Incluso creaba humorísticas representaciones de teatro después de la defensa exitosa de una tesis doctoral, donde ella jugaba un papel cómico [...]. Su buen humor cuando estimulaba al alumnado, su espontánea risa cuando un experimento salía bien, y su deseo de producir todos juntos una investigación excelente componían un vínculo único entre todos los componentes de su equipo».

Diversos autores han descrito que esta original científica fue también una gran viajera. Muestra de ello es que en 1913 se desplazó hasta Indonesia con el fin de ampliar conocimientos sobre fitopatología; aquí permaneció más tiempo del planeado, ya que, cuando pensaba retornar, no pudo hacerlo debido al estallido de la Primera Guerra Mundial. Optó entonces por visitar Japón y China. Posteriormente, continuó su viaje a los Estados Unidos, donde confesaba haber disfrutado intensamente. Durante su estancia en este país forjó muy buenas amistades al tiempo que aprovechó para impartir diversas conferencias. Cabe apuntar que Westerdijk no disponía de ninguna beca u otra ayuda económica, por lo que con el dinero que le pagaban por sus apreciadas charlas

---

[201] Faasse, Patricia. In esplendid isolation. Knaw Press. Amsterdand 2008

logró mantenerse mientras duró su periplo. Ten Houten ha relatado que ella dejó un diario sobre ese estimulante periodo de su vida, elogiando que «la lectura de sus impresiones y experiencias resulta realmente fascinante».

En 1916, Johanna Westerdijk retornó a su laboratorio en Ámsterdam y, un año más tarde, fue nombrada profesora de Patología Vegetal en la Universidad de Utrecht, siendo la única mujer docente de esta materia en las universidades europeas. Su trabajo aumentó considerablemente, ya que debía preparar las clases, además de sus múltiples responsabilidades en la investigación y como directora del CBS, aunque, como bien ha subrayado Ten Houten, disfrutaba de una salud excelente y realizaba su trabajo con encomiable entusiasmo.

Consecuente con la innovadora profesora que fue, diseñó e impartió unas clases prácticas tan atractivas que alcanzaron gran fama entre el alumnado. Inicialmente, tenían lugar en un laboratorio de la universidad de Ámsterdam, pero el espacio pronto resultó un factor limitante, por lo que en 1920 se trasladaron a un entorno más adecuado. El nuevo sitio era lo suficientemente amplio para albergar la colección de cultivos de hongos que estaba creciendo rápidamente y para acoger, asimismo, a los numerosos estudiantes que «acudían en bandadas para su formación práctica con la doctora Westerdijk», ha recordado Ten Houten.

Durante toda su carrera, describe el European Journal of Plant Pathology, fue capaz de reclutar estudiantes y técnicos de laboratorio de ambos sexos procedentes de diversos lugares, que destacaban por su talento e ingenio. Todo ello propició la formación de innovadores equipos de investigación que produjeron valiosos trabajos pioneros sobre diversas enfermedades de las plantas.

En 1930, Westerdijk fue nombrada profesora a tiempo completo de la Universidad de Ámsterdam, donde su vida profesional se extendería a lo largo de 35 años. El número de estudiantes que deseaba realizar la tesis doctoral bajo su dirección se amplió tanto que, cuando la profesora se retiró, «en torno a 56 alumnos y alumnas habían obtenido el doctorado bajo su estimulante guía», rememora Ten Houten. Graduados de distintas universidades alemanas y de otros países, se sentían atraídos por su personalidad y por sus celebrados cursos prácticos. Igualmente, muchas micólogas y micólogos profesionales holandeses y extranjeros acudían al prestigioso laboratorio de Westerdijk; algunos por periodos cortos y otros por largas temporadas.

Unos pocos de sus estudiantes procedían de Sudáfrica, lo que incentivó a la científica a conocer ese país, al que viajó por primera vez en 1938. Allí entabló una cálida amistad con científicos y científicas locales, según relata la revista European Journal of Plant Pathology, convirtiéndose muchos de ese grupo en amigos personales de por vida.

Científica innovadora

Valga destacar que Johanna Westerdijk transformó la investigación desde una visión descriptiva, muy frecuente en aquellos años, hasta una metodología más experimental, pues consiguió, junto a su equipo, elegantes y elogiados trabajos empíricos.

Ciertamente, además de ser una excelente profesora, Westerdijk llevó a cabo proyectos de investigación muy valorados por la comunidad especializada. Sin entrar en demasiados detalles técnicos, apuntemos que la colección de especímenes que ella estableció en el CBS estaba compuesta por hongos procedentes de todas partes del mundo. De estos, se hizo un gran uso; al principio, para estudios biológicos, pero, tras el descubrimiento de la penicilina, su interés se amplió enormemente. Un proceso que se extendió hasta el punto de dar como resultado el establecimiento de una sección de micología médica.

Los extensos conocimientos sobre el tema de los que disfrutaba esta original investigadora le proporcionaron una notable popularidad al tiempo que una intensa correspondencia con expertos y expertas procedentes de los más recónditos lugares. En un valorado artículo publicado en 1947, Johanna Westerdijk explicaba claramente la técnica que había seguido para mantener sus cultivos de hongos. Anotaba cómo había empezado, a partir de cultivos en placas de Petri (recipientes de cristal con tapa) conteniendo un medio solidificado con agar y provisto de distintos nutrientes, y observado cuidadosamente los resultados. Sus artículos publicados reflejaban agudas conclusiones sobre la difícil tarea de conocer las necesidades nutritivas de los hongos.

La capacidad de liderazgo y los sobresalientes artículos que paulatinamente fueron saliendo a luz, justifican que Johanna Westerdijk recibiese numerosos reconocimientos y condecoraciones. Por citar algunos destacados, fue elegida miembra de la Royal Netherlands Academy of Sciences y de la Linnean Society. Asimismo, fue cofundadora de la Netherlands Mycological Society en 1908 y presidenta de la Netherlands Phytopathology Society en1945. Varias universidades le concedieron el doctorado honorario, y diversos gobiernos la distinguieron al otorgarle la correspondiente medalla de honor, como se menciona en la revista European Journal of Plant Pathology.

Las mujeres disfrutaron de una poderosa referente de inspiración

Johanna Westerdijk, como pionera en el campo de su especialidad, la fitopatología rápidamente surgida a finales del siglo XIX, se convirtió en un modelo de mujer de ciencia, tanto investigadora como docente. Para las jóvenes estudiantes de micología representó un pujante ejemplo a seguir, siendo casi la mitad de su alumnado femenino. Muchas de ellas con excelente formación, lograron ocupar destacados puestos de trabajo[202]. Asimismo, la gran maestra consti-

---

[202] Money, Nicholas P. Women mycologists. March 4th 2016

tuyó una importante fuente de inspiración para aquellas estudiosas interesadas en la historia de las mujeres en la ciencia.

La científica era plenamente consciente de la desigualdad de género dominante. Por ejemplo, en una carta dirigida a sus amigos, escrita durante su estancia en los Estados Unidos, comentaba la peculiar posición de una mujer científicamente formada en aquellos tiempos, y subrayó que en muchas de las diversas fiestas con colegas a las que acudió ella era la única mujer, informa J. G. ten Houten.

Años más tarde, Westerdijk denunciaba el escaso salario femenino, poniendo como ejemplo su propia universidad. Señalaba que el éxito de los cultivos puros de hongos requería un constante incremento de soporte financiero. Las cepas, que se mantenían en las placas de Petri conteniendo medio nutritivo, debían transferirse periódicamente a mano hasta un medio nuevo, lo que implicaba un laborioso trabajo. Los ingresos del instituto, por otra parte, eran muy modestos, dado que la mayor parte de esos cuidados cultivos se intercambiaban con otros centros, en vez de venderse. La solución que se «descubrió» fue contratar principalmente a mujeres, pues recibían un modesto salario bajo el pretexto de que en su mayor parte vivían con sus familias que las mantenían, rememora Samson.

Ese subterfugio potenció que numerosas investigadoras participaran en los proyectos de trabajo realizados en el CBS bajo la dirección de Johanna Westerdijk. Solo por citar algunas de ellas, cabe recordar a Barendina Spierenburg (1880-1967): la primera científica en incorporarse al equipo en 1919 y que, después de la Primera Guerra Mundial, colaboró estrechamente con la ayudante científica Marie Beatrice Schwarz (1898-1969), una estudiante de 24 años que, en el laboratorio Westerdijk, aisló un hongo a partir de árboles enfermos.

Asimismo, mencionamos a Christine Buisman (1900-1936), otra estudiante del mismo laboratorio que, a pesar de su corta vida, realizó importantes hallazgos sobre enfermedades de los olmos alemanes. Es igualmente significativo recordar la incorporación al equipo de trabajo de Agathe Louise van Beverwijk (1907-1963), pues logró identificar hongos pertenecientes a distintas especies, muchos de ellos causantes de patologías en las plantas. Como directora del equipo, Westerdijk contrató más botánicas; por ejemplo, a Maria Ledeboer o a la doctora en biología Johanna Went, hasta alcanzar que casi la mitad del equipo de investigación fuese femenino, según ha descrito el profesor de botánica Nicholas P. Money (2016) de la Universidad de Miami, Oxford, Ohio (USA).

Como testigo directo de la discriminación de las mujeres, Westerdijk se implicó seriamente en la lucha por la igualdad entre los sexos. Ya desde el momento en que ocupó el puesto de profesora en 1917 dedicó notables esfuerzos a sus estudiantes femeninas, aprovechando su destacada posición para mejorar el papel de las mujeres en la ciencia. Siempre que había un cargo disponible en su laboratorio, se describe en el European Journal of Plant Pathology, prefería contratar a una estudiante femenina. Por su coraje y logros académicos, despertó gran aprecio entre sus alumnas, que la consideraron una figura modelo.

En su lucha feminista, formó parte muy activa de la International Federation of University Women, una organización de mujeres graduadas universitarias fundada en 1919. Con posterioridad esa organización cambió su nombre, y hoy es conocida como Graduate Women International, la cual continúa con su objetivo principal de defensa de los derechos de las mujeres. En 1932, Westerdijk fue elegida presidenta de esta organización.

Los últimos años de una vida muy fecunda

Johanna Westerdijk dio su última clase magistral en 1952, en un salón decorado con flores y con más de 500 personas presentes para rendir honores a tan querida profesora, amiga y colega. Muchos de los asistentes habían sido sus alumnos y alumnas que, en ese momento, trabajaban en diversos centros europeos y en otras partes del mundo.

Todos consideraban un gran privilegio haber tenido la oportunidad de formarse bajo la dirección de una científica tan estimulante. «El tiempo pasado en un entorno tan beneficioso para el trabajo, con alegría y gozo por la vida, ha permanecido como un gran valor durante el resto de nuestras vidas», escribía una de sus alumnas, como se rememora en la revista European Journal of Plant Pathology.

Westerdijk se retiró por completo de sus actividades profesionales y, según la citada revista, fue muy perspicaz al no interferir en el camino de su sucesor. Ello no impidió, sin embargo, que continuase manteniendo un cálido contacto con sus antiguos estudiantes, al igual que con los demás miembros de su equipo y con los visitantes internacionales. Tuvo la generosidad de establecer y financiar la fundación Johanna Westerdijk Foundation con el fin de financiar viajes y estancias para que jóvenes estudiantes e investigadores de ambos sexos adquirieran conocimientos científicos en el extranjero. Fue una verdadera trabajadora en red, capaz de reunir numerosas personas de diferentes disciplinas y potenciar el surgimiento de originales resultados.

Otra destacada faceta de la personalidad de Westerdijk ha quedado reflejada en que no compartió sus conocimientos únicamente con sus colegas y alumnado, sino que también se interesó por transmitir información a la gente en general. Logró este objetivo, sobre todo, escribiendo artículos en los periódicos y organizando diversas charlas y conferencias abiertas al público interesado.

A los 78 años de edad, en 1961, fallecía Johanna Westerdijk, recordada por quienes la conocieron como una mujer y científica de personalidad extraordinaria. Dejaba tras de sí un legado para los comienzos de un nuevo campo de investigación en los Países Bajos que fue realmente enorme y, por ello, fue merecedora de considerable reconocimiento. Cientos de personas asistieron a su funeral, y al respecto Ten Houten apuntaba que «no es extraño que muchos amigos y numerosos exalumnos la acompañasen en su último viaje. Su tumba estaba cubierta de flores»

Elsie Maud Wakefield (1886-1972), reconocida botánica en el arte y en la ciencia

Una de las condecoraciones más destacadas concedida en el Reino Unido es la Orden del Imperio Británico (Order of the British Empire), que se entrega a una persona en reconocimiento a sus contribuciones en el arte o en la ciencia. Siguiendo la tradición androcéntrica, los premiados suelen ser hombres No obstante, excepcionalmente, la condecoración también se ha otorgado a unas pocas mujeres. Entre ellas figura la botánica inglesa Elsie Maud Wakefield (1886-1972), acreditada experta en hongos que recibió este galardón en 1950 por su brillante carrera científica.

Nacida en Birmingham, Reino Unido, se interesó por estudiar la naturaleza bajo la influencia de su padre H.H. Wakefield, profesor de ciencia, naturalista y autor de un valorado manual de botánica. Después del bachillerato, la joven Elsie se incorporó al Somerville College, Oxford, donde cursó el grado de botánica. En su cuarto año decidió estudiar fitopatología forestal, según ha descrito en un libro de recopilación el micólogo e historiador de la ciencia Geoffrey C. Ainsworth[203] (1905-1998).

Una vez graduada, consiguió una beca que le permitió desplazarse a Alemania para trabajar en Múnich con el profesor Karl von Tubeuf (1862-1941), influyente micólogo experto en fitopatología. Allí, Elsie Wakefield realizó detallados estudios sobre hongos, publicando en alemán su primer artículo científico, como ha recordado la conocida especialista en historia de las mujeres en la ciencia, Marilyn Ogilvie[204].

---

[203] Ainsworth, G. C. (1996). Brief Biographies of British Mycologists (PDF). Stourbridge, West Midlands: British Mycological Society. Pp. 166-167

[204] Ogilvie, Marilyn & Harvey, Joy (2000). The Biographical Dictionary of Women in Science: L-Z. Routledge. Retrieved 15 September 2018

Cuando en 1910 Wakefield retornó a Inglaterra, empezó a trabajar como asistente del botánico George Massee, jefe de micología en el Royal Botanic Gardens, Kew. Este científico se retiró unos años más tarde, en 1915, y ella ocupó su cargo como jefa de micología, siendo la primera mujer contratada en esta especialidad por el afamado jardín botánico. Con posterioridad, continúa Marilyn Ogilvie, en 1920 consiguió nuevamente una beca; esta vez optó por dirigirse a Centroamérica, donde pasó seis meses trabajando como micóloga en el Caribe, concretamente en Barbados. Aquí tuvo la oportunidad de estudiar los hongos tropicales y las enfermedades que pueden provocar en importantes cosechas. La estancia en la región estimuló considerablemente a la científica, despertando en ella un profundo interés por los hongos de aquellas zonas.

Tras la fructífera estancia centroamericana, Wakefield retornó a Kew, donde permaneció hasta su jubilación en 1951. Valga puntualizar que, a diferencia de muchas otras botánicas, Wakefield no fue una gran viajera[205]. A partir de finales de la década de 1920 estuvo centrada en un intenso proyecto de investigación, dedicado principalmente a los hongos británicos y a los tropicales. Los interesantes y novedosos resultados conseguidos le granjearon un reconocimiento y respeto, tanto nacional como internacional.

La conservadora del Jardín Botánico de Kew, Lynn Parker[206], ha rememorado que Wakefield «no solo describió y nombró numerosas especies de hongos, tanto británicos como de ultramar, sino que también fue una ilustradora de gran talento que elaboró precisos dibujos en acuarela de las especies que ella misma había identificado». Añade, asimismo, que en honor de la botánica inglesa se nombraron dos géneros y ocho especies, un elevado

[205] Wikipedia: Elsie Maud Wakefield
[206] Lynn Parker. Fabulous fungi: the illustrations of Elsie M. Wakefield. Royal Botanic Gardens, Kew. 12 October 2018

número que indica la valía de sus aportaciones. Las bellas y minuciosas ilustraciones de esta micóloga se encuentran en el Kew Gardens.

Por su parte, el experto del mencionado jardín botánico Ink David Ink[207], ha puntualizado que «los bosquejos de campo realizados por Elsie Wakefield fueron elaborados directamente durante el proceso de exploración científica». En su trabajo, continúa este autor, «es claramente visible un estrecho entrelazado entre la ciencia y el arte, debido a las extensas anotaciones que Wakefield incluía en sus bellas acuarelas». Además, Ink David apunta una interesante reflexión, «a diferencia de sus trabajos publicados, los dibujos eran en cierto sentido intensamente personales, constituyendo notas básicas para luego usarse en bosquejos más detallados y en el trabajo taxonómico». Y el experto sostiene que, «a través de sus dibujos el estilo personal de la autora surge incluso más claro que en sus artículos publicados, ya que revelan una artista tan buena como la formidable botánica que fue».

Ink David no se queda aquí al recordar que «de manera muy interesante, Wakefield incluye [en sus ilustraciones] algunos de los pastos y tipos de suelos junto a los hongos que pinta, en contraste con la aproximación tradicional basada en presentar en la página únicamente al espécimen en solitario. Incluyendo otros elementos de un amplio hábitat, sus láminas desafían la práctica estándar al generar cuestiones sobre qué es lo científicamente valioso que debe incluirse en las descripciones».

Una impecable función gestora

Elsie Wakefield también se interesó por la gestión y difusión científica. Fue secretaria de la British Mycological Society durante 17

---

[207] Ink David. Worth a thousand words: The hidden histories of botanical illustrations. Royal Botanic Gardens, Kew. 23 November 2023

años, y su presidenta en 1929. En 1950, recibió la citada condecoración Orden del Imperio Británico (OBE), no solo por su sobresaliente dedicación a la ciencia, sino también por su meticulosa organización y gestión del herbario del Jardín Botánico de Kew, tal como se indica en Wikipedia

Durante su productiva carrera, publicó casi 100 artículos sobre hongos y patología vegetal; el último vería la luz cuando la científica contaba con 83 años de edad. Sin olvidar la divulgación de la ciencia, escribió además dos populares guías de campo. Apostillemos que esta experta no se consagró únicamente a la investigación especializada, ya que también fue pionera trabajando en el Scientific Civil Service, una organización del Reino Unido dedicada a la aplicación de la ciencia con fines sociales.

El citado micólogo inglés e historiador científico Geoffrey Clough Ainsworth (1905-1998), ha especificado que «sus conocimientos sobre los hongos británicos era enciclopédico y el interés por estos estuvo complementado por su gran habilidad como acuarelista, tal como evidencian las láminas contenidas en las últimas ediciones [publicadas] sobre los hongos comestibles y venenosos». Wakefield, añade Ainsworth, «ha sido uno de los micólogos [hombres y mujeres] británicos más influyentes de su generación». El hecho de que fuera mujer en tiempos difíciles para las científicas aumenta aún más el valor de su legado y el valioso referente que representa.

Helen M. Gilkey (1886-1972), estudiando unos hongos que crecen bajo tierra: las trufas

En el año 1915 se doctoraba por primera vez una mujer en la Universidad de California (University of California, Berkeley). Se trataba de la botánica Helen Margaret Gilkey, notable micóloga e ilustradora botánica de mucho talento artístico con la acuarela.

Helen Gilkey nació el 6 de marzo de 1886 en Washington, siendo una de los seis hijos de Fannie y J. A. Gilkey. En 1903, la familia se mudó al Estado de Oregón, donde su padre, un horticultor, fue empleado como superintendente de los suelos e invernaderos en la Universidad Estatal de Oregón (Oregon State University). En esta misma universidad la joven Helen se graduó y obtuvo un máster como botánica, que incluía excelentes ilustraciones de micología[208].

Continuó sus estudios en la Universidad de California y, según ha señalado la acreditada historiadora Lois Leonard (1927-2015)[209], «la influencia y el estímulo del director del Departamento de Botánica, William Albert Setchell (1864-1943), llevó a Gilkey a interesarse en la taxonomía de las trufas de Norteamérica». En 1915 leyó su tesis doctoral titulada The taxonomy of North American truffles, que se publicó un año más tarde. Recordemos que, según explicita el botánico profesor de la Universidad de Melburne, John S. Wilkins[210], la taxonomía en ciencias naturales implica estudiar, dar nombre, definir y clasificar los grupos de organismos vivos en base a las características que comparten.

Debe asimismo especificarse que las trufas son unos hongos que crecen bajo tierra, siempre en estrecha asociación con las raíces de árboles como encinas, robles, castaños o pinos, entre otros muchos. Se trata de hongos que tienen importantes funciones ecológicas en el ciclo de nutrientes; esto es, en el movimiento e intercambio de materia orgánica y materia inorgánica entre los organismos y su entorno. Las trufas, además, proporcionan a los organismos con los que conviven una notable la tolerancia a la sequía.

---

[208] Wikipedia: Helen M. Gilkey
[209] Leonard, Lois. Helen Gilkey (1886-1972). Oregon Encyclopedia (5-6-2019).
[210] Wilkins, J. S. & Malte C. Ebach (2013). The Nature of Classification. Palgrave Macmillan. London

Asimismo, cabe también recordar que algunas de las especies de trufas en diversos países son muy apreciadas como alimento humano y, debido a la escasez del producto y a la exclusividad del mismo, en el mercado pueden alcanzar precios elevados.

Una fructífera carrera profesional

Una vez doctorada, Hellen Gilkey se incorporó a la universidad como ilustradora científica y alcanzó un notable prestigio. De entre sus trabajos, sobresale su contribución con las ilustraciones originales al celebrado Manual of Flowering Plants of California, escrito por uno de los primeros botánicos californianos, Willis Linn Jepson (1867-1946).

Gilkey estableció su carrera como una de las más distinguidas botánicas de Estados Unidos. Según diversos especialistas, llegó a ser considerada una autoridad en trufas. De hecho, la publicación de su tesis doctoral continúa siendo en la actualidad una importante contribución de referencia al estudio de las trufas.

En 1918, el Colegio de Agricultura de Oregon (Oregon Agricultural College) ofreció a Gilkey un trabajo como conservadora del herbario. Se trataba de un importante centro, apunta Lois Leonard, pues era de los más antiguos del oeste de Estados Unidos, fundado alrededor de 1882. Durante los 33 años en los que fue conservadora, convirtió esta institución en un centro de divulgación científica y también en un excelente depósito de numerosos especímenes. La eficaz gestión de Gilkey dio lugar a que el herbario creciera desde 25.000 hasta más de 75.000 ejemplares.

Esta dinámica botánica también fue profesora de la materia en la Universidad de California, donde influyó en la vida de un elevado número de estudiantes que, posteriormente, la recordarían con afecto y agradecimiento. Además, según consta en la página web Archives West[211], sus preferencias se extendían a la poesía, la escritura y la defensa del movimiento internacional de la paz y de causas ambientales. La científica se entusiasmaba con todas estas actividades; tras su retiro en 1951, permaneció activa como profesora emérita, y continuó con su investigación y escribiendo hasta su muerte a los 86 años.

No cabe duda de que Helen Gilkey fue muy conocida por sus extensos trabajos sobre trufas, ya que describió un gran número de especies de estos hongos, principalmente procedentes de los Estados Unidos, y unos pocos de Argentina y de Australia. Sin embargo, no se limitó solo a las trufas, rememora Lois Leonard, pues realizó algunos estudios sobre diversas plantas.

En el curso de su vida académica, Gilkey escribió o fue coautora de varios libros y más de 40 artículos científicos. incluyendo bocetos sobre destacados botánicos y una historia no publicada del herbario del Estado de Oregón. También elaboró contenidos educativos para audiencias populares. No obstante, uno de los mayores logros fue la gran calidad de sus ilustraciones científicas, continúa Leonard, y sus pinturas botánicas enriquecieron sus propios escritos, y a menudo los de otros investigadores.

A lo largo de su vida, Helen Gilkey recibió numerosos honores y premios. Por ejemplo, en 1952, recibió el premio de Científica Sobresaliente (Outstanding Scientist), otorgado por la Academia de Ciencias de Oregón (Oregon Academy of Science). En 1995, por sugerencia de la acreditada botánica Barbara Ertter, conservadora de la Flora del Oeste de Norteamérica (Western North American Flora), fue incluida en el Berkeley Women's Hall of Fame, una institución cuyo fin es reconocer públicamente los logros significativos y los avances estatales originados por mujeres.

---

[211] "Archives West: Helen M. Gilkey Papers, 1910-1974". *archiveswest. orbiscascade.org*. (2019)

Años más tarde, en 2004, la profesora de biología Sharon Rose de la Willamette University, rindió honor al trabajo de Helen Gilkey al gestionar una exposición de sus pinturas titulada Helen Gilkey: The Art of Botanical Illustration, exhibida el Hallie Ford Museum of Art de la citada universidad. Otro importante reconocimiento llegaría en 2006, cuando la comunidad especializada acordó nombrar el género de trufas *Gilkeya* en su honor.

Lilian Edith Hawker (1908-1991), respetada micóloga inglesa

En 1970, la Facultad de Ciencias de la Universidad de Bristol elegía por primera vez a una científica especializada en hongos como decana. Se trataba de Lilian Edith Hawker (1908-1991), conocida por su gran dinamismo como investigadora y entusiasmo por la docencia. Sus excelentes trabajos en la fisiología de los hongos y sus contribuciones a la formación del alumnado la convirtieron en una figura altamente valorada y querida entre quienes la conocieron.

Lilian E. Hawker nació en un pueblo de Inglaterra llamado Reading en 1908; su padre era maestro de escuela y su madre ama casa. Tras cursar el bachillerato, en 1925 se matriculó en la Universidad de Reading (University of Reading), donde, cuatro años después, se graduaba con honores en botánica. El micólogo británico Michael Francis Madelin (1931-2007)[212] , ha destacado que, durante su último curso de carrera, Lilian Hawker realizó un trabajo de investigación basado en la reproducción de un árbol conocido con el nombre de tejo (*Taxus baccata*), que publicó en 1930 siendo su primer artículo científico.

---

[212] Madelin, M. F. (1991). Obituary: Lilian E Hawker: 19 May-1908. February 1991. *Mycological Research.* 95: 1343-1344

Brillante carrera investigadora

Una vez graduada, la joven comenzó inmediatamente sus estudios de posgrado en Reading, los que culminaron con una tesis de máster sobre el geotropismo de las plantas terrestres. Señalemos que el geotropismo hace referencia al efecto estimulante de la fuerza de gravedad que permite a las plantas dirigir las raíces en la dirección correcta.

El citado botánico Michael F. Madelin sostenía que «esta fue también la época en que obtuvo su primera experiencia como profesora universitaria, ya que durante sus últimos años en Reading fue ayudante estudiantil». Además, añade el científico, por esas fechas «realizó su primer contacto formal con la ciudad en la que posteriormente pasaría la mayor parte de su carrera, ya que en 1931 recibió un premio por leer su trabajo en un encuentro científico en Bristol».

Cuando Hawker dejó Reading, pasó un año (1931-1932) en el Departamento de Botánica de la Universidad de Manchester (University of Manchester), gracias a una beca de investigación. Aquí continuó con su trabajo sobre geotropismo al estudiar cómo un grupo de hormonas vegetales, llamadas auxinas, regulan el crecimiento en las plantas.

Hasta entonces, continúa relatando el profesor Madelin, «en su carrera hubo muy poco que sugiriera que su futuro campo de trabajo sería la micología. Sus cuatro artículos sobre el geotropismo, publicados en 1932 y 1933, constituyeron significativos progresos a lo que se sabía sobre la percepción de la gravedad por las plantas, algo que claramente sugería que la fisiología vegetal sería su profesión».

Fue la asistencia en 1932 a un curso avanzado para estudiantes de investigación sobre micología, patología vegetal y bacteriología, organizado en el Imperial College of Science and Technology de Londres, lo que despertó su interés por los hongos. Bajo la influencia del profesor William Brown (1888-1975), se sintió «fascinada por la fisiología de los hongos, y se propuso investigar sobre el tema», rememora Madelin. Y así fue, ya que a partir de esas fechas Hawker cambió el foco de su investigación y se consagró a la micología, tanto con estudios de laboratorio como de recolección de hongos silvestres; propósitos que mantuvo durante el resto de su vida.

La emprendedora investigadora se incorporó al equipo de Brown en el Departamento de Botánica del Imperial College, donde fue contratada como ayudante de investigación en 1933. Centró sus esfuerzos en investigar los factores, como, por ejemplo, los carbohidratos, que afectan al crecimiento y la fisiología de los hongos, así como a la producción de esporas. Recordemos que, en biología, el término espora hace referencia a unas estructuras microscópicas unicelulares o pluricelulares que se forman con fines de dispersión y supervivencia por largo tiempo en condiciones adversas.

Hawker demostró ser una infatigable y original investigadora; en el año 1937 sería ascendida al cargo de profesora de Micología y Patología. En 1940 recibió la valorada Huxley Medal por su innovador trabajo, que dio lugar a la publicación de valiosos artículos. Poco después, sin embargo, su carrera se vio entorpecida debido a la Segunda Guerra Mundial. En ese tiempo permaneció en el Imperial College, dando clases bajo condiciones muy difíciles. Finalmente, en 1944 leyó una sobresaliente tesis doctoral en la Universidad de Londres (University of London).

Pese a que Hawker era muy activa tanto en la investigación como en la enseñanza, en el Imperial experimentó una promoción notablemente más lenta de la merecida. El micólogo y escritor Michael J. Carlile[213] ha especulado que tal lentitud podría

---

[213] Carlile, Michael J. (2005). «Two influential mycologists: Helen Gwynne-Vaughan (1879-1967) and Lilian Hawker (1908-1991)», The Mycologist. 19: 129-131

deberse a que sus contactos eran escasos, aunque también las circunstancias propias de los años de guerra podrían haber sido las responsables del retraso en su ascenso profesional. Sin olvidar que el hecho de que ser mujer e investigadora destacada, a muchos parecía «poco natural», puesto que por esas fechas dominaba la frase de «la ciencia no es cosa de mujeres».

En cualquier caso, Madelin puntualizaba al respecto que «debido a la falta de progreso en su carrera académica, Hawker solicitó con éxito en 1945 una plaza de profesora en el Departamento de Botánica de la Universidad de Bristol». En este centro, su trabajo fue «muy pronto reconocido y premiado con su promoción a profesora de micología en 1948». En la década de 1940, participó activamente en el comité de investigación de la British Mycological Society. Años más tarde, a partir de 1965, alcanzó el cargo de catedrática, lo que la convirtió en una de las primeras mujeres en ocupar una cátedra universitaria en esta materia.

Cabe apuntar que, por esa época, concretamente en 1948, también comenzó a investigar la distribución de las trufas, hongos con cuerpos subterráneos, en el Reino Unido. Según el micólogo e historiador de la ciencia Geoffrey Ainsworth (1905-1998)[214] «[Hawke] revivió el estudio de las trufas en Inglaterra, [ya que] antes de su trabajo, este grupo no se había estudiado desde la época Victoriana, y se creía que eran raros en el país». La joven científica entre 1948 y 1959 halló 1.200 especímenes de al menos 60 especies alrededor de 1,5 km de Bristol. Su investigación dio como resultado la publicación en 1954 de una monografía que en 2005 fue descrita como «todavía inigualable».

Las valiosas investigaciones de la científica sobre la fisiología del crecimiento y reproducción de los hongos avanzaron exitosamente, y sus interesantes resultados le permitieron escribir un

---

[214] Ainsworth, Geoffrey C. (1996). Brief Biographies of British Mycologists (John Webster, David Moore, eds), pp. 83-84 (British Mycological Society)

libro de texto sobre la fisiología de los hongos titulado Physiology of Fungi, que salió publicado en 1950. Tuvo un éxito inmediato y fue extensamente usado por los estudiantes no graduados y posgraduados, así como por investigadores de todo el mundo. Le siguió en 1957 otro libro sobre la fisiología de la reproducción de los hongos, Physiology of Reproduction in Fungi, que le proporcionó un gran reconocimiento entre sus colegas.

A finales de la década de 1950, Hawke modificó su línea de trabajo dirigiendo su atención al estudio de los cambios internos que tienen lugar en las células fúngicas antes de la reproducción. Con tal fin empleó principalmente una combinación de técnicas citológicas y el microscopio electrónico (Madelin, 1991). Apuntemos, aunque sin entrar en detalles técnicos, que el microscopio electrónico es de considerable utilidad para la ciencia gracias a su gran poder de aumento. Debido a que usa electrones en lugar de la luz visible, puede formar imágenes de objetos diminutos hasta un millón de veces aumentadas. El primero fue diseñado entre los años 1922 y 1935, y unos años más tarde empezó a usarse para la investigación científica.

Alrededor de 1960 la Universidad de Bristol adquirió un microscopio electrónico (m. e.), y Lilian Hawker figura entre los primeros investigadores, hombres y mujeres, en usar este novedoso instrumento como herramienta para elucidar problemas micológicos específicos. Las posibilidades que el microscopio ofrecía despertó un creciente entusiasmo en la investigadora. Con su empleo, alcanzó inapreciables logros, que en 1965 plasmó en una extensa revisión sobre la ultraestructura de los hongos (se llama ultraestructura a los aspectos de los organismos que solamente pueden observase con un m. e.). El estudio de Hawker se convirtió en un referente de considerable importancia en ese nuevo campo en rápida expansión.

Desde 1963 hasta su jubilación, la inagotable investigadora se dedicó a estudiar los cambios ultraestructurales que tienen lugar en los hongos durante la producción y germinación de las esporas. Sus fructíferos resultados dieron lugar a que publicara prolíficamente sobre el tema y alcanzara notoriedad en su país y a nivel internacional.

En 1965 fue nombrada directora del Departamento de Micología de la Universidad de Bristol, distinción que, según Madelin, le proporcionó gran satisfacción, sobre todo porque tales nombramientos de mujeres en Bristol eran una novedad. Unos años más tarde, fue la primera mujer elegida decana de una facultad, cargo que desempeñó hasta su retiro en 1973.

Profesora respetada y querida por su alumnado

Tras el relevante recorrido de Lilian Hawker como investigadora, había una gran profesora comprometida y entusiasta. El citado micólogo Michael Carlile ha recordado que el alto nivel conferido por esta científica a la educación universitaria ha sido descrito como «impresionante». Ayudó a fundar el Grado de Microbiología en la Universidad de Bristol, donde, además, bajo su influencia, incluyó estudios sobre micología.

Este último aspecto alimentaba un acalorado debate, ya que había quienes discrepaban abiertamente de tal inclusión. Hawker se involucró en las discusiones pues el tema constituía una parte importante de su pensamiento, que consistía en la siguiente premisa: «La microbiología no debía ser meramente otro nombre para la bacteriología y la virología». Sino que esta debía igualmente contener a la micología. En tal sentido, consiguió coeditar dos importantes libros de texto de microbiología que incluían también a los hongos; lo que reflejaba claramente su visión y autoridad en la materia.

Por otra parte, con el fin de realizar indagaciones sobre la manera de adaptar las prácticas de laboratorio a un buen nivel universitario, en 1965 visitó diversos centros de los Estados Unidos.

Las pesquisas resultantes, añade Madelin, despertaron en ella un notable entusiasmo, porque estaba profundamente convencida de la importancia del trabajo práctico en la formación del alumnado. De hecho, sus clases de laboratorio eran muy apreciadas, particularmente por utilizar la riqueza de especímenes frescos que la propia profesora recolectaba durante sus incursiones por los campos vecinos en los fines de semana.

Cabe también recordar, como han señalado gran parte de sus colegas, que Hawker siempre mostró un claro interés por sus antiguos estudiantes, cuyos éxitos en sus carreras micológicas le proporcionaban un especial placer que nunca pretendió disimular.

Justos reconocimientos a una gran científica

Entre los múltiples reconocimientos que Lilian E. Hawker recibió[215], valga comentar a título de ejemplo, que cuando se jubiló en el año 1973, se acordó por unanimidad nombrarla profesora emérita de la Universidad de Bristol. Asimismo, en 1975 fue elegida titular honoraria de la British Mycological Society, de la que había sido presidenta en 1955. Sus méritos fueron también reconocidos por la Mycological Society of America, que la incluyó entre sus miembros.

Tras su muerte en 1991, Bristol nombró un moderno laboratorio en su honor, lo cual, afortunadamente, ha servido para que su recuerdo como científica no cayese en el profundo olvido que históricamente venía acompañando a valiosas figuras femeninas. Con esa mención las futuras generaciones de estudiantes pudieron tener conocimiento de sus notables aportaciones.

---

[215] Wikipedia. Lilian E. Hawker

Margaret E. Barr Bigelow (1923-2008), notable experta en la gran diversidad fúngica

Margaret Elizabeth Barr Bigelow fue una importante micóloga, internacionalmente conocida por sus originales trabajos. Según diversos autores y autoras «pasó su vida adulta trabajando con un amplio grupo de hongos, observando diariamente más diversidad entre estos que la mayor parte de los micólogos vieron durante toda su vida»

Aportaciones de una gran botánica

Margaret Elizabeth Barr nació en Manitoba, Canadá, el 16 de abril de 1923. Cuando llegó el momento de elegir una carrera, escogió matricularse en la Universidad de Columbia Británica (The University of British Columbia, Vancouver), donde se graduó en ciencias en 1950 y obtuvo un máster en 1952.

La joven botánica optó por especializarse en el grupo más extenso, diverso y ecológicamente importante del reino de los hongos: los ascomicetos. Estos organismos presentan adaptaciones en su morfología, alimentación, reproducción o incluso asociaciones con otros seres vivos que les ha permitido conquistar casi todos los ambientes conocidos de la tierra[216]. Por su capacidad para crecer en distintos sustratos, cumplen una excelente función como descomponedores de materia orgánica.

Una vez superada su tesis de máster, Margaret Barr se desplazó a la Universidad de Michigan, donde continuó su formación con Lewis E. Wehmeyer (1897-1971), un micólogo estadounidense de reputación internacional. En 1956 obtuvo su doctorado con una tesis muy bien calificada, que constaba de 207 páginas dedicadas a los principios de clasificación de uno de los géneros (*genus*

---

[216] Wikipedia: Margaret Bigelow

Mycosphaerella) más numerosos del gran grupo de los ascomicetos. Como podemos leer en Wikipedia, estos hongos pueden ser unicelulares o estar formados por numerosas células, aunque no se diferencian en tallos, raíces y hojas. Han sido aislados de lugares extremos, desde dentro de rocas en la planicie helada de la Antártida hasta las profundidades del mar.

Según ha descrito Meredith May Blackwell[217], una de las principales expertas mundiales en hongos, junto a sus colaboradores, en Michigan la joven entabló amistades que duraron toda su vida entre sus compañeros de graduación; en junio de 1956 se casó con uno de ellos, Howard Elson Bigelow (1923-1987). La pareja pasó ese verano recolectando hongos en el norte de Maine, y luego se desplazaron a Montreal, donde ella trabajó en el Consejo Nacional de Investigación (National Research Council) del Instituto de Botánica de la Universidad de Montreal.

En septiembre de 1957, Howard Bigelow fue contratado como instructor de botánica en la Universidad de Massachusetts. Debido a las leyes contra el nepotismo, que impedía a familiares trabajar en el mismo centro, Margaret Barr no pudo tener un contrato oficial en el departamento. Sin embargo, sí se le permitió ser «mujer auxiliar», lo que la autorizaría a enseñar e investigar durante varios años con solo una modesta compensación económica. Con el tiempo, después de que se revisaran las leyes de nepotismo, dejó de ser contratada año a año como instructora principiante y alcanzó rápidamente el rango de profesora.

Acerca de la personalidad de Margaret Barr, Meredith M. Blackwell y colaboradores traen a colación una carta escrita por uno de sus estudiantes graduado en 1984, Jean Boise Cargill, quien apuntaba que «su falta de pretensiones la convertía en muy accesible para sus colegas profesionales de todo el mundo. Marga-

---

[217] Blackwell, Meredith; Emory Simmons and Sabine Huhndorf (2008). Margaret Elizabeth Barr Bigelow 1923-2008. Pages 281-283. Published online: 20 Jan 2017

ret mostraba el mismo respeto por quienes optaban por dedicarse solo a la investigación como por los elogiados profesores universitarios. Ella me enseñó que no es el remitente lo que cuenta, es la calidad del trabajo». Boise Cagill recordaba también que la científica daba un elevado valor a la publicación de los resultados, pues «Margaret pensaba que incluso la idea más brillantemente concebida se quedaba sin valor a menos que se imprimiera».

Margaret Barr y Howard Bigelow permanecieron en Massachusetts durante 30 años. A lo largo de este tiempo ella, además de sus propios proyectos de investigación, realizó diversas tareas en el campo académico. Por ejemplo, sirvió varios años como moderadora de la Mycological Society of America (MSA); también fue su vicepresidenta (1979-1980) y presidenta (1981-1982). Asimismo, moderó las reuniones del American Institute of Biological Sciences (AIBS). Y, solo por citar una actividad más, entre 1976 y 1980 fue la editora jefa de Mycologia, la revista de la citada Sociedad Micológica.

Su marido, Howard Bigelow, murió en 1987. Dos años más tarde, Margaret Barr Bigelow se jubiló y decidió mudarse a vivir en su país natal, concretamente a Sidney, British Columbia. Poco antes del retiro de la micóloga, los aproximadamente 40.000 especímenes del Herbario de la Universidad de Massachusetts, cuya mayor parte estaba constituida por las colecciones de Margaret y Howard Bigelow, se trasfirieron al Jardín Botánico de Nueva York (New York Botanical Garden), donde se conservan en la actualidad.

Últimos años de una incansable erudita

Margaret E. Barr Bigelow publicó alrededor de 150 trabajos científicos, principalmente dedicados a diversos grupos de ascomicetos y «muchos de ellos proporcionan esquemas y descripciones de miles de hongos olvidados pertenecientes a grupos que poca gente conoce hoy», han subrayado Blackwell y colaboradores. Además, sus extensos y especializados volúmenes continúan siendo importantes guías para las colecciones de hongos de Norteamérica, y también para especímenes procedentes de otros lugares.

Debido a sus conocimientos enciclopédicos, Barr Bigelow fue muy solicitada como colaboradora por un elevado número de micólogos. Recolectores de todo el mundo le enviaron especímenes para su identificación. La tenaz micóloga, aunque retirada, trabajó diariamente durante varios años en estudios monográficos sobre diversos ascomicetes. Describió hongos de zonas tan lejanas como Hawái, China, Australia, Japón y España. Colaboró con gran número de especialistas y ofreció con sus conocimientos líneas a desarrollar por diversos estudios moleculares.

La posición única que ocupó Margaret Barr Bigelow, junto a las importantes conexiones que tuvo con sus colegas, o las valiosas descripciones de nuevas especies y un largo etcétera, dieron lugar a que la comunidad especializada nombrara en su honor al menos a cinco géneros de hongos (*Barrella*, *Barria*, *Barrina*, *Barrmaelia*, *Mebarria*), sumando el de un hongo fósil (*Margaretbarromyces*), y a un número de especies demasiado elevado para incluir en este listado. Entre tanto mérito, también hay que mencionar que, en 1992, la citada Mycological Society of America, otorgó a Margaret Barr Bigelow el honorable título de Micóloga Distinguida.

En 2007, esta original micóloga publicaba su último artículo dedicado a una nueva especie procedente del oeste de Canadá. El 1 de abril de 2008, a los 85 años de edad fallecía en el Sidney canadiense Margaret Barr Bigelow, víctima de un ataque cardíaco.

Emory Simmons[218], el prestigioso micólogo colaborador del artículo en que hemos basado esta breve semblanza, rememoraba unos párrafos personales, basados en los largos años de su interacción profesional y estrecha amistad con la científica. A conti-

---

[218] Margaret Barr Obituary. The Times Colonists

nuación, incluimos un fragmento como final recordatorio de tan brillante botánica

«La biografía de Margaret, su curriculum vitae y la lista de sus publicaciones resumen una vida de intensa dedicación a una carrera de enseñanza a nivel universitario y de investigación sobre los hábitos y complejidades microscópicas del grupo de organismos que ella eligió: la taxonomía especializada de los ascomicetos. Sus logros han sido ilustrativos más allá de lo acostumbrado para sus estudiantes y para los micólogos: una imponente producción de perspicaz descripción y clasificación del rango de especies que tanto le interesó».

Destacada Adenda biográfica

Tres importantes micólogos han escrito un celebrado artículo sobre esta apreciada botánica titulado Margaret Elizabeth Barr Bigelow 1923-2008, y del que hemos obtenido la información que aquí se incluye. Nos ha parecido de interés incorporar una breve referencia a las autoras y el autor de esa fuente casi única sobre tan relevante micóloga.

Meredith May Blackwell. Nacida en 1940 es, como se ha adelantado anteriormente, una respetada experta internacional en hongos. Durante más de 30 años ha sido profesora de la Universidad de Louisiana (Louisiana State University), y ha dedicado su investigación a la filogenia y a la sistemática de los hongos; esto es, las relaciones de parentesco entre distintas especies a partir de su historia evolutiva. Blackwell ha ocupado numerosos cargos en la prestigiosa Mycological Society of America, la cual ha premiado su trabajo en las vertientes de investigación y docencia.

Emory G. Simons (1920-2013), fue un excelente micólogo muy respetado por la comunidad especializada, habiendo sido presidente honorario de la Intenational Mycological Association. En 2008 se le otorgó el apreciado Premio Johanna Westerdijk quien, como hemos apuntado en otro apartado de este libro, fue una distinguida micóloga que en 1917 se convirtió en la primera mujer profesora de la Universidad de Utrecht, Países Bajos. Simons también recibió, esta vez en 2010, la valorada Medalla Ainsworth que representa el máximo honor que la Intenational Mycological Association puede otorgar a un experto/a en reconocimiento a sus contribuciones extraordinarias.

Sabine M. Huhndorf, nacida en 1958 es una investigadora académica del Museo Field de Historia Natural (Field Museum of Natural History). Fundado en 1893, se encuentra en la ciudad de Chicago y es uno de los mayores y más importantes museos de historia natural en el mundo. Huhndorf se formó en la Universidad de Chicago y se especializó en sistemática y biogeografía de hongos. Realiza sus investigaciones en el Neotrópico, la extensa región que incluye desde el sur de México y Centroamérica hasta el norte de Sudamérica. La comunidad de especialistas considera sus originales contribuciones a la micología, de notable interés.

Lois Hattery Tiffany (1924-2009), una «dama entre hongos»

En las praderas de Iowa, que forman parte del denominado granero central de los Estados Unidos, una gran micóloga llamada Lois Hattery Tiffany estudió los hongos con tanto entusiasmo y éxito que fue conocida como la «dama de los hongos de Iowa». Se trata de una original científica, que impartió clases por más de 50 años en la universidad, Iowa State University, ISU. Por sus valiosas investigaciones fue seleccionada por la Sociedad Micológica de América (Mycological Society of America), que reúne a especialistas de Estados Unidos y de Canadá, siendo también la primera mujer presidenta de la Iowa Academy of Science en 1977-78[219].

---

[219] Wikipedia: «Lois Hattery Tiffany» (1924-2009)

Lois Hattery Tiffany nació el en el estado de Iowa 8 de marzo de 1924, hija de Emma Blanche Brown y Charles Raymond Hattery. Pasó los años de su infancia en una granja situada en las cercanías de un pequeño pueblo llamado Collins. Sus padres eran claramente partidarios de la formación femenina y estimularon sus estudios desde niña, al tiempo que impulsaron en ella el desarrollo de un espíritu independiente y luchador[220].

Tras cursar el bachillerato optó por matricularse en la Universidad de Iowa para estudiar ciencia. Se graduó en botánica en 1945 y ese mismo año se casó con Fremont Henry Tiffany, con quien tendría tres hijos.

Decidida a continuar con su formación, se matriculó en un programa avanzado del Departamento de Botánica y Patología Vegetal. Bajo la tutela del respetado profesor experto en hongos Joseph C. Gilman (1890-1966), la joven Lois se especializó en micología y obtuvo un master en 1947, seguido de un doctorado en 1950; todos ellos en la Universidad de Iowa, como figura en los archivos[221] de esta institución.

Con motivo de un acto en honor a Lois Hattery Tiffany realizado en 1996, un grupo de alumnos y alumnas graduadas escribió en la página web de la universidad un recordatorio sobre su querida profesora y amiga, del que hemos extraído algunos interesantes detalles. Rememoran, por ejemplo, que los comienzos académicos de la científica fueron difíciles, «marcaron una oscura época debido al descarado sexismo de algunos miembros de la universidad, incluido el personal no docente, que como una plaga obstaculizaron los primeros 20 años de su carrera». A título de muestra, citan que un profesor le dio la nota «B» en un curso de grado, diciéndole claramente que «había logrado un A, pues

---

[220] Healy, R.A., et al. «Lois Hattery Tiffany, 1924-2009». *Mycologia*. Volume 102, 2010 - Issue 4

[221] «Lois Hattery Tiffany». Iowa State University website

su calificación fue la más alta, pero en su curso no era apropiado que una mujer recibiese un A».

Circunstancias como esta no fueron una excepción; en muchos casos constituyeron la norma, y Hattery Tiffany se veía obligada a tener que asumir trabajar más duro, ser más brillante, aceptar una carga docente mayor y soportarlo todo sin permitir que tan continuada injusticia rompiera su espíritu, como relatara en ciertas ocasiones a sus estudiantes.

Una exitosa carrera científica

Lois Hattery Tiffany obtuvo su primer cargo docente, el de instructora universitaria en el Departamento de Botánica y Patología Vegetal, en 1950. Una nueva discriminación surgió entonces, pues, inicialmente, la institución decidió que no se le pagaría nada ya que su marido tenía un trabajo asalariado. Ante tal abuso, la joven se rebeló, contrariada, y consiguió que al menos se le pagara el mínimo: esto es, a nivel de alumna ayudante, aunque ella ya era profesora ayudante.

Con notable determinación, relatan sus estudiantes, logró ir sorteando dificultades y ascendiendo en su carrera. Perseveró con gran valentía, y a lo largo de los años pasó de ser una «exótica» a los ojos de la mayoría a convertirse en una de los docentes, fueran hombres o mujeres, más respetadas y reconocidas de su universidad y de la comunidad especializada.

La carrera de investigación de Hattery Tiffany comenzó de manera prometedora antes de graduarse, con un exitoso trabajo realizado sobre el hongo *Colletotrichum truncatum,* sobre el que descubrió la existencia de ciertas características no publicadas previamente. Su tutor rápidamente detectó la importancia del hallazgo, e insistió para que publicase un artículo, siendo ella la única autora. Así se hizo, y el trabajo salió a la luz en 1950. Mucho después, tal como puede leerse en los Archivos de la USO[222], en 1983 el eminente micólogo Everett S. Luttrell (1916-1988) recordaría a la American Mycological Society el significado de este artículo fundacional, publicado por una joven y muy perspicaz estudiante graduada ¡33 años antes!

A lo largo de su carrera profesional, Lois Hattery Tiffany estuvo particularmente interesada en los hongos de la pradera de Iowa y sus relaciones con los cambios ambientales. Es el caso, por ejemplo, de los resultantes causados por los incendios o por la actividad humana. Una tarea que combinó con su preocupación por detectar y analizar sus enfermedades.

La científica y su equipo de investigación, principalmente compuesto por sus alumnas y alumnos de doctorado, llevaron a cabo diversos estudios de larga duración, entre los que destaca el realizado sobre los hongos del Big Bend National Park, situado próximo a la frontera con México y que constituye una de las áreas protegidas más extensas de los Estados Unidos. Gracias a sus resultados, han subrayado R. A. Healy y colaboradores, este parque se convirtió en uno de los pocos que cuentan con un amplio estudio micológico.

Tanto este ambicioso proyecto, como muchos otros emprendidos por el equipo de Lois Hattery Tiffany, hoy se consideran entre los pioneros que tuvieron en cuenta importantes aspectos ecológicos. Sus originales resultados dieron lugar a la publicación de un elevado número de valiosos artículos. El prestigio de esta investigadora alcanzó a todo su país.

La constante lucha por la igualdad de género

Lois Hattery Tiffany se empeñó con diligencia y tenacidad en la lucha por la igualdad de oportunidades para el alumnado, insis-

---

[222] "L. H. (Lois Hattery) Tiffany papers, 1940-2010, undated". Iowa State University Library, University Archives Collections

tiendo en que las mujeres debían ser aceptadas completamente y con total normalidad en el campo de la ciencia. Asimismo, aunque fue tutora de muchos alumnos varones, se esforzó por serlo también de alumnas, estimulándolas, incluso con su propio recorrido profesional, e incluyéndolas en novedosos proyectos como el Program for Women in Science and Engineering (WiSE), fundado en 1986 en la Universidad de Iowa, que tenía como fin, y lo sigue teniendo, asegurar una educación accesible para todas y todos[223].

La combativa micóloga continuó empleando su capacidad de liderazgo y determinación para conseguir la incorporación de las mujeres al ámbito de la ciencia. Esta lucha constituyó una faceta muy significativa e importante a lo largo de sus más de cincuenta años en la universidad. Hubo momentos en los que confesaba a sus alumnos cuánto le costaba soportar ser testigo de discriminaciones por parte de profesores sexistas que esgrimían insensatos argumentos. Ella procuraba intervenir, planteando razonamientos rigurosos, lo cual le permitía volver a su trabajo doblemente motivada. Es particularmente significativo subrayar en este aspecto que 21 de sus 34 estudiantes de posgrado fueron mujeres.

Entre los numerosos reconocimientos que esta original profesora recibió, uno de los que más orgullosa se sintió, ha confesado públicamente, fue el de su inclusión en el Iowa Women's Hall of Fame en 1991. Se trata de una institución creada en 1972 con la finalidad de reconocer los logros de las mujeres del Estado de Iowa.

Reflejando su sentido del humor, Hattery Tiffany ha relatado en diversas ocasiones una anécdota con el fin de ilustrar los prejuicios sexistas existentes. Apunta que una mañana estaba trabajando en su despacho y notó que un hombre pasó varias veces por la puerta, mirando al interior. Después de verlo tres veces, se

---

[223] Healy, R.A., et al. «Lois Hattery Tiffany, 1924-2009». Mycologia. Volume 102, 2010 - Issue 4

levantó, fue a la entrada y le preguntó si podía ayudarlo, a lo que él respondió que buscaba a Hattery Tiffany. Cuando ella le dijo que ya la había encontrado, el visitante enarcó las cejas y preguntó «¿Está segura?»

Vocacional interés por la docencia y la divulgación

A Lois Hattery Tiffany le encantaba la enseñanza a todos los niveles de la formación académica, lo que ha quedado reflejado en las numerosas clases que impartió a estudiantes no graduados, posgraduados y de doctorado. De hecho, una parte destacada de los múltiples premios y medallas que recibió muestran su intensa y vocacional dedicación a la docencia. Quienes estudiaron con ella han valorado con entusiasmo los vastos conocimientos de micología y botánica de la admirada profesora que tantas vocaciones supo despertar.

La experta micóloga fue responsable de un riguroso curso de micología para graduados que alcanzó gran prestigio y se convirtió en el mejor de su país en esta especialidad. Healy y colaboradores han relatado que ella abarcaba de una forma minuciosa y atractiva a todo el reino de los hongos, lo que le granjeó un extenso alumnado apasionado ante sus vastos conocimientos especializados y sobre botánica general. El curso terminó siendo su inconfundible «sello personal».

Es de interés resaltar que dicho curso contenía una parte práctica de botánica de campo, que era el tema favorito de la brillante profesora. Antes de que ella empezara a impartirlo, esas clases luchaban por sobrevivir, y la facultad incluso se planteó abandonarlas. Cuando Hattery Tiffany supo esto, voluntariamente decidió realizarlas bajo su responsabilidad, pese a que ya tenía la mayor carga docente de su departamento. El éxito, según sus antiguos alumnos, fue indiscutible. Alcanzó más de 20 secciones y, cada año académico, «se completaba hasta rebosar».

Las y los citados estudiantes han dejado escrito que «muchos de nosotros cuando estábamos en la mitad de nuestras propias carreras investigadoras, valoramos el tiempo que ella dedicaba a formarnos y hacernos comprender la importancia que tenía realizar una investigación de calidad». Y más adelante, continúan recordando, que «a diferencia de la mayoría de los profesores de las grandes universidades, que exigen o esperan que sus estudiantes trabajen en los temas que interesan al profesor, Hattery Tiffany nos daba libertad para elegir aquello que más nos interesara». Unánimemente concluyen que «aprender a investigar en el laboratorio de esta profesora fue una experiencia única».

Y, por si esto fuera poco, la original científica no solo enseñaba a los estudiantes universitarios, sino a un gran abanico de personas aficionadas. Creía que el placer por descubrir algo se manifestaba al explicárselo a la sociedad. Organizó y dirigió excursiones de campo, con largas caminatas en busca de hongos que incluía, junto a sus alumnos, a numerosos aficionados y aficionadas.

Según R. A. Healy y colaboradores, «poseía una habilidad maravillosa para sintetizar temas complejos en explicaciones que el público en general podía comprender y apreciar, lo cual aumentó considerablemente la estima que su persona despertaba». Algunas de las personas que aprendieron botánica con ella se convirtieron en activas defensoras en la conservación de los espacios naturales de Iowa. Los inestimables esfuerzos de compromiso con la comunidad hicieron que la profesora fuera conocida como la «dama de los hongos de Iowa».

Reconocimientos más que merecidos

El brillante trabajo académico y el comportamiento altruista de Lois Hattery Tiffany la hicieron merecedora de numerosos honores, premios y medallas. Sus méritos han sido calificados de «monumentales» y, según consta en los Archivos de la Universidad de

Iowa, cuando se jubiló el Departamento de Botánica reconocía en un largo escrito sus méritos, acentuando que «La doctora Lois Hattery Tiffany es una persona tenaz y sabia […]. Su carrera ha inspirado a centenares de estudiantes […] y sus esfuerzos de investigación han alcanzado de muchas maneras a toda Iowa […], logrando un reconocimiento a nivel nacional».

Por otra parte, sus colegas no olvidaron condenar «la oscura época de desvergonzado sexismo por parte de algunos miembros de la universidad, que entorpecieron los primeros 20 años de su carrera». En este punto, han subrayado que «su determinación y tranquila competitividad convencieron a muchos de que las mujeres tienen un bien merecido lugar en los salones de la ciencia. Su legado a las científicas es el camino más claro a través del bosque académico, y garantía de que las mujeres pueden hacer ciencia de primera clase y deben ser reconocidas por ello».

Afectuosamente, colegas y estudiantes coincidieron en llamarla «mujer del renacimiento en la investigación micológica», y reivindicaron sus contribuciones eruditas en cada uno de los principales grupos del reino de los hongos. Detallaron, además, que sus méritos han sido merecedores de varios «primeros» como, por ejemplo, ser la primera mujer presidenta de la Iowa Academy of Science (1977). Igualmente lo fue en ganar la Governor's Science Medal for Teaching (1982). Asimismo, sería la primera persona en recibir el Mycological Society of America William Weston award for teaching (1980), e igualamente la primera científica del College of Liberal Arts and Sciences premiada con el título de Distinguished Professor (1994).

Un grupo de antiguos estudiantes rindió honores a su querida profesora en 1994 con una gran placa de piedra colocada a la entrada del Carrie Chapman Catt Center for Women and Politics, un centro universitario fundado en 1992[224]. Dicha placa

---

[224] Prairie dedication to honor former Iowa State professor. Cherokee Chronicle Times, Sept. 12, 2013

llevaba la siguiente inscripción: «Eminente micóloga, extraordinaria profesora y tutora: sus alumnos graduados rinden honores a una mujer pionera cuya dedicación, tenacidad, espíritu docente, determinación e independencia de pensamiento ha inspirado a micólogos, a sus pares académicos y a estudiantes», sostienen Healy, et al.

Valga recordar que el currículo de esta científica culminó con la autoría o coautoría de más de 80 artículos en una gran variedad de temas sobre micología. Además, fue coautora de la segunda edición del influyente y valorado libro Mushrooms and Other Fungi of the Mid-Continental United States (2008).

Entre la abundancia de sus aportaciones, cabe rescatar que consiguió ayuda económica para integrar en el herbario de Iowa la colección micológica de la universidad, a la que añadió 8000 especímenes de su propia colección. En este punto, creemos de interés señalar que el nombre completo del herbario es Ada Hayden Herbarium at Iowa State, porque está dedicado a una gran botánica, Ada Hayden (1884-1950)[225], que fue conservadora del Herbario de la Universidad Estatal de Iowa.

Los estudios y trabajos de conservación realizados por Hayden resultaron particularmente importantes para preservar los pastizales de la pradera; esto es, las comunidades de vegetales en las que predominan los pastos con pocos árboles y arbustos, como los existentes en las amplias llanuras de Iowa. Durante su carrera, añadió más de 40.000 especímenes botánicos al citado herbario. Cabe mencionar que Ada Hayden, fue la primera mujer de las cuatro personas que se doctoraron en el Iowa State College (hoy Universidad Estatal de Iowa), según ha descrito en la prensa de la universidad la escritora Shirley Shirley (1994).

Retornando a Lois Hattery Tiffany, señalemos que su carrera universitaria en el Departamento de Botánica culminó con su

---

[225] Wikipedia. Ada Hyden

retiro en 1996. No obstante, después de jubilarse mantuvo un pequeño laboratorio en la universidad donde continuaría trabajando hasta el día antes de ser hospitalizada tras una caída el 27 de agosto (Healy, et al 2010). Murió diez días más tarde, el 6 de septiembre de 2009, dejando un imborrable recuerdo entre sus colegas, estudiantes y ex alumnos, además del considerable grupo de gente de Iowa que tanto la apreció y respetó.

María Teresa Telleria (1950), fructífera coexistencia entre ciencia, gestión y aventura

El Jardín Botánico de Madrid es un espacio cuya belleza y la elaborada distribución de sus numerosas plantas proporciona al visitante una agradable sensación de serenidad y encanto. Sin embargo, su larga historia está conectada y tejida con muchas, y algunas notablemente arriesgadas expediciones científicas. Como ha descrito la acreditada periodista científica Malén Aznárez[226], en ellas «se descubrió y catalogó una inmensa variedad de flora, dejando un poso impagable en el herbario y en rincones de este Botánico, donde la investigación y la aventura han ido de la mano».

Esas enriquecedoras exploraciones, hay que subrayarlo, no las han realizado solo los hombres. A título de ejemplo, valga citar a la primera mujer directora del Jardín Botánico de Madrid, la científica María Teresa Telleria Jorge, nacida en Bilbao en 1950[227]. Esta experta ha formado parte de diversas expediciones por regiones de selvas y ríos tanto en África como en Latinoamérica.

---

[226] Aznárez Malén. Aventureras: María Teresa Tellería. El Pais Semanal 07-08-2005

[227] Homenaje del RJB-CSIC a la Profesora de Investigación María Teresa Telleria con motivo de su jubilación. Real Jardín Botánico. Madrid, 24 de febrero de 2022

En una larga conversación mantenida en el año 2005 con la citada Malén Aznárez, Telleria relata que comenzó su actividad profesional «exactamente el día que se murió Franco, [cuando] entré en esta casa a pedir una beca, y aquí he hecho prácticamente toda la carrera. He sido becaria predoctoral, becaria posdoctoral, científica titular e investigadora». Considera que ha seguido una buena trayectoria, afirmando que «me parece muy positivo empezar desde abajo, porque ayuda a comprender mejor a todo el mundo. Si viene un becario a contarme cualquier cosa sé de qué habla, me lo sé todo».

Telleria, aunque se licenció en Farmacia, optó por dedicarse a investigar sobre hongos, y ha revelado que «desde siempre tuve claro que la oficina de farmacia era un modo de ejercer la profesión que no me gustaba; yo prefería la actividad docente o investigadora [...]. Cuando acabé la carrera en Madrid, entré al departamento de Botánica y, casi por casualidad, elegí hacer la tesina sobre unos hongos a los que luego he estudiado durante toda mi vida. En aquel momento, vino a España un investigador noruego [...] especialista en un grupo llamado *Aphyllophorales*, al que no había estudiado nadie, y empecé a trabajar junto a él». Durante este proyecto, la joven graduada fue consciente de que el mundo de los hongos estaba en gran parte por descubrir, y que a ellos debemos, entre otros aspectos, multitud de principios activos farmacológicos.

La científica ha explicado a M. Aznárez que el grupo citado está compuesto por «unos hongos que descomponen la madera, donde forman una especie de costra clara y pasan prácticamente inadvertidos [...]. Los de la península Ibérica, científicamente eran unos desconocidos, y nuestra la finalidad prioritaria consistía en elaborar un catálogo de aquellos presentes en España y Portugal. Desde el principio, los estudios empezaron a dar muy buenos resultados [...] y constituyeron la primera parte de mi carrera investigadora, fueron mis trabajos de campo iniciales, y me pateé España de arriba abajo».

La página web de Jakiunde, esto es, la Academia de las Ciencias, las Artes y las Letras del País Vasco, apunta que esa labor de investigación de María Teresa Telleria constituyó no solo su tesina, sino también su tesis doctoral, defendida por la científica en 1978. El meritorio trabajo fue íntegramente publicado por la editorial alemana J. Cramer en 1980.

Continuando el diálogo de Telleria con Aznárez, la investigadora explica que «ese proyecto inicial ha durado hasta hoy[228], con la participación de gente de todas las universidades españolas y portuguesas» [...]. Hemos descubierto que en España hay aproximadamente unas 25.000 especies de hongos, de las que conocemos unas 11.000. Todavía nos falta por descubrir más de la mitad».

En la página web Zenda, Telleria revela con entusiasmo su profunda vocación por las exploraciones; por ejemplo, recuerda que desde su infancia «la vida se pobló para mí de aventuras imaginadas. Pronto, las islas misteriosas y las selvas impenetrables fueron robando el protagonismo a los universos color de rosa que me estaban destinados. No sabía leer y ya me quedaba extasiada al contemplar los grabados de los libros que acompañaron mi niñez y llenaron los días de emoción e infinitud. Andando el tiempo, la vida me dio la oportunidad de hacer realidad aquellos sueños infantiles y, gracias a mi profesión, he podido recorrer paisajes afines a los que tantas veces transité con mi imaginación infantil».

Asimismo, a lo largo de toda la conversación con la citada periodista, Telleria narra las apasionantes experiencias que ha vivido durante las numerosas veces que ha formado parte de expediciones científicas. Además del torrente de aventuras vividas, reflexiona apuntando que «cuando te planteas el conocimiento de un grupo de organismos no puedes circunscribirlo sólo a un

---

[228] Anatomía de un proyecto de investigación por Prof. María Teresa Telleria. Página web del Real Jardín Botánico. 21/01/2016

territorio, porque entonces tienes una visión muy estrecha de ese grupo. Lo fundamental es ampliar el campo de estudio, ¿y cuál es la salida natural del estudio de los organismos y la biodiversidad?: el salto a los trópicos. Los trópicos son los lugares de la Tierra donde hay más biodiversidad, y donde está menos estudiada. El gran desafío, la gran llamada, es la del trópico».

Movida por su vocación científica y marcado espíritu aventurero, recuerda que su primera expedición fue a Guinea Ecuatorial a finales de los años ochenta: «Rápidamente me apunté […], y aquel viaje fue mi primer contacto con un país tropical». Con posterioridad, rememora que «en 1992, un grupo de naturalistas viajamos a Latinoamérica para formar parte de una expedición hispano-colombiana, con vistas a explorar una zona muy poco conocida de la Amazonia de Colombia, muy interesante desde el punto de vista biológico». Esa excursión permitió a Telleria recolectar abundante material de los hongos objeto de sus investigaciones.

Más tarde, formó parte de otro proyecto, esta vez en Bolivia, concretamente centrado en el Parque Nacional de Madidi, una región del noroeste de Bolivia muy particular por ser «considerada el área protegida más biodiversa del mundo en cuanto a especies», como describe la página web Los Tiempos [229] Además, añade Telleria, «es una de las zonas mejor conservadas de Bolivia por lo escarpada […]. Realizamos [el proyecto] a tres bandas: el Herbario Nacional de Bolivia, el Botánico de Missouri (San Luis, USA) y el Real Jardín Botánico de Madrid, siendo nuestro objetivo estudiar una zona inexplorada, a la que casi nadie había entrado».

La exploradora investigadora ha narrado que «Madidi es impresionante porque tiene una orografía muy complicada, grandes diferencias de altura y una variada vegetación, desde casi la parte

---

[229] Camacho, Catherine (20 de mayo de 2018).Expedición confirma que el parque Madidi es el área protegida más biodiversa del mundo. Los Tiempos

alta de los Andes hasta caer en la Amazonia. Todo ello permite estudiar muchos tipos de especies en un espacio relativamente pequeño para las dimensiones de la Amazonia. Había muy pocos datos de esta zona, y por eso el estudio despertó muchísimo interés».

En el contexto de las múltiples expediciones en las que ha participado, se refleja el temperamento curioso y decidido de esta micóloga, aunque las que aquí citamos solo representan un pequeño ejemplo[230]. Telleria ha viajado con fines científicos a más de 15 países de Europa, África y América, llevando a cabo campañas de prospección y trabajos de campo de considerable valor en su especialidad.

Desde su rica experiencia profesional, hace hincapié en que «más del 80% de la diversidad de especies que alberga nuestro planeta está aún por conocer y, no es mucho mejor nuestra comprensión de las relaciones evolutivas entre distintos grupos de organismos. Rescatar de las tinieblas este conocimiento es labor de los taxónomos y, para ello, necesitan información; datos que consigan documentar la diversidad de la vida en su amplio ámbito de distribución, y que también permitan testar las hipótesis según la cual toda investigación científica lleva aparejada». De este modo, continúa la micóloga, «la exploración se convierte en una actividad inherente al estudio y análisis de la diversidad biológica».

En la página web del Real Jardín Botánico[231] correspondiente al 12 de febrero de 2017, Día Internacional de Darwin, con motivo de rendir homenaje al gran naturalista, esta botánica de vocación exploradora manifestaba que «posiblemente la exploración en el siglo XXI ya no tenga un horizonte geográfico. No existen mundos perdidos, mares tenebrosos, ni montañas inaccesibles;

---

[230] Aldazabal, Jokin. Los hongos y sus historias secretas desveladas por María Teresa Telleria._30 de septiembre de 2011. Programa de Radio Euskadi *Pompas De Papel.*
[231] Día de Darwin en el Real Jardín Botánico. 12 febrero, 2017

los últimos vestigios de la exploración romántica acabaron con el siglo XX […]. Ahora el objetivo es otro: descubrir y describir la diversidad de la vida».

Siguiendo esta senda, la dilatada carrera profesional de María Teresa Telleria se ha centrado en proyectos encaminados a desentrañar la diversidad que encierra el mundo de los hongos[232]. Su investigación tiene implicaciones directas en cuestiones fundamentales de la biología evolutiva (especiación), de la ecología (desarrollo de los ecosistemas), de la biogeografía (procesos de diversificación) y de la biología de la conservación.

Méritos y reconocimientos

La faceta más conocida de la trayectoria profesional de Telleria revela que en los 266 años de historia del Real Jardín Botánico (RJB), ella ha sido la única mujer directora, desde 1994 hasta 2006. Anteriormente, entre 1985 y 1994 ocupó la vicepresidencia de esta institución, y se jubiló siendo Profesora *Ad Honorem* del CSIC, como se detalla en la página web Jakiunde.

Sin embargo, hay que subrayar que sus méritos abarcan mucho más. Citemos, a título de ejemplo, que su actividad científica ha quedado plasmada en 157 artículos; la mayor parte de ellos publicados en revistas internacionales. Ha dirigido varias tesis doctorales y liderado numerosos proyectos de investigación en el ámbito de su especialidad, financiados por diversas instituciones. Es integrante del Comité Científico Asesor del CSIC desde 2013. Asimismo, ha escrito numerosos artículos de divulgación y publicado varios libros. En los años en que fue directora, impulsó la creación de una unidad de cultura científica en el Jardín Botánico. Además, desde 2014 es académica de número de Jakiunde.

---

[232] Martínez Pulido, Carolina. María Teresa Telleria, fructífera combinación entre ciencia, gestión y aventura. https://mujeresconciencia.com/2024/10/02

Valga subrayar que los viajes de Telleria, además de ser una valiosa combinación de ciencia y aventura, han servido de inspiración a esta original investigadora para escribir libros de divulgación científica. Entre ellos se encuentra el titulado Sin permiso del rey[233], dedicado a la insólita vida de la botánica francesa Jeanne Baret (1740-1807): la primera mujer que entre 1767 y 1775 completó la vuelta al mundo disfrazada de hombre.

Para concluir, nos parece de interés recordar las palabras de Malén Aznáres: «María Teresa Telleria se siente, a su manera y sin exageraciones, un poco heredera de aquellos naturalistas que tanto aportaron a nuestro patrimonio científico». Y añadimos que, aunque todos ellos fueron hombres, esta vocacional científica ha demostrado sin lugar a dudas que las mujeres no solo son capaces de audaces exploraciones por regiones poco estudiadas, sino que también pueden lograr decisivos resultados para la ciencia.

LIQUENÓLOGAS

Annie Lorraine Brown Smith (1854-1937), imprescindible referente en el conocimiento de los líquenes

En 1921 se publicó en el Reino Unido un importante libro dedicado a los líquenes que muy pronto se convirtió en un texto esencial, empleado en las universidades británicas y de otros países durante largas décadas[234]. La autora de tan destacada obra fue Annie Lorraine Brown Smith, nacida en Liverpool el 23 de octubre de 1854.

---

[233] Tellería, María Teresa (2021). Sin permiso del rey. Editorial: Espasa. Madrid
[234] Wikipedia: Anne Lorraine Smith

A pesar de haber nacido en Inglaterra, como ha descrito la doctora en Química especializada en las contribuciones científicas de las mujeres, Mary R. S. Creese (1935-2017)[235], Annie Lorraine Brown Smith vivió con su familia en un pueblo rural de Escocia, llamado Dumfriesshire. Su padre, Walter Smith, era ministro de la Iglesia (Free Church of Scotland), y su madre fue Annie Lorraine Brown; la familia, continúa la escritora, «tenía notable talento y tres de sus hijos fueron profesores universitarios».

Annie L. Brown Smith recibió su educación primaria en Edimburgo y, posteriormente, estudió francés en Orleans y alemán en Tübingen. Al retornar a su país, trabajó como institutriz durante un tiempo, y en torno a 1888 se mudó a Londres. Una vez instalada en la capital inglesa, empezó a estudiar en el Royal College of Science, donde asistió a las clases del acreditado profesor de botánica D. H. Scott (1854-1934), como ha notificado la historiadora de la ciencia Sara Maroske[236].

El profesor D. H. Scott consiguió que Annie L. Brown Smith se incorporase a trabajar en el Museo de Historia Natural (Natural History Museum) como conservadora de una colección de diapositivas sobre hongos recientemente adquirida por la institución. Su tarea consistía en ordenar y clasificar esas valiosas imágenes realizadas al microscopio por Anton de Bary (1831-1888), un botánico alemán experto en la sistemática de hongos, hoy considerado el fundador de la micología moderna.

Dado que entonces no se podían contratar a mujeres para cargos oficiales, apunta Mary Creese, Annie Brown Smith «recibía un salario procedente de un fondo especial, por lo que era considerada una "trabajadora no oficial"». La científica, sin embargo,

---

[235] Creese, Mary R. S. Annie Lorrain Smith (1854-1937). Oxford Diccionary. 6 May 2005

[236] Maroske, Sara & Tom W. May (2018). Naming names: the first women taxonomists in mycology. Studies in Mycology. Leading women in fungal biology. 89: 63-84

muy pronto sería la responsable de identificar la mayor parte de los hongos que llegaban al centro, lo que dio comienzo a su arraigada vinculación al herbario de criptógamas del museo (cryptogamic herbarium).

Recordemos brevemente que en botánica sistemática se llama criptógamas a todos los vegetales que no tienen semilla; se propagan por esporas que, a diferencia de las semillas, son unicelulares. Comprenden a las algas, líquenes, musgos, hepáticas, helechos y hongos (aunque parte de la comunidad especializada considera a estos últimos como un grupo aparte).

Annie L. Smith realizó algunas investigaciones sobre algas, pero su principal interés fueron los hongos. Mary Creese ha descrito que «sus conocimientos sobre este grupo se ampliaron considerablemente como resultado de intensos trabajos relacionados con exposiciones en el museo». A ello, hay que añadir que participó en la elaboración de «numerosos ensayos que incluían el estudio de pequeños hongos asociados a la germinación».

En un corto lapso de tiempo, continúa Creese, Annie Smith se convirtió en la responsable de identificar las colecciones de hongos que llegaban al museo, tanto del Reino Unido como procedentes del extranjero, en especial aquellas del este del África tropical, casos de Angola y las Indias Occidentales. Sus resultados se publicaron en numerosos artículos entre 1895 y 1920, dando notable prestigio al museo, en cuyo herbario de criptógamas la científica trabajó desde 1892 hasta 1933.

El apasionante mundo de los líquenes

Nos parece de interés recordar que, dentro de la botánica, los líquenes tienen una naturaleza peculiar porque son el resultado de un proceso llamado simbiosis; esto es, la estrecha relación de organismos de especies distintas que conviven y se benefician mutuamente. En los líquenes, esta asociación está formada por un hongo y una o varias poblaciones fotosintéticas de algas **o de** cianobacterias. La rama científica que se dedica al estudio de los líquenes se llama **liquenología**.

Annie L. Brown Smith fue, además de una gran micóloga, una experta en líquenes, sobre los cuales realizó importantes aportaciones, principalmente a partir de 1906. Entre las actividades más significativas en este ámbito destaca su participación como directora de los estudios sobre líquenes en un trabajo de campo a gran escala realizado entre 1909-1911 en Clare Island, una pequeña isla situada en la costa oeste de Irlanda. Como autorizada liquenóloga, Smith trabajó en colaboración con la botánica irlandesa Matilda Knowles (1864-1833).

El citado proyecto, conocido como Clare Island Survey, fue el primer macro estudio internacional constituido por científicos irlandeses y de toda Europa, básicamente dirigido a caracterizar la zoología y botánica sistemáticas, aunque también ponía especial atención en cuestiones como la distribución geográfica de plantas y animales, la ecología o la meteorología. Los resultados de este amplio proyecto fueron publicados en 68 partes entre 1911 y 1915 por la Real Academia Irlandesa (Royal Irish Academy).

Por aquellas fechas, Annie L. Smith ya había recibido importantes reconocimientos en su carrera profesional. Por ejemplo, en diciembre de 1904 fue elegida una de las primeras mujeres en alcanzar el honor de ser nombrada integrante de la valorada Linnaean Society, cuando esta sociedad cambió sus reglamentos y admitió figuras femeninas. Mencionemos que las otras incluidas fueron las botánicas inglesas, Ethel Sargant (1863-1918), especialista en morfología y fisiología vegetal, y Margaret Jane Benson (1859-1936), especializada en paleobotánica.

Méritos y reconocimientos a una gran liquenóloga

En 1921, Annie Lorraine Smith publicó un excelente libro titulado Handbook of British Lichens[237], cuyo objetivo era el estudio de los líquenes británicos[238]. Cuidadosamente ilustrado con noventa imágenes, fue un referente clave de esta especialidad en el Reino Unido durante casi tres décadas.

En ese mismo año también publicó la que probablemente es la obra más conocida de esta botánica, se trata del texto Lichens (1921; repr. 1975), calificado de sobresaliente por su amplitud y detalle, ha señalado Mary Creese. Durante más de medio siglo se convirtió en un trabajo ampliamente citado sobre el desarrollo de la historia en este campo de investigación. Una reseña lo describía como «el primer trabajo científico moderno dedicado únicamente a los líquenes (Journal of Botany, British and Foreign, 1921), y predecía correctamente que su larga duración [sería]como un clásico».

En 1922, Anne L. Smith publicó una corta historia de la liquenología británica en la acreditada revista South Eastern Naturalist. Asimismo, ha detallado Mary Creese, fueron especialmente apreciadas por sus contemporáneos las revisiones y resúmenes de trabajos sobre líquenes con los que Smith regularmente contribuyó en las revistas de botánica durante más de treinta años.

En su calidad de micóloga, Annie Lorraine Smith fue cofundadora de la British Mycological Society, y su presidenta durante dos mandatos (1907 y 1917), asistiendo regularmente a sus reuniones anuales durante más de 35 años. Como ha indicado Sara Maroske, el hongo liquenizado Verrucaria lorrain-smithiae fue

---

[237] https://archive.org/download/handbookofbritis00brit/page/n4_w299
[238] Martínez Pulido, Carolina. Annie L. Brown Smith, imprescindible referente en el conocimiento de los líquenes. https://mujeresconciencia.com/2024/08/21/

nombrado en honor a Annie Lorrain Smith por su colega y amiga Matilda Cullen Knowles.

Por su parte, la historiadora Mary Creese también ha hecho referencia a la personalidad amable y enérgica de la destacada botánica, a su buena disposición para ayudar a los estudiantes y a colegas más jóvenes, así como por sus poderosos temas de interés y amplias perspectivas. Entre estos últimos incluía un profundo compromiso con los objetivos sociales y políticos de la lucha por los derechos de las mujeres, formando parte activa de quienes combatían vigorosamente por el voto femenino. Además, disfrutaba viajando, y así visitó Australia y los Estados Unidos.

Cuando en 1934 Smith se retiró a los ochenta años de edad, fue nombrada «Oficial de la Orden del Imperio Británico (OBE), como distinción por sus meritorios trabajos sobre Micología y Liquenología», según consta en la revista oficial del Gobierno del Reino Unido, The London Gazette[239].

Anne Lorraine Smith murió en su casa del oeste de Londres, el 7 de septiembre de 1937, poco después de su 83 cumpleaños y tras tres años de escasa salud. Su magnífico legado sobre la botánica de las plantas criptógamas es en la actualidad un valioso referente para las estudiosas y estudiosos de estos notables vegetales.

Matilda Knowles (1864-1933), una botánica en las costas de Irlanda

El 31 de enero de 1864 nació Matilda Cullen Knowles, considerada la fundadora de los estudios modernos sobre los líquenes en Irlanda[240]. La comunidad especializada ha calificado su obra como «una importante contribución de referencia a la botánica

---

[239] The London Gazette. 1 June 1934. pp. 3564-3565
[240] Wikipedia: Matilda Cullen Knowles

criptogámica [«plantas sin flores»] de Irlanda y de la Europa oceánica occidental».

La página web Ask About Ireland señala que Matilda Knowles nació en un pueblo cercano a Ballymena, perteneciente a Irlanda del Norte. Su padre, William James Knowles (1832-1927), aficionado a la botánica y a la arqueología, estimuló el interés de su hija por la historia natural. Asimismo, la introdujo en las reuniones y excursiones organizadas por el club de campo Belfast Naturalists' Field Club, creado en 1863. Sus miembros constituían una ecléctica mezcla de aficionados y profesionales interesados por las ciencias naturales y, según podemos leer en Wikipedia, este club ha sido una parte importante del sistema educativo para los naturalistas británicos.

En 1895, Matilda Knowles conoció a la acreditada botánica de campo Mary Leebody (1847-1911), amiga personal del respetado naturalista y escritor irlandés, Robert Lloyd Praeger (1865-1953), y activa socia del Belfast Naturalists's Field Club[241]. Dado que compartían numerosos intereses, optaron por trabajar juntas elaborando el Primer Suplemento (1895) del exitoso libro de Samuel Stewart y Thomas H. Corey titulado Flora of the North-east of Ireland (1888); esta obra, editada por el Belfast Naturalists' Field Club, se había convertido en un libro de texto estándar desde su publicación.

Inicialmente, los trabajos de Matilda Knowles se centraron en las plantas con flores. El primero de ellos, dedicado al condado de Tyrone (Tyrone County), se publicó en 1897 e incluía más de 500 especímenes. Con posterioridad, en 1901, se incorporaron a la prestigiosa revista Irish Topographical Botany, dirigida por Robert L. Praeger, hoy considerada un referente en la historia de la botánica irlandesa.

Mediada la década de 1890, Matilda y su hermana Catherine se trasladaron a Dublín y asistieron a clases de ciencias naturales

---

[241] Matilda Knowles - Obituary. The Irish Naturalists' Journal. 4 (10). 1933

en el Royal College of Science for Ireland, una destacada institución que admitía mujeres en igualdad con los hombres desde que se abrió en 1865. Aquí, Matilda cursó sus estudios entre 1896 y 1900, tal como se describe en la afamada revista Irish Naturalists' Journal; señalemos que debe su prestigio al hecho de cubrir todos los aspectos de la historia natural de Irlanda a partir de su primera publicación en 1925.

En junio de 1902, Matilda Knowles se incorporó a la Sección de Botánica del Museo de las Ciencias y las Artes; este popular museo fue fundado en 1877 y abierto al público en 1890. En 1921 recibió el nombre actual de National Museum of Ireland.

La científica trabajó en estrecha colaboración con el profesor Thomas Johnson (1863-1954) en la organización del Herbario de la Nación, perteneciente al mencionado museo. Cinco años más tarde, en abril de 1907, Matilda Knowles fue contratada como asistente temporal, un empleo que mantuvo a lo largo de toda su vida. Tuvo a su cargo la tarea de adquirir, identificar y reunir miles de especímenes de Irlanda y del resto del mundo. Asimismo, fue coautora, junto a Johnson, de un valioso listado de las plantas con flores y los helechos de Irlanda (Hand List of Irish Flowering Plants and Ferns) publicado en 1910, tal como apunta la citada página Ask About Ireland.

Cuando en 1923 el profesor Johnson se retiró, Knowles accedió al puesto de conservadora[242] estableciendo una estrecha colaboración con la farmacéutica inglesa Margaret Buchanan (1865-1940), fundadora de la National Association of Women Pharmacists. A partir de esas fechas, Knowles aumentó aún más sus esfuerzos por conseguir, identificar y reunir el mayor número posible de especímenes vegetales tanto de Irlanda como del resto del mundo.

---

[242] Nelson EC (2004). Knowles, Matilda Cullen (1864-1933). *Oxford Dictionary of National Biography*. Oxford University Press. 2014

Los conocimientos técnicos de esta activa botánica, junto al meticuloso y delicado trabajo que realizó durante el tiempo en que gestionó el herbario, han quedado reflejados, apunta el Irish Naturalists' Journal, en las excelentes condiciones en que se encuentra hoy el material por ella conservado. Ciertamente, el herbario es testigo de su dedicación. Una placa colocada en su recuerdo, es el claro testimonio del aprecio que generó.

Un amplio proyecto en una pequeña isla

A comienzos del siglo XX, un destacado grupo de científicos irlandeses y extranjeros organizaron un importante proyecto de investigación llamado Clare Island Survey. Consistía en un ambicioso estudio multidisciplinar sobre una pequeña isla situada en la costa oeste de Irlanda, Clare Island. La parte más importante de esta investigación estaba dedicada a zoología y botánica sistemáticas, aunque también se ponía especial atención en cuestiones como la distribución geográfica de plantas y animales, la ecología o la meteorología. Los resultados de este magno proyecto fueron publicados en 68 partes entre 1911 y 1915 por la Real Academia Irlandesa (Royal Irish Academy).

Entre 1909 y 1910, Matilde Knowles participó en los trabajos de Clare Island como colaboradora de Annie Lorraine Smith (1854-1937)[243], a instancias del citado botánico Robert L. Praeger. Valga señalar que Annie L. Smith era en aquellos momentos la más importante especialista en líquenes británica. A su lado, se despertó en Knowles un gran interés por estos vegetales; con notable presteza se dedicó a recogerlos, demostrando ser una diligente recolectora, actividad que en aquellos momentos era nueva en Irlanda.

Gracias en gran parte a la influencia de Annie Smith, la botánica irlandesa se involucró casi por completo en el estudio de

---

[243] Ver Annie Lorraine Smith, incluida en este capítulo

los líquenes, que paulatinamente fueron generando en ella un creciente entusiasmo, que terminaría por establecer los cimientos para su posterior especialidad. Ciertamente, a partir de 1908, describe Ask About Ireland, estos pequeños organismos se convirtieron en el principal material de trabajo durante el resto de la carrera de Matilda Knowles.

El primer artículo importante de la científica sobre el tema fue un minucioso estudio sobre los líquenes de Howth Head, un bello cabo situado al noreste de la bahía de Dublin; se trata de un artículo publicado en 1913 por la Royal Dublin Society bajo el título The Maritime and Marine Lichens of Howth. Entre sus notables observaciones, la botánica descubrió que los líquenes de la costa crecen en distintas zonas, llamadas tidal zones, según su disposición con respecto a la marea; esto es, relacionadas con el área que está por encima del nivel del agua cuando la marea está baja y por debajo cuando la marea está alta. Según esta distribución, los líquenes adquieren distintos colores. La escritora científica irlandesa Mary Mulvihill (1959-2015)[244] ha destacado al respecto que Matilda Kowles «fue la primera persona en reconocer que, en la costa, los líquenes crecen en bandas o zonas distintas según la marea».

En los años siguientes, y por petición de Robert L. Praeger y de la Royal Irish Academy, Matilda Knowles se dedicó a preparar una monografía sobre la sistemática de los líquenes de Irlanda. Finalmente, el trabajo quedó plasmado en un valioso libro de 255 páginas titulado The Lichens of Ireland, que salió a la luz en 1929. La obra, dirigida por la científica, se llevó a cabo con la colaboración de 30 naturalistas profesionales y aficionados, quienes consiguieron registrar la distribución de unas 800 especies, de las cuales alrededor de 20 eran nuevas para Irlanda. Knowles describió varias de ellas por primera vez. El texto representa el legado

---

[244] Mulvihill, Mary. To Matilda Knowles: a woman's life in lichen honoured in death Irish Times. Oct 9 2014

intelectual más notable de esta acreditada botánica, considerada según afirma la página Ask About Ireland, «una de las piezas de trabajo de más calidad nunca realizada antes en ninguna sección de la flora irlandesa».

Como ha notificado la escritora M. Mulvigil, el libro de Knowles fue un estudio pionero que se convirtió en un clásico en la literatura botánica irlandesa. Concreta que «se trata de un gran trabajo: los líquenes pueden pasar desapercibidos, y sus detalles son a menudo microscópicos, lo cual demuestra que Knowles fue claramente una naturalista hábil con mucho talento».

Además de su obra magna, entre 1897 y 1933, subraya la página Ask About Ireland, «Matilda publicó más de 30 artículos científicos de un amplio rango de materias sobre botánica». De hecho, debido a su profundo conocimiento sobre los temas relacionados con la botánica sistemática, Knowles tuvo gran influencia en esta especialidad. Mientras fue la conservadora del Museo Nacional, un número elevado de personas locales y procedentes de distintas partes del mundo, tanto especialistas como aficionados, acudió a ver y a consultar el herbario del centro. Además, la científica mantuvo intensa correspondencia con diversos expertos y expertas e intercambió cuantiosos especímenes con otras instituciones.

Haciendo referencia a cómo Knowles enriqueció el herbario del museo, Mulvihill ha relatado que «entre quienes donaron especímenes se encuentra Roger Casement [un afamado diplomático irlandés], quien trajo diversas plantas procedentes del Congo en 1904. Casement conocía a la científica desde que eran niños, ya que tenían la misma edad, nacidos en 1864, y crecieron en Ballymena, donde Knowles había nacido y donde Casement fue a la escuela. Las plantas que el diplomático donó aún se encuentran en el herbario con las etiquetas descriptivas que Knowles redactó».

Mulvihil apuntaba acerca de la personalidad de la botánica que «en persona Matilda era decidida e independiente, nunca se mostró dispuesta a aguantar tonterías En sus últimos años sufrió sordera y se ayudaba de una trompetilla, usándola para cortar discusiones colocándola con firmeza sobre su escritorio».

Pese a la gran tarea realiza por Matilda Knowles en el herbario del Museo Nacional, no recibió por sus méritos la compensación que merecía. Hubo que esperar hasta octubre de 2014 para que en honor a la científica se colocase una placa conmemorativa. Se trata de un recordatorio otorgado por el Irish National Committee for Science and Engineering para conmemorar los 150 años desde su nacimiento. Con respecto a los memorándums, Mary Mulvihill ha escrito que «el problema con las placas conmemorativas es que la persona tiene que estar muerta para que le otorguen una. Alguien que mereció este honor durante su vida fue Matilda Knowles»

El 27 de abril de 1933, Matilda Knowles fallecía en Dublín como consecuencia de una neumonía. Fue enterrada en el cementerio de la misma ciudad, donde hoy su tumba está poblada de líquenes, hongos y otras plantas nativas de Irlanda. En su recuerdo, dos especies de líquenes llevan su nombre: *Lecidia matildae* y *Verrucaria knowlesiae*.

Elinor Bertrand Vallentin (1873-1924), recolectando exóticos especímenes en las Islas Malvinas

En la Isla Gran Malvina (en inglés y para ellos las West Falkland), la segunda más grande del archipiélago del Atlántico sur, nació el 14 de enero de 1873 una niña, hija de padres ingleses, William y de Catherine Felton, a la que pusieron el nombre de Elinor Frances. Fue la tercera hija de diez hermanos.

Con el tiempo, Elinor Frances se convertiría en una destacada botánica e ilustradora que realizó diversas recolecciones científicamente significativas de especímenes botánicos procedentes de la citada isla. Actualmente, esas valiosas muestras se conservan en el Museo Británico (British Museum), también en el Jardín Botánico de Kew (Royal Botanical Gardens, Kew) y en el Museo de Manchester (Manchester Museum)[245].

Durante su infancia, vivió en un entorno silvestre, considerado uno de los lugares más remotos e interesantes de las islas, donde, según han relatado los biógrafos Sally Blake y Robin W. Woods[246] , comenzó su gran interés por coleccionar y estudiar las plantas. El 1 de junio de 1894, Elinor Bertrand se casó con Robert Nichol, a quien conoció en una estancia en Londres. El matrimonio, no obstante, duró muy poco ya que Nichol enfermó y murió en la capital inglesa el 4 de noviembre de 1896.

La joven viuda permaneció en Londres, donde se dedicó a su gran pasión: el estudio de las plantas. Con tal fin, logró ser admitida en el Jardín Botánico de Kew (Royal Botanic Gardens) donde recibió una valiosa ayuda por parte de Matilda Smith[247] sobre cómo agudizar la observación y conseguir fidedignos dibujos de plantas.

En marzo de 1904, Elinor Bertrand se casó con Rupert Vallentin (1858-1934), un coleccionista de algas marinas, helechos y plantas con flores, que había visitado las islas con anterioridad. La pareja residió en Inglaterra hasta 1909, cuando decidieron volver a las Malvinas.

Antes de partir, Elinor Bertrand Vallentin debatió con diversos colegas acerca de futuras recolecciones, y llegaron a la conclusión de que las «plantas sin flores», esto es, las llamadas criptógamas, estaban poco representadas en la colección de Kew. Recordemos que esta flora incluye aquellas plantas que se reproducen por esporas y no generan semillas; se trata, recordemos una vez más, de las algas, hongos, musgos, hepáticas y helechos. La botánica de-

---

[245] Wikipedia. Elinor Vallentin
[246] Blake, Sally & Robin W Woods. Vallentin, Elinor Frances (1873-1924). Dictionary of Falklands Biography
[247] Ver Matilda Smith, incluida en este capítulo

cidió entonces que en este viaje dedicaría un tiempo a recolectar tales especímenes.

Elinor y Rupert Vallentin estuvieron en las Malvinas durante dos años, y las recolecciones de ella, como han indicado Blake y Woods, alcanzaron más de 560 especímenes, de al menos 143 especies de plantas con flores, que constituyen los usados por Elinor para sus ilustraciones en color. En torno a 400 de los ejemplares recolectados correspondían a las algas marinas, 50 a especies de hongos y varios de ellos a líquenes. Todo este material se envió al Reino Unido, cuidadosamente empaquetado y en excelentes condiciones.

Desde el punto de vista científico, las colecciones reunidas por Elinor Bertrand Vallentin fueron particularmente valiosas. Le permitieron colaborar con el destacado botánico inglés Arthur Disbrowe Cotton (1879-1962), proporcionándole especímenes gracias a los cuales Cotton llevaría a cabo el primer estudio completo de las criptógamas de las islas Malvinas, como ha dejado escrito la profesora Margaret Clayton[248] de la Universidad Monash (Monash University) de Australia.

Durante esta estancia en las Malvinas, Elinor Bertrand Vallentin también dedicó gran parte de su tiempo a realizar cuidadosos dibujos coloreados de las plantas locales. Estas bellas ilustraciones le permitieron colaborar con su colega, el botánico de los laboratorios del Kew Gardens, Charles Henry Wright (1864-1941), aparte de compartir con éste algunas de sus recolecciones y sus notas de campo. Las aportaciones de la botánica constituyeron la base principal para algunas de las publicaciones de este científico.

La colección de Elinor Bertrand Vallentin, que constaba de 930 especímenes de plantas de las Islas Malvinas y numerosas ilustraciones, fue expuesta en Kew; el botánico Cecil Victor Bo-

---

[248] Clayton Margaret (2003). Falkland Islands Seaweed Survey *(PDF) (Report). The Shackleton Scholarship Fund. p. 1.*

ley Marquand (1897-1943)[249] consideró que sus dibujos «eran hermosos». Asimismo, este material se exhibió en una reunión general de la Linnean Society en Londres y en la exposición número 73 de la Real Sociedad Politécnica de Cornwal (73rd Exhibition of the Royal Cornwall Polytechnic Society) de 1912, donde «alcanzaron aprobación universal», tal como figura en el Botanical Journal of the Linnean Society.

En noviembre de 1912, Elinor y su marido empezaron a planear la publicación de un amplio libro ilustrado sobre la flora de las Islas Malvinas. Además de contar con las correspondientes descripciones, la obra estaría copiosamente ilustrada con láminas en colores dibujadas a partir de especímenes vivos recolectados *in situ*.

Estos proyectos de publicación, sin embargo, se vieron pospuestos porque en abril de 1913 nació su único hijo, Thomas, pero desafortunadamente la salud de Elinor se debilitó notablemente. Como han descrito Blake y Woods, «unos años más tarde, en 1916, Elinor Bertrand Vallentin sufrió una grave enfermedad y su salud se vio muy deteriorada de forma permanente». Cuando Rupert Vallentin constató que ella ya no podría continuar trabajando en el libro, decidió publicar el volumen confiando la disposición y arreglo de los dibujos a la citada experta ilustradora del Kew, Matilda Smith. Por otra parte, las descripciones las realizó una segunda botánica inglesa, que también trabajaba en los jardines de Kew, Enid Mary Cotton (1889-1954). La última recolección del material realizada por Elinor Bertrand Vallentin, tuvo lugar entre 1910 y 1911, y durante ese periodo preparó los preciosos dibujos que figuran en la obra publicada por su marido.

El libro salió a la luz en 1921 bajo el título Illustrations of Flowering Plants and Ferns of the Falkland Islands . El volumen contenía 64 láminas en color, detallando de manera exquisita

---

[249] Marquand, C. V. B. (1923). Additions to the Flora of the Falkland Islands. Bulletin of Miscellaneous Information (Royal Botanic Gardens, Kew). (10): 369-371. JSTOR

muchas de las plantas más características de las Islas Malvinas. Cada una de estas láminas se presentaba acompañada por una breve descripción de la familia, el género y la especie. El trabajo como un todo ilustraba muchas de las características esenciales de la flora de las lejanas islas, predominando las plantas herbáceas enanas y matojos perennes, especialmente característicos de la estepa y de los páramos o matorrales[250].

La crítica especializada lo reseñó muy favorablemente en diversos medios. Al respecto, el reconocido botánico inglés William B. Turrill (1890-1961)[251], apuntaba en 1922 que «no hay duda de que este trabajo será de gran utilidad para los habitantes de las Islas Malvinas, que tengan interés en la historia natural de su región, porque les permitirá identificar fácilmente muchas de las plantas comunes de sus alrededores, y también será usado de manera general en la sistemática y geografía botánica en otros países».

Elinor Bertrand Vallentin murió en Devon, Inglaterra, en marzo de 1924, sin haber retornado a las Malvinas, donde había nacido 51 años atrás[252]. Solo recientemente esta gran mujer ha alcanzado por su trabajo un merecido reconocimiento entre la comunidad especializada.

Maria Bandeira (1902-1992), una mística transición desde la botánica al convento

El nombre de Maria do Carmo Vaughan Bandeira corresponde a la primera botánica que, en la década de 1920, trabajó en el Jar-

---

[250] Wright, Charles Henry (1911). On the Flora of the Falkland Islands. Journal of the Linnean Society, Botany. 39 (273): 313.
[251] Turrill, William B. (1922). Illustrations of the Flowering Plants and Ferns of the Falkland Islands. Nature 109, 370
[252] "Book-Notes, News, &c". Journal of Botany, British and Foreign. **53**: 38. 1915

dín Botánico de Rio de Janeiro. Sin embargo, pese al significativo número de especímenes de plantas que recolectó, estudió y clasificó, hasta hace muy poco tiempo, permaneció desconocida[253] para la historiografía, siendo en consecuencia apenas citada en la literatura científica.

De hecho, las investigadoras del Jardín Botánico de Río de Janeiro (JBRJ) Begonha Bediaga y Ariane Luna Peixoto, junto al científico Tarciso S. Filgueiras del Instituto Botánico de San Pablo, han descrito su sorpresa al «tropezar con un artículo de Pamela Henson (2003)[254] [historiadora del Smithsonian Institution], que decía: "doña Maria Bandeira era una especialista en musgos del JBRJ, que facilitó el trabajo de Mary Chase [destacada botánica estadounidense] e incluso la acompañó en sus viajes de campo en varias ocasiones». A partir de este hallazgo, el equipo investigó meticulosamente la biografía de Maria Bandeira, lo que trajo a la luz a una botánica muy particular (Bediaga et al, 2014; 2016).

Antes de continuar, nos parece ilustrativo apuntar que, en la mayor parte de los casos, estudiar la biografía de las botánicas brasileñas implica centrar la atención en el Jardín Botánico de Río de Janeiro. Esta destacada institución fue creada a principios del siglo XIX, concretamente en 1808, y hoy es mayoritariamente considerada como una «auténtica joya natural» declarada Patrimonio Histórico Nacional. El JBRJ es uno de los jardines botánicos más ricos del mundo, pues alberga en torno a 9.000 especies de plantas nativas y foráneas, junto a varios edificios de notable interés. Históricamente, ha sido, y lo sigue siendo, ampliamente visitado por investigadores brasileños y extranjeros atraídos por la extraordinaria biodiversidad y riqueza de sus colecciones.

---

[253] Bediaga Begonha; Ariane Luna Peixoto & Tarciso S. Filgueiras. Maria Bandeira: uma botânica pioneira no Jardim Botânico do Rio de Janeiro. Análise. Hist. cienc. saude-Manguinhos 23 (3). Jul-Sep 2016
[254] Henson, Pamela. Smithonian Profiles

En la década de 1920, el Jardín Botánico atravesaba un período especialmente prolífico. Acreditados especialistas se habían implicado en el inventario de la flora del país, desplegando una considerable actividad mediante numerosas excursiones al campo y la realización de diversos trabajos en el laboratorio. La finalidad era recolectar, identificar y documentar muestras representativas de plantas o partes de plantas disecadas y prensadas para las colecciones del herbario, y plantas vivas para el arboreto, que es un espacio primordialmente dedicado a los árboles y a los arbustos.

A partir de ese periodo se incrementaron los intercambios con herbarios internacionales, así como las visitas de diversos naturalistas foráneos y locales, junto a la formación y entrenamiento de nuevos botánicos. Además, se llevaron a cabo exitosos proyectos que contribuyeron notablemente al avance de los conocimientos científicos sobre la rica flora de Brasil. Todo ello ha quedado reflejado en un significativo aumento de la colección de especímenes del citado herbario y de las plantas incorporadas al arboreto.

¿Quién fue Maria Bandeira?

Maria Bandeira nació en Río de Janeiro en 1902, y fue la hija menor de una familia de clase media alta con 5 hijos (cuatro chicas y un chico). Su padre, Raimundo Carneiro de Souza Bandeira (1885-1929), era médico, director del Hospital de los Ingleses de Río de Janeiro. Su madre, Helena Dubeux Vaughan (1866-1930), de origen inglés, tenía conocimientos musicales.

Tras recibir una buena educación secundaria, la joven decidió que quería estudiar botánica en el Jardín Botánico de su ciudad, donde un equipo formado por hombres, en su mayor parte autodidactas, estaba implicado en destacados y novedosos proyectos de investigación muy apreciados en su entorno. Alrededor de

1918, Maria Bandeira ingresó en el Jardín[255], aunque los documentos disponibles, señalan sus biógrafos, no permiten determinar el año preciso de ese ingreso.

En 1925 fue contratada por la institución y, según apuntan Bediaga y sus colaboradores, «aparentemente, Bandeira causó buena impresión en aquel ambiente, [ya que] se adaptó rápidamente a las actividades relacionadas con la organización del herbario; además, comenzó muy pronto a recolectar con entusiasmo especímenes vegetales». Asimismo, la joven abordó una activa correspondencia, contactando con importantes especialistas de diferentes partes del mundo. Con ellos intercambiaría no solo información bibliográfica, nuevos hallazgos y resultados, sino también valioso material botánico. Cabe subrayar que el intercambio de especímenes entre distintos herbarios es una actividad enriquecedora muy frecuente entre especialistas de todas las partes del mundo.

La buena formación recibida por Bandeira le proporcionó la valiosa ventaja de dominar varios idiomas. Tal como señalan los biógrafos: «Sus habilidades lingüísticas eran notables e inesperadas en una mujer brasileña de aquel tiempo. Además de portugués, su lengua nativa, hablaba inglés (había estudiado en Inglaterra durante varios años), francés, alemán y era competente en latín, una ventaja adicional para cualquier joven aspirante a los estudios de botánica sistemática. Esta capacidad lingüística abrió muchas puertas a Bandeira, tanto en Brasil como en el extranjero».

Comienzos de una carrera profesional

A partir de su primer contrato, la joven Maria Banderia se implicó cada vez más en las actividades del Jardín Botánico, llegando incluso a ser su representante oficial. Así, por ejemplo, «con oca-

---

[255] Filgueiras, Tarciso S.; Ariane Luna Peixoto & Begonha Bediaga (2014). Maria Bandeira, an elusive brazilian botanist. *Polish Botanical Journal* 59(2): 151-163

sión de la llegada a Rio de Janeiro de la química dos veces premio Nobel, Marie Curie, en 1926, Maria Bandeira se encontraba representando al JBRJ en la comitiva de recepción de la científica en el puerto de la ciudad, como muestran las noticias de los periódicos de la época, que se refieren a ella como una funcionaria de «la sección de briofitos» (Bediaga et al., 2016).

Recordemos que las briofitas son pequeñas plantas que representan un importante paso en la evolución de la vida en la tierra porque engloban a los grupos más antiguos de plantas terrestres; comprenden principalmente a los musgos y a las hepáticas.

La joven Bandeira se comprometió activamente con los proyectos de investigación del Jardín y la organización y cuidado del herbario. Además, las expediciones realizadas a diversas localidades de Río de Janeiro para recolectar material, despertaron en ella un creciente interés por las briofitas y por los hongos y líquenes, que se convertirían en el objetivo primordial de su propia trayectoria científica.

Maria Bandeira realizó sus primeros trabajos en colaboración con Viktor Ferdinand Brotherus (1849-1929), un briólogo finlandés de gran prestigio que en 1891 había publicado un trabajo seminal titulado La flore bryologique du Brésil. La joven se fijó entonces como objetivo estudiar las briófitas de su región e incorporar estas plantas en los proyectos de ampliación y clasificación de las colecciones científicas del JBRJ.

La colaboración profesional entre el científico y Bandeira fue bastante intensa, ya que, conforme indican sus biógrafos, «Maria hacía una identificación preliminar del material que ella había recolectado, lo enviaba a Brotherus quien ratificaba o rectificaba las determinaciones, con la autoridad de un especialista en ese grupo de plantas, recomendando también bibliografía especializada».

A partir del meticuloso estudio de las etiquetas que acompañan a las plantas almacenadas en el herbario de Río, Bediaga y sus colaboradores averiguaron que Bandeira tenía una notable capacidad para escalar montañas y que incluso había aprendido a usar técnicas de alpinismo. Se trata de una destreza muy importante para una naturalista ya que, como es fácil imaginar, permite recolectar en lugares de difícil acceso y en los hábitats más variados.

Las bases de datos del JBRJ muestran que entre 1923 y 1929 Bandeira recorrió territorios muy diversos, haciendo acopio principalmente de briófitas, hongos y líquenes. Sus colecciones comprenden más de 800 especímenes que, correctamente disecados y etiquetados, fueron depositados por la botánica en el herbario del Jardín. Asimismo, Maria llevó a cabo la habitual tarea de su profesión, consistente en intercambiar duplicados con otros centros brasileños, europeos y americanos.

Encuentro con la gran botánica estadounidense Agnes Chase

Nos parece muy interesante resaltar el estrecho contacto que Maria Bandeira mantuvo durante años con la especialista estadounidense Mary Agnes Meara Chase (1869-1963), muy respetada en el escenario de la botánica mundial, dada su reconocida competencia científica[256].

Agnes Meara Chase realizó diversas expediciones por América del Sur con el fin de recolectar material para sus numerosos proyectos de investigación. Algunos de estos viajes tuvieron como meta Brasil y, en Río de Janeiro, la científica fue calurosamente recibida en el Jardín Botánico. Maria Bandeira tuvo entonces la oportunidad de entrar en contacto con la destacada visitante, ofrecerse como acompañante y guía, y participar activamente en sus pesquisas.

---

[256] Martínez Pulido, Carolina. Botánicas de Latinoamérica. Maria Bandeira, una mística transición desde la botánica al convento. https://mujeresconciencia.com/2023/04/19/

Las aventuras que emprendieron juntas durante sus expediciones evolucionaron hacia una larga y estrecha amistad. En 2003, la citada historiadora Pamela Henson[257] relataba que, cuando Agnes Meara Chase llegó a Brasil, Bandeira hizo todo lo que estaba a su alcance para ayudarla en su trabajo, acompañándola y guiándola durante sus desplazamientos en numerosas ocasiones. «Juntas escalaron uno de los picos más altos de Brasil, Agulhas Negras, en la Sierra de Itatiaia, y descendieron con sus bolsas llenas de especímenes vegetales». Al llegar a Rio de Janeiro, continúa Henson, Chase confesaba que estaban «felices, sucias y cansadas».

A medida que la amistad entre Agnes Meara Chase y Maria Bandeira se iba estrechando, la experta estadounidense estimuló a la joven brasileña para que viajara a Europa y adquiriese una formación superior. Convencida del talento de su amiga y colega, la influyente botánica norteamericana escribió una serie de cartas de recomendación en la que presentaba elogiosamente a Maria Bandeira ante acreditados botánicos europeos. Los consejos de Chase no cayeron en el vacío; por el contrario, estimularon la curiosidad y el interés de Bandeira quien, tras una serie de gestiones y preparativos decidió partir hacia el viejo continente.

Los estudios en París

A comienzos de la década de 1930, Bandeira embarcó con destino a Europa, donde visitó diversos lugares en Italia, Suiza, Austria, Inglaterra y Francia; si bien su destino final era París. Previamente, había acordado que en la gran capital se incorporaría a La Sorbona para realizar un proyecto de investigación sobre musgos bajo la dirección del prestigioso fisiólogo vegetal Louis E. Lapicque (1866-1952). Así lo hizo, y su correspondencia de esa época

---

[257] Henson, Pamela (2003). What holds the earth together: Agnes Chase and American Agrostology. Journal of the History of Biology, v.36, n.3, p.437-460

sugiere que en París fue muy bien recibida, pues disfrutaba de un entorno acogedor y estaba satisfecha con su trabajo.

El 8 de octubre de 1931, describe Pamela Henson, Maria escribió una carta a Agnes Chase, en la cual le contaba que «permaneceré aquí [en La Sorbona] hasta que finalice el trabajo que estoy preparando bajo la dirección del profesor Lapicque, lo que me permitirá obtener un diploma de estudios superiores (diplôme d'études superieures). También estoy siguiendo un curso de Geografía Física». Entre sus planes de futuro, confesaba a Chase estar «ansiosa por aplicar los conocimientos de esta materia [Geografía Física] para explicar Itatiaia, el Pan de Azúcar y otras formaciones de Brasil». Asimismo, la joven botánica agradecía a Chase «todas sus cartas de presentación, pues me están siendo muy útiles».

Bandeira también mantuvo correspondencia con la brillante botánica inglesa Agnes Robertson Arber (1879-1960), una de las más eminentes expertas en morfología y anatomía vegetal en aquel tiempo. Pamela Henson ha subrayado que Maria Bandeira, cuando llegó a París, ya era parte de una extensa red de trabajo formada por mujeres científicas que intercambiaban conocimientos, se apoyaban unas a otras con consejos, logística, hospitalidad y estímulos.

Según relata el equipo de Begonha Bediaga, «aparentemente, todo iba muy bien con los estudios de Maria en La Sorbona [...]. Pero las cosas empezaron a cambiar rápidamente en algún momento del año 1931, cuando la joven recibió una carta de la madre superiora del Convento Santa Teresa de las Carmelitas Descalzas en Rio de Janeiro, informándola sobre la existencia de una plaza libre. De inmediato, Bandeira abandonó lo que estaba haciendo, regresó a Río y, a finales de ese mismo año, tomaba los hábitos para dedicarse a la vida de clausura, acabando definitivamente con sus actividades públicas.-

El súbito abandono de todos sus proyectos profesionales para ingresar en un convento sorprendió a todos los que rodeaban a

Maria Bandeira. Quizás quien experimentó la mayor desilusión fue Agnes Meara Chase, ya que había puesto muchas esperanzas en ella, y la consideraba una científica muy prometedora para la botánica, además de una estrecha colaboradora[258].

El equipo de investigación de Bediaga ha manifestado en varias ocasiones su confusión y sorpresa al informarse sobre tan imprevista decisión. Han revelado que, tras cuidadas búsquedas e intensos debates, fueron incapaces de encontrar argumentos sólidos sobre los motivos que llevaron a Bandeira por esta inesperada senda en su vida. Evitando especulaciones infundadas, concluyen que lo único claro es que «el 11 de abril de 1932 la joven fue solemnemente recibida en el convento. Aquí permaneció durante 60 años, viviendo en completa reclusión, dedicándose a la oración, el silencio y estudios religiosos».

Un valioso legado

Superado el desconcierto, Begonha Bediaga y sus colaboradores sostienen con firmeza que, en su opinión, «Maria Bandeira merece un lugar en la historia de la botánica de Brasil, por diversas razones»; entre estas, destacan «las importantes colecciones de musgos, hongos y líquenes, además de algunas angiospermas, con las que enriqueció el herbario del Jardín Botánico de Río de Janeiro».

Ciertamente, pese a su corta vida científica, el material legado por Bandeira a la botánica consta de un valioso número de especímenes que, reunidos a lo largo de la década de 1920, hoy pueden estudiarse en el herbario del Jardín y también en los duplicados que albergan diversos centros de distintas partes del mundo. Cabe, al respecto, subrayar que, durante sus recolec-

---

[258] 150 Years of Smithsonian Research in Latin America: Maria do Carmo Bandeira

ciones, Bandeira era una especialista muy meticulosa; recogía las plantas y las acompañaba de etiquetas con detalladas anotaciones sobre el sustrato, el hábitat, las estructuras morfológicas y otros detalles que consideraba de interés.

En 1928, Maria Bandeira tuvo el mérito de ser la primera mujer contratada como botánica por el JBRJ. Muy pronto se integró en el comité editorial de los Archivos del Jardín Botánico (*Archivos do Jardim Botânico*), la revista institucional de investigación creada en 1915, siendo la única mujer con nómina en aquellos momentos. Su eficiente participación editorial, así como sus cartas dirigidas a expertos internacionales, contribuyeron a que el Jardín fuese más visible y conocido en el mundo científico.

Bediaga y colaboradores han señalado que «llama la atención la confianza depositada en una joven editora de 28 años por científicos ya consagrados [...]. Su presencia en una posición relevante de la carrera científica en un ambiente predominantemente masculino [muestra que] sus pares la tenían en alta consideración».

La trayectoria de Maria Bandeira revela, en suma, el sendero de una científica que caminaba hacia una carrera académica exitosa. Sin embargo, por motivos no conocidos a los 29 años abandonó su profesión para dedicarse a la vida religiosa en clausura. Pese a tan desconcertante decisión y a su corta vida profesional, fue parte de una de las mayores redes de trabajo entre mujeres científicas de su tiempo, y hoy se la recuerda como una figura destacada en su especialidad.

Marta María Grassi (1921-2005), recordada liquenóloga argentina

El 17 de diciembre de 1921 nació en la ciudad de Buenos Aires Marta María Grassi. Con el tiempo, se convertiría en una destacada botánica experta en líquenes, pues desarrolló una importante labor docente e investigadora en la Universidad Nacional de Tucumán, Argentina.

Tras cursar su bachilerato, la joven Grassi se matriculó en la Facultad de Ciencias Exactas, Físicas y Naturales de la Universidad de Buenos Aires, donde se graduó en 1945 con excelentes notas. Como premio a su destacado rendimiento a lo largo de la licenciatura, fue distinguida con un valorado diploma de honor, según ha señalado el distinguido profesor de Anatomía Vegetal, Antonio Krapovickas (1921-2015)[259]. Durante su carrera, participó en actividades estudiantiles, formando parte de la Comisión Directiva del Centro de Estudiantes, lo que revela que desde muy pronto se despertó en ella el interés por los problemas del alumnado.

El prestigioso botánico y explorador argentino Dr. Alberto Castellanos (1896-1968) fue profesor de la joven Grassi y, consciente de la valía de su alumna, estimuló su especialización en criptogamia. Es decir, la botánica que estudia los vegetales sin semillas, y que comprende a los hongos, los líquenes, las algas, los musgos y los helechos. Ante este amplio paisaje, Marta Grassi muy pronto se apasionó por el estudio de los líquenes.

En 1946, la joven botánica se trasladó a la provincia de Tucumán, en el noroeste de Argentina, donde continuó su carrera profesional. Allí se incorporó al acreditado Instituto Miguel Lillo, creado en el año 1933 en honor al importante naturalista autodidacta que lleva su nombre y vivió entre 1862-1931. Hoy es la Facultad de Ciencias Naturales e Instituto Miguel Lillo una de las Unidades Académicas que integran la Universidad Nacional de Tucumán. En este centro, Marta Grassi tuvo la oportunidad de aprovechar la presencia del eminente liquenólogo y explorador británico I. Mackenzie Lamb (1911-1990). Durante la temporada que el científico pasó en Tucumán, Grassi colaboró estechamente con él.

---

[259] Krapovickas, Antonio. Marta María Grassi (1921-2005). Necrológica

Tras establecerse en la provincia norteña, como ha descrito Antonio Krapovickas, «Marta Grassi dedicó su vida plenamente al Instituto Miguel Lillo», intensamente centrada en el estudio de las criptógamas. Primero fue encargada del Herbario Criptogámico, y en 1947 publicó, en colaboración con A. Digilio, Instrucciones para la recolección y conservación de Agaricáceas, una importante familia de hongos.

En 1948 fue nombrada profesora interina de la Cátedra de Criptógamas y, a partir de entonces, se consagró a esta especialidad hasta su jubilación. Al año siguiente, en 1949, defendió su tesis doctoral, dedicada a los líquenes de la provicincia de Tucumán, por la que fue distinguida con un diploma de honor. La inagotable doctora continuó produciendo diversas publicaciones; así, en 1950, salía a la luz otro meritorio artículo suyo titulado «Contribución al catálogo de líquenes argentinos». Durante largo tiempo, este inventario fue un apreciado referente para sus colegas y alumnos.

Los numerosos trabajos de esta ilustre liquenóloga no solo han sido apreciados por el contenido de sus textos, sino también han llamado la atención de sus lectores por los bellos y detallados dibujos realizados por la autora, sobre todo aquellos que ilustraron sus últimas publicaciones.

A partir de 1953 fue secretaria de la Escuela Universitaria de Ciencias Naturales[260]. También impartió cursos de algología, vegetales no vasculares de agua dulce y otros. Su, notable preocupación por la docencia la llevó a realizar diversas publicaciones bajo el título de «Notas de clase» en los los años 1968, 1971-1972 y 1976-1977, centradas en las criptógamas. Además, gracias a sus conocimientos de idiomas, puso al alcance de sus alumnos diversas traducciones de especialistas extranjeros; entre ellas destaca la célebre obra *Fitografía,* escrita por el célebre botánico suizo Alphonse P. de Candolle (1806-1893)

---

[260] Krapovickas, Antonio. Marta María Grassi (1921-2005). Necrológica

En 1972, Marta Grassi fue designada Directora General de la Fundación Miguel Lillo, cargo que desempeñó hasta su jubilación en 1996. Como ha descrito el citado profesor Krapovickas, «después de jubilarse participó en el Taller Literario de EPAM (Enseñanza Permanente para Adultos Mayores), de la Universidad Nacional de Tucumán, y llegó a publicar su obra póstuma Relatos, cuentos y otras cosas (ed. Los Cuatro Vientos, Buenos Aires, 2002)».

Marta María Grassi falleció el 18 de junio de 2005 en San Miguel de Tucumán, a los 83 años de edad. En una afectiva necrológica, A. Krapovickas dejaba escrito en su memoria que «fue uno de los pilares más importantes del Viejo Instituto Miguel Lillo. Su sentido de la responsabilidad, eficiencia y su preocupación por la marcha de las actividades de docencia e investigación hicieron de la Fundación Miguel Lillo un lugar ideal para quienes desean ampliar sus conocimientos sobre la Naturaleza».

Aino M. Saraste Henssen (1925-2011), botánica alemana apasionada por los líquenes

Según han descrito el botánico H. Thorsten Lumbsch[261] y la botánica Heidi Döring, durante largas décadas la científica alemana Aino Saraste Henssen fue una de las estudiosas de los líquenes más prominentes entre el colectivo de mujeres y hombres a nivel internacional. Nacida el 12 de abril de 1925 en Elverfeld, región del Ruhr en el estado de Renania del Norte-Westfalia, Alemania, fue la segunda de los tres hijos de la pareja formada por Toini Saraste, finlandesa, y el científico alemán especialista en el folklore germano, Gottfried Henssen. La familia, después de la Segunda

---

[261] Thorsten Lumbsch, H. and Heidi Döring (2011) A tribute to Aino Marjatta Henssen (1925-2011). Published online by Cambridge University Press: 12 December 2011

Guerra Mundial, se trasladó a vivir en la ciudad universitaria de Marbugo, en el estado de Hesse.

Desde muy joven, Aino decidió que quería estudiar biología y, con tal propósito, se matriculó en la Universidad de Friburgo, donde cursó un semestre. Luego continuó con sus estudios en la Universidad de Marburgo, centro en el que se graduó. Ya en 1953 leyó su tesis doctoral, centrada en fisiología de la floración de la planta acuática *Spirodela polyrhiza*. Con posterioridad, sin embargo, optó por dedicarse al estudio de los líquenes, organismos que atrajeron poderosamente su interés a lo largo su vida[262].

Apuntemos, antes de continuar, que, desde el punto de vista biológico, los líquenes se incluyen dentro del reino de los hongos. Se trata de organismos complejos formados por una estrecha unión, llamada simbiosis, entre un hongo y, al menos, un organismo fotosintético, que puede ser un alga verde, del grupo de las clorofíceas, o una cianobacteria, que también es fotosintética. Tal como ha descrito M. E. Mitchell[263], junto a otros especialistas, la simbiosis liquénica constituye una estrategia realmente exitosa, pues estos organismos son capaces de vivir en prácticamente todos los ecosistemas terrestres, desde el ecuador hasta los polos, y desde las costas hasta las altas montañas, cubriendo aproximadamente el 8% de la superficie terrestre.

Impulsada por mejorar su formación, Aino Saraste Henssen solicitó y consiguió una beca de la American Association of University Women (AAUW), asociación fundada en 1881 con el fin de fomentar la igualdad para las mujeres a través de la educación y la investigación. Con esta ayuda, la joven pudo realizar estancias, entre 1961 y 1963 en dos laboratorios de Estados Unidos, en Boulder (Colorado) y en Harvard (Massachusetts), prolongándose en Toronto (Canadá). En tales centros logró ampliar

---

[262] Wikipedia. Aino Hessen
[263] Mitchell, M. E. (2014). De Bary's legacy: the emergence of differing perspectives on lichen symbiosis (PDF). *Huntia*. 15 (1): 5-22

productivamente sus horizontes, ya que llevó a cabo interesantes recolecciones de diversos líquenes de Norteamérica, donde adquirió gran experiencia junto a sus colegas y maduró novedosas ideas para su proyecto de investigación[264].

Según han recordado los investigadores Lumbsch y Döring, «a lo largo de su vida profesional, Aino nunca olvidó mostrarse particularmente agradecida por la beca de la AAUW», sobre todo por la valiosa influencia que sus logros en el extranjero tuvieron en la continuación de su carrera profesional. De hecho, tras su vuelta a Alemania en 1963, los fructíferos resultados con que retornó facilitaron que fuese contratada como Conservadora del Herbario de plantas sin flores (Cryptogamic Herbarium) de la Philipps-University en Marburgo.

Gran apasionada por el trabajo de campo, Aino Saraste Hessen continuó viajando por diversos países con el fin de recolectar la mayor cantidad posible de líquenes. Sus importantes desplazamientos por el norte de Europa (principalmente por Finlandia, Suecia y Noruega) le revelaron la enorme diversidad de líquenes existente en esas regiones. La complejidad y capacidad de adaptación de estos organismos provocó que su interés fuese creciendo paulatinamente hasta consolidar una vocación que mantuvo siempre activada.

Un importante aspecto de su carrera profesional, revelan Lumbsch y Döring, fueron sus visitas al Instituto Botánico de Helsinki y, sobre todo, el poder disfrutar de una estancia como investigadora en la Universidad de Upsala. En este centro experimentó la profunda influencia de la escuela sueca dirigida por el acreditado botánico y micólogo John Axel Nannfeldt (1904-1985), quien fue un gran experto en la clasificación de los hongos y de las plantas vasculares.

---

[264] Martínez Pulido, Carolina. Aino M. Saraste Henssen, botánica alemana apasionada por los líquenes https://mujeresconciencia.com/2024/11/20/aino-m-saraste-henssen-botanica-alemana-apasionada-por-los-liquenes/

Unos años más tarde, en 1970, Aino Saraste Hessen fue contratada como profesora asociada de la Universidad de Marburgo, donde continuó con su labor docente e investigadora hasta jubilarse en 1990. El entusiasmo y la pasión que esta científica vertió en el estudio de los líquenes la convirtió en una gran maestra en este campo, al tiempo que atraía a numerosos estudiantes. Algunos de sus antiguos alumnos han recordado que el desbordante interés de la profesora por los líquenes provocaba que, en ocasiones, fuera difícil para ella impartir una hora de clase sin verse arrastrada hacia los muchos y diversos aspectos interesantes de estos pequeños organismos, perdiendo incluso de vista el tema principal de la clase.

Durante su carrera como profesora universitaria, Aino Saraste Hessen dedicó mucho tiempo en supervisar al alumnado, insistiendo en la necesidad de observar y prestar atención a los detalles, en cuestionar las ideas y en mantener constantemente la necesidad de autocrítica. Tal como han apuntado los citados especialistas Lumbsch y Döring, proporcionó una buena formación a sus numerosos estudiantes y dirigió varias excelentes tesis doctorales. Asimismo, continúan estos biógrafos, disfrutaba debatiendo sus hallazgos con colegas, jóvenes o maduros, al participar activamente en numerosos congresos nacionales e internacionales.

En sus planeados programas de campo, Aino Saraste Hessen logró recolectar un elevado número de especímenes; en muchos casos desconocidos para la ciencia. Movida por su intenso afán por descubrir y analizar la gran diversidad liquénica, fue una exploradora inagotable. Realizaba excursiones ya fuera en soledad o con estudiantes y amigos, y también durante los congresos junto a sus colegas visitantes e incluso durante las vacaciones. Su alumnado y amistades próximas la asociaron con una imagen donde «el cincel y el martillo nunca estaban lejos».

A partir de la ingente labor desarrollada durante largos años publicó, como podemos leer en Wikipedia, más de 120 artículos científicos; el último salió a la luz en 2007, ¡17 años después de su jubilación! También escribió diversos libros de texto y capítulos de libros. Los trabajos de esta notable botánica fueron muy importantes dentro de su especialidad, ya que introdujeron nuevos y revolucionarios conceptos en aquellos años. Las publicaciones de Aino Saraste Hessen significaron pasos muy relevantes para el progreso de la liquenología en las décadas de 1970 y 1980. Su alta valoración ha quedado reflejada en las numerosas especies que llevan su nombre, además del género *Ainoa*, «bautizado» en su honor[265].

Recibió, asimismo, importantes reconocimientos. Por ejemplo, estuvo entre las primeras receptoras de la prestigiosa Acharius Medal[266], concedida en 1992 por la International Association for Lichenology, y que le fue entregada en Suecia en honor a los valiosos y novedosos avances por ella conseguidos.

Ciertamente, los estudios de esta gran experta en liquenología son considerados un claro ejemplo de las primeras investigaciones importantes realizadas sobre este grupo botánico. Lumbsch y Döring han destacado que «durante una época en que esta especialidad era a menudo local, Aino fue una de las primeras liquenólogas verdaderamente internacional».

Cuando en 1990 la científica se jubiló, le resultó totalmente natural continuar con su pasión por los líquenes, de modo que siguió trabajando en casa donde no solo tenía su herbario privado y una rica biblioteca, sino que también disponía de un microscopio y otros utensilios necesarios para investigar.

Aino Saraste Henssen falleció en 2011 a los 86 años de edad. Está enterrada en el cementerio principal de Marburgo junto a su madre, bajo un abedul que ella misma había plantado 40

---

[265] Mitchell, M. E. (2014). De Bary's legacy: the emergence of differing perspectives on lichen symbiosis (PDF). *Huntia*. 15 (1): 5-22
[266] Jahns, H. M. Acharius Medallists. Aino Henssen". International Association of Lichenology (lichenology.org)

años atrás. Sus colegas, al igual que sus alumnas y alumnos han recordado sus excelentes aportaciones a la liquenología con sinceras muestras de agradecimiento y afecto. Asimismo, han subrayado el significativo referente que tan valiosa maestra ha representado para las jóvenes deseosas de incorporarse al estudio de los líquenes.

Wanda Quilhot Palma (1929-2023), una de las figuras más importantes de la liquenología latinoamericana

Nacida en Chile, la científica Wanda Quilhot Palma recorrió su país desde la Antártida hasta las cumbres del altiplano andino y dedicó más de 40 años a unos organismos de naturaleza peculiar: los líquenes; pequeñas plantas resultantes de la asociación simbiótica entre un hongo y un alga. Sus estudios en esta rama de la botánica llamada liquenología la convirtieron en una experta con reconocimiento internacional[267].

Las contribuciones más destacadas de Wanda Quilhot Palma estuvieron centradas en el estudio de la taxonomía de los líquenes, esto es, la clasificación sistemática de las diversas especies que integran este interesante grupo de seres vivos; analizó su distribución geográfica y el papel que juegan en la formación del suelo. Además, esta eminente científica dedicó sus esfuerzos a investigar un original tema: la respuesta de los líquenes ante las variaciones de los niveles de radiación ultravioleta. Sus resultados han quedado reflejados en más de cien publicaciones en revistas y diversos capítulos de libros.

---

[267] Martínez Pulido, Carolina. Wanda Quilhot Palma, importante figura de la liquenología latinoamericana.https://mujeresconciencia.com/2023/12/13/wanda-quilhot-palma-importante-figura-de-la-liquenologia-latinoamericana/

Los primeros años

Wanda Quilhot ha relatado durante una entrevista publicada en la Revista Chilena de Salud Pública[268] que, «cuando era niña quise ser enfermera. Pero tuve un accidente que me mantuvo cinco años en cama. Tres años después de superar ese problema exitosamente, coja, aunque nunca me ha molestado la rodilla, cambié de opinión». Pese a que en aquellos momentos no se alentaba a las mujeres a estudiar y obtener títulos universitarios, su tío Octavio Palma, un destacado educador chileno, la impulsó para que continuara con su formación. Decidió acabar el bachillerato, y se graduó con excelentes notas a los 24 años de edad.

Apoyada por las estimulantes ideas de su tío, quien afirmaba persuasivo «creo que tienes aptitudes, ¿por qué no sigues Pedagogía en Biología y Química?», la joven Wanda, tras recapacitar cuidadosamente en torno al tema, tomó la decisión de matricularse en la universidad. En 1959, lograba, triunfante, graduarse con el título académico de Profesora de Estado en Biología y Química por la Universidad de Chile.

En la página web de la Universidad de Valparaíso se describe que Wanda Quilhot Palma, impulsada por un creciente deseo de continuar por la senda de la investigación científica, se presentó y ganó un concurso de Ayudante de Química del Mar en la Estación de Biología Marina, Montemar, Universidad de Valparaíso. Por esa época ya se había despertado en ella una gran vocación por las ciencias naturales.

A principios de la década de 1960, en la sede de Valparaíso de la Universidad de Chile tuvo lugar un cambio considerable debido a que se iniciaron nuevas licenciaturas y, recuerda Quilhot, «traje-

---

[268] Carvajal, Yuri (2012). «Investigación apasionada en ciencias básicas en Chile: una conversación con Wanda Quilhot» [Passionate Research in Basic Sciences in Chile: A Conversation with Wanda Quilhot]. Revista Chilena de Salud Pública (Santiago, Chile: Equipo Editorial) 16 (2): 181-184.

ron al Departamento de Ciencias, dirigido por Bruno Günther [un destacado médico chileno], académicos universitarios con el fin de llenar las necesidades de las carreras creadas [...]. Trabajamos con mucho ahínco y mística. Fue muy bonito. Fui profesora de biología general». Wanda, que estaba investigando sobre un grupo de algas, añade con orgullo que «una revista alemana muy buena nos publicó un trabajo hecho por cromatografía en papel de botánica marina» (Revista Chilena de Salud Pública). Señalemos que la cromatografía en papel es un proceso muy utilizado en los laboratorios para separar los componentes químicos en mezclas complejas.

Mujeres en la Antártida

Nos parece de interés abrir aquí un breve paréntesis sobre las actividades realizadas por las científicas en la remota y helada Antártida, donde Wanda Quilhot Panda realizó trabajos de investigación entre 1963 y 1964.

Empecemos por subrayar, como se describe en el blog Oceanwide Expeditions [269], que «pese a que la lista de expediciones científicas a la Antártida es muy extensa e impresionante, también ha sido abrumadoramente desigual en términos del sexo de sus componentes, en especial con anterioridad a los primeros años del siglo XX».

Ciertamente, durante largo tiempo, muchos hombres, y también mujeres, estuvieron convencidos de que el clima de la Antártida podía ser muy duro de soportar para «el sexo débil». A ello se sumaba la idea de que un lugar tan alejado no disponía de las instalaciones y comodidades necesarias para albergar mujeres. Argumentos que, socialmente, se consideraron más que suficientes para mantenerlas alejadas de tan inhóspito lugar.

---

[269] Brears, Robert C. (n.d.). «The first woman and female scientists in Antarctica». Oceanwide Expeditions. Vlissingen

A partir de mediada la década de 1930, sin embargo, poco a poco las figuras femeninas empezaron a hacer notar su presencia en aquella fría y alejada región. Su llegada comenzó modestamente; primero con las esposas de destacados navegantes acompañando a sus maridos, y luego con el avance de mujeres científicas decididas a llevar a cabo sus propias expediciones de investigación en el continente más frío de la Tierra (Oceanwide Expeditions).

Gracias a esas audaces pioneras, en la actualidad, las científicas viajeras son frecuentes en la Antártida, pero hay que insistir en que se requirió *ab initio* de esporádicas pruebas de unas pocas mujeres determinadas durante largos años para que se convirtieran en expediciones normales.

En el verano austral de 1963-1964 (entre diciembre y marzo), Wanda Quilhot Palma junto a Nelly Lafuente (nacida en 1931) se convirtieron en unas de las primeras mujeres en investigar ese lejano polo sur. Como ha descrito la escritora y editora Ellyn Hament[270], experta en la historia de las mujeres en la Antártida, estas dos científicas trabajaron para el Instituto Antártico Chileno en la Estación Bernado O'Higgins. Mientras Lafuente se dedicaba a evaluar la reproducción de las aves, Quilhot Palma se encargó de estudiar la fauna local.

El escritor Robert C. Brears ha descrito que la investigación de Quilhot se centró en la microfauna, las briofitas y los microorganismos formadores del suelo. Recordemos que el término microfauna hace referencia a organismos microscópicos, de tamaño inferior a 0,2 mm, que exhiben cualidades similares a las de los animales; las briofitas comprenden pequeñas plantas terrestres, como los musgos, que carecen de tejido conductor; y los microorganismos son seres vivos muy pequeños que poseen una organización biológica elemental. Cuando el verano austral llegó a su fin,

---

[270] Hament, Ellyn (2001). «A Warmer Climate for Women in Antarctica». Origins Antarctica: Scientific Journeys from McMurdo to the Pole. San Francisco, California

la joven científica regresó a Valparaíso, donde continuaría con su trabajo dedicado a la docencia y a la investigación.

La consolidación de una original investigadora

Tras su estimulante´ estancia en la Antártida, Wanda Quilhot Palma ha relatado en la mencionada Revista Chilena de Salud Pública que «en el año 1967 gané una beca del gobierno francés, una beca ASTEF de asistencia técnica, para ir a estudiar biología vegetal a la Facultad de Ciencias de la Universidad de París. Era algo hermosísimo porque soy de origen francés por el lado de mi padre [...]. Fui a estudiar fisiología vegetal y llevé mis algas».

Durante su estancia, Quilhot se centró en diversos aspectos relacionados con el valor nutritivo de las proteínas de los vegetales que llevó consigo, utilizando para ello las modernas técnicas disponibles en el laboratorio. «El contenido en proteínas de las algas marinas es muy pobre, equivalente a una lechuga o un zapallo [calabaza], escribí en un trabajo en castellano, que ha sido el que más me han pedido en la vida», ha comentado satisfecha.

A comienzos de 1969, tras haber seguido un curso de doctorado de tercer ciclo, aunque sin acabar su tesis, Quilhot Palma optó por regresar a su país. Una vez en Chile, dejó de trabajar con las algas y se dedicó al estudio de los líquenes chilenos. La investigación comenzada en la Antártida, recuerda, «me había despertado una gran fascinación por los líquenes».

Para empezar este nuevo camino tuvo la fortuna de contar con el valioso estímulo del doctor Jorge Redón Figueroa, quien era, en la época, el más activo investigador chileno en el área. El trabajo intelectual de este científico tuvo gran trascendencia, ya que abarcó desde la enseñanza en el aula universitaria hasta más de 40 publicaciones en revistas científicas nacionales y extranjeras. Fue un experto que dedicó más de 50 años a la investigación taxonómica y ecológica de los líquenes, aportando a la literatura científica tres libros, de los cuales el más importante ha sido Líquenes antárticos, publicado en 1985. Las líneas de investigación seguidas por Redón Figueroa han contribuido a esclarecer el comportamiento de las especies de líquenes en distintas condiciones ambientales, y han participado de manera directa el conocimiento científico de la región de Valparaíso, de Chile y del mundo (página web de la Universidad de Valparaíso).

Wanda Quilhot ha rememorado al respecto que «providencialmente el compañero Jorge Redón [...] me sugirió que trabajásemos juntos: yo hago la parte taxonómica, ecológica; y tú, la parte química. Porque en ese momento se consideraba que, para hacer taxonomía en líquenes, había que considerar la parte química, [pues] si no el trabajo carecía de valor» (Revista Chilena de Salud Pública). La colaboración entre ambos investigadores fue muy fructífera, y proporcionó valiosos resultados a la ciencia chilena.

A partir de tales estudios, el entusiasmo de Wanda Quilhot Palma por esos originales organismos se convertiría en el centro de su línea de investigación durante los siguientes cuarenta años.

Aportaciones de una gran científica a la liquenología

Pese a ciertas dificultades con una de sus rodillas, Wanda Quilhot Palma se desplazó por casi todo su país, desde el Desierto de Atacama hasta Magallanes, dedicada, incansable, al análisis y recolección de diversos especímenes de líquenes. Con extremo cuidado y rigor los clasificó y almacenó en el herbario de la Universidad de Valparaíso; hoy el más completo de su tipo en Chile, debido a los muchos años en los que fue la conservadora o curadora de dicho herbario. La colección se incrementó y enriqueció con el tiempo, gracias principalmente a su esfuerzo y al producto de sus proyectos de investigación.

En los más de 50 proyectos y 100 publicaciones sobre líquenes que llevó a cabo, Quilhot abordó múltiples ramas de la liquenología, abarcando estudios de diversidad, biogeografía, aspectos taxonómicos, fisiológicos y de conservación. Asimismo, analizó con notable rigor la importancia de algunos compuestos naturales resultantes del metabolismo de estos singulares organismos.

Entre sus numerosas publicaciones cabe, por ejemplo, recordar un trabajo publicado en 1998, en el cual la científica subrayaba que «Chile tiene probablemente una de las floras liquénicas más ricas y variadas del mundo. La extraordinaria diversidad de hábitats, que se extiende desde el desierto cálido en el norte hasta los bosques lluviosos de la zona sur, sumados al desértico y frio Territorio Antártico, ofrece un enorme rango de microclimas y de micro hábitats apropiados para el desarrollo de los líquenes»[271] (Quilhot, Wanda et al.,1998).

La científica también ha denunciado que «las actividades agrícolas, la reforestación con especies introducidas, los incendios forestales, la contaminación ambiental, la construcción de caminos y, en general, las actividades industriales, han alterado o destruido hábitats de colonización, lo que ha provocado, para algunas especies, una evidente disminución de la biomasa». Y al respecto añade que «los líquenes son organismos de crecimiento muy lento; característica que los hace muy vulnerables a las actividades extractivas que, si no son controladas por expertos, podrían llevar a la extinción de especies».

Otro interesante tema en el que se ha centrado la investigación de Wanda Quilhot gira en torno a los efectos de la radiación ultravioleta en los líquenes. En un artículo publicado en el Boletín del Museo Nacional de Historia Natural [272], la científica y sus

---

[271] Quilhot, Wanda et al. (1998). Categorías de Conservación de Líquenes Nativos de Chile. Boletín del Museo Nacional de Historia Natural, Chile 47: 9-22

[272] Quilhot, Wanda et al. (2002).Efectos de la radiación uv solar en la acumulación de [compuestos fotoprotectores], Boletín del Museo Nacional de Historia Natural, Chile 51: 75-80

colaboradores han señalado que «la disminución del ozono estratosférico produce incrementos de la radiación ultravioleta en la superficie terrestre, lo que resulta dañino para los organismos». El equipo de trabajo, del que Quilholt Palma fue la investigadora principal, ha revelado que «en los ecosistemas terrestres y acuáticos, los seres vivos han desarrollado estrategias para protegerse del posible daño inducido por la radiación UV, una [de esas estrategias] es la síntesis y acumulación de compuestos fotoprotectores».

Estudiando con rigurosa meticulosidad la acumulación en los líquenes de fotoprotectores naturales, provenientes de rutas biogenéticas, activadas como respuesta a la radiación, el equipo logró detectar que las tasas de acumulación de dichos protectores aumentan en hábitats con elevados niveles de radiación, como se había determinado en líquenes de la Antártida a lo largo de un período de 30 años. Al constatar este hecho, o sea, que las propiedades filtrantes se correlacionaban con los niveles de ozono medidos, pudieron inferir que los líquenes son organismos especialmente adaptados a niveles variables de radiación UV.

En suma, Wanda Quilhot y sus colaboradores concluyeron que el metabolismo de los líquenes aumenta en presencia de la radiación UV, y el resultado se refleja en la mayor concentración de compuestos fotoprotectores. A partir de estos hallazgos, y ampliando cuidadosamente sus observaciones, el equipo logró elaborar «un modelo biológico que permitiría evaluar indirectamente las variaciones en los niveles de radiación UV en cualquier lugar del mundo». Todo ello significaba que los líquenes pueden usarse como bioindicadores o biomonitores para valorar la calidad atmosférica.

Tales conclusiones generaron una acalorada polémica entre la comunidad especializada. Finalmente, los debates cesaron porque se demostró que el equipo de Wanda Quilhot Palma tenía razón. En la actualidad, se acepta que los líquenes pueden ayudar a vislumbrar y anticipar los cambios ambientales que afectan a otros organismos; es decir, sí actúan como bioindicadores. La investigadora ha recalcado que «incluso, nos pidieron un capítulo sobre la actividad de los compuestos producidos por líquenes para el libro Biotechnology Secondary Metabolites Plants and Microbes, Science Publishers, que tiene como editores al francés J.M. Merillon y al indio K.G. Ramawat».

De la extensa y valiosa investigación de Wanda Quilhot Palma, por razones de espacio, citaremos solo uno más de sus trabajos. Se trata de un proyecto que tuvo lugar en la bella región de Aysén, una zona escasamente poblada y casi sin explorar del sur de Chile, provista de enormes glaciares, fiordos y montañas nevadas. En este lugar la científica y sus colaboradores realizaron un interesante proyecto sobre líquenes titulado Lichens of Aisen, Southern Chile (2012)[273] , publicado en la revista Gayana Botánica, a la que Quilhot Palma ha definido «como el eje en todo lo que se publica en botánica en Chile».

El equipo de investigación llevó a cabo su trabajo partiendo del principio de que una de las claves para aumentar los conocimientos sobre la diversidad de los líquenes es realizar recolecciones intensivas de cada localidad. Con tal fin, exploraron el Parque Nacional Laguna San Rafael, el más grande de la región de Aysén. La zona, con hielos milenarios ofrece una considerable diversidad liquénica pues está poblada por un elevado número de endemismos del sur de América del Sur.

Los resultados obtenidos tras un cuidado y riguroso escrutinio del lugar, están incluidos en un artículo de 30 páginas, en las que se registra, entre otros aspectos, que la diversidad liquénica de Aysén corresponde al 20 % de esa flora en todo Chile. Dicha flora comprende a 319 especies distribuidas en 87 géneros. «Tenemos géneros endémicos del sur, que se encuentran en Chile y Argentina. Y

---

[273] Quilhot, Wanda et al. (2012). «Lichens of Aisen, Southern Chile». Gayana Bot. 69(1): 57-87

también hay numerosas especies, las cosmopolitas, que se distribuyen en todo el mundo», ha indicado Quilhot en la mencionada Revista Chilena de Salud Pública. «Los evaluadores encontraron [el artículo] magnífico, porque tenemos mucha afinidad con Nueva Zelanda y Tasmania [...]. Es un antecedente más para conocer los líquenes del hemisferio sur, su distribución y para ampliar otras hipótesis sobre Gondwana», ratificaba con merecido orgullo.

Nos parece de interés recordar que Gondwana es el nombre que se da a un antiguo supercontinente meridional que existió hace entre 550 y 270 millones de años y que, posteriormente, se fragmentó. La científica lo cita porque desde el punto de vista biogeográfico es importante, ya que explica la distribución geográfica de muchos organismos actuales que surgieron en Gondwana. Cuando este supercontinente se dividió y fueron formándose los continentes actuales, algunos de los citados organismos se diseminaron por ellos y evolucionaron hasta las formas que hoy conocemos. Según diversos expertos y expertas[274], el origen de los líquenes podría remontarse al supercontinente de Gondawna.

Continuando con el trabajo de investigación de Wanda Quilhot, publicado en 2012, la experta ha señalado que «nuestro conocimiento sobre la diversidad liquénica en Aysén todavía permanece incompleto». Y añade que, pese al esfuerzo realizado «la biodiversidad de la región aún se conoce de forma inconclusa, debido a su inaccesibilidad, la compleja topografía y la extensión de la región».

Los trabajos de Quilhot Palma no se han limitado a su país, sino que también han traspasado las fronteras, ya que ha colaborado con liquenólogos de amplia trayectoria como David J. Galloway (1942-2014), un destacado bioquímico, botánico y liquenólogo de Nueva Zelanda; con los profesores noruegos, el micólogo nacido en 1951, Arve Elvebakk, y el liquenólogo Jarle W.

---

[274] La evolución de los líquenes y la simbiosis en los últimos 250 millones de años. Naturaleza con derechos. Agosto 26, 2020

Bjerke. Asimismo, la científica chilena colaboró con el botánico sueco profesor de Criptogamia, Mats Wedin (Revista Chilena de Salud Pública). Tampoco podemos olvidar que Quilhot Palma ha participado en numerosas conferencias y simposios, y ha dirigido la tesis de numerosos estudiantes.

Una profesora inolvidable

Como profesora de la Facultad de Farmacia en la Universidad de Valparaíso, Wanda Quilhot Palma ha dejado un rastro imborrable entre su alumnado. Supo proporcionar, durante 40 años, valiosos conocimientos a estudiantes de distintas carreras, quienes han recordado afectuosamente «sus clases llenas de imágenes, historias y anécdotas del trabajo de campo». Sus lecciones eran capaces de motivar a muchos de los y las jóvenes a seguir con entusiasmo el camino de la investigación.

De hecho, Quilhot Palma creó su propia escuela al formar un grupo de trabajo multidisciplinar que despertó entusiastas vocaciones en gran parte de sus estudiantes. Cariñosamente, estos profesionales hoy coinciden al afirmar que «los miembros del grupo han cambiado en el tiempo, pero la investigación se ha mantenido siempre impulsada por su recuerdo».

Profesoras de la Universidad de Valparaíso, como Marcela Escobar P. o Yanneth Moya, han considerado a Wanda Quilhot como «maestra de generaciones de estudiantes a quienes enseñó a asombrarse de las maravillas de la naturaleza; su generosidad y pasión por los líquenes ha dejado huella en quienes la conocimos y tuvimos el privilegio de trabajar a su lado».

Reconocimientos a una singular investigadora

Enumerar todos los reconocimientos recibidos por Wanda Quilhot Palma formaría una lista demasiado larga. Para no cansar a las y los lectores con aspectos demasiado especializados, solo hemos incluido algunos de ellos. En primer lugar, volvemos a insistir en que uno de los honores más importantes que puede recibir una bióloga o biólogo es que un organismo vivo lleve su nombre. Pues bien, por sus aportes a la liquenología, Wanda Quilhot tiene tres especies dedicadas a ella: *Pseudocyphellaria wandae*, *Menegassia wandae* y *Strigula wandae*.

Por su capacidad para abrir nuevas ventanas en el mundo de la liquenología, Quilhot Palma ha sido nombrada la primera presidenta de la Sociedad Botánica de Chile (1988-1990), presidenta del Grupo Latinoamericano de Liquenología (1999-2001), e integrante de la Academia Argentina de Farmacia y de Bioquímica. Asimismo, fue Profesora Emérita de la Universidad de Valparaíso y ha recibido becas de varias organizaciones científicas importantes, tanto de Chile como del exterior, señala el Boletín del Museo Nacional de Historia Natural.

Queremos resaltar que en el marco del XII Encuentro del Grupo Latinoamericano de Liquenología, realizado en la ciudad de Quito en noviembre de 2015 y organizado por el Grupo Ecuatoriano de Liquenología, la Facultad de Ciencias Agrícolas de la Universidad Central del Ecuador, el Museo Ecuatoriano de Ciencias Naturales y la Universidad Técnica Particular de Loja, la profesora Wanda Quilhot Palma recibió el valorado Premio Vainio «por su destacada trayectoria nacional e internacional en el área de los líquenes», describe la página web de la Universidad de Valparaíso.

Al respecto, la científica confesaba que «con 86 años uno no puede no emocionarse porque ya está en la edad de la reflexión y del análisis. [Sin embargo,] me emociono porque todavía siento que los líquenes son algo que me apasiona. Yo no he perdido ese amor por el estudio de estos organismos, que encuentro fascinantes».

El Grupo Latinoamericano de Liquenología, continúa la mencionada página web, no solo otorgó un galardón a su homenajeada, sino que además instituyó el Premio Wanda Quilhot Palma, que «distinguirá la investigación de las nuevas generaciones de científicos». Además, este Grupo considera que Quilhot «ha sido una constante fuente de estímulo a perseverar en la ciencia y en la investigación, y un ejemplo a seguir por su dedicación a la ciencia durante toda su vida». Ante tal reconocimiento, la botánica comentaba con notable satisfacción: «Que se les dé a los jóvenes el Premio Wanda Quilhot Palma es como perdurar con las especies a las que te has dedicado».

La galardonada científica pronunció, además, en el escenario del citado Encuentro…, unas excelentes palabras con respecto a la investigación universitaria, que consideramos de notable interés reproducir aquí: «Un país progresa en la medida que la investigación científica lo hace. Vivimos en un mundo con una tecnología fantástica, que permite descubrir hasta lo que nunca pensó uno que pudiera ser conocido. Una universidad que no investiga, primero no es universidad. Yo no estoy con la universidad docente porque una universidad docente significa que imparte una docencia lectiva, da lo mismo ir que no ir. Es diferente cuando la docencia es dada por un investigador; tiene otro color, otro entusiasmo, una pasión, porque tú estás contando lo que has hecho y estás ejemplarizando un determinado tema con tus propias experiencias. Para mí no existe la universidad docente y una universidad —por lo mismo— que no hace investigación es una universidad que nunca será una universidad destacada».

Una vida brillante que termina, pero no se apaga

Wanda Quilhot Palma falleció en septiembre de 2023, entristeciendo profundamente a la comunidad especializada chilena y a la sociedad en general. Entre las bellas palabras que le han dedicado, publicadas en página web de la Universidad de

Valparaíso, traemos a colación las del director de Innovación y Transferencia Tecnológica, Alejandro Dinamarca, quien afirmaba que «ha partido una mujer visionaria, científica intachable que puso a la Universidad en el mapa mundial de la ciencia. Formó desde la ciencia y haciendo ciencia a generaciones y generaciones de personas de la Facultad y de la Universidad. Parte una bióloga a la que debemos su constancia y esfuerzo en explorar y descubrir el mundo que nos rodea y, en especial, ese maravilloso ecosistema llamado Líquenes». El doctor Dinamarca también añadía que «la señora Wanda nos deja con la enorme tarea de hacer de su memoria historia, y ver cómo una persona se abre paso en caminos que no existen y pueden ser tan fríos y duros como la Antártida. Wanda fue una visionaria que mostró futuro».

Por su parte, continúa la página web, el profesor Adrián Palacios escribió «una colega inspiradora, admirable y pionera en su campo y con la cual logré conversar en muchas ocasiones desde que llegué a la Facultad de Ciencias, en temas de Ciencia, de docencia, de inserción…, bueno, de tantas cosas». En la misma línea, el vicedecano de la Facultad de Ciencias, Víctor Cárdenas, destacó que «el legado de la profesora Quilhot trasciende nuestras fronteras y sus contribuciones han quedado firmemente arraigadas en el edificio de las Ciencias, enriqueciendo de manera notable la reputación de nuestra institución».

Finalmente, Joan Villena del Centro de Investigaciones Biomédicas de la Facultad de Medicina reveló que «tuve la suerte de compartir algunas salidas de campo con esta mujer visionaria y científica intachable, y recordaré siempre la pasión con la que Wanda hablaba de la ciencia y de la vida. […]; marcó generaciones y yo pertenezco a una de ellas, jamás caerá en el olvido por la impronta que dejó como persona y como científica».

Ana Crespo de las Casas (1948), primera presidenta en la Academia de las Ciencias de España

El 26 de junio de 2024 tuvo lugar una magnífica noticia para la ciencia española: la bióloga experta en líquenes Ana María Crespo de las Casas, nacida en Santa Cruz de Tenerife en 1948, era «proclamada presidenta de la Real Academia de Ciencias Exactas, Físicas y Naturales de España durante el pleno extraordinario que ha tenido lugar en la sede de esta institución», informaba el hasta entonces presidente, añadiendo que «su candidatura contó con el apoyo del 80 % de los votos emitidos»[275].

La noticia causó gran impacto porque, debemos subrayarlo, la citada Academia es la institución más relevante de la ciencia española y, aunque cuenta con 177 años de historia, nunca antes había sido presidida por una mujer. Además, solo se admitió la participación femenina a partir de 1986, fecha en que por fin se aceptaba a una científica: la bioquímica asturiana Margarita Salas. Dieciocho años después, en 2004, la matemática catalana Pilar Bayer se convertía en la segunda académica numeraria, y la propia Ana Crespo en 2010 fue la tercera en ingresar. Finalmente, catorce años después, la doctora Crespo de las Casas sería elegida presidenta[276].

Como podemos leer en la página web de la Universidad Autónoma de Madrid, el gran prestigio alcanzado por Ana Crespo a nivel nacional e internacional se debe a sus valiosos estudios sobre los líquenes, junto a sus innovadoras contribuciones en la identificación de las especies a nivel molecular. En otra senda, esta polifacética científica cuenta con una amplia experiencia en gestión y financiación de política científica y universitaria.

---

[275] Real Academia de las Ciencias, 26 de junio de 2024. Ana Crespo, elegida presidenta de la Real Academia de Ciencias

[276] Martínez Pulido, Carolina. Ana Crespo, primera presidenta en la Academia de las Ciencias de España.https://mujeresconciencia.com/2024/09/11/ana-crespo-primera-presidenta-en-la-academia-de-las-ciencias-de-espana/

Una espléndida carrera profesional

La flamante trayectoria académica de Ana Crespo empezó en Madrid, donde llegó cuando tenía 17 años para estudiar biología en la Universidad Complutense. Se graduó en 1970, y tres años más tarde defendió su tesis doctoral, centrada en la flora y vegetación de los líquenes epífitos de la Sierra de Guadarrama; recordemos que las plantas epífitas son aquellas que crecen sobre otro vegetal usándolo como soporte. La calidad de esta tesis fue valorada con un Sobresaliente cum Laude, tal como se describe en el curriculum vitae de la doctoranda. Los comienzos de la carrera de Crespo estuvieron muy influenciados por la escuela del prestigioso biólogo Salvador Rivas-Martínez (1935-2020), quien fue el director de su tesis, junto al respetado profesor alemán Gerhard Follmann.

En aquellos años no existía una tradición liquenóloga en España, razón por la cual Ana Crespo rápidamente desarrolló contactos internacionales e impulsó con éxito una red de trabajo entre colegas de toda Europa, como han descrito varios de sus exalumnos en la página web Cambridge University Press[277]. En el año 1983, Crespo ganó la cátedra de Botánica en la Facultad de Farmacia de la UCM, y continuó ampliando su proyecto de investigación sobre los líquenes de la región mediterránea occidental y de la Macaronesia. Paralelamente, daba clases en la universidad y formaba en liquenología a estudiantes graduados.

A comienzos de la década de 1990, optó por pasar dos años en el International Mycological Institute (IMI) en Egham, condado de Surrey (UK), con el fin de actualizar sus conocimientos sobre las técnicas moleculares aplicadas al estudio del material genético. De vuelta a Madrid, comenzó un ambicioso proyecto de investigación, el cual ha sido considerado su esfuerzo más pro-

---

[277] Pradeep K. Divakar, Eva Barreno, Leopoldo Sancho and H. Thorsten Lumbsch. Ana Crespo: a 70th birthday tribute. Published online by Cambridge University Press: 8 May 2018

lífico, estando dedicado a comprender la historia evolutiva de un importante grupo de líquenes cuya clasificación en aquellos años se encontraba en un estado caótico, según se describe en la página web de Cambridge University Press.

Ciertamente, la comunidad especializada internacional empleaba distintos enfoques en dicha clasificación, lo que generaba extensos y acalorados debates. Con su dominio de las nuevas técnicas de análisis moleculares, Crespo pronto se dio cuenta que los datos genéticos podrían ayudar a racionalizar las discusiones y generar un consenso para la clasificación. Esta tarea culminó exitosamente en 2010, con la redacción de un artículo que resumía nuevas y convincentes conclusiones. El trabajo estaba firmado por varios especialistas, y Ana Crespo fue la primera autora.

Inmersa en la biología molecular de vanguardia y centrada en la adopción de los nuevos desarrollos tecnológicos, o sea, los citados análisis moleculares y bases de datos genéticos, la científica española participó en el resurgimiento de la sistemática biológica basada en la filogenia (Integrative Taxonomy), lo que implica clasificar a los organismos vivos, en este caso los líquenes, en función de su grado de parentesco.

Sin profundizar en detalles técnicos, valga añadir que Crespo ha colaborado en el diseño de una innovadora técnica llamada DNA-barcoding o código de barras de ADN, que básicamente consiste en identificar la especie a la cual pertenece un espécimen biológico mediante la comparación de cortas secuencias de su ADN con muestras presentes en bancos genéticos internacionales[278]. Es de interés señalar que el discurso de recepción de Ana Crespo en su incorporación a la Academia, pronunciado en noviembre de 2012, llevaba por título El discurrir de una Ciencia

[278] Hebert P., A. Cywinska, S. Ball and J. deWaard (2003). Biological identifications through DNA barcodes. Proceedings of the Royal Society of London. Series B, Biological Sciences. 270:313-321

amable y la vigencia de sus objetivos: de Linneo al código de barras de ADN se pasa por Darwin.

Siguiendo su novedosa senda de investigación, Crespo formó parte de las primeras científicas (mujeres y hombres) en detectar los llamados linajes crípticos, esto es, linajes «escondidos» porque no son detectables morfológicamente, sino mediante análisis de secuencias de ADN. Con este innovador trabajo, la botánica demostraba que las estructuras fenotípicas (observables) de una especie, no siempre reflejan la verdadera diversidad presente a nivel de su material genético. En este contexto, puso de manifiesto la existencia de especies crípticas en líquenes, fenómeno que actualmente se reconoce como habitual, y que ha sellado la definición moderna del concepto biológico de género.

En palabras sencillas, durante una entrevista publicada en Periodismo por la igualdad, Crespo explicaba con sinceridad su labor: «Soy naturalista [y a medida] que han ido apareciendo nuevas técnicas, he ido aplicándolas al conocimiento de la naturaleza. Cuando era estudiante no había cogido nunca una pipeta; cogía mi lupa y miraba los caracteres morfológicos de un organismo. Y entonces me decía: la evolución ha debido ocurrir así. Pero claro, eso era muy grosero. Daba una información muy relativa. Es como decir que todas las personas de ojos azules son muy próximas entre sí y son hermanas. Mientras que, si miras las semejanzas de determinados fragmentos del ADN, entonces ya puedes establecer los parentescos de forma mucho más rigurosa».

Además de sus excelentes aportaciones a la taxonomía, Ana Crespo ha demostrado también un gran interés por los líquenes como bioindicadores. Un organismo se considera bioindicador cuando presenta alguna reacción provocada por diferentes grados de alteración del medio; por ejemplo, frente a la calidad del aire. Dado que los líquenes obtienen gran parte de sus nutrientes de la atmósfera, son muy sensibles a las impurezas que ésta presente, por ejemplo, el dióxido de azufre, óxidos de nitrógeno, dióxidos de carbono y metales pesados. Por lo tanto, la detección de cambios observables en estos organismos puede interpretarse como una señal que indica el grado de contaminación existente en su entorno, como ha estudiado la gran liquenóloga chilena Wanda Quilhot (1929-2023) [279].

En una conversación con Caty Arévalo (Agencia EFE), Ana Crespo ha descrito que «cuando se empezó a percibir que la contaminación atmosférica de las centrales térmicas podía ser muy contraproducente, demostramos [ella y su equipo de investigación] la pérdida de la calidad del aire en un proyecto llevado a cabo en la capital, hasta que el Ayuntamiento de Madrid nos retiró la financiación».

La científica también ha querido destacar en EFE que «la ciencia made in Spain ha dado "saltos de gigante" en los últimos años y se encuentra en un momento muy productivo y competitivo». Explica esta afirmación con un paralelismo muy botánico: «El conocimiento científico está floreciendo porque se está "regando" con más presupuesto». Y resulta oportuno añadir que, formando parte de esos «saltos de gigante», cabe sin duda incluir su brillante carrera profesional, la cual le ha proporcionado un respetable reconocimiento nacional e internacional en el área de Investigación evolutiva, sistemática y ecológica.

Citemos, solo a título de ejemplo, que Ana Crespo forma parte de la Junta Rectora del Instituto de España, institución que reúne a las diez Reales Academias de ámbito nacional más importantes, y cuya finalidad es la coordinación de las funciones que deban ejercer en común. Asimismo, una de las instituciones mundiales más reconocidas en Ciencias Naturales, el Museo Field de Historia Natural (Field Museum of Natural History) de Chicago, otorgó en 2005 a la científica española Ana Crespo el apreciado nombramiento de Investigadora Asociada.

---

[279] Ver Wanda Quilhot Palma incluida en este capítulo

Actividad política y perspectiva de género

Ana Crespo no solo ha dedicado su vida profesional a la docencia y la investigación. También ha sabido reconocer la importancia de combinar su labor como profesora universitaria con la necesidad de participar en la gestión, adentrándose en la actividad política a finales de los años ochenta. Una vez más aprendió a moverse en un mundo de hombres, ya que fue directora general en la Secretaría de Estado del Ministerio de Universidades e Investigación desde 1987 hasta 1991, y directora general de Universidades hasta 1993.

Durante ese tiempo, supervisó importantes iniciativas con el fin de reformar la ciencia y las universidades en España e integrarlas en el paisaje científico europeo. Uno de sus objetivos prioritarios ha sido, y sigue siendo, una enérgica defensa de la igualdad entre mujeres y hombres en el ámbito científico. En diversas ocasiones, ha enfatizado que «la presencia de mujeres en las instituciones es un equilibrio para esas instituciones, no un servicio a las mujeres».

Diversos medios, entre ellos, por ejemplo, la página web Efeminista[280] han descrito a Crespo como un ejemplo de ciencia, investigación, docencia y feminismo. Con respecto a esto último, la científica afirma que «hay que forzar la máquina, porque si no se fuerza, claro que acabará por haber igualdad, pero dentro de 200 años, no ahora». Aunque está convencida de que «el desarrollo de la ciencia entre las investigadoras es imparable», también argumenta que «hay quien opina que, sin necesidad de hacer nada el propio empuje de las mujeres investigadoras irá cristalizando en la consecución de un equilibrio. Yo misma, antes lo creía, pero ahora no. Pienso que es necesario adoptar medidas activas en este

---

[280] Arévalo Caty, 27 junio, 2024. Ana Crespo, primera mujer en presidir la Real Academia de Ciencias de España. Efeminista. Madrid.

terreno, tiene que haber conciencia en la sociedad y en las instituciones de que es necesario ayudar a ese equilibrio».

Ante el argumento que sostiene como la presencia de cupos puede ayudar a nombrar una mujer incompetente, Crespo ha señalado en la Revista Campus Digital[281] que «es cierto, pero tampoco ayuda que se nombre a un hombre incompetente. Y hay muchos más hombres incompetentes que mujeres incompetentes, por obvias razones numéricas. De hecho, contamos con un gran número de mujeres bien preparadas en todos los campos, y está claro que en el ámbito científico también».

En la página web de la RAC publicada el 26 junio de 2024, cuando se hizo pública su elección como presidenta, Ana Crespo apuntaba que considera su nombramiento como «el resultado del trabajo que viene haciendo en la institución desde 2020, año de la aprobación de los nuevos estatutos de la Academia que recogen el compromiso de conseguir el equilibrio de género entre sus miembros». Desde ese año, continúa la científica, «el 30% de las nuevas incorporaciones tienen que ser mujeres». Seguidamente, añade convencida que «cuantas más mujeres académicas haya, más opciones habrá de que una de ellas sea presidenta».

Desde su nueva posición en la Academia, Ana Crespo también revela que otro de los objetivos clave de su mandato es mantener una seria batalla contra las noticias falsas, *fake news* o bulos. Considera que es imperativo «trabajar contra los bulos de manera que todo el mundo entienda que los científicos tenemos la razón frente a quien los difunde, por el simple hecho de que el método científico es la base de aproximación al conocimiento más fidedigna que existe», subraya en una entrevista concedida a la Agencia EFE.

En esa desafortunada línea tan de actualidad, la científica argumenta que «la velocidad a la que se difunden los bulos y la buena

---

[281] Vera Nicolás, Pascual. 29 noviembre, 2016. Ana Crespo. Revista Campus Digital

fe con la que mucha gente se los cree nos genera una obligación a las y los científicos y al resto de la sociedad, porque nos jugamos mucho. Hemos de actuar con contundencia y decisión ante la desinformación», insiste. Como presidenta quiere actualizar el Diccionario Esencial de la Ciencia, publicado por la Academia y cuya segunda edición es de 2002, y ofrecer definiciones de todos los nuevos conceptos que surgen en ciencia y tecnología. La batalla contra las noticias falsas le produce, en sus propias palabras, una «absoluta preocupación», y subraya con firmeza que «las y los científicos tenemos la obligación de opinar, aunque no nos pregunten».

Premios y reconocimientos

Ana Crespo ha dirigido 13 Tesis Doctorales y 32 trabajos de investigación, publicado en torno a 250 artículos científicos (la mayoría en revistas internacionales de prestigio), y cabe resaltar que ha sido autora de la primera publicación sobre líquenes españoles en el siglo XX, contribuyendo así a la modernización de la especialidad en España. También ha colaborado en diversos libros de ciencia, al tiempo que ha dirigido y participado en campañas científicas tanto fuera como dentro de la geografía española.

Su sobresaliente labor como bióloga experta en líquenes le ha granjeado diversos premios, de los que solo mencionaremos algunos ejemplos. Entre ellos figura la Medalla de Honor individual de la Universidad Internacional Menéndez y Pelayo, otorgada en 1993; la prestigiosa Acharius Medal, concedida en 2012, y que representa la máxima condecoración individual por mérito científico que otorga la International Association for Lichenology (IAL). Ana Crespo también ha recibido uno de los honores más valiosos: ser distinguida por sus colegas con la dedicatoria de 7 especies, 1 subgénero y 2 géneros, que llevan su nombre. Ha formado parte de diferentes comisiones y comités nacionales e internacionales para premios y distinciones científicas.

La trayectoria profesional de Ana María Crespo de las Casas justifica con creces que hoy sea una científica de referencia en el ámbito de la liquenología, y un prometedor espejo en que las jóvenes científicas pueden mirarse e intentar reproducir.

FICÓLOGAS

Amelia Rogers Griffiths (1768-1858), ficóloga que abrió nuevos horizontes

Conocida durante su vida como la «Reina de las algas marinas»[282], y siendo muy respetada entre la comunidad científica de su tiempo, Amelia Rogers Griffiths permaneció, sin embargo, largamente olvidada, según ha descrito el periódico semanal inglés Torbay Weekly. Un hecho también expresado por diversos autores y autoras. Tal olvido, como ha sucedido con tantas científicas, no fue debido a la falta de interés de su obra sino simplemente al hecho de ser mujer.

Nacida el 14 de enero de 1768 en el condado de Devon, Reino Unido, Amelia Rogers Warren era la hija mayor de John Rogers y Emily Warren. Su infancia y adolescencia son poco conocidas, pero sí hay constancia de que, a los 26 años de edad, en 1794, se casó con el clérigo William Griffiths. Tras ocho años de matrimonio, en 1802 su marido murió ahogado y ella, viuda y con cinco hijos pequeños, optó por trasladarse a un pequeño pueblo costero llamado Torquay, situado en la costa meridional de Inglaterra, próximo al Canal de la Mancha. Según describe el científico y escritor Philip Strange[283], tomó esta decisión porque viviendo en

---

[282] Amelia Griffiths, Torbay's forgotten female scientist. Torbay Weekly.14 Apr 2021

[283] Strange, Phillip (2014) The Queen of Seaweeds - The Story of Amelia Griffiths, an Early 19th Century Pioneer of Marine Botany. Philip Strange Science and Nature Writing. 19 August 2014

la costa podría llevar a cabo su actividad favorita: recolectar y estudiar las algas.

Fue en Torquay donde el interés de Amelia Rogers Griffiths por la botánica marina creció hasta convertirse en una gran pasión. Empezó a realizar observaciones muy detalladas sobre las distintas etapas del desarrollo de estos especímenes, recolectando gran número de ellos, relata la página web del Torbay Weekly; muchos de esos ejemplares eran desconocidos para la ciencia de aquellos tiempos.

Valga apuntar que a comienzos del siglo XIX la recolección de algas marinas se había convertido en una actividad popular entre las mujeres británicas. Por ejemplo, una de las grandes escritoras de la época victoriana Mary Ann Evans (1819-1880), más conocida por su seudónimo George Eliot, describe en un ensayo su fascinación por las intricadas formas de las algas, señalando que «las pequeñas pocetas [formadas en las playas tras la marea] me han convertido en una enamorada de las algas marinas». Un aspecto que también ha rememorado la doctoranda de la Universidad de Cambridge, Frankie Dytor [284]. Sin embargo, continua esta autora, muchos «levantaban una ceja ante la visión de una mujer desplazándose sola por la playa realizando una actividad tan poco apropiada para las expectativas de la época, ya que una dama de clase media debería ir siempre acompañada con el fin de proteger su modestia».

Durante gran parte de su vida adulta, Amelia Rogers Griffiths recolectó algas ávidamente a lo largo de la costa de Devon, como ha relatado Philips Strange. Cuando comenzó a practicar intensamente esta tarea, la identificación de las especies era difícil ya que muchas aún no se habían nombrado ni descrito claramente de modo que ella concibió sus propios nombres. Además, Griffiths

---

[284] Dytor, Frankie. Amelia Grifffiths' Seaweed Collection. Página Web University of Exeter. 28 abril 2021

fue una científica muy generosa con su trabajo, ya que ayudó a numerosos entusiastas algólogos masculinos a elaborar eruditos estudios sobre las algas grandes y las más pequeñas, colaborando con sus amplios conocimientos y también donando muestras de sus propios ejemplares.

En sus expediciones por la costa, continúa Strange, Griffiths no siempre iba sola. A menudo estaba acompañada por Mary Wyatt (1789-1871), a quien inicialmente había contratado como ayudante doméstica. Con el transcurso del tiempo, Wyatt fue aprendiendo más sobre las algas marinas, por lo que la colaboración entre ambas se fue estrechando. La bióloga Lucía Diz ha manifestado que «gracias a la experiencia acumulada en sus jornadas botánicas, Wyatt acabó abriendo una tienda para vender conchas y especímenes marinos a visitantes y coleccionistas». Asimismo, continúa Diz, supervisada por Griffiths, en 1833 Wyatt publicó el primer libro conteniendo algas disecadas bajo el título de Algae Danmonienses (Algas de Devon). El trabajo de ellas, apunta por su parte Frankie Dytor, «era una activa colaboración, [pues] juntas rastreaban la costa, buscando especímenes [...]. Trepaban por las rocas con sus incómodas faldas, comparaban notas e intercambiaban especímenes en tiempo real».

Los álbumes de algas (seaweed albums) tuvieron una notable aceptación entre el público, que los compraba con especial curiosidad. Según diversas autoras y autores, entre ellos el zoólogo, escritor y artista Bronwen Scott[285], estos álbumes podrían ser parcialmente responsables de que coleccionar algas se convirtiese en el pasatiempo de los visitantes de las playas en aquellos años. Otras autoras, y también autores, creen que la obra de Anna Children Atkins inspiró la práctica de recolectar algas marinas, y la consiguiente elaboración de álbumes. En cualquier caso, lo cierto

---

[285] Scott, Bronwen. The Seaweed Queens of Torquay: Amelia Griffiths and Mary Wyatt. May 11, 2021. Página web *Medium*

es que los y las aficionadas en coleccionar estas plantas, como ha señalado Scott, «fueron capaces de explorar la naturaleza, mejorar sus conocimientos científicos y quizás conseguir recuerdos de sus vacaciones en la playa».

El conjunto de especímenes recolectados y conservados por Mary Wyatt e identificados por Amelia Griffiths, constaba de 4 volúmenes y un suplemento, que en total sumaban 234 especies. Sobre este aspecto, Bronwen Scott ha recordado que el botánico e ilustrador inglés William Hooker (1785-1865), en su libro Journal of Botany (1834) hacía referencia a la calidad y utilidad de este trabajo, subrayando que era «extraordinario por la rareza de muchas especies, el buen estado general de los especímenes y la excelente conservación en su totalidad».

Amelia Rogers Griffiths era conocedora del valor de sus contribuciones a la ciencia, ya que así lo demuestran los cuidados estudios académicos que realizó y la generalizada aceptación de los especialistas de su época. Sin embargo, como muchas de las científicas en ese tiempo, y en posteriores también, Lucía Diz[286] rememora que «se consideraba una simple divulgadora de la historia natural y cedió el paso a los hombres para que fueran ellos los que escribieran y teorizaran».

La lúcida botánica no era ajena a la discriminación y misoginia reinante. De hecho, cuando en 1844 se fundó la Torquay Natural History Society, Amelia fue invitada a ser asociada, aunque sin atributos, pues estaba prohibido que las mujeres se incorporaran a tales instituciones. Dignamente, ella rechazó tal invitación. Afirmó, convencida, que se trataba de «un honor desprovisto de derechos». Con posterioridad, la nombraron «miembro completo» de la sociedad, y esta vez sí aceptó, como relata el Torbay Weekly. Unos años más tarde elaboró dos volúmenes sobre las

---

[286] Diz, Lucía (2023). Botánicas y fotografía, artistas y científicas. En Ellas ilustran Botánica. Toya Legido (coord.). Consejo Superior de Investigaciones Científicas. Madrid

algas marinas, especialmente pensados para el museo de Torquay, y gustosamente se los donó.

Subrayemos que la mayor autoridad británica en algas durante la primera mitad del siglo diecinueve era el botánico irlandés William Henry Harvey (1811-1866), con quien Griffiths mantuvo una extensa correspondencia que, con el tiempo, se transformó en una estrecha amistad. En 1839 se encontraron en Torquay, explicita Strange, y su buena relación se consolidó hasta el punto de que Harvey decidió dedicarle su prestigioso libro Manual of British Algae, publicado en 1849. Al respecto, el gran botánico escribió: «A Mrs Griffiths de Torquay, Devon, cuya largas y continuadas investigaciones han contribuido, mucho más que cualquier otro observador de Gran Bretaña, al presente estado avanzado de la botánica marina».

La elaboración de este manual requirió una correspondencia constante entre Harvey y Griffiths quien, aunque ya contaba más de 70 años conservaba una mente muy clara. Su extenso conocimiento de estas plantas en su estado natural se mantenía incólume. Harvey, acertadamente, la tenía en alta estima.

En este contexto es necesario enfatizar que, aunque Griffiths escribió muy poco para ser publicado, tuvo una gran influencia en muchos botánicos masculinos con los que compartió libremente sus conocimientos y especímenes. Gran parte de ellos se lo agradecieron en sus libros y algunos incluso nombraron algas marinas en su honor; por ejemplo, el botánico sueco especialista en algas Carl Agardh (1785-1859) nombró un género de algas rojas *Griffithsia* en atención a la algóloga británica.

Griffith vivió hasta los 90 años, manteniendo siempre intacta la pasión por las algas marinas. Sus extensas colecciones se conservan en diversas instituciones y museos, incluyendo el British Museum, el Exeter's Royal Albert Memorial Museum y el Kew Herbarium.

No debemos olvidar que Amelia Rogers Griffiths comenzó sus valorados estudios en los primeros años del siglo XIX, una época en la que las mujeres no podían desarrollar carreras científicas independientes. Pese a ello, logró admiración de muchos de los expertos líderes de su tiempo y consiguió realizar una importante contribución a la botánica marina. Razones más que suficientes para que en la actualidad sea ampliamente recordada y elogiada como la experta en algas más distinguida de su tiempo.

Elizabeth Andrew Warren (1786-1864), afanada estudiosa de las algas marinas

A lo largo de la costa del suroeste de Inglaterra, concretamente en Cornwall, la botánica Elizabeth Andrew Warren pasó la mayor parte de su carrera recolectando y estudiando diversas algas marinas[287]. Al igual que muchas otras mujeres rigurosamente excluidas de las sociedades científicas, encontró en la búsqueda de estas plantas un resquicio para participar activamente en la ciencia. Sus buenos resultados la convirtieron en una experta respetada por sus colegas y su comunidad.

Elizabeth Andrew Warren nació el 28 de abril de 1786 en Cornwall, aunque sobre su vida familiar apenas hay información. Sí es conocido que desde que alcanzó la edad adulta mostró un gran interés por la botánica, figurando entre sus principales objetivos el estudio de las especies de algas nativas del litoral, con las que construiría un hermoso herbario. Sobre el tema, el historiador de la ciencia y profesor de la Universidad de Glasgow Simon Naylor[288], ha escrito que «en una época en que las mujeres no tenían acceso a la educación superior, Warren optimizó sus cono-

---

[287] Wikipedia. Elizabeth Andrew Warren
[288] Naylor, Simon (2010). Regionalizing Science: Placing Knowledges in Victorian England. Series: Science and culture in the nineteenth century (11). Pickering & Chatto: London

cimientos gracias a una extensa correspondencia [con botánicos de su tiempo]».

Los éxitos más notables de Elizabeth Andrew Warren proceden de sus largas caminatas por las costas del sur de Cornwall, donde logró recolectar numerosas y variadas especies de algas en las pocetas formadas sobre la playa tras la retirada de la marea. Entre esos especímenes muchos eran desconocidos para la ciencia de la época, por lo que, a lo largo de los años, fue proporcionando ejemplares a especializados botánicos. Los respetados científicos conseguirían con tales donaciones reforzar sus propios trabajos identificando y describiendo nuevas especies. Al respecto, Simon Naylor ha relatado que Warren, en alguna ocasión, se definió a sí misma como una «pupila, desafortunadamente alejada» de aquellos expertos a los que tanto admiraba.

Pese a la lejanía, Elizabeth Andrew Warren conservó siempre la ilusión y el interés por el estudio de las algas. Fue una perseverante botánica que descubrió en Cornwall un elevado número de especies nuevas. Por ejemplo, la hoy reconocida botánica inglesa Isabella Gifford (1825-1891) en su obra publicada en 1848 con el título The Marine Botanist [289], centrada en algología, apuntaba que Elizabeth Andrew Warren había descubierto un alga roja perteneciente al género *Kallymenia*, hasta entonces desconocida en Gran Bretaña. Merece recordarse que la revista Journal of Botany, ha rememorado que ese libro de Gifford sobre las algas marinas «fue muy bien recibido».

Por otra parte, es de interés subrayar que nuestra protagonista fue una estrecha colaboradora de la acreditada Royal Horticultural Society of Cornwall (RCHS) fundada en 1842, cuyo objetivo era «promocionar la herencia horticultural de la región». En esta Sociedad, Warren tuvo a su cargo tareas dirigidas a organizar las

---

[289] Gifford, Isabella (1848). The Marine Botanist; an introduction to the study of algology, containing descriptions of the commonest British sea-weeds, with figures of the most remarkable species. Darton and Co., London.

actividades locales con el fin de recolectar y conservar las colecciones de especímenes nativos de la región, algas incluidas. Como ha especificado Simon Naylor, fue con gran diferencia la responsable de las mayores contribuciones de especímenes a la institución, concretamente el 73 % de unos 470 ejemplares. La RCHS premió a Elizabeth Warren con una medalla de plata por sus servicios y esfuerzos para estimular la botánica nativa, lo cual se tradujo en que fuese nombrada integrante honoraria de la Sociedad en 1844.

En 1843, Warren publicó un extenso trabajo titulado A Botanical Chart for the Use of Schools dirigido a la formación en botánica del alumnado. Aunque estaba bien escrito y cuidadosamente revisado, al parecer se apunta en Wikipedia, no tuvo particularmente éxito ni fue ampliamente usado.

La inagotable botánica participó además en la fundación de la Royal Cornwall Polytechnic Society (RCPS), un centro educativo y cultural cuya finalidad era «promocionar la innovación en las artes y las ciencias». En el informe anual de la RCPS correspondiente a 1842, Warren publicó sus hallazgos sobre las plantas criptógamas locales y en 1849 completó el trabajo incluyendo las algas marinas de la zona costera. Recordemos que las criptógamas son las plantas u organismos semejantes a plantas que se reproducen por esporas, sin flores ni semillas; y las esporas son estructuras microscópicas unicelulares o pluricelulares que se forman con fines de dispersión o supervivencia.

Los resultados procedentes de los trabajos de investigación de Elizabeth Andrew Warren fueron citados por el botánico Frederick Hamilton Davey en su libro Flora of Cornwall (1909) de 600 páginas, que ha sido un referente standard en la materia tal como han señalado Marilyn Ogilvie[290] y Joy Harvey en su obra sobre mujeres en la ciencia.

---

[290] Ogilvie, Marilyn & Joy Harvey, eds., The Biographical Dictionary of Women in Science: Pioneering Lives From Ancient Times to the Mid-20th Century, pp. 1396-97.

Warren continuó sus expediciones de recolección hasta que tuvo más de 60 años. Murió en casa de su hermana el 5 de mayo de 1864, cuando contaba 78 años de edad. Sus colecciones y trabajos se conservan en la Royal Institution of Cornwall. La citada botánica Isabella Gifford escribió un memorial sobre Warren en 1864; años más tarde, en 1895, la respetada ilustradora botánica y recolectora Emily Stackhouse[291] publicó un obituario en el Journal for the Royal Institution of Cornwall.

Anna Children Atkins (1799-1871), creativa científica que vinculó la botánica y la fotografía

El 16 de marzo de 1799 nacía en Tonbridge, Kent (Reino Unido), una niña llamada Anna Children, posteriormente conocida como Anna Atkins, hoy considerada la primera botánica que transformó las algas en un objeto artístico. Mediante un innovador uso de las nuevas tecnologías de su tiempo, esta creativa mujer puso de relieve el excepcional potencial de la fotografía en los libros de ciencia[292].

En 1800, poco después del nacimiento de Anna, fallecía su madre, Hester A. Children. Como consta en el Consejo Parroquial de Halsted[293], Kent, la pequeña fue criada solo por su padre, John George Children, un respetado científico, secretario de la Royal Society desde 1807 y bibliotecario asociado al British Museum entre 1816 y 1840.

Andrea Hart, gestora de la Biblioteca de Colecciones Especiales del Museo de Historia Natural de Londres, ha relatado que Anna Children creció muy unida a su padre. Gracias precisamen-

---

[291] Stackhouse, Emily. "Obituary". Journal for the Royal Institution of Cornwall, October 1865, p. xviii

[292] Anna Atkins English photographer and botanist. Encyclopaedia Britannica

[293] Parish History: Anna Atkins. Halstead Parish Council, 17 marzo 2010

te a este estrecho vínculo, desde su primera infancia la niña recibió una esmerada educación científica, algo poco usual para las mujeres en una época en la que los roles de género estaban tan profundamente arraigados.

En este sentido, Alina Cohen[294], escritora de Artsy (una plataforma dedicada a coleccionar y descubrir arte), refiere que John Children quiso educar a su hija de una manera diferente. Era un hombre adelantado a su tiempo, ya que creía en la educación para todos, niños y niñas, despertando en la joven Anna una auténtica pasión por la ciencia. Cuando tenía poco más de veinte años, describen los editores de la Enciclopedia Británica, Anna Children era ya una diestra dibujante, lo que ha quedado reflejado en los detallados grabados de conchas hechos por ella para ilustrar la traducción de su padre del libro Genera of Shells (1823), del conocido naturalista francés Jean-Baptiste de Monet Lamarck.

En 1825, Anna Children contrajo matrimonio con el comerciante John Pelly Atkins, trasladándose a Halstead, en Kent, donde se dedicó con notable entusiasmo al tema que más le interesaba: la botánica. Recolectó, secó y almacenó gran diversidad de plantas, elaborando valiosos herbarios; incluso proporcionó algunos de sus ejemplares al museo del Kew Gardens. En 1839, fue elegida miembra de la Sociedad Botánica de Londres (London Botanical Society), una de las pocas instituciones científicas que en aquellos tiempos admitía mujeres, como informa la página web del municipio de Halsted.

En el mes de febrero de ese mismo año de 1839, el botánico y filósofo William Henry Fox Talbot presentaba en la Royal Society un interesante invento: la creación de «fotogramas» (un fotograma es una imagen fotográfica hecha sin cámara). Se trataba de una novedosa técnica que básicamente consistía en colocar un

---

[294] Cohen, Alina. (Oct 15, 2018). The 19th-Century Botanist Who Changed the Course of Photography. ART SY

objeto sobre un folio de papel sensible a la luz y exponerlo al sol para producir un dibujo.

Talbot, sin embargo, no era el único británico que experimentaba con la fotografía. Como apunta Alina Cohen, en el círculo de la Royal Society también estaba incluido el destacado astrónomo y químico Sir John Frederick William Hershel. En 1842, este apreciado científico inventó un proceso fotográfico llamado cianotipia, que mejoraba la técnica inicial de Talbot. Tras exponer su trabajo al público, Herschel envió a John Children una copia del artículo, donde describía su perfeccionamiento del método de Talbot.

Tan pronto como Anna Children Atkins conoció los inventos de Talbot, y posteriormente los de Hershel, sintió un profundo interés por la nueva técnica. El crítico de arte Jason Farago[295], ha relatado al respecto que la joven comprendió enseguida que la fotografía podría incrementar el rigor científico de las ilustraciones botánicas, hasta aquel momento únicamente basadas en la impresión tipográfica de dibujos hechos a mano.

Por esas fechas, concretamente en 1841, el botánico inglés especialista en algas William Henry Harvey había publicado un libro titulado A Manual of the British marine Algae (Manual de las algas marinas británicas). En esta obra, Harvey proporcionaba un listado y descripción de numerosos especímenes nuevos de algas que él mismo había recolectado, lo que resultó clave en el ámbito de la botánica marina porque establecía los métodos para identificar diferentes especies.

Anna Children Atkins leyó el manual con suma atención e interés y detectó un fallo: el tratado era visualmente insuficiente porque no ofrecía ninguna ilustración. Según describe Alina Cohen, ante esta carencia la imaginativa botánica, decidió elaborar

---

[295] Farago, Jason. She Needed No Camera to Make the First Book of Photographs, The New York Times, 15 noviembre 2018

su propia versión ilustrada de las algas británicas con el fin de favorecer la identificación de los especímenes descritos por Harvey.

Durante años, Children Atkins había ido recolectando una amplia colección de algas procedentes de la costa del sudeste de Inglaterra y de los lagos de alrededor de Kent; a partir de la década de 1840 decidió que había llegado el momento de generar imágenes fotográficas de esas algas. En sus propias palabras, publicadas por la New York Public Library[296], «la dificultad para realizar dibujos de objetos tan pequeños como muchas algas me ha inducido a utilizar el precioso proceso de cianotipia creado por Sir John Herschel, y obtener así copias de estos vegetales».

Jason Farago relata con cierto detalle los diversos pasos de la técnica seguida por Atkins. En primer lugar, untaba abundantemente una hoja de papel con una solución de sales de hierro y la dejaba secar. A continuación, colocaba un alga sobre el papel, lo comprimía bajo un rectángulo de vidrio y situaba el conjunto bajo la luz del sol durante alrededor de 15 minutos. Seguidamente, lavaba el folio expuesto con agua y, entonces, la parte desnuda del papel adquiría un color azul intenso. El resto de la página, ocupada por el alga, proporcionaba un dibujo en negativo de color blanco crema, algo parecido a lo que ocurre con los rayos X.

Las imágenes obtenidas por Atkins, continúa Jason Farago, eran mucho más que el resultado de una científica aficionada. Muestran que la autora había dispuesto las plantas en el papel formando una cuidadosa composición, a menudo buscando la simetría. Algunos especímenes estaban colocados por pares como si fueran mitades idénticas, mientras que las algas más voluminosas parecían madejas abstractas. Incluso los pies de fotos escritos a mano por ella mostraban una gran inventiva.

---

[296] «Seeing is believing. 700 years of scientific and medical illustration. Photography. Cyanotype photograph. Anna Atkins (1799-1871)». The New York Public Library. 11 agosto 2009

Valga recordar que durante el verano de 2017 se celebró en el Rijksmuseum, de Ámsterdam, una importante exposición retrospectiva de la fotografía del siglo XIX (New Realities. Photography in the Nineteenth Century). En ella, el libro de Anna Atkins fue el principal atractivo. Con este motivo, la periodista de The Guardian, Joanna Moorhead[297], entrevistó al conservador de fotografía del citado museo, Dr. Hans Rooseboom.

Al referirse a la técnica seguida por la botánica y fotógrafa inglesa, este especialista apuntaba: «Podemos afirmar que Atkins era muy meticulosa, y también muy competente. Usaba un papel de alta calidad, que explica por qué las imágenes han llegado en tan excelente condición hasta hoy [...]. Era una experta para establecer el tiempo en que el papel debía permanecer expuesto a la luz del sol, de forma que las imágenes resultaran lo más nítidas posible.

Ciertamente, la obra de Anna Atkins empezó a publicarse en 1843 bajo el título de British Algae: Cyanotype Impressions (Algas británicas: impresiones cianotipos). Como era usual en aquellos años, según informan la Enciclopedia Británica y otras fuentes, el trabajo se llevó a cabo en una serie de fascículos que iban saliendo a la luz periódicamente. De esta manera, a lo largo de diez años Atkins fue proporcionando sus fotogramas hasta un total de 389. Dado que los cianotipos no se hacen a partir de un negativo, cada fotograma era único, por lo que realizó varias copias de cada uno.

Tan meticuloso trabajo hizo que Britsh Algae fuese un arduo y extenso proyecto. Ello ha sido apreciado por la comunidad especializada actual, entre la que hoy existe consenso al sostener en que el libro generado fue realmente magnífico. Por fortuna, se han conservado alrededor de una docena de copias, probablemente todas las producidas, algunas de las cuales están en muy buen estado.

---

[297] Moorhead, Joanna. Blooming marvellous: the world's first female photographer - and her botanical beauties, The Guardian, 22 febrero 2018

Anna Children Atkins realizó, además, notables esfuerzos para dar a conocer su trabajo, tanto entre eminentes botánicos como entre fotógrafos pioneros. Según señala la citada escritora Alina Cohen, «Atkins se dio cuenta de algo que miles de medios sociales saben hoy: que las imágenes sirven para compartir. Bajo esta pauta, elaboró el primer libro que contenía fotografías, lo que abrió el camino al poder de las fotos para conectar a la gente». Además, continúa Cohen, «con su monografía, Atkins demostraba que un medio nuevo y creativo podía también tener importancia práctica para disciplinas no artísticas».

En junio de 1844, ocho meses más tarde de la publicación inicial de Britsh Algae, salía a la luz el primer fascículo de un libro escrito por William H. Talbot, The Pencil of Nature (El lápiz de la naturaleza) [298]. Una obra considerada «el primer libro fotográficamente ilustrado que se publicó comercialmente». En este punto se diferencia del de Atkins, pues el de ella era una autopublicación; razón por la cual The New York Public Library y otros medios, la consideran «la primera persona en imprimir y publicar su propio libro íntegramente ilustrado con fotografías».

En esta misma esfera, el libro The Focal Encyclopedia of Photography, editado en 2007 por Michael Peres, sostiene que British Algae, pese a su limitado número de copias y a que el texto estaba escrito a mano, fue el primer libro ilustrado con imágenes fotográficas. Igualmente, Jason Farago afirma que «en la actualidad [2018], British Algae tiene su lugar en la historia de la fotografía y en la publicación de libros ilustrados». Pese a estos elogios, no debemos olvidar, y así se expresa en The New York Public Library, que se trata de una obra importante que ha permanecido infravalorada hasta hace muy poco en la historia de la ilustración científica.

---

[298] Talbot, William H. F. (1844-46). The Pencil of Nature. Longman, Brown, Green & Longmans

Trabajos posteriores a British Algae

En 1852, poco después de que Anna Children Atkins acabara el proyecto sobre las algas, fallecía John Children. Ella decidió entonces dedicar un tiempo a escribir la biografía de su padre. Con posterioridad, retomó su trabajo y elaboró muchas más ilustraciones cianotipo, que incluiría en otros libros[299]. Según relatan diversos autores y autoras, parte de este trabajo lo realizó en colaboración con su amiga de toda la vida, Anne Austen Dixon (1799-1864), que era prima segunda de la gran escritora Jane Austen. Esta colaboradora también mostraba un destacado interés por la botánica y los cianotipos; en su juventud había recibido formación por parte de John Children junto a Atkins, a quien consideraba «como una hermana»[300].

En 1853 salió a la luz un álbum titulado Cyanotypes of British and Foreign Ferns (Cianotipos de helechos británicos y extranjeros); posteriormente, en 1854 se publicaba una ampliación bajo el nombre Cyanotypes of British and Foreign Flowering Plants and Ferns (Cianotipos de plantas con flores y helechos británicos y extranjeros), firmados por Anna Children Atkins y en algunas ediciones también por Anne Dixon. Se trata de obras con gran belleza que han sido altamente valoradas, sobre todo por demostrar que la fotografía no solo podía ser científicamente útil, sino también estéticamente atractiva.

Anna Children Atkins conservó sus herbarios hasta 1865, fecha en que los donó al Museo Británico. Seis años más tarde, en 1871, moría en Halsted Place a la edad de 72 años, dejando una

---

[299] Peres, Michael R. (2007). The Focal Encyclopedia of Photography: Digital Imaging, Theory and Applications, History, and Science. 4th edition. Amsterdam and Boston: Elsevier/Focal Pres
[300] Ruiz Ruiz, Isabel (2018). Mujeres 4. Ed. Ilustropos

imborrable y original huella en la botánica de su tiempo que ha perdurado hasta la actualidad[301].

Historia de un olvido y posterior reconocimiento

Cuando Atkins murió, su nombre se desvaneció casi por completo dentro y fuera de la historia. No obstante, hubo algunas personalidades influyentes contemporáneas, que reconocieron sus logros y evitaron que se perdiera su memoria, tal como se desprende del relato de Joshua Chuang, conservador de la Biblioteca Pública de Nueva York (New York Public Library).

En octubre de 2018, Chuang montó dos exposiciones dedicadas a Anna Children Atkins con motivo del 175 aniversario de la primera publicación de su libro British Algae. La escritora Alina Cohen consiguió entrevistarlo, haciendo público un interesante relato acerca de cómo tuvo lugar el reconocimiento de la botánica y artista.

Chuang narra que, en 1864, el fotohistoriador escocés y coleccionista de libros William Lang Jr. (1846-1913) leyó un artículo que mencionaba el trabajo de Atkins, pero no su nombre. «Lang estaba tan fascinado que pensó: "Tengo que encontrar una copia"», apunta Chuang; «después de varios años de búsqueda, logró identificar a un librero en Londres que poseía el manuscrito. En 1888 lo compró». A continuación, continúa relatando Chuang a la escritora Alina Cohen, «el coleccionista Lang escribió un artículo sobre el libro en el volumen 1889-1990 de Proceedings of the Philosophical Society de Glasgow».

Sin embargo, Lang aún no estaba seguro de quien había elaborado el libro; Atkins había firmado su trabajo como «AA», lo que le llevó a concluir que las iniciales correspondían a «Amateur

---

[301] Martínez Pulido, Carolina. https://mujeresconciencia.com/2019/04/23/anna-atkins-creativa-cientifica-del-siglo-xix-que-vinculo-la-botanica-y-la-fotografia/

Anonymous». Unas semanas después de que Lang publicara su trabajo, un conservador del Museo de Historia Natural de Londres (London's Natural History Museum) escribió al editor de la revista y le dijo que él también poseía una copia del libro en cuestión, y sabía que la autora era Mrs. Atkins.

Lang entonces se convirtió en el principal defensor de la botánica y fotógrafa, embarcándose en una serie de exposiciones públicas y conferencias que fueron, como ha expresado Chuang, «algo parecido a un espectáculo ambulante sobre Anna Children Atkins». No obstante, tras la muerte de Lang y hasta la década de los años 70 del siglo XX, el nombre de la británica apenas fue recordado.

Finalmente, un historiador llamado Larry Schaff, trabajando en la Universidad de Texas, Austin, descubrió el trabajo de Atkins y, como expresa Chuang, «básicamente la puso en el mapa no solo como una pionera de la fotografía, sino también como la primera persona que publicó un libro ilustrado fotográficamente». En 1985, Schaaf ayudó a republicar el trabajo de Atkins en Sun Gardens: Victorian Photograms, rememora Alina Cohen.

Desde entonces, especialistas contemporáneos de diversos ámbitos han respaldado la reputación de Atkins. Valga citar, a título de ejemplos, que en 2004 The Drawing Center in New York y The Yale Center for British Art, organizaron una exhibición sobre la fotografía botánica del siglo XIX, titulada Ocean Flowers: Impressions from Nature in the Victorian Era, que incluía los fotogramas de Atkins, junto a los de Talbot y Hershel.

Otra destacada exposición fue la realizada en 2010-2011 en el Museum of Modern Art, titulada Pictures by Women: A History of Modern Photography, que contenía los cianotipos de Atkins junto al trabajo de otras mujeres fotógrafas pioneras. Más recientemente, el 16 de marzo de 2015, Google conmemoró el 216 aniversario de Atkins con una imagen blanquecina de una hoja sobre un fondo oscuro para representar su trabajo.

La reciente recuperación de la notable figura de Anna Atkins llena de orgullo a la comunidad de especialistas, tanto en botánica como en el arte de la fotografía. La historia de ambas materias se ha enriquecido considerablemente con su valiosa estela presencial.

Creemos acertado añadir a lo expuesto el comentario realizado por la profesora de la Universidad Complutense de Madrid, Lucía Diz[302], quien apunta: «A pesar de los esfuerzos del patriarcado por masculinizar el uso de las nuevas tecnologías, las mujeres estuvieron implicadas en la utilización de diversas técnicas que han existido para la producción de imágenes botánicas». Un recuerdo que, tras haber caído, como tantos otros, en el agujero negro de personajes sin justicia debida, afortunadamente se ha reparado.

Ellen Hutchins (1785-1815), convenciendo sobre la escondida belleza de las algas

Al suroeste de Irlanda, en el condado de West Cork, se encuentra una remota y bella bahía llamada Bantry Bay (Bahía de Bantry); es un lugar rodeado de montañas cuya vegetación permaneció inexplorada durante largo tiempo. Allí nació el 17 de marzo de 1785 Ellen Hutchins, hoy recordada como la primera botánica irlandesa[303].

En una época en que las mujeres tenían muy limitado el acceso a la educación y ni siquiera podían entrar en las bibliotecas, Ellen fue una científica pionera que se especializó en una rama difícil de la botánica: las plantas sin flores, técnicamente llamadas

---

[302] Diz, Lucía (2023). Ellas ilustran BOTÁNICA. Editorial CSIC
http://editorial.csic.es
[303] Ellen Hutchins. Her Scientific Achievements. Página web dedicada a su biografía.

criptógamas, que incluyen algas, musgos, hepáticas, líquenes y hongos.

A lo largo de un corto periodo de tiempo, interrumpido por su temprana muerte a los 29 años, Ellen Hutchins descubrió, estudió y dibujó numerosas especies nuevas que contribuyeron significativamente a los conocimientos básicos sobre la biodiversidad de Irlanda. No obstante, como ha relatado Madeline Hutchins[304], una de sus descendientes, «permaneció tantos años olvidada que fue una seria aspirante a ser el secreto mejor guardado de West Cork».

La vida en la bahía de Bantry

Ellen Hutchins tuvo una vida más bien trágica. Su padre, Thomas, murió cuando ella tenía dos años, y su madre, Elinor, era una mujer prematuramente envejecida a la edad de 55 años, después de haber dado a luz a 21 criaturas, de las que 15 murieron jóvenes. De niña, Ellen fue enviada a una escuela próxima a Dublín, donde vivió durante un tiempo. Sin embargo, su salud sufrió un importante deterioro y tuvo que regresar a Bantry. Aquí logró recuperarse y, como ha detallado Madeline Hutchins, tuvo que encargarse del cuidado de su madre enferma y de un hermano discapacitado.

Cuando tenía 21 años, mostró gran interés y aptitud por la historia natural; su mentor y maestro durante su estancia en Dublín, le sugirió entonces que para superar su debilidad física podría dedicase a recolectar plantas de la región; la joven aceptó gustosa, y lo que se inició como un pasatiempo saludable muy pronto se convirtió en la pasión de toda su vida[305].

---

[304] Madeline Hutchins. Ireland's first female botanist and talented botanical artist. https://ellenhutchins.com/ellen-hutchins
[305] Heardman, Clare (abril de 2015). «Ellen Hutchins - Ireland's 'first woman botanist'». *BSBI News* 129: 48-51.

Debe tenerse en cuenta, explica el profesor emérito de botánica del Trinity College de Dublín John Parnel, que en aquel tiempo Bantry «era un lugar muy aislado, los caminos estaban en un estado casi intransitable, sobre todo en los pasos de montaña, por lo que resultaba más fácil llegar por barco [...]. Los conocimientos sobre la vegetación que crecía en aquellos remotos lugares eran realmente escasos o inexistentes». Por su parte, Madeline Hutchins apunta que Bantry es «una región muy rica para el estudio de su vegetación [...], de modo que Ellen estaba literalmente situada sobre una mina de oro de tesoros botánicos».

La perspicaz Ellen Hutchins, que fue una mujer infatigable dotada de gran energía y determinación, rápidamente apreció que analizar, identificar y describir el material de su tierra representaba un hermoso regalo, y a ello se dedicó con ahínco. No solo recolectó numerosos especímenes, sobre todo algas, ha anotado Louise Marsh integrante de la Botanical Society of Britain & Ireland (BSBI), sino que también «realizó dibujos y acuarelas con sumo detalle y de una extraordinaria calidad, a partir de especímenes meticulosamente preparados». Ciertamente, quienes han estudiado su vida coinciden en que además de ser una sobresaliente científica, también fue una artista botánica con gran talento. Si bien Ellen Hutchins había aprendido a usar acuarelas en el colegio, en la ilustración botánica fue autodidacta.

Desde muy joven se apasionó por escribir cartas para tratar de salvar las barreras geográficas; ya de adulta compartió sus especímenes, dibujos y descripciones a través de una extensa correspondencia, sobre todo con el conservador del Jardín Botánico del Trinity College, James Townsend Mackay (1775-1862), reconocido por su valiosa aportación al estudio de la botánica irlandesa incluida en su obra Flora Hibernica (Dublín, 1836). Este distinguido botánico, advirtiendo el talento de Hutchins, le prestó notable ayuda en la clasificación de las plantas que recogía durante sus múltiples exploraciones. Entusiasmado por la calidad del trabajo que ella le enviaba, en 1807 Mackay decidió remitir el material al experto botánico en la vegetación de las costas de Inglaterra, Dawson Turner (1775-1858), miembro de la Royal Society.

La nota de agradecimiento de Turner a Hutchins fue el comienzo de una larga correspondencia que duró siete años y posibilitó el intercambio de especímenes, dibujos y textos. La joven también mantuvo correspondencia con otros botánicos destacados de su tiempo. De hecho, su colección epistolar cuidadosamente conservada ha sido una de las fuentes más valiosas para conocer su vida y sus contribuciones botánicas. En ellas, se menciona que también recolectó diversas conchas procedentes de moluscos (Louise Marsh, 2015).

Ellen Hutchins estaba profundamente decidida a conocer y aprender todo lo que pudiese sobre las «plantas sin flores», cuando el intercambio de correspondencia con colegas de su país y británicos representaba una valiosa senda para aumentar el dominio de lo que hacía. Por otra parte, las capacidades científicas de Ellen para identificar, preservar y describir los especímenes que recolectaba, sumadas a su extraordinaria habilidad para dibujarlos, llevó a que los especialistas destacados de su tiempo recibieran su material con gran satisfacción. Incluso expertos como el botánico ilustrador inglés William Hooker (1785-1865), quien fue el primer director del célebre Real Jardín Botánico de Londres (The Royal Botanic Gardens, Kew), elogiaron su trabajo[306]. Además, le concedieron uno de los honores más destacados para un/una naturalista: que se diera su nombre a algunas de las especies por ella recolectadas en reconocimiento a sus contribuciones al estudio de las «plantas sin flores», como se explicita en la página web biográfica.

---

[306] Butler, Patricia (1999). Irish botanical illustrators and flower painters. ACC Art Books. p. 160

A partir de sus cartas, se ha sabido que la joven botánica no se acobardaba en la búsqueda de especímenes por muy alejados que estuvieran. Cuando la salud se lo permitía, escalaba las montañas de su entorno o remaba en su pequeño bote. Con admirable determinación, recolectó plantas al borde del mar, en los bosques, en turberas, montañas, islas, riveras de ríos y en su propio jardín. Una vez en casa, los comparaba con aquellos ya conocidos para la ciencia y enviaba los que consideraba nuevos a sus colegas botánicos para que lo confirmaran y publicaran. Encontró al menos 7 especies nuevas para la ciencia; informa la página web dedicada a su biografía.

Las láminas dibujadas por Ellen Hutchins y sus descripciones aparecieron en destacadas publicaciones botánicas de aquel tiempo. Aunque, inicialmente, ella rechazaba que su nombre se asociara con sus hallazgos, terminó por convencerse de que tal cosa era justa, pues no fueron pocos los que se interesaron por el trabajo de esta hábil irlandesa. Por ejemplo, el botánico James Sowerby (1757-1822), uno de los más grandes ilustradores ingleses, incluyó descripciones de los descubrimientos de Hutchins en los volúmenes más tardíos de su obra English Botany (1790-1814). Igualmente, el médico inglés y destacado conocedor de la historia natural, James Edward Smith (1759-1828), la citó en varias de sus publicaciones.

Entre los hallazgos de Ellen Hutchins también hubo líquenes poco conocidos o incluso nuevos para la ciencia. William Hooker en su monografía British Jungermanniae (1816) dedicada a estas plantas, mencionaba el nombre de Hutchins en relación con casi todas las especies raras que citaba (Wikipedia).

Cabe resaltar que durante el corto periodo de solo ocho años comprendido entre 1805 y 1813, Ellen Hutchins logró producir significativas novedades a la botánica de la época. En aquellas fechas, las algas apenas se conocían y ella, por ejemplo, fue la primera botánica en encontrar evidencias de que la especie *Fucus tomentosus* era en un alga marina cuando los especialistas en historia natural pensaban que estos organismos no eran plantas sino esponjas, que son animales.

Este descubrimiento, han destacado sus biógrafas y biógrafos, ayudó a establecer las credenciales como científica de Ellen Hutchins y la convirtió en una artista botánica consolidada. Los cuidados dibujos, «maravillosamente detallados y muy precisos», que mostraban claramente que *Fucus tomentosus* era sin duda un alga, constituyen la primera lámina incluida por Dawson Turner en el volumen 3 de su gran libro sobre algas marinas, Historia Fucorum (1811).

Según revela la página web dedicada a su biografía, aunque el principal interés de Ellen Hutchins estaba en la ciencia, también sentía gran aprecio por la belleza vegetal y el paisaje; escribía con gran entusiasmo sobre la hermosura de las plantas que encontraba, refiriéndose a ellas como «tesoros» o «pequeñas bellezas exquisitas». En ese contexto entre ciencia y arte, donde se concedía gran valor a los dibujos precisos, la joven realizó centenares de hermosas ilustraciones de las algas marinas de la Bahía de Bantry que compartió con sus colegas botánicos. Asimismo, era consciente de que un libro de botánica tenía muy poco valor a menos que cada especie estuviera cuidadosamente ilustrada, según se relata en la página web dedicada a su biografía.

Hacia 1813, Hutchins estaba demasiado enferma para continuar recolectando o dibujando. Sufrió una afección hepática, continúa la página web, y el médico la trató con mercurio; la medicina en aquel tiempo era muy elemental y se desconocía que el mercurio era tóxico. No se recuperó y murió el 9 de febrero de 1815 un mes antes de cumplir 30 años. Fue enterrada en una tumba sin lápida en terrenos de la iglesia. En la pared del templo, junto a la puerta, se colocó en 2002 una placa en su recuerdo con la inscripción: Natural History Pioneer. Ellen Hutchins (1785-1815). Cryptogamic Botany. Coastal Flora & Fauna.

Una posición eminente en la historia de la botánica irlandesa

Hoy no cabe duda que los extraordinarios logros de Ellen Hutchins[307], con una vida tan corta y lastrada por la enfermedad, dificultades familiares y por las limitaciones sociales que sufrían las mujeres en aquel tiempo, acreditan una inquebrantable vocación por las ciencias naturales. A ello, hay que sumar que su capacidad para encontrar plantas nuevas, junto a la calidad de sus ilustraciones, no solo causaron admiración entre los botánicos principales de su tiempo. Como ha referido Clare Heardman, tienen también un valor añadido pues permiten realizar comparaciones con la vegetación actual y relacionar la disminución de algunas especies con los cambios en las prácticas agrícolas, la llegada de especies invasoras de otras partes del mundo, o incluso con el cambio climático.

Los especímenes recolectados por Ellen Hutchins, según la Royal Irish Academy, se hallan en las colecciones más significativas del Reino Unido, Irlanda y EE. UU. Se conservan doscientos de sus dibujos de algas en los archivos del Real Jardín Botánico de Kew. Otras partes de su colección están en el Trinity College de Dublín, en la Sociedad Linneana de Londres, y en el Jardín Botánico de Nueva York.

Para terminar, nos parece de interés traer a colación las palabras de la respetada botánica y ecóloga irlandesa Fionnuala O'Neill[308] cuando resaltaba que «Ellen Hutchins fue totalmente autodidacta, pero averiguó hechos sobre estas plantas que los expertos de su tiempo, con todos sus caros microscopios y equipos científicos, no habían descubierto. Fue una joven mujer en lo que entonces era (y aún lo es) una parte muy remota de West Cork en Irlanda.

---

[307] Clare Headman. New Ellen Hutchins Heritage Trail
[308] Fionnuala O'Neill. Director of Ecology, BEC Consultants

Y vivió en un tiempo en el que las opiniones de los hombres, especialmente de los hombres educados, eran más valoradas que las de las mujeres. Ella, sin embargo, supo establecer amistades y relaciones de trabajo con botánicos altamente respetados de aquel tiempo, tanto de Gran Bretaña como de Irlanda, y mantuvo correspondencia con ellos como una igual. Incluso hoy esto sería un buen logro. Hace dos siglos, debió haber sido algo inaudito». Un ejemplo digno de mantenerse en la memoria botánica.

Margaret Scott Gatty (1809-1873), meticulosa recolectora de algas marinas

A lo largo de la costa sureste de Inglaterra, tras la retirada de la marea, se forman unas pocetas donde suelen quedar atrapadas vistosas algas marinas. Margaret Scott Gatty fue una decidida botánica que, desplazándose ágilmente unas veces por la arena y otras trepando sobre rocas, emprendió numerosas excursiones con el fin de recolectar estos vegetales para su estudio y conservación. Con sumo cuidado, dedicó largo tiempo a catalogar sus preciados especímenes y logró un espléndido trabajo que ha quedado reflejado en un extenso libro titulado British Sea Weeds, compuesto por dos extensos volúmenes cuya elaboración le llevó 14 años[309].

Margaret Scott nació el 3 junio de 1809 en Inglaterra, condado de Essex, hija de Mary Ryder Frances y del clérigo Alexander John Scott. Su padre era un lingüista, académico y capellán de la Royal Navy que sirvió a las órdenes de Nelson. De niña, fue educada en la casa familiar junto a su hermana pequeña, llamada Horatia. Como era lo habitual en aquellos años, las chicas de clase alta o media recibían instrucción en idiomas; en este caso,

---

[309] Wikipedia. Margaret Gatty

aprendieron italiano y alemán, poesía y música, así como nociones de tareas domésticas. Se pensaba que estos temas eran los más convenientes para el futuro papel de esposa y madre que les esperaba.

Cuando contaba 30 años de edad, en 1839, Margaret Scott se casó con el clérigo Alfred Gatty y se trasladaron a vivir a Sheffield, donde tuvieron ocho hijos. Por entonces, Margaret Gatty se dedicó a escribir cuentos infantiles, primorosamente ilustrados con los que se hizo muy conocida y popular entre el público, tal como ha descrito la escritora Susan Drain[310]. Tras sufrir una enfermedad de tipo nervioso, en 1848 Margaret Scott Gatty optó por desplazarse a vivir a Hastings, situado en la costa sur de Inglaterra, con el fin de recuperarse junto al mar.

Durante su convalecencia se sintió deslumbrada por la biología marina; en parte debido a que, como se relata en el blog Atlas Obscura[311], «el siglo XIX fue un hervidero de entusiasmo biológico» que impulsó la «moda» de recolectar algas sobre todo entre numerosas mujeres. Además, Scott Gatty mantuvo contacto epistolar con el gran botánico irlandés William Henry Harvey (1811-1866), quien asesoró y amplió su interés.

Recordemos que se trataba de una época en que las figuras femeninas estaban formalmente excluidas de la ciencia. Mientras los llamados «caballeros científicos» viajaban por todo el mundo dibujando, describiendo y coleccionando plantas y animales, las mujeres se mantenían aparte. Las principales sociedades británicas de historia natural, como la Royal Society y la Linnaean Society, las rechazaban e incluso impedían que formaran parte de sus reuniones «públicas», tal como han descrito numerosas historiadoras e historiadores de la ciencia[312].

---

[310] Susan Drain. Mount Saint vincent University.
[311] The Forgotten Victorian Craze for Collecting Seaweed. Margaret Gatty
[312] Drain, Susan (2004). «Gatty [née Scott], Margaret (1809-1873)». Oxford Dictionary of National Biography (online ed.). Oxford University Pres

Las interesadas, sin embargo, supieron encontrar un resquicio para entrar en ese mundo del que pretendían excluirlas: el de la recolección de algas, una actividad que se volvió muy popular entre las británicas decimonónicas. Por ejemplo, una de las grandes escritoras de la época, Mary Ann Evans (1819-1880), más conocida por su seudónimo de George Eliot, describía en un ensayo su fascinación por las intrincadas formas de las algas, apuntando que «las pequeñas pocetas [formadas en las playas tras la marea] me han convertido en una enamorada de las algas marinas», como ha rememorado la doctoranda de la Universidad de Cambridge, Frankie Dytor. Sin embargo, continua esta autora, muchos «levantaban una ceja ante la visión de una mujer desplazándose sola por la playa […], ya que una dama de clase media debería ir siempre acompañada con el fin de proteger su modestia».

La divulgadora de la ciencia Cara Giaimo[313] ha subrayado que «aunque a las mujeres se les concedía un poco más de flexibilidad en la costa que en la ciudad, [la proximidad al mar] se seguía viendo como un lugar peligroso, lleno de rocas resbaladizas y amenazantes olas». Al respecto, Giaimo rememora lo escrito por la propia Scott Gatty, advirtiendo que «una expedición que lleve a los bordes del agua, es [socialmente considerada] más confortable si se acude bajo la protección de un caballero. Pero ¿cómo convencer a uno de ellos para que vaya contigo, en vez de enfrentarse por su cuenta a una arriesgada aventura de historia natural?»

Los prejuicios que constreñían a las «damas victorianas» eran innumerables, lo cual valoriza aún más los esfuerzos por ellas realizados para romper estereotipos y desarrollar su vocación. En este sentido, Margaret Scott Gatty fue una perseverante autodidacta, tanto en su formación en la ciencia del mar como en su voluntad por conseguir ilustraciones pintadas con exquisito detalle.

---

[313] Cara Giaimo. The Forgotten Victorian Craze for Collecting Seaweed. Blog Atlas Obscura. November 14, 2

Además, esta determinada científica logró mantener una extensa correspondencia con numerosos biólogos marinos importantes de la época, que admitían y apreciaban sus colaboraciones.

En este punto queremos resaltar un hecho que han subrayado diversos historiadores e historiadoras de la ciencia, y hace referencia a que un gran número de autoras de aquella época se «autodisminuían». Se consideraban a sí mismas divulgadoras de la historia natural, y «hacían esfuerzos por no enfrentarse con los científicos profesionales». No pocas destacadas botánicas prefirieron adjudicar la mayor parte de sus hallazgos a colegas varones, para que fueran ellos los que escribieran, teorizaran y debatieran. Tal comportamiento favoreció que la obra de destacadas científicas se viera largamente olvidada; no por su falta de calidad, sino simplemente por tratarse de mujeres anónimas.

Como afirma Cara Giaimo: «Gatty se colocó firmemente en el secundario papel social prescrito, aunque en privado supo encontrar vías de escape para su afición; se aseguró de posicionarse a sí misma no como una científica, sino como una persona religiosa, interesada principalmente en las algas por ser la expresión a bajo nivel de la belleza de la naturaleza creada por Dios». Estuviera o no convencida de estas ideas, lo cierto es que su entusiasmo por la recolección y estudio de las algas la convirtió en una de las mujeres mejor conocidas de la llamada época victoriana.

Margaret Scott Gatty escribió un libro sobre las algas marinas de Gran Bretaña, titulado British Sea Weeds, al cual la comunidad especializada ha calificado de «trabajo impresionante». Comprende dos volúmenes que contienen 200 especímenes recolectados a lo largo de más de 14 años, minuciosamente descritos y con 86 láminas coloreadas. Salió a la luz en 1872 y recibió numerosos elogios, sobre todo por ser claramente más accesible que otros publicados con anterioridad dedicados al mismo tema. De hecho, en la década de 1950 el libro aún continuaba usándose como manual de referencia.

Margaret Scott Gatty padeció de mala salud durante la mayor parte de su vida; posiblemente, se apunta en Wikipedia, sufría una esclerosis no diagnosticada. El 4 de octubre de 1973 falleció en su casa familiar. Esta extraordinaria botánica, ha relatado Cara Giaimo, nunca flaqueó en su entusiasmo y se mantuvo recolectando piezas hasta su muerte. La especie *Gattya pinella*, un alga australiana nombrada en su honor, nos recuerda a una mujer que con notable éxito encontró una profunda satisfacción en el estudio de las algas.

Anna Weber van Bosse (1852-1942), primera científica en una expedición oceanográfica

A finales del siglo XIX partía del puerto de Ámsterdam un pequeño barco llamado Siboga con destino a Indonesia, hoy considerado uno de los archipiélagos más bellos del mundo, que en aquellos años estaba bajo administración alemana con el nombre de Dutch East Indies Archipelago. El viaje tenía una finalidad científica: estudiar la fauna y la flora marina siguiendo un proyecto de investigación auspiciado por la Sociedad Holandesa para el Avance de la Investigación Científica (Society for the Advancement of Scientific Research in the Netherlands' Colonies). Proyecto que acabó de diseñarse en 1896[314].

Cuando el Siboga partió, en marzo de 1899, transportaba un equipo científico dirigido por el acreditado zoólogo alemán Max Wilhelm Carl Weber (1852-1937) y su esposa, la destacada bióloga marina experta en algas Anna Antoinette Weber-van Bosse (1852-1942)[315]; ella ocupaba un cargo independiente como ficólo-

---

[314] Theberge, Albert E. The Siboga Expedition. Hydro International. April 12, 2021
[315] Anna Weber-van Bosse, the Netherlands' first female marine researcher of international stature. Página web: Royal Netherlands Institute for Sea Research

ga. La inclusión de una científica en el equipo tuvo un notable significado porque fue la primera mujer en formar parte de una gran expedición oceanográfica, que concluyó el 26 de febrero de 1900.

Subrayamos que Anna Antoinette Weber-van Bosse era una mujer con una personalidad muy singular[316]. Había nacido el 27 de marzo de 1852, siendo la menor de los cinco hijos de Jacob Theodor van Bosse (1811-1894) y de Jacqueline Jeanne Reynvaan (1813-1856), una familia adinerada que vivía en el centro de Ámsterdam. Su padre, como ha descrito la doctora en historia de la ciencia de la Universidad de Wisconsin, Emily Hutcheson, poseía una compañía aseguradora de barcos. Su madre, ama de casa, murió cuando ella solo tenía tres años de edad, quedando la educación de la niña a cargo de una institutriz suiza.

Desde una edad muy temprana, acompañada por su institutriz, visitaba regularmente el Artis Zoo (zoológico de Ámsterdam), donde podía ver animales y plantas exóticos, lo que estimuló en ella un gran interés por el mundo vivo. Cuando tenía 19 años de edad se casó con un rico industrial, Lord Wilhem Willink van Collen, que murió unos años después, en 1878[317].

En 1880, Anna van Bosse empezó a frecuentar cursos de biología en la Universidad de Ámsterdam. Entre los profesores a cuyas clases asistió destaca el fisiólogo vegetal Hugo de Vries (1848-1935), gran botánico, que más tarde se convertiría en uno de los codescubridores de las leyes de la herencia de Gregor Mendel (1822-1884). En aquellos años, a las estudiantes mujeres (eran tres en total) se les permitía incorporarse a las clases, pero debían esperar hasta que el profesor entrara en el aula para luego acceder ellas. Realizar los trabajos prácticos, sin embargo, requería que las

---

[316] Martínez Pulido, Carolina. Anna Weber van Bosse, primera científica en una expedición oceanográfica y estudiosa de los arrecifes de coral. https://mujeresconciencia.com/2024/04/24/anna-weber-van-bosse
[317] Hutcheson, Emily. Scientist of The Day, Anna Weber-Van Bosse. March 27, 2021

alumnas acudiesen a un laboratorio separado de sus compañeros varones, según ha descrito Emily Hutcheson.

En la Universidad de Ámsterdam, van Bosse conoció a un profesor de anatomía comparada recién contratado, Max W. C. Weber (1852-1937). En 1883, precisamente el día que Anna cumplía 31 años, la pareja contrajo matrimonio, según relata la página web del Royal Netherlands Institute for Sea Research.

Debido a las notables dificultades con las que debían enfrentarse las mujeres para conseguir ser aceptadas en los centros de trabajo, el matrimonio proporcionó a Anna Webe-van Bosse la posibilidad de realizar una buena carrera científica. En los años siguientes, la pareja emprendería numerosos viajes dedicados a la ciencia. Por ejemplo, pasaron tres veranos en el norte de Noruega, los que permitieron a la joven Anna Weber realizar sus primeras publicaciones al tiempo que iba nutriendo el valioso herbario sobre algas que estaba reuniendo mientras que Max Weber estudiaba la anatomía de las ballenas.

Brillante especialista en algas

Desde sus comienzos, la carrera de Anna Weber-van Bosse alcanzó muy buenos resultados. De hecho, el segundo artículo que publicó en 1887 fue premiado con la medalla de oro de la Dutch Association for Sciences. Trataba sobre las algas unicelulares que viven en estrecho contacto con otras especies. A partir de entonces, la joven investigadora iría labrando cuidadosamente su especialidad en estos vegetales.

Recordemos que alga es el término empleado para hacer referencia a un numeroso y diverso grupo de organismos; incluyen un amplio rango de formas que abarcan desde diminutas microalgas unicelulares, como *Chlorella* o las diatomeas, hasta las especies gigantes multicelulares de algas pardas que pueden crecer hasta los 50 metros de longitud. La mayor parte son acuáticas.

En 1899, Anna Weber-van Bosse se incorporó como botánica a la citada expedición a bordo del HM Siboga[318]. Durante este extraordinario viaje se dedicó principalmente al estudio de la flora marina. Entre sus principales objetivos, estuvo el alga verde marina llamada *Caulerpa*. También prestó especial atención a las algas coralinas. Se trata de un grupo de algas rojas que se encuentran en el mar cumpliendo un papel importante en la ecología de los arrecifes de coral.

Antes de continuar, recordemos que los arrecifes de coral están formados por diminutos animales marinos, semejantes a las medusas, llamados pólipos, que tienen forma de vaso provistos de tentáculos. Millones de estos pólipos viven juntos, interconectados durante generaciones, y segregan carbonato de calcio que forma un esqueleto calcáreo externo (exoesqueleto) en el que apoyan y protegen sus cuerpos, y que constituye la estructura del arrecife.

Los pólipos de los corales albergan en sus tejidos algas microscópicas fotosintéticas, lo que genera una relación simbiótica de la que ambos se benefician. Mientras los pólipos proporcionan a las algas un hábitat adecuado para su desarrollo, estas, que normalmente son rojas, debido a un tipo de pigmento que enmascara la clorofila, generan la mayor parte de la materia orgánica necesaria para la supervivencia de la colonia. El éxito de esta simbiosis es tal que los arrecifes pueden crecer 20 cm al año, formando uno de los ecosistemas más diversos de la Tierra.

La comunidad científica ha llegado a entender los arrecifes de coral siguiendo una compleja historia. Dado que tradicionalmente los arrecifes se han considerado rocas o bancos de arena situados a poca profundidad de la superficie del agua, los estudios iniciales estuvieron enfocados a su estructura geológica y a su distribución geográfica, y se les prestó poca atención a sus funciones

---

[318] Hutcheson, Emily. Scientist of The Day, Anna Weber-Van Bosse. March 27, 2021

vitales. La citada Emily Hutcheson ha descrito que «solo a partir de finales del siglo XIX, los ficólogos empezaron a realizar serios trabajos sobre el papel de las algas en los arrecifes de coral».

Los y las especialistas en el tema admiten hoy que la ficóloga Anna Weber-van Bose ha sido principalmente quien redirigió el debate sobre los arrecifes de coral desde estructuras geológicas a unidades vivas, dando así forma al concepto moderno de ecosistemas de arrecife; o sea, la aceptación científica de los arrecifes de coral como ecosistemas vivos. A partir de sus trabajos, hoy se conoce que tales arrecifes constituyen más del 25 % de toda la vida marina, hasta configurar un sistema altamente diverso que figura entre los más resistentes a las condiciones cambiantes del planeta. Es por ello que representan áreas claves de la biosfera[319].

Los valiosos resultados de un fructífero viaje

La expedición en el barco Siboga (1899-1900) fue el viaje más importante realizado por Anna Weber-van Bosse y su marido. La científica, siguiendo las normas occidentales de la época, logró hallar y describir numerosas especies de algas tropicales hasta entonces desconocidas. Es de interés recordar que la británica Ethel Barton Gepp (1864-1922), experta en ficología e investigadora del Departamento de Botánica del Museo Británico de Historia Natural y del Jardín de Kew, colaboró con Anna Weber en la clasificación de algunos grupos de algas procedentes de la expedición.

El viaje a Indonesia, sobre todo, permitió a nuestra ficóloga llevar a cabo su contribución a la ciencia más sobresaliente: desenmarañar el citado papel de las algas en los arrecifes de coral. Con sus precisas observaciones, consiguió añadir importantes co-

---

[319] Creese, Mary (2004). Ladies in the Laboratory II. Oxford, UK: Scarecrow Press, INC. pp. 106-110.

nocimientos botánicos a la vida vegetal en dichos arrecifes, descubriendo además la magnitud que estos pueden alcanzar.

El geólogo Albert E. Theberge ha subrayado que desde el punto de vista biológico la expedición del Siboga tuvo un sonoro éxito. Anna Weber-van Bose realizó tantos descubrimientos que incluso pudo incorporar a la botánica un nuevo género de algas; y, para más gloria, el total de hallazgos dio lugar a la publicación de más de 60 artículos. En este contexto, el 22 de diciembre de 1922 la prestigiosa revista Nature reconocía la importancia del trabajo, apuntando que «la serie de publicaciones sobre esta expedición [...] que está saliendo a la luz desde 1902, constituye una contribución a la ciencia escasamente superada en importancia».

De vuelta a Holanda, Anna Weber y su marido se trasladaron en 1922 al estado de Eerbeek, ciudad de la provincia de Gelderland en los Países Bajos. Desde aquí, la científica realizó numerosas publicaciones durante los siguientes diez años. Asimismo, escribió una monografía sobre las algas coralinas titulada Corallinaceae (1904), además de cuatro volúmenes bajo el encabezamiento de Liste des algues du Siboga (1913-1928), como ha detallado la citada profesora de química e historia de la ciencia en diversas universidades de Canadá y Estados Unidos, Mary R. S. Creese.

Anna Weber-van Bosse también elaboró un relato popular sobre el viaje a Indonesia con la intención de proporcionar una perspectiva completa, con sus éxitos y sus percances, sobre la vida diaria en una expedición científica. Con el título de Un año a bordo de H. M. Siboga (A Year on Board H.M. Siboga), apunta por ejemplo, una anécdota acerca de su actividad de campo sobre los arrecifes de coral al mencionar que «mientras trabajaba, mi larga falda mojada entorpecía mis movimientos». También anota que como era la única mujer a bordo, tenía una tarea adicional, «alrededor de las cinco de la tarde, habitualmente servía el té para los caballeros» (Royal Netherlands Institute for Sea Research).

Anna Weber-van Bosse y Max Weber permanecieron en Eerbeek durante el resto de sus vidas, estudiando en los laboratorios de su casa, escribiendo y hospedando amigos científicos procedentes de su país, del resto de Europa, de la India y de Estados Unidos. Fueron tantos los visitantes que acudieron a Eerbeek para debatir y consultar resultados que la ciudad se hizo conocida como «la capital botánica de Holanda», según ha relatado Emily Hutcheson.

Cabe también celebrar que Anna Weber van Bosse se mostró muy dispuesta a brindar ayuda a otras mujeres científicas, y diligentemente mantuvo correspondencia con muchas ficólogas y con numerosas estudiantes. Tal actividad impulsó su figura hasta convertirla en un referente para las jóvenes con intereses científicos.

La elevada calidad del trabajo de Anna Weber-van Bosse fue reconocida durante su vida, llegando a ser una respetada investigadora en biología marina a nivel internacional. Uno de sus galardones más apreciados fue recibir el 28 de enero de 1910 un doctorado honorario por la Universidad de Utrecht, que la convertía en la primera mujer de los Países Bajos en recibir tal honor. En 1935, también fue reconocida con uno de los honores más importantes de su país, la Order of Orange-Nassau (en alemán: Orde van Oranje-Nassau), galardón entregado a «todo aquel que haya realizado actos con un mérito especial para la sociedad».

La última publicación de Anna Weber-van Bosse salió en 1932, cuando tenía 80 años de edad. Poco después donó su colección, que contenía 50.000 especímenes de algas, al National Herbarium de la Universidad de Leiden. La científica falleció en 1942 a la edad de 90 años. Sus excelentes trabajos sobre algas marinas han sido calificados como una de las aportaciones más significativas en el ámbito de la ficología.

Annie Slade (1860-1951), elaborando un bello álbum con fines científicos

Durante el siglo XIX, en las costas británicas la recolección de algas marinas alcanzó gran popularidad. Tal como describe la escritora científica Cara Giaimo[320] en el blog Atlas Obscura, «la biología marina era un hervidero de entusiasmo biológico que impulsó la "moda" de recolectar algas»[321]. Por su parte, la especialista en literatura inglesa Liz Downes[322] ha puntualizado al respecto que «la colección y preservación de algas marinas puede parecernos un improbable pasatiempo para las damas victorianas, [ya que] en general, se esperaba que las mujeres de clase media y alta solo desarrollaran habilidades para la música, el bordado u otro arte doméstico».

Las actividades al aire libre, sin embargo, proporcionaron a las féminas victorianas objetivos menos convencionales de lo habitual, por lo que coleccionar algas «se convirtió en un pasatiempo en boga, con el añadido de la aventura al tener que lidiar con las olas, las mareas y las rocas resbaladizas», sostiene Downes. Ahora bien, si para algunas mujeres fue un mero pasatiempo, para otras esta actividad tuvo un propósito más serio.

La citada Cara Giaimo, junto a otras especialistas, sostiene que la recolección de algas proporcionó a las naturalistas vocacionales «la posibilidad de participar activamente en el descubrimiento científico y, en algunos casos, conseguir el reconocimiento de los hombres que trabajaban en el mismo campo». Parte de sus excelentes resultados han quedado reflejados en los bellos álbumes que fueron capaces de crear, y que actualmente se conservan en diversos museos.

---

[320] Giaimo, Cara. The Forgotten Victorian Craze for Collecting Seaweed. Blog Atlas Obscura. November 14, 2016
[321] Ver Amelia Griffiths incluida en este capítulo.
[322] Downes, Liz. Slade's British Marine Algae. James Cook University. Australia

En el libro del estadounidense A.B. Hervey[323] de 1881, titulado Sea Mosses: A Collector's Guide (1881), se describe que dichos álbumes estaban compuestos por hojas encuadernadas al igual que un libro, y que cada una tenía adherido un espécimen. Estos se preparaban con suma pulcritud ya que, tras recolectarlos, se lavaban y secaban cuidadosamente. Luego se pegaban a un folio de grueso papel blanco, el cual llevaba una etiqueta con el nombre de quien lo había recolectado y su clasificación científica, además de otros datos relacionados con la fecha, lugar y condiciones de la recolección. Por último, se encuadernaban y adquirían el aludido aspecto de libro.

Las y los especialistas actuales que han estudiado meticulosamente esos testimonios de la era victoriana, mostraron su sorpresa por lo bien que los especímenes han conservado el color, la forma y la claridad de sus detalles, después del tiempo transcurrido. Ese buen estado de dichos álbumes ha sido una valiosa herramienta para analizar el nivel de conocimiento científico de sus autoras, y el meticuloso esfuerzo seguido para alcanzar la mejor preservación posible.

El bello álbum legado por Annie Slade

La botánica inglesa Annie Slade nacida en 1860, vivió durante los primeros años de su vida en la costa de Devon, en el suroeste de Inglaterra; lugar que, con toda probabilidad debido a la cercanía de la playa y el mar, pudo despertar en ella un gran interés por las algas marinas. Alrededor de 1880, esta joven de poco más de veinte años de edad elaboró un bello álbum de algas prensadas, actividad que, afirma la escritora Liz Downes, «representaba una relación entre las mujeres y la ciencia que venía desarrollándose lentamente a lo largo del siglo».

---

[323] Hervey, Alpheus Baker. Sea Mosses: A Collector's Guide and an Introduction to the Study of Marine Algae (Boston: S.E. Cassino, 1881), 19 -28

El álbum de Slade contiene 35 especímenes de algas marinas, cada una identificada por el nombre botánico contemporáneo y el lugar de recolección. Los especímenes están registrados con su nombre científico cuidadosamente escrito a mano; dado que dichos nombres corresponden a los admitidos en la década de 1880, puede que no sean los mismos que los usados hoy, advierte Downes, aunque los tres grupos de macroalgas (rojas, verdes y pardas) están bien representados.

La escritora, asimismo, ha subrayado que «mientras a unos compiladores les gustaba arreglar sus colecciones de manera decorativa, o incluso acompañadas por fragmentos de poesías, Slade presentaba sus especímenes con cuidado, precisión y atrayente sencillez; cada especie muestra su intrínseca belleza y estructura al detalle más fino sin ningún embellecimiento posterior». La consistencia de Slade al proporcionar detalles exactos de cada sitio de recolección, añade Downes, y la ausencia de esta información para dos especímenes simplemente marcados con la etiqueta «Escocia», sugiere que estos dos últimos fueron comprados o eran un regalo.

Finalmente, Downes apunta que «no hay duda de que, mediante la correcta identificación de cada especie y añadiendo solo su nombre científico y sitio exacto donde lo recolectó, esta joven mujer estaba siguiendo una práctica científica básica».

El álbum lleva además un rótulo que indica que se acabó de elaborar el 21 de febrero de 1884. Poco después de esa fecha, Slade se casó y se trasladó a vivir en Surrey en el interior del sureste de Inglaterra. Allí crecieron sus cuatro hijos y es improbable, reflexiona Downes, que en su nueva residencia alejada de la costa hubiese tenido alguna oportunidad para recolectar algas marinas. Estos hechos coinciden con la falta de evidencias que muestren que, tras su matrimonio, Annie Slade siguiera desarrollando su interés inicial.

Liz Downes, tras su meticuloso estudio sobre la obra y vida de Annie Slade, sostiene que «el álbum de la joven celebra tanto la belleza de la naturaleza que puede encontrarse entre las mareas, como el deseo humano de investigar, registrar y comprender un fenómeno natural, que es la raíz del empeño científico».

Josephine Elizabeth Tilden (1869-1957), una valerosa y singular ficóloga

En el año 1903, la Universidad de Minnesota contrataba por primera vez a una mujer como profesora con dedicación exclusiva: Josephine Elizabeth Tilden[324], brillante bióloga estadounidense experta en algas. Dotada de gran curiosidad y determinación, rápidamente rompió los límites de la ciencia históricamente dominada por los hombres, dedicándose con notable curiosidad y determinación a emprender diversos proyectos de investigación.

Tilden fue una viajera incansable, capaz de salvar todo tipo de obstáculos con el fin de recolectar ejemplares inusuales; la mayor parte desconocidos para la ciencia de su tiempo. Organizó y emprendió diversas expediciones marinas, y consiguió, entre sus múltiples logros, crear una valiosa colección de algas que estudió y clasificó meticulosamente.

Primeros pasos profesionales

Josephine Tilden nació en 1869 en el estado de Iowa, siendo la única hija de Elizabeth Phillips y Henry Tilden. Desde muy pronto, mostró gran interés por las plantas, e incluso antes de incorporarse a la universidad publicó un artículo sobre la vegetación local. Cursó estudios superiores en la Universidad de Minnesota, donde en 1895 obtuvo el grado de botánica; dos años

---

[324] Tilden, Josephine Elizabeth (1915). *Index Algarum Universalis*. Volumen 1. University of Minnesota

más tarde, en 1897, realizó un master y fue nombrada profesora ayudante del departamento de botánica, como han descrito Marilyn Olgivie y Joy Harvey[325].

Durante el tiempo en que cursó su carrera se despertó en ella una gran fascinación por la ficología y, según relata Emily Dzieweczynski[326] en la página web Celebrate Women, decidió «estudiar el mundo poco conocido de las algas escondidas en la costa del Pacífico». Josephine Tilden sabía que las algas del océano Atlántico estaban bien estudiadas mientras que, por el contrario, las del Pacífico eran muy poco conocidas. Por esta razón, su primer propósito fue dedicarse a estos organismos presentes en la Isla de Vancouver (Vancouver Island), zona que se encuentra en la costa oeste de Canadá y pertenece a la provincia de la Columbia Británica (British Columbia).

Distintos autores, como el conocido escritor científico Tim Brady[327] o la destacada escritora canadiense Margaret Horsfield[328], han subrayado que la administración de la universidad era escéptica sobre los beneficios de ese proyecto de investigación. Los reparos surgían sobre todo por el elevado coste de llevarla a cabo, ya que, geográficamente, Minnesota, situada en el Medio Oeste estadounidense estaba demasiado alejada del océano. Ciertamente, un proyecto tan innovador y distante indudablemente generaba ciertos riesgos.

---

[325] Ogilvie, Marilyn Bailey & Joy Dorothy Harvey (2000). The Biographical Dictionary of Women in Science: L-Z. Taylor & Francis. pp. 1289-1290
[326] Dzieweczynski, Emily (2022). Celebrate Women's History Month with us by learning about Josephine Tilden, an algae expert and the first woman scientist at the University of Minnesota. Bell Museum. University of Minnesota
[327] Brady, Tim (January-February 2008). The Algae of Acrimony. University of Minnesota
[328] Horsfield, Margaret (13 June 2016). The Enduring Legacy of Josephine Tilden. Hakai Magazine

Josephine Tilden, sin embargo, con el arrojo y la convicción que la caracterizarían toda su vida, decidió que debía intentarlo y, tras acalorados debates, finalmente alcanzó un acuerdo con la universidad: la institución aceptó proporcionar instructores y un equipo, pero no los fondos. El dinero llegó de otras fuentes, casos de la propia Tilden, de su mentor el profesor Conway MacMillan (1867-1929)[329] director del departamento de botánica, y de pagos realizados por los estudiantes.

Un prometedor proyecto

En 1898, cuando Josephine Tilden tenía 29 años, empaquetó sus cosas y se desplazó a Vancouver para encontrarse con Thomas Baird, quien era dueño de una propiedad que interesaba a la joven investigadora como lugar para emprender su proyecto. El sitio elegido, describe Tim Brady, consistía en una pequeña y desolada playa de la isla de Vancouver (Vancouver Island) situada a unos 100 kilómetros al oeste del continente.

Durante el encuentro con el propietario, llegaron a un acuerdo que satisfacía a todos. Optaron entonces por contratar una canoa en la que viajarían el piloto, Baird y Josephine Tilden acompañada de su madre, como era la costumbre en aquel tiempo, pues las mujeres no podían viajar solas. Impulsados por el apasionado entusiasmo de Josephine, y confiando en la experiencia del piloto, pusieron proa hacia la isla en un encrespado mar.

Enfrentándose a un fuerte viento y empapados por la lluvia, llegaron a la costa el 4 de agosto de 1898. En aquel momento, la marea estaba muy baja y mostraba exactamente lo que Tilden estaba buscando. Como describe Tim Brady, «incrustado entre montañas boscosas y los embates del Pacífico, pocos lugares del

---

[329] MacMillan, Conway (1902). Minnesota Seaside Station. Popular Science Monthly

mundo podían igualarse a ese particular sitio con respecto a su gran variedad de algas marinas [...]. Con exaltada pasión, la joven comenzó de inmediato a recolectar material».

En esa singular playa pasaron cuatro días. Con posterioridad, Josephine Tilden ha recordado que «las algas que cubrían toda la zona expuesta superaban mis sueños más osados. Pasé cada momento de luz al día recolectando algas [...]. Al final del cuarto día, Mr. Baird me dijo "Voy a cederte los mejores cuatro acres [unas 1,6 hectáreas] de mi zona. Elígelos". Escogí ese sitio inicial, que se convirtió en el terreno donde surgiría la futura Estación Marina de Minnesota (Minnesota Seaside Station)». La citada escritora canadiense Margaret Horsfield, ha descrito que «ese trozo de tierra se encontraba en un bosque lluvioso que miraba a una amplia playa pedregosa salpicada de incontables pozas de marea, algunas lo suficientemente grandes como para bañarse en ellas».

En 1901, sobre el espacio de costa elegido por Tilde conocido como Botanical Beach, y ahora llamado Juan de Fuca Provincial Park, se fundó una prometedora Estación Marina. Pese a que comenzó solo como una extensión de los intereses científicos del Departamento de Botánica de la Universidad de Minnesota, subraya Brady, rápidamente superó su objetivo básico de recolección de algas y evolucionó hasta convertirse en un centro educativo. Albergó gran variedad de estudios, incluyendo geología, zoología, algología y liquenología.

En 1902, el profesor Conway MacMillan publicó una amplia descripción de la nueva estación, defendiendo que «vocacionales estudiantes, que no tenían reparos en realizar extensos viajes a través de Norteamérica para llegar hasta allí [la costa de Vancouver], fueron los primeros beneficiados». De hecho, el centro alcanzó muy pronto gran popularidad entre el alumnado de la universidad y, como detalla la escritora Emily Dzieweczynski, cada verano acudían entre 25 a 30 estudiantes; la mayoría de ellos mujeres que se desplazaban a través de todo el medio oeste americano con el fin de completar sus proyectos de trabajo. Asimismo, llegaron acreditados profesores e investigadores interesados por tan original instalación.

En relación a las estudiantes, hay que destacar, subraya Margaret Horsfield, que «la mayoría de aquellas jóvenes estudiaban botánica; entonces la carrera científica más accesible y aceptable para ellas, debido a la larga tradición de mujeres naturalistas». Josephine Tilden, continúa Horsfield, tenía grandes expectativas en sus estudiantes femeninas, a las que «les daba instrucciones sobre cómo vestirse para que pudieran desenvolverse bien en el campo. En un anuncio que puso en la universidad, enseñaba a las alumnas acerca de la ropa y calzado que debían usar para recorrer la costa con libertad». Tilden explicaba con claridad que «los desafíos del trabajo de campo en la estación marina requerían adentrarse en pocetas con fondos irregulares, resbaladizos y oscuros, caminando sobre el barro y acarreando pesadas cargas»; un protocolo donde todo implicaba una vestimenta adecuada, notablemente distinta de la moda femenina en aquellos años.

Con la afluencia de estudiantes y profesores, recuerda Tim Brady, «la Estación Marina se fue transformando en una especie de campamento para los amantes de la botánica interesados en investigar las algas del Pacífico. Las actividades emprendidas eran numerosas, incluyendo extenuantes caminatas por la isla, juegos y deportes, así como interesantes conferencias impartidas por los reputados ficólogos que acudían al centro». Por su parte, Horsfield anota que «el mes largo de estancia deslumbraba al alumnado acostumbrado a la botánica de tierra adentro; [observaban] maravillados las relucientes pocetas de la playa con los miles de colores de las algas junto a otros organismos vivos».

La Estación de Minnesota, sin embargo, empezó a sufrir las amargas disputas generadas en la universidad debido a los costes de fondos y equipamiento, lamenta Margaret Horsfield. «Durante años, MacMillan y Tilden no repararon en esfuerzos incluso con sus propios salarios, para mantener la estación, creyendo que la universidad finalmente concedería más financiación. Pero solo fue una esperanza vana, y con una airada protesta, el profesor Conway MacMillan dimitió en 1906. Josephine Tilden consiguió mantener la estación abierta durante el verano de 1907, aunque financieramente no pudo seguir y tuvo que rendirse. Nunca perdonó a la universidad».

En suma, para gran desilusión de Tilden su querida Estación Marina en total solo duró abierta media docena de años, desde 1901 hasta que en 1907 tuvo que cerrarse. El motivo expuesto por la Universidad de Minnesota fue que la propiedad estaba en Canadá, según la institución era algo inapropiado mantener un centro de investigación en el extranjero.

Pese a este duro desengaño, la indomable Tilden no permitiría que los obstáculos consiguieran alejarla de su doble pasión del viajar y recolectar algas. Aunque sus disputas con la universidad continuaron, pasó allí toda su carrera. Con voluntad inquebrantable emprendió nuevos estudios y proyectos.

Fructíferas expediciones

Durante los años en que la Estación Marina estuvo abierta, esto es, desde 1899, Tilden aprovechó los inviernos para realizar una serie de viajes por el océano Pacífico con el fin de enriquecer su colección de algas. Su propósito incluía llevar a cabo un estudio de ficología lo más amplio y minucioso posible. En total, registra Tim Brady, realizó 13 viajes, en los que visitó playas y costas desde Japón a Tahiti, Australia, Nueva Zelanda y Hawái.

Entre 1909 y 1910, la incansable científica organizó una expedición al Pacífico sur, acompañada por Ethel Winifred B. Chase (1877-1949), profesora y decana de la facultad de botánica en la que hoy es la Universidad Estatal Wayne (Wayne State University), y por la joven botánica Bernice Leland, Como ha referido el profesor de botánica Kenneth Jones (1905-1999)[330], el viaje fue muy productivo, ya que entre las tres lograron recolectar una colección científicamente significativa de especímenes botánicos procedentes del Pacífico Sur.

Por entonces, en 1910 Josephine Tilden era ya una destacada experta en algas y una autoridad internacional en ficología de la costa del Pacífico. Y, pese a que nunca realizó un doctorado, ganó una plaza de profesora a tiempo completo en su universidad. Ese mismo año publicó su primer libro titulado Algae of Minnesota.

En los años que siguieron, Tilden continuó con sus viajes por Australia, Nueva Zelanda y Tahiti; esta pequeña isla fue su base de estudio durante 15 meses. Como apunta Tim Brady, «amaba las islas y desarrolló una estrecha relación con los nativos». Posteriormente llegaría hasta Japón. Durante esos numerosos viajes, la científica recolectó una amplia variedad de muestras de algas del Pacífico que incorporó al herbario de la Universidad de Minnesota. También almacenó una exhaustiva bibliografía de escritos sobre algas de todo el mundo, publicándola en el Index Algarum Universalis.

El interés profesional y la curiosidad de Josephine Tilden eran realmente inagotables[331]. No solo estudió las algas marinas del Pacífico en diferentes latitudes. También investigó las algas de agua dulce de los lagos próximos a Minnesota. Años más tarde, en 1935, publicó un estudio sobre las algas y sus relaciones vitales, The Algae and Their Life Relations, que fue el primer trabajo científico escrito por una experta estadounidense (hombre o mujer) describiendo las características de la flora marina y de agua dulce.

Asimismo, esta singular científica prestó gran atención al uso aplicado de las algas, su utilidad nutritiva y su valor económico, sobre todo como fertilizantes. De hecho, impartió un curso de

---

[330] Jones, Kenneth Lester (1966-10-01). Winifred Chase, Intrepid Spirit. Michigan Botanist. 5 (4): 183-191 - via Biodiversity Heritage Library
[331] Wayne, Tiffany K. (2011). American Women of Science Since 1900: Essays A-H. Santa Barbara, California: ABC-CLIO, LLC. p. 918

botánica industrial en la universidad al que el departamento de historia de la botánica calificó de «muy adelantado a su tiempo». En la década de 1920, ha descrito Tim Brady, «Tilden estaba en la vanguardia de un grupo de científicos del Pacífico interesados en los problemas emergentes relacionados con la conservación, producción de alimentos, la dispersión de plantas nocivas y la menguante pesca de la región». En estos temas, pese a que ella no era una estudiosa de la ecología, tuvo la suficiente visión para comprender las conexiones ecológicas entre las algas y la vida en el océano.

La perspectiva de esta científica fue muy avanzada en su época; por ejemplo, escribía en un periódico de Nueva Zelanda: «Las algas marinas forman la base de la vida animal en el mar [...]. Su destrucción puede llevar automáticamente a la muerte de todas las poblaciones de peces». Y en la misma línea, predijo los futuros problemas que acarrearía el derramar petróleo al mar. «Es esencial evitar la contaminación de las aguas en las grandes bahías a partir de los barcos petroleros» escribía, esta vez en un periódico de Minneapolis. «El petróleo impide que las algas reciban el aire necesario para sobrevivir. Debido a que estas forman la base para la vida animal del mar, destruirlas llevaría finalmente a devastar la vida de los peces»[332]. Argumentos que fueron vistos con extrañeza cuando Tilden los hizo públicos, defendiéndolos con razonamientos claros y contundentes. El paso del tiempo ha ido confirmando lo acertado y premonitorio de su discurso.

Un activo retiro

Josephine Tilden se jubiló en 1937, cuando tenía 69 años. Optó por mudarse a Florida, un estado que, según relata Tim Brady, le recordaba a Tahiti. Allí compró una propiedad situada en la costa

---

[332] Atkinson, George Francis (1910). Minnesota Algae by Josephine Tilden...Review. Science. 36: 82. JSTOR

de un lago y fundó una comunidad a la que llamó Golden Bough (Rama de oro). Varios miembros de la Universidad de Minnesota se unieron a ella, comprando también en la zona al retirarse residencias que estaban en torno al mismo lago.

Tilden, después de su jubilación, vivió más de 20 años en Florida. Ese tiempo, sin embargo, no fue para ella una etapa de descanso y relax; por el contrario, se dedicó a escribir diversos libros y artículos. Además, con su inagotable perseverancia, consiguió tras diversos forcejeos con algunos profesores reticentes, que el Consejo de la Universidad de Minnesota le permitiera trasladar su colección de algas desde el herbario hasta su nuevo domicilio. Como apunta Emily Dzieweczynski: «Más de mil cajas con sus especímenes, libros y notas se enviaron a su casa en Florida». La científica, movida por su inagotable deseo de indagar y aprender, utilizó hasta su muerte ese material en numerosas investigaciones.

Josephine Tilden murió el 15 mayo de 1957, y su colección fue enviada de vuelta a la Universidad de Minnesota. Sin embargo, una vez más, narra Tim Brady que el trabajo de la científica «hubo de sufrir su distancia del océano. Hacia 1967, nadie del departamento de botánica estaba trabajando con algas marinas, y el conservador del herbario empezó a buscar un lugar permanente para la colección de algas de Josephine Tilden». Con tal fin, continua Brady, «se realizaron indagaciones en otras instituciones, incluida la Universidad de Washington, pero aparentemente no había candidatos».

La colección permanece hoy en el Bell Museum, un importante centro dedicado a la historia natural ubicado en la Universidad de Minnesota. «El material allí conservado, relata Emily Dzieweczynski, incluye muchas de las notas de investigación, los libros y los escritos especializados de Josephine Tilden, y ofrece importantes datos históricos para los y las especialistas procedentes de todo el mundo». La memoria y el inmenso trabajo de esta gran científica están ahora cuidadosamente preservados y debidamente valorados.

Margery Knight (1889-1973), precursora británica en dar relevancia a las algas marinas

El blog de la Universidad de Liverpool advierte que «apenas existe información biográfica sobre Margery Knight[333]. En este aspecto, hay que encontrarla en su trabajo». Ciertamente, en la Estación Biológica Marina (Marine Biological Station), situada en Port Erin, Isla de Man, y dependiente de la citada universidad, esta notable botánica inspiró y dirigió el trabajo de estudiosas pioneras que se convertirían en futuras líderes en ficología.

Margery Knight fue una profesora de botánica especializada en algas marinas muy respetada, que impartió clases desde 1912 hasta que se jubiló en 1954. Permaneció en la Estación Marina donde «ella y sus estudiantes podían verse a menudo trepando por las rocas en búsqueda de algas», describe Louise Ashcroft en el blog de la Universidad de Liverpool.

En 1931, Knight publicó, en colaboración con su alumna Mary Parke, un riguroso libro Manx algae; an algal survey of the south end of the Isle of Man, centrado en la descripción de las algas marinas del extremo sudeste de la mencionada isla. Muy pronto esta obra se convertiría en referente sobre el tema. Su principal finalidad era servir de guía a los y las estudiantes que acudían a la Estación Marina, atraídos por sus acreditados hallazgos.

Cabe mencionar que Knight, en 1936, sufrió un accidente de coche que provocó la pérdida de una pierna, lo cual no le impidió continuar con sus investigaciones en el rocoso entorno de la costa.

Los años de entre guerras (1918-1939) y la posguerra, desde 1945 hasta la década de 1960, resultaron una época crucial para que la ficología fuese una rama que «experimentó una explosión en la actividad investigadora dominada por un formidable equi-

---

[333] International Day of Women and Girls in Science. Special Collections & Archives at the University of Liverpool Library. University of Liverpool

po de mujeres cuya inspiración e investigaciones dieron forma a la ficología desde 1920 hasta el cambio de siglo», refiere Geraldine Reid[334], escritora del Museo Nacional de Liverpool Esa bullente actividad colocó a la Universidad local en la vanguardia de la especialidad, en gran medida debida al meticuloso proyecto de Margery Knight, quien «ayudó a sus estudiantes hasta el punto de proporcionar financiación para ellas a partir de sus recursos personales».

La elevada estima en que tenían a Margery Knight «se hizo evidente al recibir un hermoso regalo: un álbum conteniendo mensajes del personal de la universidad, antiguos alumnos y alumnas y miembros de la comunidad científica, que le entregaron en su 80 cumpleaños». Llevaba por título A page from Knight's 80th birthday present, ha recordado Louise Ashcroft en el blog de la universidad[335].

El exitoso equipo de investigación dirigido por Knight contó con numerosas alumnas que posteriormente alcanzaron notable estima en su especialidad. El trabajo pionero de todas ellas, apunta Geraldine Reid, ha quedado reflejado en la colección de algas del herbario de la Universidad de Liverpool.

En el verano de 1954, Margery Knight se jubiló. A partir de esa fecha, rememora Louise Ashcroft[336], se concentró en su arte, pintando bellos paisajes al óleo de la Isla de Man, hasta su fallecimiento en 1973. Algunos de sus cuadros se conservan en la colección de la Universidad de Liverpool.

---

[334] Reid, Geraldine (2018). From the Shore to the Sublittoral: Liverpool's Algal Women. Collections. 14 (4)
[335] International Day of Women and Girls in Science. Special Collections & Archives at the University of Liverpool Library. University of Liverpool
[336] Ashcroft, Louise. The Way of the Gull. Victoria Gallery and Museum. University of Liverpool

Elsie Phillips Conway (1902-1992), admirada ante la belleza de las algas rojas

La acreditada conservadora del Museo de Liverpool (National Museums Liverpoo*l*) Geraldine Reid[337], ha subrayado que las colecciones de este centro «están llenas de ejemplos de mujeres notables, pioneras que han sido modelo y líderes en sus ámbitos de investigación. La doctora Elsie Phillips Conway es una de ellas». Además, Reid considera que «es una de las figuras más grandes que llevó a generaciones de estudiantes a maravillarse ante el mar, y a sentir una pasión por las algas».

Elsie Phillips nació el 15 de marzo de 1902 en Cheshire, Inglaterra, siendo la hija mayor de William y Margaret Phillips. Recibió su educación primaria en una escuela femenina independiente entre 1912 y 1919. Seguidamente, se matriculó en la Universidad de Liverpool (University of Liverpool) eligiendo la carrera de botánica. Fue muy buena estudiante, y se graduó en 1923 en ciencias con honores, y dos años más tarde, en 1925, leía una meritoria tesis doctoral[338].

Después de su doctorado, durante un breve periodo de tiempo impartió clases de botánica en la Universidad de Durham (Durham University). En 1928 se casó con Geoffrey Seymour Conway, un jugador de rugby inglés, y siguiendo la patriarcal costumbre dominante, decidió abandonar su profesión. La pareja tuvo tres hijos, John, Robert, y Martin quienes, según relata Geraldine Reid, acostumbraban a referirse a ella como «su majestad botánica». Tras 20 años de matrimonio, la pareja se deshizo, divorciándose en 1948.

---

[337] Reid, Geraldine. In focus: Elsie Conway, Phycologist. National Museums Liverpool
[338] Wikipedia: Elsie Conway

Una rica vida profesional

Desde sus estudios universitarios se había despertado en Elsie Phillips Conway un gran interés por las algas; sobre todo, debido a la influencia de una excelente profesora, la doctora Margery Knight. Su vocación la impulsó a retornar a la vida universitaria en 1938, apunta Geraldine Reid, incorporándose como docente en la Universidad de Glasgow (University of Glasgow), donde permaneció hasta su jubilación en 1969. Inicialmente, trabajó solo a tiempo parcial y, unos años más tarde, en 1945, recibió el nombramiento de profesora titular alcanzando en 1965 el cargo de catedrática. Fue una docente extremadamente entusiasta, dotada de una fuerte personalidad gracias a lo cual alcanzó notable popularidad entre su alumnado.

La línea de investigación de Phillips Conway se centró en las algas rojas, cuyo nombre científico es *Rhodophyta*. Constituyen el grupo más antiguo y numeroso de las algas hoy existentes, con más de 7.000 especies conocidas, y son abundantes en las aguas marinas, aunque relativamente escasas en las dulces.

En el Reino Unido, al igual que en muchos otros países en torno a 1940, los proyectos de trabajo se vieron notablemente influidos por la Segunda Guerra Mundial. Las actividades de Phillips Conway no fueron una excepción, ya que algunas de las algas que ella estudiaba producen en sus paredes celulares una sustancia llamada agar. Este producto es esencial para importantes trabajos con fines farmacéuticos y, como ha indicado Geraldine Reid, «se requería desesperadamente en la producción de los antibióticos imprescindibles para los tratamientos dirigidos a detener las infecciones en esa época de conflicto». Elsie Phillips Conway, junto a otras especialistas, pasó a formar parte de un grupo dedicado intensamente a la producción de agar a partir de las algas marinas de las costas británicas. Sus valiosos esfuerzos permitieron desarrollar la tecnología necesaria para un amplio uso de estos organismos como fuentes de agar.

Alcanzada la década de 1950 y terminado el conflicto bélico, un equipo de ficólogas y ficólogos dirigidos por Elsie Phillips Conway, emprendió un novedoso proyecto de estudio en la línea de costa de Fair Isle (parte de las islas Shetland, en el norte de Escocia). Allí descubrieron que una zona del litoral difería de otras costas rocosas del Reino Unido «debido a la severa acción de las olas en esa área, unida a la humedad elevada resultante de las nubes bajas y a una frecuente capa de niebla», según aclara Geraldine Reid.

Con el fin de analizar las características de las algas de la región, el equipo de Phillips Conway, relata Reid, continuó el «trabajó intensamente durante largos días en la costa entre las mareas, con el fin de recolectar y procesar los numerosos especímenes de algas identificarlas y describirlas». Fue un notable esfuerzo cuyos resultados despertaron el interés de la comunidad especializada, que mostraba interés por la región y sus peculiaridades, otorgando un prestigio internacional al equipo de investigación.

Científica con un dinamismo inagotable

Como podemos leer en Wikipedia, Elsie Phillips Conway fue una científica muy activa. Así, por ejemplo, fue cofundadora en 1952 de la British Phycological Society, donde en los años 1965 a 1967 ocupó el cargo de presidenta de esta sociedad. Además, durante diez años, entre 1955 y 1965, editó con considerable éxito la prestigiosa revista British Phycological Bulletin. A ello, hay que sumar que 1967 estuvo entre las pocas mujeres admitidas en la Royal Society of Edinburgh.

Elsie Phillips Conway se jubiló en 1969 y se desplazó a vivir a Chester con su hermana Gladys, tal como apunta Geraldine Reid; sin embargo, este hecho no implica que detuviera sus actividades ni que optara por cosas fáciles. Al contrario, viajó intensamente con fines profesionales; fue profesora visitante de la University of British Columbia, Vancouver, Canadá, en 1969 y 1970; y, asimismo, participó como investigadora asociada (1972-1974) en diversos estudios sobre las algas rojas del Pacífico.

Durante su estancia en Canadá, aprovechó para viajar a Nueva Zelanda con un beca concedida por la universidad más antigua de este país, la University of Otago (1970-1972), donde elaboró una lista taxonómica de las algas de Stewart Island, la tercera en tamaño de las islas que constituyen Nueva Zelanda.

Tras estas estancias, Elsie Phillips Conway regresó al Reino Unido donde continuó con sus conferencias y estudios sobre el mundo de las algas. Falleció el 22 de julio de 1992 y dejó una duradera impresión en todos los que la conocieron, tanto sus colegas como quienes fueron sus estudiantes. Gracias a la gran creatividad que desplegó a lo largo de toda su vida, representó un valioso ejemplo para las jóvenes con vocación por la ficología.

Irene Manton (1904-1988), asombrosa bióloga con excelentes aportaciones a la ciencia de las plantas

El cuerpo de conocimientos biológicos recibió un inapreciable aporte a partir del legado de la brillante botánica inglesa Irene Manton. Con una prodigiosa capacidad de trabajo y un máximo rigor, consiguió establecer sólidos cimientos que condujeron a novedosos estudios sobre el mundo vegetal, además de abrir el camino a muchas generaciones posteriores[339].

Irene Manton nació en Kensington, suroeste de Londres, un domingo de 1904, concretamente el 17 de abril. Su vida se extendió a lo largo de la mayor parte del siglo XX, un periodo

---

[339] Martínez Pulido, Carolina. Irene Manton, una originalidad que ha enriquecido la ciencia biológica. https://mujeresconciencia.com/2024/01/24/

trascendental para las mujeres, ya que en esos años empezaban a consolidarse importantes cambios sobre el papel femenino en la ciencia. En este aspecto, Irene Manton logró establecer varios récords como, por ejemplo, ser la primera mujer profesora y primera jefa de departamento en la Universidad de Leeds, o ser la primera mujer presidenta de la prestigiosa y elitista The Linnean Society of London.

El acreditado profesor de la Universidad de Birmingham, Barry Leadbeater[340] especialista en organismos unicelulares, fue invitado en 2003 por la citada sociedad a escribir un artículo sobre Irene Manton para la serie From the Archives. El trabajo vio la luz en 2004, celebrando el centenario del nacimiento de la científica. De hecho, el autor comenzaba diciendo que «puede afirmarse que Irene Manton tuvo tres vidas». Tras leer ese interesante relato, hemos comprendido su afirmación y optado por dividir la rica peripecia vital de esta gran botánica en tres apartados.

Etapas iniciales de una vida dedicada a la botánica

Irene Manton era la segunda hija de George S. F. Manton, un cirujano dental y de Milana A. T. D'Humy, una bordadora y diseñadora. Tenía una hermana dos años mayor que ella llamada Sidnie. Según relata el profesor Leadbeater, sus padres estaban muy preocupados por la crianza y formación de las niñas, a las que proporcionaron una buena educación de carácter progresista; hecho que estimuló y fortaleció su interés por el estudio. Asimismo, generaron en ellas un gozoso entusiasmo por la naturaleza[341].

---

[340] Leadbeater, Barry. Irene Manton: A Biography (1904-1988). The Linnean Society of London. Special Issue No 5. 2004.
[341] Alemañy Castilla, Claudia. Sidnie e Irene Manton, dos hermanas que amaron las ciencias naturales.
Mujeres con ciencia 2020/11/03 en Vidas científicas

Durante el bachillerato, la joven Irene leyó por primera vez el célebre libro del prestigioso biólogo estadounidense Edmund B. Wilson (1856-1939), The Cell in Development and Heredity (1902), que tuvo una profunda influencia en la elección de su futura carrera profesional. Despertó en ella un gran interés por la biología, lo cual la impulsó a realizar frecuentes visitas al Natural History Museum, Kew Gardens y el Zoo, consolidando así la que sería una inquebrantable vocación. Por otra parte, el mayor interés extracurricular de Irene fue la música, en la que llegó a tocar muy bien el violín e incluso a dirigir un grupo musical. Tras el bachillerato, la joven consiguió una beca, y en 1923 se matriculó en el colegio universitario Girton College de la Universidad de Cambridge[342].

Nos parece importante recordar que, tal como han descrito la historiadora de la ciencia Marsha Richmond (2001) y otras autoras, la Universidad de Cambridge fue el último bastión de la intolerancia masculina en el Reino Unido. Mientras en 1895 las mujeres podían graduarse en las universidades de Escocia, Gales o Londres, las «fortalezas» de Cambridge y Oxford, empezado ya el siglo XX, aún se resistían a otorgar el título de grado a las mujeres. En 1920, un estatuto permitió la matrícula y graduación de las mujeres en Oxford, pero la Universidad de Cambridge se negó a innovar. Pese a que ellas podían asistir a las clases teóricas y prácticas y examinarse normalmente, se les impedía acudir a las ceremonias de graduación y también tenían vedado recibir públicamente ningún tipo de premio. Además, las jóvenes estudiantes debían soportar las numerosas restricciones con respecto al uso de instalaciones como, por ejemplo, las bibliotecas. Un sexismo que todavía despierta profunda indignación ante la actitud de tan prestigiosas instituciones.

Lo expuesto justifica que, en numerosas ocasiones posteriores, Manton revelara que su experiencia en Cambridge no fue todo

---

[342] Wikipedia: Irene Manton

lo satisfactoria o feliz que ella esperaba. El machismo reinante contribuyó en gran medida a su incomodidad, enturbiando una época de su vida que podría haber sido muy placentera. Los obstáculos, sin embargo, de ninguna manera consiguieron impedir que la formación recibida en Cambridge alimentase su creciente vocación por el estudio de los organismos vivos.

Durante aquellos años, como ha relatado el profesor de botánica de la Universidad de Leeds, Reginald Dawson Preston[343], la materia que más atrajo su atención y que, de hecho, influiría muchísimo en su trabajo posterior fue la citología, esto es, la disciplina biológica que estudia, empleando el microscopio, la estructura y funciones celulares, así como su importancia en la complejidad de los organismos vivos.

Una vez graduada, teniendo en cuenta las excelentes relaciones que existían entre miembros de Cambridge Botany School y los botánicos suecos, apunta Barry Leadbeater, Irene Manton solicitó y obtuvo una beca que le permitió desplazarse al Botanical Institute de Estocolmo. En septiembre de 1926, a la edad de 22 años, empezó a trabajar con el profesor de botánica Otto Rosenberg (1872-1948), que había hecho su PhD en Bonn con uno de los botánicos más acreditados del siglo XIX, Eduard Strasburger (1844-1912).

Otto Rosenberg demostró ser una apropiada elección como supervisor ya que era un buen profesor y un experto en formar estudiantes. Con él, la joven doctoranda trabajó durante nueve meses, hasta junio de 1927. Durante este periodo decidió el tema que se convertiría en el proyecto de su tesis doctoral: investigar la citología del mayor número posible de crucíferas. Recordemos que las crucíferas son plantas importantes para la nutrición humana, ya que entre ellas se incluyen todos los tipos de coles o repollos, los rábanos, la rúcula, el brócoli y un largo etcétera.

---

[343] Preston, Reginald Dawson. Irene Manton, 17 April 1904 - 13 May 1988. Biographical Memoirs of Fellows of the Royal Society 35 (1990):248-261

Irene Manton, con el tema de su tesis encauzado y habiendo aprendido la técnica precisa para desarrollarlo, regresó a Cambridge con la clara decisión de hacer su doctorado. No obstante, permaneció poco tiempo en este centro, ya que en 1928 recibió un nombramiento como profesora ayudante en el Departamento de Botánica en la Universidad de Manchester, que aceptó con satisfacción. En su nuevo destino, compaginaría los trabajos de investigación con su labor docente.

La formación de una investigadora excepcional

Irene Manton llegó a Manchester en enero de 1929, centro donde encontró un entorno que le resultó muy confortable en todos los aspectos. Era un lugar agradable, con un jardín de botánica experimental asociado y un invernadero perfectamente adecuado para sus necesidades de investigación. Además, según notifica B. Leadbeater, contaba con la colaboración de un experimentado técnico, Bryan Clarke, que no solo la ayudaría en el mantenimiento de sus plantas, sino también con las fotografías que debía tomar y con otras actividades. En palabras de la científica, «me encontré con un ambiente único y muy favorable».

Otro aspecto positivo que Irene Manton descubrió en Manchester fue una mayor tolerancia con las mujeres, una circunstancia que contrastaba favorablemente con su experiencia en Cambridge. En esta universidad, desde 1897 las jóvenes podían matricularse en la especialidad que eligiesen y recibir el grado correspondiente; de hecho, algunas de ellas ya habían destacado en el departamento de botánica, lo que relajó notablemente la vida de la recién llegada[344].

El trabajo de investigación de Irene Manton consistía principalmente en observar al microscopio células de distintas especies

---

[344] Women in Science series. Irene Manton. Posted on 18-11-2012 by Web Editors

de crucíferas, contar cuidadosamente el número de sus cromosomas y describirlos al detalle. Además, debía realizar minuciosos dibujos a partir de fotografías tomadas con una cámara Zeiss adosada a su microscopio. Reginald Preston, junto a otros autores, han descrito que la joven doctoranda llevó a cabo miles de observaciones, completando finalmente su trabajo tras analizar los cromosomas de 250 especies de crucíferas.

En la primavera de 1930, Manton acabó su tesis titulada Cytology of the Cruciferae; a la que sometió de inmediato al Registro de Cambridge, donde un tribunal especializado la examinó y aprobó. Los miembros de este tribunal la consideraron no solo satisfactoria, sino que la evaluaron como una verdadera contribución a la literatura existente sobre la materia, según consta en la página web de la Linnean Society.

Durante su trabajo doctoral, Manton había realizado un importante descubrimiento que materialmente afectaría a su investigación por muchos años en adelante. Detectó que en una de las crucíferas que estudiaba, concretamente los berros, había plantas en las que el número diploide de cromosomas era de 32 (=2x16), mientras que otras mostraban 48 (=3x16). Para aclarar esta discrepancia, la joven rápidamente recolectó material fresco y encontró que incluso había algunas que tenían 64 (=4x16) cromosomas. ¿Qué significaba todo esto?

Recordemos que en los organismos vivos que se reproducen sexualmente, las células reproductoras (los óvulos y los espermatozoides) son haploides; es decir, el número de sus cromosomas es la mitad del que tiene el resto de las células, que se llaman diploides. Así pues, cuando un óvulo y un espermatozoide se fusionan, se restaura el número de cromosomas normal de la especie. Ahora bien, en algunos casos puede encontrarse lo que se llama poliploidía, un fenómeno por el cual se originan células, tejidos u organismos con tres o más juegos completos de cromosomas. Este hallazgo en las crucíferas fue tan trascendente que Manton optó

313

por dedicar gran parte de su tiempo solo a contar, en la mayor cantidad de especies que pudo, el número de cromosomas, confirmando que la poliploidía era más frecuente de lo supuesto. El citado profesor de la Universidad de Leeds, Reginald D. Preston, ha subrayado que estos recuentos serían repetidos una y otra vez, por ella misma y por numerosos especialistas de todo el mundo.

La poliploidía, sin embargo, no era un hecho desconocido, ya que desde 1917 se pensaba que podía haber jugado un papel importante en la evolución de las especies. Irene Manton dedicó gran parte de su trabajo doctoral a examinar esta hipótesis.

Un cambio al mundo de los helechos

Diversos autores y autoras han destacado que «Irene podría haber continuado estudiando la citología de las plantas con flores si no hubiera sido por el respetado profesor de botánica de la Universidad de Manchester, William Henry Lang (1874-1960), quien la impresionó profundamente como docente y científico investigador». Este notable botánico, miembro de la Royal Society, era una conocida figura en su especialidad: los helechos, la paleobotánica y la evolución biológica.

Varios años más tarde, Manton recordaba que «Lang enseñaba con autoridad, una experiencia que yo nunca había tenido antes. Fue para mí un privilegio trabajar con él durante 12 años, y esto transformó mi vida como botánica». En otra ocasión, la científica subrayaba, «con él aprendí toda la botánica que se». Asimismo, Irene Manton ha insistido en diversas ocasiones que Lang le inculcó principios que nunca olvidó; por ejemplo, que no hay que apoyarse en material conservado, sino usar siempre el fresco y lo más rápido posible después de recolectarlo (Preston, 1990).

William Lang persuadió a Irene Manton de que debía abandonar las «aburridas» crucíferas y cambiar a los helechos con los que él trabajaba. Al parecer, debió ser muy convincente, ya que la joven investigadora no solo decidió dedicarse a estas plantas, sino que continuó trabajando con ellas durante el tiempo que estuvo en Manchester; y, aunque posteriormente amplió sus proyectos, nunca abandonó los helechos por completo.

Por otra parte, no debe olvidarse que, junto a su labor investigadora, Irene Manton fue una valorada profesora, debido a su seriedad y rigor, sumada a su capacidad para transmitir entusiasmo; una actitud que ganó ampliamente el respeto del alumnado. El elevado número de jóvenes que más tarde se convertirían en científicos y científicas destacadas es un claro reflejo de las vocaciones que la brillante científica supo inspirar.

En el año 1937, el trabajo de Manton estaba ya totalmente enfocado en los helechos. Sus estudios formaban parte de un programa dedicado a descifrar la constitución genética de distintas especies de estas plantas, lo que incluía examinar tanto el número de cromosomas como su estructura. En la biografía escrita por Barry Leadbeater podemos leer que, a lo largo de varios años, Manton realizó diversos estudios sobre la citología de helechos procedentes de las Islas Británicas y del continente.

A mediados de la década de 1940, tuvo lugar un significativo cambio en la vida personal y profesional de Irene Manton, ya que recibió una importante oferta laboral que la llevó a cambiar de universidad. Con cierto pesar, abandonó Manchester y se incorporó a su nuevo puesto de trabajo en la Universidad de Leeds.

El traslado a la Universidad de Leeds

En 1945, Irene Manton fue entrevistada e invitada a ocupar una plaza que había quedado vacante en el departamento de botánica de la Universidad de Leeds. La oferta era bastante prometedora, por lo que decidió aceptarla, acordando que se incorporaría al centro en enero de 1946. Cuando llegó a Leeds, lo hizo como directora del departamento de botánica, convirtiéndose así en la primera mujer en ocupar un puesto de esta categoría. Desde entonces, su carrera universitaria transcurrió en la citada universidad, de la que fue profesora desde 1946 hasta 1966.

Con el fin de organizar el nuevo departamento, que tenía un nivel bastante inferior al de Manchester, Manton inicialmente tuvo que enfrentarse a diversas e importantes dificultades. Sin embargo, salvando diversos obstáculos, consiguió que la situación fuese mejorando paulatinamente y fue adaptándose a sus necesidades, según ha relatado Preston. Este logro fue en parte posible gracias a que contó con la inestimable colaboración de Bryan Clarke, el citado técnico de Manchester con el que ella ya había trabajado, y que a partir de julio de 1946 se incorporó a Leeds. Entre ambos, finalmente, consiguieron establecer un prometedor programa de investigación.

Ese mismo año, trasladaron a Leeds los helechos de Manchester, además de un microscopio de luz ultravioleta que Manton había adquirido gracias a una beca de investigación. Apuntemos que el microscopio de luz ultravioleta es básicamente similar al microscopio óptico convencional, aunque se diferencia por tener un poder de resolución (nitidez o claridad de la imagen) notablemente mejor.

Durante los años siguientes, en colaboración con sus estudiantes y varios especialistas de Leed y del exterior, y contando con la ayuda de Bryan Clarke, Irene Manton logró convertir a los helechos en el grupo de plantas mejor conocido desde el punto de vista evolutivo. Estos avances se lograron gracias a estudios citológicos comparados entre especies europeas con otras de distintas partes del mundo, incluyendo la actual Sri Lanka, Madeira y regiones de Norteamérica (Preston, 1990).

Los extensos resultados obtenidos se concretaron en el libro Problems of cytology and evolution in the Pteridophyta, publicado en 1950, que constaba de 16 capítulos con numerosas y bellas ilustraciones. Inmediatamente tuvo un notable eco, que se prolongó durante décadas, pues lograría estimular a generaciones de investigadores e investigadoras en este campo particular de la botánica. Recordemos que las pteridofitas constituyen un grupo de plantas muy antiguas que no producen semillas ni flores, entre las que se encuentran los helechos.

El principal interés del trabajo de Manton radicaba en que empleó el número de cromosomas de los helechos como una guía para elucidar su historia evolutiva. Manton y su equipo lograron demostrar que el número de cromosomas, contado con cuidada precisión, resultaba vital para caracterizar especies y géneros. Cuestión que hasta el momento había sido difícil de determinar, ya que solo podía llevarse a cabo en base al escaso número de caracteres morfológicos que diferencian a los helechos entre sí.

El distinguir unas especies de otras tiene considerable interés porque permite construir relaciones filogenéticas, o sea, relaciones de parentesco entre las especies ancestrales y las actuales, lo cual, a su vez, revela la historia evolutiva. En suma, los resultados de Manton proporcionaban una guía inequívoca para descifrar la evolución de los helechos.

Un pilar importante de la evolución biológica en general es la variación genética, y el aumento natural del número cromosomas, o sea la poliploidía, la cual es una destacada fuente de dicha variación. Diversos estudios han demostrado que la poliploidía es rara en animales, mientras que en las plantas es un fenómeno común, por lo que puede afirmarse que se trata de un proceso que ha contribuido ampliamente a la diversidad vegetal del planeta.

Como hemos apuntado, tras su tesis doctoral, Manton se convirtió en una experta en la cuestión de poliploides. A partir de la década de 1940, se enfrentó a la hipótesis entonces admitida que daba por supuesto que la poliploidía era una adaptación al frío. Sin entrar en demasiados detalles, valga señalar que, mediante el estudio comparado de las floras de helechos de Sri Lanka, Madeira y de diferentes regiones de Europa, Manton demostró de manera concluyente que la temperatura no era el único factor implicado en la poliploidía, sino que este fenómeno dependía de condiciones notablemente más complejas (Preston, 1990; Leadbeater, 2004).

Los trabajos pioneros de Manton llevaron a una explosión de interés de la comunidad especializada en la citología de los helechos alrededor de todo el mundo. El resultado ha sido que las pteridofitas son ahora quizás el grupo de grandes plantas mejor conocidas citológicamente.

Las actividades llevadas a cabo por Irene Manton con anterioridad a la década de 1950, que hemos tratado de resumir, demostraron, según los y las especialistas, que fueron un importante trampolín para las posteriores y fructíferas investigaciones que esta creativa científica emprendería. Ciertamente, a mediados del siglo XX se abrieron productivas vías de trabajo gracias a la incorporación de una nueva y poderosa herramienta al estudio de los organismos vivos: el microscopio electrónico, donde Irene Manton desempeñó un competente papel como una de las pioneras en el empleo de tan revolucionario utensilio.

La transición de Irene Manton al microscopio electrónico

En ningún momento de su vida profesional esta creativa científica se mantuvo ajena a los nuevos avances que pudieran ampliar los horizontes del conocimiento. Atenta a toda novedad, en cuanto el microscopio electrónico empezó a usarse en las ciencias biológicas, Manton estuvo entre las primeras personas en aprender a utilizarlo, alcanzando notable pericia y éxito en sus diversas aplicaciones.

En la biografía sobre la científica, el citado profesor de la Universidad de Birmingham, Barry Leadbeater, escribía en 2004: «El microscopio electrónico transformó la vida de Irene y su investigación. Todavía hoy resulta difícil apreciar cómo una citóloga clásica de helechos pudo dar ese salto hasta la rama más avanzada de la microscopía. Se movió con asombrosa rapidez hacia la ultraestructura de las algas flageladas».

Estudiando la ultraestructura de las algas flageladas

Antes de adentrarnos en la nueva línea de investigación emprendida por Irene Manton a partir de la década de 1950, creemos de interés recordar brevemente algunos términos. Empecemos señalando que el microscopio electrónico se caracteriza principalmente porque emplea electrones en lugar de la luz visible para formar imágenes de objetos diminutos, lo cual permite alcanzar amplificaciones mucho mayores que los mejores microscopios ópticos, esto es, los convencionales. El primero fue diseñado entre 1925 y 1932, y en biología comenzó a usarse mediada la década de 1940 para estudiar la ultraestructura de una amplia gama de organismos vivos.

El término ultraestructura hace concretamente referencia a partes concretas de los organismos que solamente pueden observarse con un microscopio electrónico; por ejemplo, los orgánulos del interior de una célula o los cilios y flagelos. Los cilios son apéndices cortos con aspecto de pestañas, capaces de realizar movimientos, y que recubren la superficie de numerosas células. Los flagelos se consideran cilios modificados; se trata de unos filamentos o apéndices móviles con forma de látigo, por lo general poco numerosos, uno o dos por célula, que permiten desplazamientos en un medio líquido.

El microscopio electrónico se introdujo en la investigación biológica rápidamente después de la Segunda Guerra Mundial, y muy pronto se convirtió en el instrumento que permitió el análisis detallado de diversas estructuras celulares. Cuando Irene

Manton comprendió la gran utilidad de este nuevo instrumento, decidió ampliar su campo de investigación y estudiar la ultraestructura de los flagelos presentes en ciertas algas.

Con el fin de adentrarse en este tema, que en aquellos años despertaba gran interés entre la comunidad especializada, Manton se puso en contacto con la doctora Mary Parke, quien entonces trabajaba en el Plymouth Marine Laboratory. Apuntemos que Parke (1908-1989) era una científica graduada en botánica por la Universidad de Liverpool, experta en algas marinas, particularmente las que poblaban los alrededores del sudeste de la Isla de Man. Esta investigadora disponía de una amplia variedad de cultivos de algas que resultaban ideales para el proyecto de Manton.

La descripción de los flagelos de las algas era difícil debido a la falta capacidad para detectar caracteres satisfactorios cuando se observaban al microscopio óptico. Dado que Irene Manton había desarrollado las técnicas necesarias para analizar esas diminutas criaturas nadadoras, asociarse con Parke fue una acertada decisión. Según constató Leadbeater: «La colaboración de estas dos talentosas mujeres dio como resultado la publicación de numerosos artículos que aseguraron que sus nombres pasaran a la posteridad».

En la misma línea, el profesor de Biología Celular en la Universidad del País Vasco, Ibon Cancio [345] ha expuesto que la unión de fuerzas entre Manton y Parke fue notablemente fructífera ya que, «mientras Irene contaba con las habilidades técnicas para estudiar lo muy pequeño y necesitaba conseguir algas flageladas para sus estudios, Mary tenía los recursos biológicos adecuados y, además, urgencia por caracterizar ese material».

Los primeros flagelados que las dos científicas estudiaron conjuntamente, ha señalado Cancio, fueron un tipo de algas que presentaban dos largos apéndices semejantes a dedos; esto es, dos

---

[345] Cancio, Ibon. Irene Manton, the algal cell biologist and her electron microscope. EMBRC network. 12 Apr. 2021.

flagelos. Los resultados obtenidos representaron una etapa crucial en el desarrollo de la investigación de Irene Manton, ya que marcaron los comienzos de su transición desde ser una botánica clásica a convertirse en una líder mundial en ultraestructura botánica.

El microscopio electrónico en la Universidad de Leed

La llegada a Europa de un nuevo microscopio electrónico desde los Estados Unidos, permitió que Manton iniciara intensas negociaciones para que el departamento de botánica de la Universidad de Leeds adquiriera uno. Tras diversas negociaciones, logró su objetivo en 1950.

Según ha relatado el profesor Leadbeater, Bryan Clarke, técnico de laboratorio que trabajó junto a Manton durante décadas, describió con cierto humor que «el aparato era enorme y armaba un ruido que podía oírse en todo el edificio; producía tanto humo que el olor debía eliminarse con un extractor y, además, el operador necesitaba un escudo protector para trabajar».

Tras un adecuado entrenamiento que los llevó a visitar diversos laboratorios en busca de nuevas técnicas para mejorar el uso del microscopio electrónico, Irene Manton y Bryan Clarke aprendieron a usar correctamente el novedoso y complejo aparato. Ese mismo año de 1950, enviaron a la revista Nature una nota firmada por ambos en la que incluían las primeras fotografías tomadas con el microscopio electrónico (llamadas micrografías) de gametos reproductores masculinos del alga *Fucus serratus*. Como ha indicado Leadbeaer, «incluso hoy dichas imágenes se consideran de gran calidad».

Sin detenernos en detalles demasiado especializados, cabe mencionar que en este estudio se revelaba que los flagelos tienen una estructura de forma cilíndrica de diámetro uniforme en toda su longitud, con una terminación redondeada, semiesférica. Seguidamente, se describía una de las principales características del flagelo: su ultraestructura, que está compuesta por un cilindro de nueve dobletes de microtúbulos (finos filamentos) que rodean a otros dos centrales, y que recibe el nombre de estructura micro-tubular 9+2 (técnicamente llamada axonema), la cual permite los movimientos semejantes a un látigo del flagelo (Cancio, 2021).

La carta a Nature marcó el comienzo de una década de auto-ría conjunta entre Manton y Clarke, que alcanzó un total de 15 publicaciones. Los artículos publicados, según ha narrado Lead-beater, «provocaron una tormenta en el mundo científico. De la noche a la mañana Irene se encontró en la vanguardia biológica de la microscopía electrónica. Actualmente, es difícil apreciar el entusiasmo que surgió cuando Irene mostró sus micrografías en reuniones internacionales; no era infrecuente que la audiencia rompiera en aplausos cuando ella proyectaba sus diapositivas».

Valga señalar que el uso del microscopio electrónico en bio-logía celular con el fin de visualizar la ultraestructura había co-menzado en Nueva York, en el instituto Rockefeller, donde tres científicos publicaron en 1952 micrografías que corroboraban la reconstrucción 9+2 publicada por Irene Manton (Cancio, 2021).

Acerca de estos hechos, Barry Leadbeater ha relatado que «en el octavo Congreso Internacional de Botánica (8th International Botanical Congress), celebrado en París en julio de 1954, comen-zó la notable transformación que convirtió a Irene en una cele-bridad. La combinación entre sus brillantes imágenes, su modo de vestir ligeramente desaliñado y su sentido del humor la con-virtieron en la "atracción estrella" del mitin». Y seguidamente, el científico subrayaba, «la ultraestructura vegetal había alcanzado la mayoría de edad».

Estudios sobre orgánulos celulares

La década de 1960 marcó el punto más alto de la carrera de Ire-ne Manton. La comunidad especializada había asumido que la disposición 9+2 de las fibrillas de los flagelos era compartida por plantas y animales. En otras palabras, la ultraestructura de los flagelos era esencialmente la misma, tanto en las plantas como en los animales, y es la que observamos, por ejemplo, en las células reproductoras masculinas, humanos incluidos, los espermatozoides.

Los trabajos de Irene Manton y Mary Parke, algunos realizados en colaboración con Bryan Clarke, no se limitaron al estudio de los flagelos. También analizaron, en palabras de Leadbeater, «un espléndido rango de estructuras celulares de gran interés». Para no extendernos demasiado en la compleja e intrincada ultraestructura de la célula, valga subrayar que las científicas describieron diminutos orgánulos celulares, logrando aclarar cuál era su función y resolver debates que habían durado décadas.

Los debates perduraban, insistimos, porque los minúsculos orgánulos del interior celular eran demasiado pequeños para poder estudiarlos con los medios disponibles. Gracias a su dominio del microscopio electrónico, en la década de 1960, Irene Mantón fue capaz de disponer de un gran volumen de información sobre dichos orgánulos, sacando a la luz ultraestructuras que hoy son consideradas clásicas, como la organización del interior de los cloroplastos o del aparato de Golgi (una estructura que forma parte del sistema de membranas interiores de las células).

Como recuerda su colega de la Universidad de Leeds, el profesor de botánica R. D. Preston, los estudios de Manton sobre el exterior de la célula dejaron abierta la posibilidad, que más tarde se confirmaría, de que la pared celular pudiera estar compuesta por celulosa. Asimismo, la división de las células del cuerpo o mitosis, y de las células sexuales o meiosis, la fascinaban porque también requerían la participación de microtúbulos. En 1964, Manton publicó significativos detalles sobre la mitosis, y en 1970 sobre la meiosis. Todos estos artículos estaban ilustrados con maravillosas micrografías.

Evidentemente, se trata de publicaciones muy especializadas que escapan a los límites de este artículo. Las hemos citado, sin embargo, porque creemos que nos permiten apreciar la magnitud de la obra de esta gran científica.

Leadbearter ha destacado además que «Manton no era solo una sobresaliente microscopista, sino que también supo adaptarse rápidamente a una rama de la biología por completo nueva y convertirse en un referente a nivel mundial. La científica, no solo mostraba una incansable curiosidad acerca de su propio campo de investigación, sino que tuvo la perspicacia de innovar justo en el momento correcto. Evidenció una excepcional combinación entre conservadurismo con la capacidad para reconocer cuándo el cambio era necesario. Fue incansable en su esfuerzo por mejorar los microscopios y su técnica».

Con su trabajo pionero, la fama de Manton se expandió por todo el mundo. En su país, era la única botánica que trabajaba con la ultraestructura celular de las plantas, y los más eminentes colegas al igual que los y las jóvenes estudiantes, acudían a Leeds para solicitar ayuda e instrucciones. Al respecto, Leadbeater ha escrito, «Ella respondía generosamente [...]. Durante la década de 1950 y 1960, bajo el poder de su atracción [...], viajaron a Leeds visitantes procedentes de los Estados Unidos, Hungría, Rumania, Polonia, Checoslovaquia, Suiza, Noruega, Dinamarca, Alemania, Israel, India y otros sitios».

Durante el periodo comprendido entre 1961-1969, continúa Leadbeater, «Irene produjo al menos 50 publicaciones; casi un artículo cada dos meses. Esta fenomenal producción, sobrepuesta al trabajo requerido del programa de los helechos y a todas las tareas relacionadas con la dirección del departamento, requerían un apretado e incesante horario. A ello hay que sumar la atención necesaria a sus estudiantes, a los que impartía clases teóricas, prácticas y también excursiones al campo». Además, «por su alta valoración en el dominio de la microscopía electrónica, Manton era requerida para impartir conferencias en numerosas universidades y otros centros».

La calidad de la obra de esta científica alcanzó tal grado de reconocimiento que diversos autores y autoras han subrayado con énfasis: «Irene Manton logró ver con claridad aquello que los microscopistas del siglo XIX habían visto solo vagamente». Como tantas veces en la historia, los logros de la tecnología, sumados a una activa mente brillante e innovadora, han impulsado con fuerza el conocimiento científico. Un hecho en el que las mujeres investigadoras tienen mucho que decir, e Irene Manton, a los 65 años de edad, aún tenía mucho que aportar, pues la capacidad para enriquecer su especialidad no estaba acabada.

Una nueva vida científica

El 30 de septiembre de 1969, tuvo lugar un abrupto final para Irene Manton cuando se vio obligada a retirarse de la Universidad de Leeds a la edad de 65 años. Su completa dedicación a la vida universitaria, ha relatado su biógrafo el profesor de la Universidad Birmingham, Barry Leadbeater, explica por qué este fue un momento de crisis para la científica. «El cambio fue difícil para Irene porque ella no había planeado su retiro y le resultó imposible encontrar algún placer en abandonar todo en lo que había estado trabajando por más de 23 años». No obstante, continúa Leadbeater, «esta lamentable situación pudo salvarse porque Irene rápidamente superó la tormenta y se labró una nueva vida por sí misma».

Consideró, con muy buen criterio, que la experiencia alcanzada con el uso del microscopio electrónico sería sumamente válida para estudiar el nanoplancton, esto es el componente microscópico más pequeño, como bacterias o algas unicelulares que forman parte de los microorganismos que flotan en aguas saladas o dulces hasta aproximadamente los 200 metros de profundidad.

Con este novedoso proyecto, la científica emprendía una nueva etapa en su carrera investigadora.

La tercera fase en la carrera investigadora de Irene Manton

Desde el siglo XIX se conocía, o intuía, la existencia del nanoplancton, aunque su descripción generalmente encontraba serias limitaciones debido a que los detalles específicos necesarios para la identificación eran demasiado pequeños. En este aspecto, el microscopio electrónico constituía una herramienta muy prometedora, ya que podría proporcionar precisamente aquellos detalles que faltaban. Por esta senda, Irene Manton decidió internarse con su irreductible entusiasmo.

El nanoplancton no era un tema totalmente nuevo para la científica, ya que había llamado su atención desde los trabajos que realizó con la experta en algas Mary Parke (1908-1989). Los primeros pasos sobre la nueva investigación los dio a comienzos de la década de 1970, cuando viajó a distintas estaciones marinas de las que tenía buenas referencias con el fin de coleccionar nanoplancton *in situ*. Según ha descrito su colega, el profesor de botánica de la Universidad de Leeds Reginald D. Preston, Manton emprendió numerosas y arduas expediciones de recolección.

Pese que ya contaba con cerca de 70 años de edad, la investigadora no se arredró y visitó estaciones marinas de lugares muy apartados que requirieron extensos periplos. Dado que era una personalidad muy conocida, donde quiera que acudía era bien recibida e invariablemente se le solicitaba que impartiera alguna conferencia o charla; actividad que ella solía realizar con gran satisfacción.

Una de sus primeras visitas fue al Ártico, concretamente a Groenlandia, entre junio y julio de 1972. Viajó acompañada de Joan Sutherland, profesora del departamento de biología de la

Universidad de Carleton, Otawa, Canadá, y juntas recolectaron diversas muestras. De regreso, estudiaron meticulosamente con el microscopio electrónico el material recogido. Los resultados los publicaron en 1975, en un artículo donde describían cuatro nuevas especies de nanoplancton.

Otro importante viaje con la finalidad recolectora, lo realizó también en 1972 en Ciudad del Cabo, Sudáfrica. Esta vez estuvo acompañada por el científico Ken Oates. En el verano del año siguiente, Manton retornó a Canadá y, nuevamente en compañía de Joan Sutherland, se abrió camino hasta la costa oeste de la Bahía de Hudson. En esa región ártica de este país, la visitante británica contó, además, con el apreciable apoyo de la doctora Margaret McCulley (1942-2017), destacada profesora de biología vegetal en la Universidad de Carleton.

El último viaje de recolección que emprendió Irene Manton tuvo lugar en 1977 y el destino fue las Islas Galápagos. En esta ocasión Joan Sutherland y Margaret McCully también formaban parte del equipo que realizó la expedición en busca de más ejemplares de nanoplancton.

Es importante tener presente que observar la ultraestructura del nanoplancton requiere la preparación de las muestras siguiendo una compleja metodología. Irene Manton fue capaz de superar numerosas dificultades técnicas y conseguir preparaciones que proporcionaran imágenes precisas y nítidas. De hecho, tomó cientos de micrografías (fotografías al microscopio electrónico) de gran calidad, que resultaron muy útiles para ampliar los conocimientos sobre el mundo de los organismos microscópicos.

A partir del profuso material recolectado y minuciosamente estudiado, la científica concluyó que gran parte de las especies de nanoplancton detectadas estaban presentes en localidades muy distantes, lo que significaba que, probablemente, los endemismos eran escasos y, por lo tanto, su distribución era universal. Por ejemplo, al encontrar las mismas especies en el Canadá ártico que en las costas de Sudáfrica, la investigadora supuso, según apunta Preston, que estos microorganismos se habían arrastrado por el fondo marino desde un sitio al otro para evitar las aguas de superficie cálidas de los trópicos.

Manton recolectó y describió numerosas especies, muchas de las cuales hasta entonces estaban sin registrar o apenas eran conocidas. Con sus novedosos datos generó abundante cuerpo de evidencias sobre la ultraestructura comparada de estos microorganismos. La intención subyacente era establecer las relaciones filogenéticas, de parentesco, entre las especies al objeto de intentar desenmarañar su historia evolutiva. Para tal fin combinó el uso del microscopio óptico y del electrónico, y logró definir con acertada precisión su morfología tridimensional; tarea que otros autores no habían conseguido realizar. Incluso fue capaz de corregir y aclarar numerosos errores registrados en la literatura especializada.

Irene Manton publicó, como resultado de todo ese trabajo de recolección y descripción, un total de 29 artículos, muchos de los cuales contenían cuidadas descripciones de nuevas especies raras. El conjunto de esta investigación, apunta Leadbeater, constituye un valioso testimonio de su ingenio y capacidad, física y técnica, y tuvo el inmenso mérito de enriquecer los escasos conocimientos sobre el nanoplancton disponibles con anterioridad.

El amplio reconocimiento a una vida dedicada a la investigación

Irene Manton recibió numerosas distinciones, premios y doctorados honorarios, tanto nacionales como internacionales. A título de ejemplo, aquí incluiremos algunos de los más destacados. Entre los primeros, cabe citar que en el año 1954 fue distinguida y normalizada por la Academia Danesa de las Ciencias y las Letras. Unos años más tarde, en 1959, recibió la valorada Medalla de Oro de la Linnean Society de Londres y, con posterioridad, entre los años 1973 y 1976, la eligieron presidenta de esta importante sociedad, siendo la primera mujer que ocupaba tal cargo desde que la institución se fundó en 1788. Además, tras su muerte, la Linnean Society creó el Premio Irene Manton[346], que anualmente se concede a la mejor tesis doctoral de botánica. En los años siguientes, varias universidades le concedieron un doctorado honorario.

Cabe apuntar también que en 1961 Irene Manton fue elegida miembro de la Royal Society of London, el máximo galardón al que un científico o científica puede aspirar en el Reino Unido. En este caso, tenía un valor añadido, ya que formar parte de esta sociedad era un privilegio normalmente reservado a los hombres. Otro destacado honor fue que la acreditada Academia de las Artes y las Ciencias Norteamericana la eligiera entre sus miembros. La científica, por su parte, siempre mostró en un sincero agradecimiento ante la larga lista de premios y honores recibidos.

Según las personas próximas a Irene Manton, a finales de 1987, parecía por primera vez haber perdido su entusiasmo por completar los artículos que tenía pendientes. A comienzos de 1988 se la veía ya muy debilitada, y tuvo que acudir dos veces al hospital. Finalmente, tras una corta enfermedad, falleció el 31 de mayo de 1988. La comunidad científica se hizo eco de su muerte con numerosos y sentidos obituarios homenajeando su vida y logros.

Algunas reflexiones de Barry Leadbeater, destacado biógrafo de Irene Manton

El citado profesor de la Universidad de Birmingham, Barry Leadbeater, puntualizaba que, «pese a que Irene escribió más de 170 artículos científicos, un libro y muchas publicaciones generalistas,

---

[346] The Irene Manton Prize. The Linnean Society

en ningún momento trató de hacer un resumen del trabajo de su vida [...]. Cuando murió dejó gran cantidad de literatura suelta». Tras una cuidada recopilación de su biografía, el científico apuntaba: «no cambié de opinión sobre Irene Manton, fue realmente una mujer excepcional; sin embargo, me quedé sorprendido por la amplitud de su intelecto y la profundidad de su humanidad. Ningún periodo de su vida carece de interés».

En relación a la vida personal de la investigadora, el biógrafo citaba que «en los archivos familiares no encontré indicios de que Irene hubiera tenido alguna relación sentimental [...]. A medida que su carrera se fue desarrollando, su círculo de colegas, amigos y antiguos alumnos formaba una especie de familia adoptiva dispersa [...]. Fue una mujer franca y directa, lo que tenía ventajas y desventajas. La mayor parte de sus colegas y amigos experimentaron en algún momento la agudeza de su lengua, [pues] en ocasiones podía ser ruda y hasta desconsiderada».

Con respecto a sus exigencias en el momento de publicar, Leadbeater precisaba que «no era raro que mantuviera batallas con editores de revistas que habían tenido la osadía de pedirle cambios en sus artículos. Al respecto, un editor confesaba que "su trabajo usualmente es tan bueno que uno debe aceptar un montón de dificultades por el bien de publicar de la manera que ella quiere"».

El biógrafo ha subrayado que algunas de las batallas más agrias de Manton fue la que sucedió con las autoridades de Leeds, destacando sobre todo un importante incidente que tuvo lugar en 1983. «Cuando Irene ya era profesora emérita y llevaba oficialmente retirada 14 años, se puso de manifiesto el abismo que existía entre su talento y la naturaleza carente de imaginación de las autoridades de la Universidad».

Al respecto, Leadbeater ha subrayado que el 10 de octubre de 1983, «la estadounidense Barbara McClintock (1902-1992) genetista del maíz internacionalmente famosa y contemporánea de Irene, fue galardonada con el Premio Nobel de fisiología o medicina. [Ante tan notable acontecimiento], Manton escribió una carta a las autoridades de Leeds pidiendo que se premiara a McClintock con un doctorado honorario».

El biógrafo recuerda que «Barbara McClintock, entonces con ochenta años, tenía un temperamento similar al de Irene y también había experimentado por sí misma muchas dificultades en los Estados Unidos. Sin embargo, finalmente fue reconocida y galardonada por su descubrimiento de los elementos móviles o transposones». El hallazgo evidenciaba la plasticidad del material genético: los genes no están fijos, sino que pueden desplazarse o cambiar de lugar en los cromosomas, un hecho de enorme trascendencia biológica.

Las autoridades de Leeds, no obstante, rechazaron la sugerencia de Irene a otorgar el doctorado honorífico alegando que McClintock no había tenido una conexión suficiente con la universidad, ya que su vida como docente había sido corta. El error de la universidad británica era verdaderamente imperdonable, y así lo manifestó Irene Manton.

«La vida de Irene, continua Leadbeater, refleja sin duda que poseía una gran capacidad de liderazgo [...]. Su larga carrera investigadora, desde los mismos comienzos mostró una serie de rasgos inconfundibles. Era una trabajadora incansable en la búsqueda de pruebas observables. Era exigente con todo el mundo sin importarle cuál fuera su estatus. Su trabajo fue siempre de primer nivel [...]. Llevó a una gran distinción a la Universidad de Leeds y tuvo la capacidad de colaborar con numerosos colegas académicos».

El profesor de Birmingham también ha recordado que, si bien «la mayor parte de los estudios sobre Irene están relacionados con su vida científica, ella también fue, por supuesto, una profesora. Veía en la enseñanza una recompensa a sus esfuerzos en la investigación. Muchos de sus estudiantes, graduados y postgraduados, de los departamentos de botánica de Manchester y de Leeds, acabaron repartidos por todo el mundo, ocupando cargos de responsabilidad. Para ellos, Irene fue un ejemplo de lo que puede lograrse mediante el compromiso, la determinación y el trabajo en los niveles más elevados».

En la actualidad, la vida de esta gran botánica ha sido recuperada por diversos autores y autoras, y ha contribuido a ponderar la valiosa participación de las mujeres en el mayor y mejor conocimiento de los organismos que pueblan nuestro planeta.

Mary Winifred Parke (1908-1989), promotora de magníficos cultivos de algas marinas

La botánica inglesa Mary Winifred Parke perteneció a una generación de mujeres ficólogas que en la primera mitad del siglo XX formaron parte de la vanguardia de especialistas en el estudio de las algas. Sus esmeradas investigaciones establecieron técnicas de cultivo de algas marinas en el laboratorio que han constituido la piedra angular de los cultivos acuáticos en centros de investigación de todo el mundo.

Parke también fue altamente reconocida por sus bellos y precisos dibujos de algas mediante el microscopio óptico. Años más tarde, con su interpretación de la microestructura de estos vegetales gracias al microscopio electrónico, estableció un nuevo modelo analítico en ese campo, tal como ha descrito la escritora británica Catharine M. C. Haines[347].

Primeros años

Mary Parke nació en Liverpool el 23 de marzo de 1908. Fue la segunda hija de William Aloysius Parke y de Mary Magdalene Par-

---

[347] Haines, Catharine (2001). International Women in Science: A Biographical Dictionary to 1950 (Google eBook)

ke; tenía tres hermanas y dos hermanos. Como han informado en su excelente estudio sobre la biografía de Parke los acreditados ficólogos marinos Gordon Elliott (Tony) Fogg (1919-2005)[348] y Gerald T. Boalch (1933)[349], recibió parte de su primera educación en casa y, en una época en que los estudios de biología eran considerados poco apropiados para las jóvenes, su madre, ignorando prejuicios, estimuló en su hija el interés por los organismos vivos.

Posteriormente, Mary Parker consiguió la valorada beca Isaac Roberts Research Scholarship y se matriculó en la Universidad de Liverpool. En 1929, se graduó con honores en botánica y en 1932 obtuvo su doctorado en la misma universidad. Tras permanecer un año como estudiante posgraduada en Liverpool, la joven se trasladó a la ya celebrada Estación Marina Universitaria (University Marine Station) de Port Erin, en la Isla de Man (situada entre las islas de Gran Bretaña e Irlanda).

La Estación Marina, establecida en 1892 como una extensión de la Universidad de Liverpool, proporcionaba un fácil acceso a los ricos y variados hábitats costeros, ofreciendo así la oportunidad para un estrecho contacto diario con las plantas y los animales en su ambiente natural. Durante más de un siglo, han subrayado Boalch y Fogg, constituyó un enclave muy valorado para la investigación biológica, aunque lamentablemente fue cerrada en octubre de 2006.

Un fructífero trabajo en Port Erin

Tras su llegada a la Estación Marina, Mary Parker tuvo la afortunada oportunidad de trabajar bajo la dirección de la ficóloga

---

[348] Fogg, G.E. (2004). Parke, Mary Winifred (1908-1989). Oxford Dictionary of National Biography (online ed.)
[349] Boalch, G. T.; Fogg, G. E. (1991). "Mary Winifred Parke 23 (March 1908 - 17 July 1989)". Biographical Memoirs of Fellows of the Royal Society. 37 (November 1991): 382-397

Margery Knight (1879-1973), profesora de Botánica en la Universidad de Liverpool. Esta acreditada científica es principalmente recordada por sus exhaustivas observaciones citológicas mediante las cuales, siguiendo una rigurosa metodología, realizó valiosos descubrimientos sobre los ritmos de crecimiento y desarrollo de las plantas en su entorno natural.

El primer trabajo que Knight y Parker realizaron juntas fue un cuidado estudio dedicado a la descripción de las algas marinas del extremo sudeste de la Isla de Man. Publicado en 1931 bajo el título Manx algae[350], tenía por finalidad servir de guía a los estudiantes que en aquellos años acudían a la isla. Con anterioridad a esta monografía, escasamente se habían intentado algunos estudios de índole cuantitativa sobre el crecimiento de las algas marinas, pese a que los naturalistas las conocían desde hacía más de 150 años.

Diversos expertos han ponderado además que el método de estudio de Knight influyó profundamente en la brillante carrera profesional de su pupila, quien supo apreciar muy bien las enseñanzas de tan buena maestra en los numerosos trabajos que posteriormente continuaría publicando.

Durante el periodo 1934-1937, la joven Parker se implicó principalmente en un programa de investigación sobre la cría y alimentación de las ostras. Las indagaciones se iniciaron debido a que las larvas de estos moluscos necesitaban pequeñas algas para su dieta, y a que la alta demanda en el mercado justificaba el proyecto. Además de su finalidad comercial, este trabajo permitió a Parker centrar su atención profesional en unos diminutos organismos que hasta ese momento no habían sido científicamente descritos, y que responden al nombre de flagelados; formados por una sola célula, se caracterizan porque presentan uno o dos apéndices móviles en forma de látigo llamados flagelos, que permiten desplazamientos

---

[350] Knight, Margery & Mary W. Parke. Manx Algae (1931)

en un medio líquido. Estos microorganismos constituyen gran parte del alimento de diversos animales acuáticos.

Los flagelados se convirtieron en el principal interés de Mary Parke durante más de cuarenta años. Uno de ellos, un diminuto organismo dorado que posteriormente recibiría el nombre de *Isochrysis galbana*, demostró ser muy adecuado como alimento en la crianza de las ostras. Los cultivos de Parker en Port Erin tuvieron gran éxito, especialmente si tenemos en cuenta que, como rememora Cancio, en aquella época las condiciones de la estación eran aún limitadas, ya que no tenía suministros de electricidad para controlar la temperatura o la iluminación. Con sus ensayos experimentales en Port Erin, Mary Parker alcanzó a partir de 1938 un notable reconocimiento.

En 1941, como experta en algas, Mary Parke se trasladaría al destacado laboratorio marino de Plymouth en el suroeste de Inglaterra, llamado Plymouth Laboratory of the Marine Biological Association, con la misión de evaluar los recursos de algas marinas del Reino Unido y llevar a cabo un trabajo experimental con sus productos derivados.

Conviene señalar al respecto que durante los años de la Segunda Guerra Mundial se interrumpieron los suministros de agar esenciales para importantes trabajos bacteriológicos. Tal importancia radica en que el agar, que forma parte de la pared celular de algunas algas, se extrae de estas con el fin de utilizarlo en la preparación de geles que sirven de soporte para el cultivo, aislamiento y análisis de microorganismos en un medio nutritivo sólido; al aumentar su número se facilita la identificación y el estudio de muchos de ellos.

Nuevas perspectivas de investigación con los flagelados marinos

Cuando en 1945 la guerra acabó, relatan Bolach y Fogg, Mary Parke fue contratada como botánica por la Marine Biological Association (MBA), una sociedad científica fundada en 1884 y que tiene su sede en Plymouth. Tuvo entonces la satisfacción de recuperar las líneas de investigación que tanto le habían interesado en los años de Port Erin.

Avanzando por esta senda, a partir de 1947 la científica fue estableciendo diversos cultivos de distintas algas, a las que describía con gran meticulosidad y acompañaba de bellos y precisos dibujos. Sus ilustraciones tenían tal claridad y elegancia que se convirtieron en el emblema que marcaría las publicaciones de Parke en este campo. Tan amplio proyecto dio como resultado el desarrollo de una extensa colección de cultivos de algas marinas altamente apreciada por la comunidad de especialistas, hoy conocida como Plymouth Culture Collection[351].

Inicialmente, los estudios de Parke estuvieron basados en observaciones procedentes del microscopio óptico. Dado que el material de trabajo consistía en organismos realmente diminutos, el uso de ese tipo de microscopio hacía inevitable que presentaran ciertas limitaciones obvias. El horizonte del trabajo de Parke, sin embargo, se vio enormemente ampliado a finales de la década de 1940 gracias a un nuevo y poderoso instrumento: el microscopio electrónico. Apuntemos, aunque sin entrar en detalles técnicos, que el microscopio electrónico es de considerable utilidad para la ciencia gracias a su gran poder de aumento. Debido a que usa electrones en lugar de la luz visible, puede formar imágenes de objetos diminutos hasta un millón de veces aumentadas. El primero fue diseñado entre los años 1922 y 1935, y en torno a una década más tarde empezó a usarse para la investigación científica.

En esta etapa de sus investigaciones, Mary Parke recibió en su laboratorio la visita de la brillante botánica inglesa profesora de la Universidad de Leeds, Irene Manton (1904-1988), quien

---

[351] Plymouth Algal Culture Collection (PDF). The Phycologist (67). Autumn 2004.

estaba entre las primeras personas que había aprendido a utilizar con notable pericia y éxito el microscopio electrónico. Conjuntamente, se dedicaron al estudio de la gran variedad de cultivos de algas coleccionadas por Parke, logrando espectaculares avances en el conocimiento de su morfología y ultraestructura. El término ultraestructura hace referencia a determinadas partes de los organismos que solamente pueden observarse con el microscopio electrónico. Según la comunidad especializada, constituyeron uno de «los dúos más fructíferos y de larga duración en la historia de la ciencia».

Las contribuciones de las dos científicas se complementaron magníficamente. De inmediato comprendieron que la colección de cultivos de Plymouth representaba una rica fuente de distintos tipos de flagelados que podía proporcionarles excelentes y novedosos hallazgos. Las micrografías, esto es, imágenes de objetos no visibles a simple vista tomadas mediante la ayuda de instrumentos ópticos o electrónicos, resultaron de enorme valor.

Las exquisitas micrografías del electrónico realizadas por Irene Manton, han explicado Boalch y Fogg, junto a las meticulosas interpretaciones aportadas por Mary Parker a partir de micrografías del microscopio óptico, junto a sus excelentes dibujos, proporcionaron una inestimable información sobre la morfología de cada organismo.

Manton y Parke describieron con sumo detalle y rigor tres nuevos géneros y 16 especies también desconocidas hasta entonces que dieron lugar a 14 artículos en los que se incluían conocimientos sustanciales sobre los flagelados marinos más pequeños, revelando muchos aspectos de su ultraestructura inéditos hasta esos momentos. Además, las técnicas desarrolladas por estas investigadoras pudieron usarse para numerosos estudios posteriores en laboratorios británicos y del extranjero[352].

---

[352] Ogilvie, Marilyn and Joy Harvey (2000). The Biographical Dictionary of Women in Science, Routledge

Últimas etapas de una vida singular con merecidos reconocimientos

Tras la exitosa colaboración con Irene Manton, Parke publicó una lista revisada de las algas marinas británicas, Check-lists of British Marine Algae, que sería su publicación más citada. La primera salió a la luz en 1953, y fue actualizada y revisada en sucesivas ocasiones con el fin de añadir nueva información. «Dado que la flora de algas británicas es tan cosmopolita, ha subrayado Cancio, esas publicaciones son de gran valor para cualquiera interesado en los estudios ficológicos del mundo»[353].

Los citados ficólogos Boalch y Fogg han hecho hincapié con admiración en los notables logros de esta destacada científica, apuntando que «el registro algológico de la Isla de Man y la región de Plymouth, y la lista revisada de las algas marinas británicas elaboradas por Parke reflejan claramente que el extenso rango de sus conocimientos sobre algas junto a su prodigiosa memoria sobre la bibliografía, permitieron a la científica alcanzar niveles en el tema al que muy pocos ficólogos actuales pueden aproximarse».

Entre las diversas actividades de Mary Parker, cabe citar, solo a modo de ejemplo, que en 1952 tomó parte en la fundación de la British Phycological Society, siendo su presidenta entre 1950 a 1960. Editó The British Phycological Bulletin en 1967. Además, recibió premios y distinciones procedentes de diversos centros extranjeros. Asimismo, fue incluida en la prestigiosa Linnean Society, y en 1986 recibió el galardón de doctora honoraria en ciencias concedido por la Universidad de Liverpool. (G. E. Fogg, 2004).

Por su parte, el citado profesor Ibor Cancio ha señalado que «Mary Parke será siempre recordada por su trabajo pionero en flagelados y por las técnicas de cultivos de algas». Además, el profe-

---

[353] Cancio, Ibon. Mary Parke, the phycologist with 'green fingers' for tiny marine algae 22. de marzo 2021

sor Cancio ha enfatizado que «la colección de algas en cultivo de Parke, consistente en 80 géneros de fitoplacton marino, es parte de su legado. Se destaca igualmente su espíritu siempre deseoso de compartir sus cultivos con quien mostrase interés en estudiarlos con el fin de promocionar los avances en bioquímica microbiana [...]. Los recursos biológicos de esa colección son accesibles hoy para investigadores e investigadoras de todo el mundo».

En 1973, Mary Parker se jubiló. Falleció en Plymouth tras una corta enfermedad, según ha descrito G. E. Foog en 2004. Dejó tras de sí una indeleble huella en el conocimiento del mundo de las algas marinas, lo que constituye un magnífico referente de trabajo científico femenino[354].

Ruth M. Patrick (1907-2013), gran figura en el mundo de las algas

Los conocimientos sobre los ecosistemas de agua dulce, que incluyen ríos, arroyos o lagos, experimentaron en la década de 1930 un enorme impulso gracias a los estudios de la bióloga estadounidense Ruth Myrtle Patrick. Científica con un apasionado interés por comprender la contaminación fluvial y sus causas, se convirtió tras una fructífera carrera, en una figura mundialmente reconocida en esta especialidad[355].

Ruth Patrick nació el 26 de noviembre de 1907 en Kansas, donde muy pronto se despertó su vocación por las ciencias naturales bajo la influencia de su padre, Frank Patrick, un abogado que acostumbraba a llevarla junto a su hermana durante los fines

---

[354] Martínez Pulido, Carolina. Mary Winifred Parke (1908-1989), cultivando algas marinas. https://mujeresconciencia.com/2024/04/10/mary-winifred-parke-1908-1989-cultivando-algas-marinas/
[355] Tristán, Rosa M. Ruth M. Patrick, un siglo salvando ríos con las 'joyas del mar'. Mujeres con ciencia, Vidas científicas, 26 diciembre 2023

de semana a excursiones para recolectar especímenes en arroyos y charcos, a los cuales luego analizaban en casa con un microscopio, según ha relatado el naturalista e historiador de la Academia de Ciencias Naturales de la Universidad de Drexel, Robert Mc-Cracken Peck[356], quien sería su colega y amigo durante más de cincuenta años.

A los siete años su padre le regaló un microscopio, dándole además un sabio consejo que ella siguió durante toda su vida: «No cocines, no cosas. Puedes pagar a otras personas para que lo hagan por ti. Lee y mejora tu mente». La joven Ruth asistió al colegio en Missouri y se graduó en 1925. Luego, en 1929, se matriculó en la Universidad de Virginia, obteniendo un master en 1931 seguido de un doctorado en 1934[357].

Desde muy pronto se sintió fascinada por las diatomeas, un grupo de algas unicelulares que constituyen uno de los tipos más comunes de fitoplancton. Las primeras investigaciones que realizó trataron sobre diatomeas fosilizadas, con las que pudo demostrar que el lago llamado Great Salt Lake no siempre había sido salino, ya que las pequeñas algas evidenciaban, como se describe en Wikipedia, que en el pasado había constituido un bosque al que posteriormente inundarían las aguas del mar.

Ruth Patrick se casó dos veces; en 1931 con el entomólogo Charles Hodge IV con el que tuvo un hijo. Por petición de su padre conservó el apellido de soltera durante toda su vida. En una entrevista celebrada años más tarde, su marido comentaba que convivir con Ruth «era como estar casado con la cola de un cometa». Hodge murió en 1985; su segundo marido fue Lewis H. Van Dusen Jr.

En 1934, el mismo año en que leyó su tesis doctoral, se incorporó a la internacionalmente conocida Academia de Ciencias Na-

---

[356] Peck, Robert McCracken. In Memoriam: Ruth Patrick (1907-2013). Posted on November 13, 2013
[357] Wikipedia. Ruth Myrtle Patrick

turales de Filadelfia. En aquellos años las mujeres científicas eran muy escasas y el trabajo femenino apenas se apreciaba; prueba de ello es que inicialmente Ruth Patrick no recibió ningún salario y, entre otras advertencias, tuvo que tolerar, como ha descrito la acreditada periodista científica Julie Zauzmer, la sugerencia de «no usar lápiz de labios durante su trabajo».

Investigó sin paga alguna durante ocho años, hasta 1945. A partir de 1947 entró a formar parte del Departamento de Limnología de la Academia, donde continuó su línea de investigación durante largos años. Recordemos que la limnología es una rama de la ciencia dedicada al estudio ecológico de los ambientes acuáticos continentales (lagos, lagunas, embalses, ríos, arroyos), abarcando sus aspectos físicos, químicos y biológicos. Robert Peck ha señalado que «los conocimientos [de Ruth Patrick] sobre diatomeas y su papel en los ecosistemas acuáticos se convertirían en centrales durante su carrera profesional».

Como relata la periodista especializada en divulgación científica y ambiental Rosa Tristán, en 1939 Patrick fue nombrada conservadora de la Academia. Desde este puesto de trabajo se dedicó a organizar la excelente colección de diatomeas conservadas en este centro, lo que hizo posible que hoy sea una de las más grandes del mundo, con cerca de 220.000 preparaciones microscópicas de las citadas algas. Asimismo, la joven bióloga puso en marcha un sistema de archivo para los nuevos especímenes que recolectaba. En 1945, ya era jefa de microscopía.

Precursora en detectar los peligros de la polución

En una época en la que los problemas relacionados con la contaminación apenas afectaban a la conciencia de la comunidad científica, y tampoco a la opinión pública, Patrick se adelantó a su tiempo al comprometerse seriamente con estudios de índole ambiental. Intensamente dedicada a la ecología de ambientes de agua dulce, ya desde la década de 1930 sus fructíferos resultados empezaron a ganar cierta atención mundial.

Diversos autores y autoras han subrayado la sorprendente creatividad de esta investigadora, que fue capaz de aportar innovadoras ideas a los estudios sobre las condiciones ambientales de los ecosistemas acuáticos y la calidad de sus aguas. Por ejemplo, planteó el desarrollo de una nueva fórmula utilizando a las diatomeas como indicadores de contaminación.

En 1945 diseñó un aparato para tomar las mejores muestras de diatomeas, analizar la biodiversidad del agua y determinar su salubridad general. Junto a su equipo de investigación compuesto por especialistas en diversas disciplinas (biología, física, química), logró fomentar el interés de la comunidad especializada por investigar los contaminantes y sus efectos sobre los ríos, lagos y fuentes de agua dulce, tal como ha explicitado la escritora Rachel Swaby[358].

Al respecto, Robert M. Peck describe que «Ruth Patrick organizó un Departamento de Limnología en la Academia (Academy's Limnology Department) e inauguró la primera serie de estudios pioneros sobre arroyos y ríos contaminados de Pennsylvania». El experto subraya que «el uso de las diatomeas como indicadores de la calidad del agua [propuesto por Patrick], y su insistencia por observar el ecosistema completo de un río para diagnosticar su salubridad, estuvieron entre las primeras señales de la gran influencia que cobraron las ideas de la investigadora». En esta línea, el conocido biólogo conservacionista estadounidense Thomas Lovejoy, al reconocer que la diversidad biológica es un indicador crítico de la salud ambiental optó por darle el nombre de «Patrick Principle».

Como explica la periodista científica Rosa Tristán, el principio «se basa en que las diatomeas tienen una gran sensibilidad a los

---

[358] Swaby, Rachel (2015). Headstrong : 52 women who changed science-- and the world (First ed.). New York

cambios ambientales de su entorno, de modo que modificaciones químicas de las aguas que habitan hacen que se reproduzcan más unas especies o aumenten sus poblaciones según qué elemento varíe, de forma que es posible saber qué tipo de contaminación existe en un entorno acuático en función de su análisis. Para estudiar estos organismos en corrientes de agua, Patrick diseñó un dispositivo llamado diatómetro».

Con la información obtenida a partir de sus estudios y empleando su contagioso entusiasmo por el tema, Patrick se convirtió en una verdadera líder sobre ecosistemas de agua dulce. Robert Peck ha resaltado que la científica «colaboró con el Congreso de los Estados Unidos en el desarrollo de las directrices para detectar y evitar la contaminación del agua. Trabajó sin descanso en Washington y en otros sitios con la finalidad de dar forma a importantes piezas de la legislación ambiental. Su prestigio la llevó ser consejera científica en casi todos los congresos y de cada presidente, desde Lyndon Johnson a Ronald Reagan»[359].

A lo largo de toda su vida, Ruth Patrick no dejó en ningún momento de hacer trabajo de campo. En una entrevista, ha comentado Julie Zauzmer, la científica confesaba que «mi mayor objetivo ha sido ser capaz de diagnosticar la presencia de polución y lograr desarrollar medios para eliminarla». Llegó a transitar por aproximadamente 850 ríos y arroyos en diversas partes del mundo, consiguiendo atraer el interés tanto científico como político hacia los problemas de la polución de las aguas. Producto de la amplitud de sus logros, alcanzó resultados tan valiosos que llegó a ser una de las primeras científicas en hablar alto y claro sobre el calentamiento global.

Durante casi 80 años, esta dinámica experta permaneció vinculada a la Academia de Ciencias Naturales y, como ha rememorado Robert M. Peck, en 1973 fue la primera mujer elegida académica

---

[359] "In Memoriam: Ruth Patrick (1907-2013)". amnat.org. 2019-03-03

en este ámbito. Posteriormente, ha sido incluida en un libro dedicado a las «52 mujeres que cambiaron la ciencia en el mundo».

Cuando Ruth Patrick cumplió 100 años, continúa narrando Peck, la Academia celebró una cena en su honor. «Acudieron centenares de amigos y colegas procedentes de todo el mundo; además, recibió numerosas cartas de jefes de estado y de organizaciones científicas, colegas universitarios y de otras instituciones». Y el escritor Peck apostilla, confesando su emoción, que «las cartas más cálidas fueron las enviadas por niños y niñas escolares que habían leído sobre sus logros y se sentían estimulados por la historia de su vida».

Concluyendo, Peck sostiene que «la obra de Ruth Patrick será siempre recordada por su aproximación holística a los estudios ambientales, sus exitosos esfuerzos para mediar entre la ciencia y la industria, y por una efectiva diplomacia al ayudar a dar forma a las políticas del gobierno sobre el medio ambiente. También será recordada por su calidez, energía, sentido del humor, generosidad y una curiosidad sin límites».

Los trabajos de la investigadora han sido ampliamente publicados, y en vida recibió numerosos premios en reconocimiento a sus meritorias contribuciones[360]. Entre el elevado número de galardones concedidos, cabe destacar que en 1996 el presidente Bill Clinton reconoció públicamente sus numerosas aportaciones entregándole la National Medal of Science, el mayor honor científico del país.

En la actualidad, ha rememorado Rosa Tristán, varios centros de investigación llevan su nombre. Por ejemplo, el Centro Patrick de Investigación Ambiental de la Universidad Drexel (heredero del departamento de Limnología fundado por ella) o el Centro de Educación de la Ciencia Ruth Patrick, en la Universidad Aiken de Carolina del Sur.

---

[360] National Women's Hall of Fame, Ruth Patrick. https://www.womenofthehall.org/inductee/ruth-patrick/

El 23 de septiembre de 2013 falleció Ruth Patrick en su casa a los 105 años de edad. Como ha descrito Julie Zauzmer, dejó la mayor parte de sus libros sobre microscopía y observaciones microscópicas a la prestigiosa biblioteca científica estadounidense Linda Hall Library.

Robert McCracken Peck ha dejado escrito en su obituario que «era una apasionada por la ciencia, y en su carrera profesional fue cálida en el trato y amable con sus estudiantes y colegas. Profesionalmente era brillante, rigurosa y muy exigente con el nivel del trabajo científico. Y concluye: «Fue una gran figura en el mundo de la ciencia».

Elsie Pearson Burrows (1913-1986) ante el significado de las macroalgas

En la historia del cultivo de algas marinas de tamaño relativamente grande, las llamadas macroalgas, destaca la figura de la botánica inglesa Elsie M. Pearson Burrows, quien realizó aportes notables a la ficología británica. Sus excelentes estudios sobre los ecosistemas naturales de macroalgas marinas le permitieron esclarecer problemas ecológicos mediante innovadores cultivos en el laboratorio. El éxito de su trabajo la llevó a figurar entre las primeras personas capaces de cultivar estos organismos bajo condiciones controladas, tal como ha descrito el profesor de Ecología Marina de la Universidad de Liverpool, Trevor A. Norton (1940-2021) [361].

Una destacada investigadora

Elsie Pearson asistió al University College en su pueblo natal Leicester, donde en 1935 se graduó en Botánica, Zoología y Quími-

---

[361] Norton, T.A. (1987). Elsie M. Burrows (1913-1986). British Phycological Journal. 22 (4): 317-319

ca. Al año siguiente, contrajo matrimonio con un químico industrial, añadiendo a su nombre el apellido Burrows. Poco después empezó a trabajar con el cargo de investigadora ayudante en el Departamento de Botánica de la Universidad de Liverpool, centro en el que pasaría el resto de su vida profesional[362].

Los primeros años de Elsie Pearson Burrows como investigadora fueron un poco difíciles, según ha relatado Trevor Norton, porque tuvo que enfrentarse a los obstáculos interpuestos por un profesor notablemente misógino, que incluso logró retrasar su carrera. Afortunadamente, la joven Elsie contó con el apoyo de su profesora de botánica, la acreditada Margery Knight, quien era en aquellas fechas una influyente figura en la universidad. Finalmente, en 1948 Pearson Burrows leía su tesis doctoral con un notable trabajo sobre la biología de *Ascophyllum nodosum*, una especie de alga parda propia del Océano Atlántico Norte.

Conviene señalar que el término macroalgas hace referencia a los miles de especies de algas marinas macroscópicas (que se ven a simple vista) que son multicelulares. Se trata de algunas macroalgas rojas (*Rhodophyta*), pardas (*Phaeophyta*) y verdes (*Chlorophyta*), que proporcionan un hábitat favorable y protector para los peces y otras especies marinas (Wikipedia).

Durante su carrera profesional, Elsie Pearson Burrows permaneció «fascinada por la ecología de las macroalgas, y en un tiempo en que los ecologistas [preocupados por las] costas estaban altamente comprometidos con estudios descriptivos, ella se dedicó a realizar experimentos en cultivos de laboratorio con el fin de esclarecer diversos problemas ecológicos», ha matizado Norton, añadiendo que «demostró que incluso los especímenes relativamente grandes de *Fucus* o *Laminaria* podían cultivarse con éxito en el laboratorio y, por lo tanto, usarse para la investigación experimental bajo condiciones controladas».

---

[362] Wikipedia. Elsie M. Burrows.

Señalemos que el género *Fucus* es un alga parda muy común en las costas atlánticas de Europa y Norteamérica, que puede crecer hasta un metro de largo. Es apreciada por ser una fuente original de yodo, elemento que ayuda a prevenir o tratar el bocio, un trastorno de la glándula tiroides causado por deficiencia de dicho elemento. El género *Laminaria* es también un alga parda que forma largas láminas correosas con propiedades beneficiosas para la piel.

Según ha descrito Norton, los primeros trabajos de Pearson Burrows sobre diversas especies de *Ficus* fueron en su mayor parte realizados en colaboración con la doctora en botánica Sheila Lodge de la Estación biológica Marina (Marine Biological Station), en Port Erin. Era un centro establecido en 1892 como una extensión de la Universidad de Liverpool, que proporcionaba un fácil acceso a los ricos y variados hábitats costeros. Durante más de un siglo constituyó un enclave muy valorado para la investigación biológica, aunque lamentablemente se cerró en octubre de 2006.

La línea de trabajo emprendida por Elsie Pearson Burrows y Sheila Lodge estaba centrada en los aspectos ecológicos de distintas especies del género *Fucus*. En este tema lograron dilucidar facetas sumamente novedosas sobre las complejas interrelaciones entre las algas, las lapas y los percebes. Sus resultados salieron a la luz en 1950 y, de inmediato, se colocaron en la vanguardia de este ámbito de estudio, ya que anticipaban las interacciones dinámicas entre organismos diversos que, como indica Norton, «tanto preocupan a los ecólogos del presente».

Con posterioridad, Pearson Burrows dedicó sus esfuerzos a las algas marinas existentes a niveles inferiores al de la marea baja. En colaboración con un grupo de estudiantes de doctorado, llevó a cabo detallados estudios de casi todas las especies de algas pardas grandes, propias de la flora de la bahía de Port Erin. Sus originales hallazgos proporcionaron «las descripciones más vívidas y completas de una población de algas marinas», según la afirmación de Norton.

Elsie Pearson Burrows no se limitó al estudio de las algas pardas. Dedicó los últimos años de su carrera profesional a la taxonomía de las algas verdes, obteniendo importante información sobre las *Chlorophytas,* presentes en las costas marinas británicas. Todo ello se concretó en un magnífico y cuidado trabajo que, desafortunadamente, la científica no vivió para verlo publicado.

Un aspecto muy destacado en la vida de esta importante experta fueron los y las alumnas que formó. En palabras de Trevor Norton: «Sorprendentemente, hasta 1960 la Dra. Burrows no supervisó a su primer estudiante de investigación. Sin embargo, en los siguientes 15 años formó no menos de 16 estudiantes de doctorado. Muchos de estos se convirtieron en ficólogos de referencia tanto en Gran Bretaña como en Norte América, y continuaron con temas seleccionados [e inculcados] por Burrows sobre la ecología de las algas marinas».

Quienes tuvieron la oportunidad de formase con ella, entre los que se encuentra el propio Trevor Norton, la han descrito como una persona muy generosa, tanto con su tiempo como con sus recursos, pues llegó a menudo a subvencionar viajes al campo empleando dinero de su propio bolsillo. Además, probablemente debido a su experiencia por haber sufrido a un misógino de cerca, siempre mantenía un ojo avizor sobre sus estudiantes mujeres y un severo control sobre los varones más problemáticos.

Elsie Pearson Burrows fue miembro fundadora de la British Phycological Society, y vicepresidenta de la organización desde 1957 a 1958, sociedad en la que estuvo implicada durante el resto de su vida. Numerosas especies recolectadas e identificadas por ella permanecen en el herbario del Museo de Ulster (Ulster Museum).

Al jubilarse, padecía una débil salud y se trasladó a vivir a Dorset, donde apunta Norton que «falleció pacíficamente en el hospital el 26 de agosto de 1986 tras una prolongada lucha contra un cáncer». Y, finalmente, Norton añade «pero como más vívidamente la recuerdo es vestida con una ligera gabardina, azotada por el viento y la lluvia, intentando inspeccionar la costa, heroicamente ajena al mal tiempo. La ficología británica ha perdido una pionera y uno de sus espíritus más valientes».

Carmen Pujals (1916-2003), encuentro entre ciencia y aventura en el sur del mundo

Los estudios de ciencias naturales presentan una faceta muy atractiva: aquella que está relacionada con exóticos viajes y prometedoras aventuras. Ciertamente, a lo largo de la historia se suele recordar a numerosos naturalistas que pasaron gran parte de sus vidas profesionales en la búsqueda de nuevos especímenes para la ciencia, recorriendo parajes muchas veces peligrosos y escasamente explorados. Como era de esperar, estos personajes aventureros normalmente estaban asociados a figuras masculinas.

En este apartado queremos subrayar que tal asociación no siempre es cierta. También se cuenta con mujeres naturalistas que han sido valientes exploradoras, protagonistas de arriesgados viajes cuyos resultados han conseguido expandir los conocimientos científicos. Dado que en su mayoría han sido olvidadas y sus aportaciones se pasaron por alto o se atribuyeron a varones, queremos recordar a cuatro grandes biólogas que realizaron un exitoso viaje hasta el polo sur. Entre ellas figura la botánica Carmen Pujals[363].

En la ciudad de Buenos Aires, Argentina, el 13 de enero de 1916 nacía Carmen Pujals hija de padres catalanes. Cinco años después, la familia optaba por trasladarse a Barcelona, donde Carmen realizó sus estudios primarios y cursó el bachillerato.

---

[363] Martínez Pulido, Carolina. Carmen Pujals, encuentro entre ciencia y aventura en el sur del mundo. https://mujeresconciencia.com/2022/08/18/carmen-pujals-encuentro-entre-ciencia-y-aventura-en-el-sur-del-mundo/

Durante su infancia y adolescencia, la joven pasaba las vacaciones de verano en una casa situada en la bella costa del mar Mediterráneo. Sus paseos por la playa y las incursiones nadando y sumergiéndose en el mar, despertaron su interés por las diversas algas marinas que iba descubriendo; admirada, contemplaba los colores, formas y tamaños de estos originales organismos[364].

Recordemos brevemente que en su mayor parte las algas son acuáticas y presentan una morfología muy variada, ya que pueden ser microscópicas o alcanzar hasta más de 50 metros de longitud. Según su pigmentación, se dividen en algas verdes (clorofitas), pardas (feofitas) o rojas (rodofitas). Son autótrofas, esto es, fotosintéticas, ya que generan materia orgánica a partir de materia inorgánica utilizando la energía de la luz. En la actualidad se han descrito más de 30.000 especies de algas.

La curiosidad e interés de Carmen Pujals, como apunta la bióloga argentina Liliana Quartino, fue aumentando con el tiempo hasta que terminó por convertirse en una decidida vocación: estudiaría Ciencias Naturales.

En 1935, cumpliendo su deseo, la joven se matriculaba en la Universidad de Barcelona para estudiar biología. No obstante, aquellas eran unas fechas plagadas de inquietudes en la sociedad española, pues en el horizonte empezaba a vislumbrarse la posibilidad de que estallase una guerra civil. Ante tal amenaza, la familia optó por regresar a la Argentina.

Una vez en su país de nacimiento, Carmen Pujals ingresó en la Universidad de Buenos Aires (UBA), reiniciando sus estudios de Ciencias Naturales. Poco después empezó a colaborar con el acreditado botánico Alberto Castellanos (1896-1968), quien sería su maestro y guía en el estudio de las algas marinas. El 30 de julio de

---

[364] Quartino, María Liliana (2005). «Carmen Pujals (1916-2005)». Bol. Soc. Argent. Bot. v.40 n.1-2. Córdoba ene./jul. 2005

1945, tras una destacada carrera, obtenía el título de Licenciada en Ciencias Naturales (orientación Botánica).

Una productiva carrera profesional

Una vez graduada, Carmen Pujals decidió especializarse en ficología, la rama de la botánica dedicada al estudio de las algas. En 1947, comenzó sus actividades en el Laboratorio de Ficología Marina del Museo Argentino de Ciencias Naturales (MACN); este museo representa la institución científica más antigua del país, pues su origen se remonta al 27 de junio de 1812. Como ha testimoniado Daiana Paola Ferraro[365] y colaboradoras, bióloga del MACN, ahí desarrolló su labor científica durante 43 años ininterrumpidos, hasta el 30 de septiembre de 1990.

Una expedición a la Antártida, extraordinaria combinación de ciencia y aventura

Antes de continuar, señalemos que la Antártida, situada a 60 grados de latitud sur y con más del 99 % de sus tierras emergidas cubiertas de hielo, es el continente más frío y seco del planeta. Con temperaturas invernales que llegan a -60°C y donde los vientos alcanzan hasta 200 km/h, es terriblemente inhóspita. Pese a todo, en 1904 empezó la exploración científica de este continente; una actividad que se intensificó en 1959 con la firma del Tratado Antártico, cuyo fin era establecer aquel lejano lugar como una «reserva natural, consagrada a la paz y a la ciencia».

---

[365] Ferraro, Daiana Paola, Laura Isabel de Cabo, Marcela Mónica Libertelli, María Liliana Quartino, Laura Chornogubsky, Soledad Tancoff, Yolanda Davies & Laura Edith Cruz. «Mujeres científicas del Museo Argentino de Ciencias Naturales: "Las Cuatro de Melchior"». Rev. Mus. Argentino Cienc. Nat., n.s. 22(2): 249-264, 2020

El Museo Argentino de Ciencias Naturales no se mantuvo ajeno a la exploración del Atlántico Sur, pues desde el año 1923, había comenzado a enviar expediciones a la Antártida[366]. Entre sus objetivos, figuraba el investigar los distintos aspectos de la biodiversidad en tan original continente. Hasta finales de 1960, todos los viajes habían sido liderados por hombres; unas pocas mujeres, como han descrito diversas investigadoras, habían llegado al «continente blanco» acompañando a sus maridos. Sin embargo, a fines de 1960 hubo un hito que modificó la historia de la ciencia en la Antártida.

Durante varios años, Carmen Pujals, junto a otras tres destacadas investigadoras del MACN, habían estado planeando un proyecto de investigación cuyo objetivo era viajar hasta la Antártida con el fin de recolectar la mayor cantidad posible de muestras de los organismos que habitan en ambientes tan extremos. Como han descrito Daiana Ferraro y sus colegas, basándose en la información proveniente de diversas publicaciones históricas y de un análisis exhaustivo de los legajos particulares conservados en el Museo, además de Pujals, que por entonces tenía 52 años, sus compañeras protagonistas participantes en el proyecto eran las biólogas Irene María Bernasconi (1896-1989), destacada especialista en equinodermos (invertebrados entre los que se encuentran, por ejemplo, las estrellas y los erizos de mar), siendo la mayor del grupo, pues contaba 72 años; María Adela Caría, experta bacterióloga y jefa de microbiología del MACN, de 56 años de edad; y Elena Dolores Martínez Fontes (1915-1989) jefa de la Sección Invertebrados Marinos del MACN, con 53 años de edad.

Entre las cuatro, presentaron a la dirección del museo un amplio proyecto de investigación cuya finalidad era estudiar con el mayor detalle posible los distintos aspectos de la biodiversidad

---

[366] Hadad, Carolina. «Las cuatro de Melchior: quiénes fueron las primeras argentinas en liderar una expedición antártica». La Nación. 15 de diciembre de 2021

antártica. Tras diversos debates y titubeos, en el año 1968 finalmente se acordó subvencionar el creativo y audaz propósito de las investigadoras. Tal como ha certificado Daiana Ferraro et al. «El equipo científico estaba acompañado por once hombres del Servicio de Hidrografía Naval (entre ellos buzos). La organización del viaje incluyó armar cinco laboratorios móviles que trasladaron en más de 30 bultos, los cuales fueron cuidadosamente preparados durante varios meses, así como también el diseño de herramientas confeccionadas exclusivamente para esta campaña».

La expedición se desarrolló entre el 7 de noviembre de 1968 y el 2 de febrero de 1969. El equipo científico viajó a bordo del buque carguero Bahía Aguirre de la Marina de Guerra que zarpó desde la ciudad de Buenos Aires (Ferraro et al., 2020). Justo antes de partir, en una entrevista concedida al periódico La Nación, las cuatro pioneras confesaban estar concretando un sueño largamente compartido; admitían que «lo hemos deseado toda la vida». Y lo lograron; merecidamente se convirtieron en las primeras mujeres en dirigir una expedición científica en aquellas lejanas tierras.

Al llegar a su destino, las intrépidas precursoras se instalaron en la base científica Melchior, la primera establecida en la Antártida, inaugurada en 1947. Por ello se las conoce popularmente como «las cuatro de Melchior». Cuando llegaron, la base llevaba cerrada más de cinco años y estaba literalmente cubierta de nieve; en consecuencia, todo el equipo sin excepciones tuvo que trabajar en la reparación de las instalaciones. Superando todas las dificultades de logística y las propias del adverso entorno en que se encontraban, la expedición resultó un éxito.

Ciertamente, el trabajo realizado a lo largo del verano austral fue memorable. Durante dos meses y medio las científicas recorrieron casi 1000 km en bote, trabajando sin pausa con el fin de aprovechar al máximo aquella excepcional oportunidad. Diversas autoras han descrito que dirigieron con notable acierto la instalación de numerosas redes en profundidades de hasta 180 metros, así como rastreos de fondo a 150 metros de profundidad para recolectar organismos bentónicos (aquellos que habitan el fondo de los ecosistemas acuáticos). Consiguieron tomar más de 100 muestras de agua y sedimentos, y numerosos especímenes de diversas especies de flora y fauna marinas; además, realizaron recuentos de bacterias y cultivos de estos microorganismos. También reunieron un elevado número de ejemplares para analizarlos a su vuelta, en los laboratorios de Buenos Aires.

La gran cantidad de muestras de organismos antárticos, producto del extraordinario trabajo de estas científicas, alcanzó un valor incalculable. Actualmente, se encuentran formando parte de las apreciadas colecciones con que cuenta el Museo Argentino de Ciencias Naturales.

Las meritorias contribuciones de Carmen Pujals

Como resultado del fructífero viaje a la Antártida, Pujals consiguió enriquecer el Herbario del MACN con cientos de ejemplares de algas marinas pardas, verdes y rojas. Uno de sus logros más destacados fue identificar un alga parda, *Cystosphaera jacquinotii*, que otras expediciones habían intentado localizar infructuosamente durante años.

La carrera profesional de Carmen Pujals, sin embargo, no se limitó a la descripción y clasificación de los ejemplares conseguidos durante el famoso proyecto; con posterioridad, logró ampliar y profundizar sus estudios sobre algas y llegó a convertirse en una apreciada especialista en su país y a nivel internacional.

Una de sus antiguas alumnas, la citada Liliana Quartino, anotaba que «en 1971, tras solicitar la autorización de la Embajada Británica, efectuó un importante viaje a las Islas Malvinas. Permaneció en este lugar durante más de un mes recorriendo minuciosamente sus costas y coleccionando diversos ejemplares de algas marinas».

Quartino continúa recordando que «en el mes de noviembre de 1992 algunos de sus colegas y amigos tuvimos la satisfacción de recrear un viaje de estudio a la ciudad de Puerto Deseado, en la Patagonia, y allí con sus jóvenes 76 años, Carmen se mostró entusiasta y activa, disfrutando coleccionar ejemplares de algas marinas en diferentes sitios de la costa. Para ella, fue también un reencuentro con la ciudad patagónica en la que, cuando era una joven ficóloga, había realizado numerosos viajes de campaña»..

Entre sus múltiples recuerdos de la científica, Liliana Quartino ha precisado que «Carmen tenía un temperamento muy exigente en lo referido a la calidad y detalle del trabajo, lo que determinó que la lista de sus publicaciones fuera corta, pero, subraya, quienes las utilizamos sabemos que comprende artículos sumamente valiosos, cuidadosamente redactados, siendo algunos de ellos ampliamente reconocidos actualmente a nivel internacional».

Además, indica Quartino, «su sencillo laboratorio siempre estaba abierto para quienes se acercaban a formularle alguna consulta. Allí los recibía con suma amabilidad, haciendo a un lado sus trabajos habituales para dedicarse con esmero y exclusividad a lo que necesitaran, tanto fuera orientar en una búsqueda bibliográfica como observar algas al microscopio».

Tampoco debe olvidarse, subraya Quartino, que la infatigable Carmen Pujals dedicó gran parte de su tiempo a organizar, enriquecer y documentar los ficheros del MACN. Gracias a esta cuidada actividad, tales archivos siguen siendo de gran utilidad y consulta permanente tanto para estudiantes como para especialistas.

Finalmente, esta antigua alumna, luego colega, concluye que «Carmen Pujals ha sido una notable investigadora que ha contribuido considerablemente al conocimiento de la taxonomía de algas marinas, y que ha sido también una gran maestra para los ficólogos de nuestro país a quienes supo brindarnos desinteresadamente todas sus enseñanzas, entre las cuales se destacan los valores éticos y la excelencia en el trabajo [...]. Su imborrable recuerdo estará siempre presente entre todos aquellos que hemos tenido la satisfacción de conocerla».

Por su parte, Daiana Ferraro y sus colegas también han hecho hincapié en la extensa tarea docente realizada por Carmen Pujals en la Facultad de Ciencias Exactas y Naturales de la Universidad de Buenos Aires. Asimismo, estas investigadoras han puesto el acento en las múltiples colaboraciones de Pujals con diversas instituciones locales y extranjeras, y su reconocida producción científica, especialmente en taxonomía de *Rhodophyta* (algas rojas) del litoral marítimo argentino. Todo ello ha convertido a esta investigadora en una acreditada especialista en Ficología. A lo expuesto cabe añadir que Carmen Pujals tuvo el honor de ser una de las cofundadoras de la Asociación Argentina de Ficología.

Reconocimientos

En su estudio sobre el viaje científico al «continente blanco», Daiana Ferraro y sus colegas sostienen que «este hecho histórico refleja cómo cuatro mujeres investigadoras participaron en una expedición antártica por primera vez, [algo que] no ha pasado desapercibido, habiéndose conmemorado en diversas ocasiones». Unos meses después de finalizado el viaje, en octubre de 1969, «la "Embajada de Mujeres de América" les rindió homenaje, y entregó una medalla recordatoria a cada integrante de la expedición por convertirse en "el primer grupo femenino que participó en una Campaña Antártica con el fin de desarrollar tareas científicas"». Décadas más tarde, en 2018, al cumplirse los 50 años de esta expedición, el Correo Argentino emitió un sello conmemorativo, que mostraba en su parte frontal el contorno del continente antártico y la fotografía de las cuatro científicas.

Ese mismo año de 2018, el Instituto Antártico Argentino informó de la incorporación de cuatro nuevos topónimos antárticos al listado oficial del país en memoria de aquellas pioneras de la ciencia; se trata de la Ensenada Pujals, Cabo Caría, Cabo Fontes y Ensenada Bernasconi. Se subrayaba así que las mujeres podían adaptarse a la Antártida igual que los hombres.

Como han recordado Ferraro y sus colegas, «los topónimos en la Antártida históricamente han sido dedicados a hombres. En las escasas oportunidades que se ha dedicado un topónimo a una mujer, se ha homenajeado a esposas de reyes, mandatarios, expedicionarios o científicos. En consecuencia, el nombramiento de topónimos en homenaje a "Las Cuatro de Melchior" es doblemente significativo, ya que destaca la presencia de la mujer en la Antártida y su labor como profesional dedicada a la ciencia». Además, es importante tener presente que estas pioneras en llegar al «continente blanco», abrieron el camino a muchas otras, que en la actualidad forman parte de las dotaciones científicas en el lejano continente.

El 8 de marzo de 2022, el Honorable Consejo Deliberante de Almirante Brown (provincia de Buenos Aires), en un emotivo homenaje, declaraba a Carmen Pujals «personalidad destacada post mortem en ciencias».

Breve comentario final

Nos ha parecido de interés terminar con una apostilla realizada por Daiana Ferraro y sus colegas sobre el contexto actual de las mujeres científicas en la Antártida. Pese a que se trata de unas reflexiones sobre un acontecimiento muy concreto, claramente pueden extrapolarse a la situación general de las mujeres en la ciencia.

Las autoras empiezan señalando: «A finales de los 80, habiendo transcurrido casi 20 años del icónico viaje de las Pioneras a la Antártida, las dotaciones de las diferentes bases continuaban siendo integradas mayoritariamente por hombres, lo que reducía la presencia de mujeres a dos o tres. Durante aquellas campañas antárticas se han tenido que seguir derribando barreras y luchar contra el estereotipo de género que asume que existen tareas exclusivamente masculinas. Es así que la inserción de las investigadoras y técnicas (biólogas, geólogas, paleontólogas, oceanógrafas, entre otras), se ha incrementado principalmente a lo largo de los últimos 20 años».

También en sus reflexiones, Ferraro et al. hacen referencia a que la citada frase «lo hemos deseado toda la vida», pronunciada por las investigadoras antes de emprender el viaje al continente blanco, «resume las dificultades con las que se enfrentaban para poder alcanzar sus objetivos de excelencia científica». Y con notable acierto concluyen que «las dificultades, aunque hoy están más visibilizadas, persisten en todos los ámbitos académicos. En consecuencia, son necesarias políticas que permitan garantizar la participación equitativa de géneros, modificando la percepción que se tiene de las científicas a través de la valoración objetiva de los logros y capacidades de las mujeres».

Joanna Kain Jones (1930-2017), aclarando por qué las algas están entre las plantas más interesantes

Alecia Bellgrove[367], investigadora del prestigioso centro de vanguardia dedicado a la investigación marina Deakin Marine Research and Innovation Centre, perteneciente a la Universidad de Deakin, situada en Victoria, sureste de Australia, conoció estrechamente a la experta en algas Joanna Jones, a quien consideraba un «sorprendente modelo como científica y tutora para las ficólogas de varias generaciones».

---

[367] Bellgrove Alecia (2017). A life well lived: Joanna Jones (Kain) 1930-2017. Journal of Applied Phycology. Springer. [De este artículo existen cinco versiones]

En un cuidado artículo publicado en 2017, Bellgrove ha relatado con notable claridad diversos aspectos de la intensa vida de Joanna Kain Jones. Nos ha parecido de interés traer a colación algunos fragmentos de este trabajo en reconocimiento de las valiosas aportaciones de esta innovadora y original científica que dedicó su vida al estudio de las algas marinas.

Aunque Joanna Kain nació en 1930 en Nueva Zelanda, hija de madre inglesa y padre nativo maorí, su familia se trasladó a Londres cuando la niña tenía dos años. En el Reino Unido pasó la mayor parte de su vida; allí recibió su educación primaria y secundaria, y entró en el University College London (UCL). En 1949, como ha relatado la propia Joanna Kein, se apasionó por la ciencia y, en particular, por las algas marinas, principalmente estimulada por el profesor Gordon Elliott (Tony) Fogg (1919-2005), acreditado biólogo británico especializado en estos vegetales. Al respecto, Kain ha recordado que Fogg comenzó su primera clase citando una frase griega o latina que significaba «nada es más desagradable que un alga». El profesor apuntaba que luego pudo comprobar lo errónea que era dicha frase.

En una excursión universitaria realizada a la Isla de Man (situada entre las islas de Gran Bretaña e Irlanda), Joanna Kain confesaba a Allecia Bellgrove que comprendió «fuera de toda duda» que las algas estaban entre las plantas más interesantes. Su vocación se despertó principalmente por las macroalgas marinas, un tipo de alga de tamaño macroscópico (que se ven a simple vista) en general multicelulares, a diferencia de las microalgas que son unicelulares y por lo tanto su tamaño es microscópico.

La joven Kain consiguió ser admitida en el UCL para realizar su tesis doctoral bajo la supervisión de Tony Fogg, quien le aconsejó seguir un curso sobre fitoplancton marino. Señalemos que el fitoplancton está compuesto por un grupo de organismos acuáticos con capacidad fotosintética, que flotan dispersos en las aguas saladas o dulces y que, bajo condiciones adecuadas, pueden formar grandes masas flotantes visibles. Los conocimientos que Kain obtuvo en sus cursos de postgrado, sumados a los constantes estímulos que le brindaba su tutor, fortalecieron la vocación de la doctoranda que optó por dedicarse a investigar el crecimiento, desarrollo y, sobre todo, la ecología de las macroalgas marinas.

En 1956, el laboratorio marino Port Erin Marine Laboratory de la Universidad de Liverpool ofreció a Kain un contrato como ficóloga. La científica aceptó encantada, y permaneció en este laboratorio durante 44 años. Aquí conoció a Norman Jones, con quien se casó más tarde, a la edad de 32 años, y tuvieron dos hijos, Martin y Bidda. Según continúa exponiendo Allecia Bellgrove, Joanna, ahora apellidada Kain Jones, «disfrutaba de una gran libertad, y durante los primeros 16 años gozó del privilegio de no tener obligaciones docentes con alumnos sin graduadar»; de esta manera, pudo dedicar su carrera académica únicamente a la investigación.

Bellgrove ha enfatizado que «el amor de Joanna por el océano y su espíritu aventurero hicieron que a principios de la década de 1950 fuera en una de las primeras personas en usar equipos de submarinismo», actividad que le permitió, en sus propias palabras, «descubrir un mundo completamente nuevo». Por esta senda, se convirtió en una de las primeras mujeres ficólogas y biólogas marinas. La práctica del buceo le abrió enormes posibilidades para investigar la llamada zona sublitoral, o zona submareal, que corresponde al sector del fondo marino que se extiende desde la línea de la marea baja hasta la plataforma continental. Se trata, por lo tanto, de un espacio que está siempre cubierto de agua[368].

Entre la comunidad especializada, Joanna Kain Jones muy pronto fue respetada como una submarinista de primera clase.

---

[368] Wikipedia: Joanna Kain Jones

Junto a su marido, entrenaron numerosos estudiantes en el submarinismo. Ella estaba tan comprometida con esta actividad que, rememora Bellgrove, «incluso tenía ¡un traje especial de maternidad para continuar trabajando cuando estaba embarazada de su hija Bidda!»

Allecia Bellgrove ha recordado que cuando le preguntó cómo se aventuró en la ciencia y la investigación basada en el submarinismo en un tiempo en que había muchos más obstáculos para el trabajo al aire libre de las mujeres, ella respondió que «nunca pensé que no podría hacer lo que los chicos y los hombres hacían».

Las actividades docentes de Kain Jones empezaron en 1972, y estuvo sobre todo implicada en cursos intensivos de vacaciones. Durante la época en que dio clases nació en ella un gran interés por la docencia, al mismo tiempo que el número de sus estudiantes aumentaba, desde los nueve iniciales a más de treinta alumnos por curso. La científica fue una destacada y querida profesora que llegó a supervisar con éxito a 18 estudiantes de doctorado hasta el final de sus tesis, muchos de los cuales se convirtieron posteriormente en importantes ficólogos.

Una prolífica carrera investigadora

Alecia Bellgrove ha recordado que, profesionalmente, Joanna Kain Jones confesaba no estar demasiado interesada en identificar las distintas especies de algas, sino que, por el contrario, lo que más la estimulaba era el estudio de su biología y ecología. Por esta razón, decidió enfocar su investigación principalmente en unas pocas algas fácilmente identificables y abundantes.

Básicamente, la científica se dedicó a comprender los factores bióticos y abióticos que afectan al crecimiento y desarrollo de las macroalgas. Apuntemos que los factores bióticos son los organismos vivos que habitan en un determinado espacio físico, mientras que los abióticos son las condiciones de luz, temperatura, minerales, suelo y agua, entre otros, que se encuentran en ese espacio físico y determinan la existencia de los seres vivos. Ambos factores, bióticos y abióticos, componen un ecosistema que se mantiene en equilibrio gracias a la interacción entre ellos. Sin pretender extendernos demasiado, valga precisar que, en ecología, se llama ecosistema al conjunto de comunidades de seres vivos que interactúan entre sí y con los elementos del medio ambiente que les rodea.

Durante los primeros 20 años de trabajo (hasta aproximadamente 1980), Joanna Kain Jones se dedicó a practicar el submarinismo con el fin de descubrir los secretos de *Laminaria hyperborea*, el alga dominante en Port Erin. Se trata de una especie de alga parda de gran tamaño que puede alcanzar una longitud máxima de 360 cm, como ha descrito la científica. El objetivo principal de las investigaciones de Kain Jones estaba dirigido a examinar el crecimiento y supervivencia de esta especie durante las distintas etapas de su ciclo de vida, teniendo en cuenta diversas influencias como la luz, la profundidad, la latitud, la competencia con otros y también las contaminaciones antropogénicas.

Una vez realizados estos estudios, que ampliaron notablemente los conocimientos científicos sobre las algas pardas, en las siguientes dos décadas la científica dirigió el foco de su investigación hacia las algas rojas. En concreto, trabajó mayoritariamente en estudios sobre la ecología de especies pertenecientes al género *Delesseria*, importante porque posee una amplia distribución geográfica.

Joanna Kain Jones, apunta Bellgrove, también colaboró con numerosos proyectos de investigación a fin de explorar el cultivo comercial y el potencial económico de un conjunto de macroalgas rojas, verdes y pardas. Valga señalar que las algas, pese a sus innumerables valores nutricionales y sus diferentes aplicaciones comerciales, tradicionalmente han sido un recurso muy poco explotado, por lo que Kain Jones fue una adelantada en sus proyectos de investigación.

Las etapas finales de una larga y exitosa vida profesional

En 1991, cuando Joanna Kain Jones tenía 61 años, se retiró oficialmente. Sin embargo, esta situación no impidió que la científica continuase animosamente con sus diversos proyectos. En este aspecto, fue respaldada por su centro de trabajo, el citado Port Erin Marine Laboratory, donde pudo permanecer varios años más.

Tras la muerte de su marido en 1997, Kein Jones decidió emigrar a Canberra, Australia, relata Bellgrove; viaje que emprendió en el año 2000 «para estar más cerca de su familia y de su hija». Tenía entonces 70 años, y recientemente había abandonado el buceo. Consiguió entonces una beca (Visiting Fellowship) para la Universidad Nacional de Australia (Australian National University), con el fin de estudiar ciertas algas presentes en unas lagunas elevadas de la costa de Nueva Gales del Sur (New South Wales). Allí, continuó perseverante con sus investigaciones, demostrando ser «una ficóloga apasionada y activa dispuesta a dedicarse generosamente a su disciplina».

A lo largo de su vida profesional, Joanna Kain Jones publicó 61 artículos, y 19 más después de su retiro oficial; el último vio la luz en 2015.

Además de sus trabajos de investigación, también fue muy activa en distintas instituciones y centros. Solo a título de ejemplo, citemos que a lo largo de 47 años formó parte de la Sociedad Británica de Ficología (British Phycological Society); también fue miembro destacada de la Sociedad Australoasiática de Ficología (Australasian Society for Phycology & Aquatic Botany, ASPAB), institución en la que ejerció de tesorera durante 15 años. De manera paralela, participó activamente en numerosas reuniones internacionales de ficología.

Otro aspecto a destacar de la personalidad de Joanna Kain Jones, escribe Bellgrove, fue su firme defensa de la participación de los estudiantes en conferencias y simposios. Asimismo, luchó con vehemencia para que la ASPAB concediese generosas becas anuales de viajes a los y las estudiantes que destacaran por su interés en el estudio de las macroalgas marinas. Estas becas en la actualidad han sido bautizadas con el nombre de la científica en su honor.

En 2015, Joanna Kain Jones fue diagnosticada de un cáncer terminal. «Murió pacíficamente en su casa en Canberra el viernes 21 de julio de 2017 a la edad de 87 años; al lado estaban sus gafas de vista colocadas sobre su iPad [...]. Tuvo una buena vida y contribuyó mucho a la ciencia. Será recordada y se la echará de menos», concluye Alecia Bellgrove.

BRIÓLOGAS

Clara Eaton Cummings (1855-1906), entre musgos y hepáticas

En el año 1876 se matriculaba en el célebre colegio Wellesley de mujeres en Massachusetts, la joven Clara Eaton Cummings, quien con el tiempo, se convertiría en profesora de botánica especializada en «plantas sin flores» de esta institución.

Tal como puede leerse en A New Hampshire Magazine[369], Cummings nació en Plymouth, New Hampshire, el 13 de julio de 1855 siendo hija de Noah Conner y Elmira George Cummings. Desde muy pronto, mostró un destacado talento en el campo de la botánica, lo que propició que en 1878 fuese contratada como conservadora del Museo Botánico de Wellesley. Al año siguiente, alcanzó el cargo de profesora asociada, un trabajo que conservó hasta 1886.

Según Patricia Palmieri[370], aunque Clara Cummings caracterizó a cientos de especímenes de líquenes, gran parte de su trabajo

---

[369] The Granite Monthly: A New Hampshire Magazine. Granite Monthly Co. 1907-01-01

[370] Palmieri, Patricia Ann. In Adamless Eden: The Community of Women Faculty at Wellesley. p. 11

apareció en los libros de otros botánicos. Su aportación más destacada fue la publicación de un catálogo de hepáticas y musgos de Norteamérica en 1885.

Deseosa de ampliar conocimientos, en 1886 la joven botánica viajó a Europa con el fin de estudiar en la Universidad de Zurich (University of Zurich) con el acreditado botánico Arnold Dodel (1843-1908), fundador del laboratorio de microscopía de la institución y conocido defensor de la teoría evolucionista darwiniana. Durante su estancia, Clara Cummings elaboró minuciosas listas de ilustraciones de «plantas sin flores», de notable valor en aquellos años. Mientras estuvo en Europa, la joven botánica aprovechó para viajar a varios jardines botánicos y colaborar con algunos de los grandes botánicos del momento.

Después de su retorno, continuó como profesora asociada de criptogamia en Wellesley, donde publicó numerosos artículos. Entre ellos destaca un Catálogo sobre los musgos y las hepáticas de Norteamérica y el norte de México (Catalogue of Musci and Hepaticae of North America, North of Mexico, 1885). Cabe apuntar que Cummings, además de centrar sus estudios en las briofitas, también se dedicó a los líquenes; sobre estos últimos elaboró en 1904 un cuidado catálogo de 217 especies procedentes de Alaska, que incluía 76 especies nuevas para la región y al menos dos especies nuevas para la ciencia (A New Hampshire Magazine).

En febrero y marzo de 1905, Clara Cummings realizó un viaje a Jamaica donde elaboró una interesante recolección de líquenes. Debido a sus viajes, consiguió convertirse en especialista en musgos, hepáticas y líquenes no solo de Norteamérica, sino también del extranjero, como se destaca en Global Plants.JSTOR[371]. Entre los diversos méritos y reconocimientos de Clara Cummings, cabe apuntar que fue editora asociada al Plant World y que, desde

---

[371] Clara Eaton Cummings. Global Plants. JSTOR

1899, formó parte activa de la prestigiosa American Association for the Advancement of Science.

Clara Eaton Cummings falleció en 1906, y después de su muerte, sus valiosas colecciones de líquenes, musgos y hepáticas fueron enviadas al Jardín Botánico de Nueva York (New York Botanical Garden).

Elizabeth Knight Britton (1858-1934), botánica de gran dinamismo y originalidad

Entre las botánicas estadounidenses más destacadas de finales del siglo XIX y principios del XX, sobresale la creativa Elizabeth Gertrude Knight[372]. Fue una de las cinco hijas de James Knight y Sophie Anne Compton y, como ha relatado la naturalista y acreditada escritora Marcia Myers Bonta[373], la familia se trasladó a Cuba. En la isla caribeña sus padres gestionaban una fábrica de muebles y una plantación de caña de azúcar situadas cerca de Matanzas, el lugar donde pasó la joven Elizabeth la mayor parte de su infancia.

Durante su niñez en compañía de su padre, gran aficionado a la flora, la fauna y la geología, y junto a sus hermanas, realizó numerosos paseos por el campo, que rápidamente despertaron en Elizabeth un gran interés por los organismos vivos. En esos años adquirió el dominio del castellano, que posteriormente le resultaría muy útil en sus exploraciones botánicas por Cuba y Puerto Rico. Cuando era una adolescente se trasladó a Nueva York, donde asistió a una escuela privada; en esa época dividía su tiempo entre Cuba y la gran metrópoli norteamericana. A los 17 años de

---

[372] Martínez Pulido, Carolina. https://mujeresconciencia.com/2022/05/17/elizabeth-knight-britton-botanica-extraordinaria/

[373] Bonta, Marcia Myers (1991). Women in the Field: America's Pioneering Women Naturalists. Texas A & M University Press

edad, en 1875, acabó su bachillerato con excelentes notas y, tras graduarse, ejerció de profesora en ese mismo colegio hasta 1885.

La joven profesora compartía entonces el trabajo docente con su clara vocación por el estudio de las plantas, lo que la llevó a incorporarse en 1879 a la Sociedad de Botánica Torrey, Torrey Botanical Society, fundada en 1867, y que era la más antigua de América. Poco después, en 1881, publicaba su primer artículo científico en el Boletín de esta institución. En él trataba de sus observaciones sobre la aparición de flores albinas en vez de coloreadas en dos especies de plantas. Como se describe en un diccionario sobre mujeres americanas destacadas,Notable American Women: A Biographical Dictionary 1607-1950[374], desde 1886 hasta 1888, Elizabeth G. Knigth fue la editora del citado Boletín.

Cuando tenía 27 años de edad, en 1885, se casó con el geólogo Nathaniel L. Britton (1859-1934), con quien compartía un gran interés por la botánica. Pasaría entonces a llamarse Elizabeth G. Knight Britton. Después de su casamiento, la científica renunció a su trabajo como profesora, y se incorporó a la Universidad de Columbia (en aquel tiempo llamada Columbia College) con un cargo no oficial y sin sueldo, en el que se dedicaría a la pequeña colección de musgos con que contaba este centro

La citada escritora Marcia Myers Bonta, ha explicado que, en este cargo, Elizabeth Knight Britton consiguió ampliar la colección de Columbia mediante acertados intercambios con otros centros, además de adquirir diversas colecciones y un intenso trabajo personal de campo. Tras una serie de apropiadas decisiones de gestión, el herbario de Columbia experimentó una notable expansión tanto por la calidad y cantidad de sus ejemplares como por estar muy bien organizado. A partir de esas fechas, E. Knigth Britton empezó a especializarse en las plantas que se convertirían

---

[374] James, Edward T. et al. (1971). Notable American Women: A Biographical Dictionary (1607-1950). Radcliffe College. Harvard University Press

en la principal materia de trabajo a lo largo de toda su vida: las briofitas.

Valga recordar que estos vegetales, técnicamente llamadas Bryophytas, son pequeñas plantas terrestres que incluyen mayoritariamente a los musgos y las hepáticas. En la página web del New York Botanical Garden[375] se describe que son importantes pioneras o colonizadoras en las rocas o en lugares devastados, ya que ayudan a crear las condiciones del suelo adecuadas para el establecimiento de organismos mayores. También proporcionan el hábitat para seres vivos de menor tamaño, como las algas, cianobacterias y animales pequeños. Las briofitas son abundantes en los bosques tropicales húmedos y en los bosques boreales, donde pueden formar una proporción significativa de la biomasa. Se estudian junto a los líquenes, debido a sus semejanzas en la apariencia y en el nicho ecológico en que viven.

Impulsada por su acuciante interés en ampliar conocimientos, durante 1888 Elizabeth Knight Britton viajó junto a su marido a Inglaterra. Aquí se incorporó a la prestigiosa Sociedad Linneana de Londres (Linnaean Society of London) y dedicó sus esfuerzos principalmente al estudio de la rica colección de musgos con que contaba dicho centro.

A lo largo de esta estancia en el Reino Unido, anota Marcia Myers Bonta, Elizabeth Knight Britton se sintió poderosamente inspirada por la deslumbrante excelencia del herbario del Jardín Botánico de Kew (Royal Botanic Gardens, Kew), por su biblioteca y por sus hermosos jardines. Todo ello alimentó un claro y ambicioso objetivo; en concreto, organizar una institución de entidad comparable en Nueva York.

De retorno a su país, en octubre de 1888, la sagaz botánica demostró que sus intereses no estaban limitados al trabajo de la-

---

[375] New York Botanical Garden (2014). «Bryology at the New York Botanical Garden»

boratorio, pues también poseía habilidades como gestora y capacidad de negociar. Exhibiendo una notable determinación, optó por convocar una reunión de la Sociedad de Botánica Torrey y, tras largos debates, consiguió que en 1891 diversos ciudadanos neoyorquinos ricos y prominentes aceptaran participar en el establecimiento legal del Jardín Botánico de Nueva York (New York Botanical Garden). En 1896, Elizabeth Knight Britton lograba su propósito, al tiempo que su marido, Nathaniel Britton, fue nombrado el primer director de la nueva institución, como ha testimoniado Marcia Myers Bonta.

Durante los primeros diez años desde su fundación, Elizabeth Knigth Britton fue quien más fondos conseguiría para la organización y gestión del importante Jardín Botánico. Finalmente, éste fue abierto al público en 1900, y muy pronto se convirtió en uno de los centros punteros de investigación botánica en los Estados Unidos. Mediada la década de 1890, describe la página web del New York Botanical Garden, gracias a las negociaciones de la resuelta científica, el valioso herbario de la Universidad de Columbia se transfirió al Jardín Botánico de Nueva York, multiplicando considerablemente su colección de briofitas.

En 1899, Elizabeth Knight Britton recibió el nombramiento de Conservadora del Jardín, aunque seguiría con un cargo no oficial y sin salario, pues solo se le permitió participar como voluntaria. Pese a tan clara discriminación con respecto a sus compañeros varones, la brillante científica desplegó un dilatado abanico de actividades, logrando que la briología alcanzara una posición destacada en el programa de investigación del Jardín Botánico de Nueva York desde sus comienzos, como ha subrayado Marcia Myers Bonta.

La perseverante botánica, con su excepcional capacidad gestora y pericia para identificar y adquirir valiosas colecciones de plantas, reunió una impresionante cantidad de briófitas que fueron paulatinamente engrosando la rica lista del Jardín. El resultado quizás más importante fue la compra en 1893 de la colección de musgos procedente del herbario de briólogo suizo August Jaeger (1842-1877). Para esta adquisición, tal como se describe en Bryology at the New York Botanical Garden, persuadió a sus amigos adinerados para que contribuyeran hasta alcanzar los 6.000 dólares que necesitaba.

Elizabeth Knight Britton también clasificó la importante colección de plantas legadas al Jardín por el médico, botánico y explorador estadounidense, Henry Hurd Rusby (1855-1940). Se trataba de ejemplares que el científico había recolectado en Bolivia entre 1885-1886. Ante esta valiosa donación, la científica emprendió un intenso trabajo que incluía estudios comparados con especímenes de Kew y de otros lugares, así como consultas a diversos briólogos. Finalmente, en 1896 publicaba un excelente listado de todos los ejemplares recolectados por Rusby

El interés de Elizabeth Knight Britton para que el Jardín Botánico contara con un material lo más valioso posible, se mantuvo durante todo el tiempo que duró su gestión. Por ejemplo, en 1906 logró comprar la colección de una gran autoridad en briofitas, el británico William Mitten (1819-1906), considerado «el primer briólogo de la segunda mitad del siglo XIX»[376]. Este coleccionista había reunido más de 50.000 especímenes de briofitas procedentes de todo el mundo. Solo tras su muerte y a instancias de la científica, el Jardín Botánico de Nueva York pudo adquirir ese magnífico conjunto de plantas.

Señalemos a título informativo que, en la actualidad, el herbario del Jardín Botánico de Nueva York alberga la colección más importante de briofitas del mundo en términos del número de especímenes con que cuenta y la calidad de los mismos. Siguiendo el proyecto de Knight Britton, por ejemplo, en 1945, el Jardín adquirió el valorado herbario de la Universidad de Princeton, como se apunta en la página web del New York Botanical Garden.

---

[376] Encyclopædia Britannica (2014). «Elizabeth Gertrude Knight Britton»

La emprendedora científica, además de sus trabajos de investigación y gestión, realizó exitosos viajes a distintos lugares de los Estados Unidos con el fin de recolectar especímenes de su país, algunos poco o nada conocidos. Igualmente, describe Marcia Myers Bonta, realizó junto a su marido más de 20 viajes a las islas del Caribe y recolectó un elevado número de ejemplares poco conocidos. En el Boletín de la Sociedad Botánica Torrey publicó entre 1913-1915 varios artículos con su nombre sobre sus propios hallazgos en las islas. Además, escribió los capítulos relacionados con los musgos en los libros de su marido, titulados Flora of Bermuda (1918) y The Bahama Flora (1920), como ha descrito Lee B. Kass[377], profesora adjunta de Fisiología Vegetal y Genética, de la Universidad de Cornell.

Bajo el incansable impulso de Elizabeth Kinght Britton, en el Jardín Botánico se iniciaron programas de exploración, esto es, viajes realizados para crear inventarios sobre la diversidad vegetal existente en distintos ecosistemas. Tales expediciones resultaron tan fructíferas que todavía hoy continúan realizándose. Principalmente, refiere Myers Bonta, consistían en estudios realizados en Sudamérica, la mayoría en bosques lluviosos situados a lo largo de la costa atlántica de Brasil y en las zonas bajas de las montañas de los Andes. En algunos casos, las exploraciones se orientaron a otros continentes.

Una carrera profesional de enorme riqueza

Elizabeth Knigth Britton fue, además, una prolífica escritora. En 1889, publicó el primer artículo de una serie que constaba de once partes agrupadas bajo el título Contribuciones a la briología americana (Contributions to American Bryology) en la revista de la Sociedad de

---

[377] Kass, Lee B. (1997). «Elizabeth Gertrude Knight Britton» (1858-1934)».
In Grinstein, Louise S.; Biermann, Carol A.; Rose, Rose K. (eds.). Women in the Biological Sciences: A Biobibliographic Sourcebook. Westport, CT: Greenwood Press. pp. 51-61

Botánica Torrey. Tres años más tarde, publicaba un catálogo sobre los musgos de Virginia Occidental (West Virginia Mosses). Asimismo, en 1894, salía a la luz el primero de sus ocho artículos escritos para una revista popular, agrupados bajo el título Cómo estudiar los musgos (How to Study the Mosses). El valor de tales publicaciones resultó tan considerable que muchos años más tarde, en 1934, un colega expresaba que «estos artículos fueron suficientes para colocar a Mrs. Knight Britton al mando del ámbito de la briología en América».

Con el tiempo, el volumen de trabajos continuaría creciendo notablemente, ya que a lo largo de su vida esta prolífica investigadora publicaría en torno a 350 artículos científicos. Llegó a ser una acreditada botánica internacionalmente respetada, y la comunidad científica ha reconocido sus contribuciones al nombrar a 15 especies de plantas y un género de briofitas *(Bryobrittonia)* en su honor.

Elizabeth Knight Britton destacó, además, por su activa defensa del mundo natural. Fue la principal fundadora en 1898 de la Sociedad Americana de Briología (American Bryological Society), y su presidenta, entre 1916 hasta 1919. A través de diversas publicaciones realizadas desde 1912 a 1929 (agrupadas bajo el título de Wild Plants Needing Protection), y de numerosas conferencias, ayudó a elaborar una serie de medidas para la conservación de las plantas silvestres incluidas en la normativa de la ciudad de Nueva York. En este contexto, lideró exitosos movimientos dirigidos a salvar ejemplares silvestres en peligro de extinción en su país.

En 1934, víctima de un ataque cardíaco, fallecía Elizabeth Knight Britton a la edad de 68 años. En su recuerdo, se ha colocado en el Native Plant Garden, situado en el Jardín Botánico de Nueva York, la llamada Roca de Elizabeth Knight Britton[378]; un monumento de piedra que lleva una placa con el nombre de la científica y una leyenda agradeciendo su inmensa obra.

---

[378] Rafalko, Ann (11 May 2013). «Morning Eye Candy: Britton Rock». Plant Talk: Inside the New York Botanical Garden

Adenda
Destacadas colaboradoras del Jardín Botánico de
Nueva York: Anna Murray Vail y Mary Emily Eaton

Creemos de interés señalar que, mientras Elizabeth Knight Britton impulsaba y enriquecía el Jardín Botánico de Nueva York, contó entre el personal de apoyo con la activa colaboración de dos acreditadas botánicas: la estadounidense Anna Murray Vail (1863-1955) y la británica Mary Emily Eaton (1873-1961).

Anna Murray Vail[379] nació en Nueva York el 7 de enero de 1863. Se educó en Europa y en 1895 regresó a los Estados Unidos, donde comenzó a trabajar en la Universidad de Columbia con Nathaniel Britton. Autora de más de una docena de artículos científicos, algunos realizados en colaboración con Elizabeth Knight Britton, participó con gran dinamismo en la fundación del Jardín Botánico de Nueva York.

Anna M. Vail fue la primera en ocupar el cargo de bibliotecaria de la institución, desempeñando su trabajo hasta 1907. En 1896, Murray Vail donó su herbario, que constaba de 3.000 especímenes, la mayoría procedentes de la zona este de los Estados Unidos, al Jardín Botánico de Nueva York. Asimismo, sus notas, esquemas y diversos apuntes se encuentran almacenados en los archivos, Archives and Manuscripts collection of the New York Botanical Garden.

En 1911, Anna Murray Vail se trasladó a Francia, donde vivió las dos guerras mundiales, y no dedicó más tiempo a los estudios botánicos. Falleció el 18 de diciembre de 1955 a la edad de 92 años.

---

[379] Wikipedia: Anna Murray Vail

Mary Emily Eaton[380] nació el 27 de noviembre de 1873, en Gloucestershire. Fue una artista botánica a quien diversos especialistas han calificado como «la más grande pintora de plantas silvestres de su tiempo». En 1909 se desplazó a Jamaica y tras una estancia de dos años, en junio de 1911 viajó a Nueva York donde se incorporó al Jardín Botánico para colaborar con Elizabeth Knigth y Nathaniel Britron, donde permaneció hasta enero de 1932.

Es principalmente conocida por ilustrar el libro titulado The Cactaceae, una monografía escrita por Nathaniel Britton y Joseph Nelson Rose publicada en múltiples volúmenes entre 1919 y 1923. Fue además, la principal ilustradora de la revista del jardín, Addisonia, y pintó más de las tres cuartas partes de sus láminas. Sus ilustraciones también fueron publicadas en National Geographic Magazine.

Mary Eaton recibió como premio a su obra la valorada medalla de plata Grenfell Medal de la Royal Horticultural Society dos veces, una en 1922 y nuevamente en 1950. En 1947 regresó a Inglaterra, donde murió el 4 de agosto de 1961 en Somerset.

Eleanora Armitage (1865-1961), valorada especialista en briofitas

La British Bryological Society, hoy prestigiosa sociedad británica especializada en incentivar el estudio de las briofitas (musgos, hepáticas y antoceros), empezó su despliegue institucional, según ha relatado el escritor científico Mark Lawley[381], como resultado de la reorganización de un colectivo mucho más antiguo llamado Moss Exchange Club. Fue la primera sociedad occidental dedicada principalmente a los musgos, siendo sus fundadores todos hombres con

---

[380] Wikipedia: Mary Emily Eaton
[381] Lawley, Mark (2021). Eleonora Armitage (1865-1961) britishbryologicalsociety.org.uk.

la excepción de una única mujer: Eleanora Armitage, destacada por su magnífica y productiva labor en esta especialidad[382].

Eleonora Armitage nació el 11 de diciembre de 1865 en Herefordshire, Inglaterra, hija de Isabel J. Perceval Armitage (1830-1921) y de Arthur Armitage (1812-1892). Ambos procedían de familias financieramente acomodadas, de manera que la infancia de Eleonora transcurrió en circunstancias propicias para el estudio; si bien ella optó por la vida silvestre de Herefordshire[383].

Su padre era un activo naturalista que, en 1879, fue elegido presidente del club más prominente del condado dedicado a la historia natural, el Woolhope Naturalists' Field Club. Pese a que la joven Eleonora mostraba notable interés por el tema, nunca pudo acceder a este club pues tenía prohibido admitir mujeres. Las razones para tal prohibición reflejan la misoginia reinante en la época, ya que se sostenía el ofensivo prejuicio de que «ellas, con sus encantos y artimañas podrían distraer a sus miembros de los serios asuntos de sus reuniones», como ha recordado Mark Lawley.

La madre de Eleonora también tenía interés en la historia natural y además pintaba acuarelas en color. La joven probablemente heredó el talento artístico materno, dado el buen nivel de las ilustraciones que, con posterioridad, acompañarían sus trabajos.

Siguiendo la costumbre del siglo XIX, solo sus hermanos fueron educados formalmente para ejercer una profesión, mientras que a las chicas se las enseñaba en la casa familiar. En su adolescencia, Eleanora Armitage ganó algo de dinero ayudando a diseñar los jardines de las casas de su entorno. Era una hábil jardinera que contribuyó con la revista de la sociedad de horticultura, Journal of the Royal Horticultural Society, de la cual fue miembro.

---

[382] Foster, W. D. (2020). The History of the Moss Exchange Club. british-bryologicalsociety.org.uk.
[383] Wikipedia. Eleonora Armitage

Contribuciones profesionales

Los trabajos más numerosos y originales de Eleanora Armitage estuvieron dedicados a los notables descubrimientos que realizó sobre la flora local de Herefordshire. En 1923, publicó un conjunto de novedosos artículos sobre los comúnmente llamados musgos de turbera, técnicamente incluidos en el género *Sphagnum*. Los ejemplares de este género están ampliamente distribuidos por el hemisferio norte y tienen como principal característica su capacidad para retener grandes cantidades de agua dentro de las células. En la actualidad se conocen entre 150 y 350 especies, algunas de las cuales pueden acumular más de 20 veces su peso seco en agua.

Pese a ser autodidacta, Armitage consiguió, siguiendo una meticulosa línea de investigación, descubrir una nueva especie de musgos raros (*Anomodon longifolius*). Recordemos que las plantas raras son aquellas que destacan por tener características inusuales, poco comunes o únicas en comparación con la mayoría de su grupo. Su hallazgo fue muy valorado por la comunidad especializada. Esta botánica vocacional no solo dedicó sus esfuerzos a los musgos, sino que también estudió cuidadosamente las hepáticas de Herefordshire, e igualmente encontró apreciadas especies raras.

Armitage no limitó sus exploraciones a Herefordshire. Era una viajera habitual que visitó y recolectó plantas en diversos lugares, como las islas de Madeira en 1909; Gran Canaria y Tenerife en 1925, además de otros sitios de España en 1927. En 1930, viajó a las Azores; y en 1936 se desplazó hasta Noruega. También visitó la Amazonía, Barbados y Egipto. En todas estas expediciones recolectó diversos y valiosos especímenes, como se detalla en JSTOR, Global Plants[384].

---

[384] "Armitage, Eleanora (1865-1961)". JSTOR Global Plants. plants.jstor. org. 19 April 2013

Por otra parte, esta decidida científica se empeñó con desinteresada voluntad en difundir conocimientos y estimular vocaciones. Por ejemplo, como describe Mark Lawley, en su entorno natal creó un círculo de lectores compuesto por personas con intereses botánicos y ecológicos; un grupo que logró mantener activa correspondencia con el respetado botánico inglés Arthur George Tansley (1871- 1955), pionero en el nacimiento de la ecología. La inagotable Eleanora Armitage estaba muy interesada por las diversas actividades de los y las botánicas de su tiempo, y durante toda su vida conservó el contacto con gran parte de la comunidad especializada de la época.

En sus estudios y trabajos, Armitage también incluía hermosas y detalladas ilustraciones de los especímenes recolectados durante sus numerosos viajes. De hecho, en el Jardín Botánico de Kew, Londres, se conserva una colección de sus pinturas, como cita Mark Lawley. Además, parte de sus plantas se encuentran resguardadas en los herbarios de las universidades de Bristol y Manchester, y más de 700 especímenes están depositados en el National Museum of Wales de Cardiff, y 30 en el Liverpool Museum.

En 1939, Eleanora Armitage fue elegida presidenta de la British Bryological Society, de la que ya era una activa representante. Esta inquieta científica, también interesada por la astronomía y la ornitología, se incorporó a la British Association for the Advancement of Science.

Tras una caída, como puede leerse en Wikipedia, Eleanora Armitage fallecía el 24 de octubre de 1961 en su casa de Hereforshide a los 95 años de edad. Tras ella quedaba un rico legado y la huella de una gran botánica especializada en briofitas que prestó un valioso servicio a la ciencia, motivo por el que hoy es un importante referente femenino en su campo.

Margaret Sibella Brown (1866-1961), dedicada a un mundo vegetal diminuto

En la página web del Instituto de la Ciencia de Nueva Escocia, Canadá (The Nova Scotian Institute of Science[385]), se esgrime que, durante una época en que las mujeres científicas eran notablemente escasas, la botánica canadiense Margaret Sibella Brown alcanzó una notable reputación internacional, debido a sus interesantes trabajos sobre taxonomía y ecología de unas diminutas plantas: los musgos y las hepáticas.

Dotada de gran curiosidad, esta investigadora, pese a que las puertas de la universidad estaban cerradas para las mujeres, consiguió ampliar sus conocimientos estableciendo numerosos contactos con reconocidos botánicos nacionales e internacionales. Por esta senda vocacional, extendió sus actividades incluso más allá de las fronteras canadienses. El impacto de sus hallazgos tuvo gran trascendencia, pues logró identificar, preservar y catalogar una amplia colección de briofitas que en aquel tiempo eran escasamente conocidas.

Una vida larga y fructífera

Margaret S. Brown nació el 2 de marzo de 1866 en Nueva Escocia, hija de Richard Henry Brown (1837-1920), administrador de minas de carbón, y de Barbara Davidson (1842-1898). Tuvo una hermana gemela y tres hermanos menores. Cuando alcanzó la edad escolar, cursó su educación primaria y secundaria en un instituto anglo-alemán de Halifax[386].

En 1883 y 1884, Margaret Brown estudió en Stuttgart y en Londres y, tras esta estancia europea, regresó a su país. Según se describe en Proceedings of the Nova Scotian Institute of Science,

---

[385] Brown, Margaret (1936). Liverworts and Mosses of Nova Scotia. Proceedings of The Nova Scotia
[386] Wikipedia. Margaret Sibella Brown

una vez en Canadá, se incorporó a un centro de arte y diseño (Victoria School of Art and Design) del que sería directora y destacada integrante de la comisión de educación.

Durante la Primera Guerra Mundial, Brown desempeñó como voluntaria el cargo de secretaria honoraria de la sección de Halifax de la Cruz Roja canadiense (Halifax Branch of the Canadian Red Cross Society). Una vez acabado el conflicto bélico, la joven botánica prosiguió con gran empeño y excelentes resultados sus estudios sobre las briofitas. La mayor parte de su trabajo la realizó en una accidentada isla situada en la costa atlántica de Norte América, llamada Cape Breton, perteneciente a la provincia de Nueva Escocia. En este inhóspito lugar recolectó y coleccionó musgos y hepáticas endémicas.

Cabe recordar que Brown trabajó con una de las botánicas estadounidenses más destacadas de finales del siglo XIX y principios del XX, la reconocida experta en briofitas Elizabeth G. Knight Britton[387], principal impulsora de la fundación del célebre Jardín Botánico de Nueva York, y creadora de importantes inventarios sobre la diversidad de las briofitas en distintos ecosistemas.

Como colaboradora de Elizabeth Knight Britton, Margaret Brown participó en varios viajes de recolección de especímenes, incluyendo por ejemplo una gira por Puerto Rico y Trinidad realizada en 1922, que produjo muy buenos resultados, como podemos leer en Proceedings of The Nova Scotia. Por su parte, y de manera independiente, Brown no solo exploró y recolectó valiosos especímenes en Nueva Escocia, sino que también viajó por otros lugares de Canadá llegando hasta British Columbia, la provincia más occidental.

Con posterioridad, Margaret Brown recorrió en diversas ocasiones distintos países. Realizó expediciones científicas a España,

---

[387] Martínez Pulido, Carolina. https://mujeresconciencia.com/2022/05/17/elizabeth-knight-britton-botanica-extraordinaria/

la Rivera Francesa y a Jamaica, donde a menudo pasaba los inviernos. Sus numerosas recolecciones e intercambios de especímenes le permitieron mantener una copiosa correspondencia con eminentes especialistas de todo el mundo y participar activamente en los debates del momento[388].

En 1932 Margaret Brown publicó su primer artículo en la acreditada revista The Bryologist, describiendo un musgo nuevo para la ciencia. En 1936 salió a la luz su trabajo más extenso, un amplio catálogo, dedicado a las hepáticas y los musgos de Nueva Escocia (Liverworts and Mosses of Nova Scotia), en el que describía 127 hepáticas y 367 musgos; este artículo se publicó en Proceedings of the Nova Scotian Institute of Science. En 1937, redactó otro meritorio trabajo en el que clasificaba una valiosa colección de musgos recolectados en Siria por diversos botánicos[389]. Con posterioridad, publicaría varios artículos más, siempre centrados en estas pequeñas plantas que tanto le interesaban.

Reconocimientos

En 1950, estimulada por uno de sus estudiantes llamado John Erskine, Margaret Brown donó parte de su colección de briofitas a la Acadia University, una institución privada de Nueva Escocia. En reconocimiento por tan significativo obsequio, que constaba de 1779 musgos, 858 hepáticas y 53 líquenes, el 16 de mayo de ese mismo año la citada universidad otorgó a la botánica, que por aquellas fechas contaba con 84 años, un master honorario. De hecho, la institución quería concederle un doctorado honorario, pero ella nunca había buscado grados universitarios y declinó la

---

[388] «Brown, Margaret Sibella (1866-1961) on JSTOR». October 13, 2018. Institute of Science, Vol. 19, pt. 2, pp.161-198

[389] Brown, Margaret S. (October 1937). «Mosses from Syria». The Bryologist. 40 (5): 84-85

primera oferta, acordando en su lugar aceptar un master, como se apunta en Proceeding of The Nova Scotia.

Por sus influyentes méritos, Margaret Brown fue invitada a formar parte de diversas sociedades científicas. Entre ellas figuran, por ejemplo, el Moss Exchange Club, una asociación fundada en 1896, que fue la primera sociedad briológica del mundo. En 1923, citando a Mark Lawley[390], el nombre de la asociación se cambió por el de British Bryological Society, a la cual pertenece la acreditada revista Journal fo Bryology, que publica trabajos revisados por pares. Brown también formó parte de la Sullivant Moss Society, actualmente llamada American Bryological and Lichenological Society.

En noviembre de 1961 Margaret Brown fallecía en su casa de Halifax a los 95 años de edad. Su influencia en la comunidad de Nueva Escocia fue afectuosamente recordada por su exalumno, el citado botánico John Erskine quien, en su valorada obra An Introduction to the Moss Flora of Nova Scotia (1968), afirmaba que «durante veinticinco años Miss Margaret S. Brown llevó a cabo su trabajo, pasando los veranos en muchos lugares de la provincia, y cualquiera que haya aprendido algo sobre musgos en esas fechas [1922-1931] deben mucho a sus conocimientos y amabilidad».

En la reunión anual de 1976 de la American Society of Bryology and Lichenology, Brown fue considerada como una de «los más importantes especialistas en musgos (mujeres y hombres) y de recolectores de Norte América», subrayando que la botánica estuvo entre «aquellos con un impacto más duradero en su especialidad».

Parte de los especímenes que Margaret Brown recolectó a lo largo de su vida se encuentran hoy depositados en los herbarios de importantes museos u otras instituciones del mundo, como por ejemplo el British Museum, el New York Botanical Garden, el Yale University

---

[390] Lawley, Mark (2021). «Members of the Moss Exchange Club (1896-1923) and British Bryological Society (1923-1945)» (PDF). The British Bryological Society

Herbarium, el Harvard University Herbaria, el New Brunswick Museum (que es el más antiguo de Canadá) y el Nova Scotia Museum of Natural History entre otros, como se detalla en Wikipedia[391].

Recordemos que los y las botánicas durante las recolecciones realizadas en sus viajes, suelen escoger más de un ejemplar y, de este modo, poder intercambiar las copias con otras instituciones. El elevado número de centros que hoy almacenan especies recolectadas por Brown es una excelente prueba de la gran actividad que esta singular científica supo desplegar durante su fructífera vida. Asimismo, el cuidado con que su material ha sido conservado hasta la actualidad nos muestra el valor del legado de una mujer que saltó las barreras de su tiempo dejando importantes muestras de su determinación y bien hacer.

Eula Whitehouse (1892-1974), entusiasta estudiosa de las briofitas

El Instituto de Investigación Botánica de Texas (Botanical Research Institute of Texas, BRIT) es una importante institución estadounidense dedicada al estudio de la taxonomía y a la conservación vegetal. Se fundó en 1987 a partir del herbario y la biblioteca de la Southern Methodist University (SMU), que contó entre su profesorado con una acreditada científica y excelente artista especializada en botánica: Eula Whitehouse[392].

En la actualidad, Whitehouse es considerada una figura clave en el nacimiento del citado Instituto de Investigación Botánica, ya que gran parte de los miles de especímenes y de los libros que constituyen el núcleo central del centro, esenciales para su fundación, fueron donados por esta brillante botánica. Como se

---

[391] Wikipedia. Margaret Sibella Brown
[392] Wikipedia: Eula Whitehouse

describe en el blog del Instituto Hidden Treasures, Phytophilia[393], las extraordinarias contribuciones de la científica han permitido que en la actualidad el centro se encuentre entre los diez mayores de los Estados Unidos, y que posea una de las mejores colecciones de briofitas de Texas.

Eula Whitehouse tuvo un nivel de educación que pocas mujeres de su tiempo pudieron alcanzar. Tras cursar el bachillerato, se matriculó en la Universidad de Texas (University of Texas, Austin) donde se graduó en 1918, cursó un máster en 1931 y leyó su doctorado en 1939. «Su tesis de master y su disertación doctoral fueron ampliamente elogiadas por los académicos», tal como se apunta en el blog del instituto[394].

Esta talentosa joven, aunque era una botánica muy bien formada, eligió un campo de trabajo inusual para su época: las criptógamas, un término no taxonómico que comprende los hongos, líquenes, algas y musgos; y también a los helechos. Todos ellos se reproducen por esporas, unas estructuras microscópicas que se forman con fines de dispersión y supervivencia en condiciones adversas.

A lo largo de su carrera profesional, Eula Whitehouse muy pronto mostró una notable capacidad para la ciencia en general y la botánica en particular. Sus descripciones de las características físicas de las plantas fueron excelentes, y al mismo tiempo, las imágenes con que ilustraba los trabajos tenían, según sus colegas[395], una gran precisión y belleza.

En torno a 1928, antes de leer su tesis doctoral, Whitehouse ya había empezado a realizar un ambicioso estudio cuidadosamente ilustrado con dibujos a lápiz y en acuarela, sobre las plantas silvestres de Texas, Texas Flowers in Natural Colors. La obra

[393] Dr. Eula Whitehouse. Hidden Treasures Phytophilia Blog. March 16, 2018
[394] Eula Whitehouse and the Cryptogams. March 2018. Botanical Research Institute of Texas
[395] Cottrell, Debbie Mauldin. Whitehouse, Eula (1892-1974), TSHA (Texas State Historical Association)

estaba diseñada para ayudar a los amateurs a conocer mejor las plantas de la región, y fue inmensamente popular entre los viajeros, jardineros y maestros. Alcanzó varias ediciones, y la última salió a la luz en 1948. La excelente acogida también convirtió el trabajo en el preferido por muchos botánicos de su tiempo y de épocas posteriores, como se indica en el blog del Instituto.

Cuando el prestigio de Whitehouse empezó a crecer, fue contratada en 1946 como técnica para trabajar en el herbario de la Southern Methodist University. En este centro permaneció durante los siguientes 12 años hasta su retiro en 1958; allí ejerció como Profesora de Botánica, Directora del Herbario y Conservadora de Criptógamas.

En 1954, esta dinámica científica publicó otro libro, titulado The mosses of Texas[396]. En el prólogo, Whitehouse lamentaba la acusada falta de investigación sobre las briofitas en general y los musgos en particular. La autora explicaba esa carencia subrayando que los musgos y las hepáticas, al tratarse de plantas no vasculares y, por ello, carentes de tejidos de sostén, eran pequeños y poco vistosos, lo cual provocaba que fuesen minusvalorados, incluso por expertos botánicos.

Incansable viajera y coleccionista

Una faceta muy enriquecedora de la vida de Eula Whitehouse fueron los numerosos viajes que emprendió, tanto por los Estados Unidos como por otros países. Todos sus desplazamientos tenían como principal finalidad coleccionar tantas plantas diversas como estuvieran a su alcance. Los musgos, hepáticas y antoceros a los que la mayor parte de la gente, como hemos apuntado, no prestaba atención, eran para ella un importante objetivo al que disfrutaba dedicando tiempo y esfuerzos.

---

[396] "Whitehouse, Eula (1892-1974) on JSTOR". 28 September 2018

Al respecto, la doctora en Historia Debbie M. Cottrell[397] ha detallado que, en 1953, la incansable botánica recolectó musgos en África. En 1955 eligió Hawai, de donde recuperó novedosos especímenes. Entusiasmada por sus hallazgos, en 1956 emprendió un largo viaje alrededor del mundo, que enriqueció notablemente su colección, pues incluía especímenes de Australia, Nueva Zelanda, Chipre, India, Singapur, el archipiélago de Fiyi y México. Además, con infatigable determinación también se desplazó a la Universidad de Washington para estudiar los musgos y las hepáticas durante varios meses.

En el blog del instituto se menciona que la creativa Eula Whitehouse trabajó en el campo con una de las mejores cámaras fotográficas entre las disponibles en su tiempo. Evidentemente, era muy distinta de las cámaras de alta resolución actuales, pero satisfacía el propósito de la científica basado en documentar y compartir con los demás la belleza de la naturaleza. En el citado blog se apunta que «con su ojo artístico, Eula Whitehouse creó bellas fotos que merecían compartirse, incluso aunque fueran de las aparentemente poco atractivas briofitas [...]. Para estas pequeñas plantas representó "una fortuna" que tan innovadora mujer de ciencia llevara sus primicias hasta ellas».

Distintas sociedades como, por ejemplo, American Society of Plant Taxonomy, International Society of Plant Taxonomists, Botanical Society of America, American Bryological Society, y otras, reconocieron los méritos de Whitehouse, invitándola a formar parte de su personal especializado[398]. En este sentido, se debe notificar que en 1944 formó parte de la prestigiosa lista American Men of Science, llamada así porque en esa época no había lista alguna de mujeres. Este hecho se corrigió en 1959, cuando se cambió el nombre al de American Men and Women of Science.

---

[397] Cottrell, Debbie Mauldin. Whitehouse, Eula (1892-1974), TSHA (Texas State Historical Association)
[398] Whitehouse, Eula, tshaonline.org. 15 June 2010

En el año 1958, Eula Whitehouse se jubiló, lo cual no significó que abandonara su profesión. De hecho, permaneció activa y continuó realizando notables aportaciones en botánica y también en otras actividades relacionadas con las ciencias naturales hasta poco antes de su muerte. La científica falleció el 6 de septiembre de 1974 cuando contaba con 86 años de edad.

El Instituto Botánico de Texas heredó entonces una de las mejores colecciones de briofitas de aquellos años. Ciertamente, en el blog se rememora que «con su trabajo Eula Whitehouse, debido a su talento artístico y la elaboración de colecciones claramente científicas a lo largo de décadas de exploraciones, dejó un legado tan poderoso que sus publicaciones, especímenes y documentos de investigación todavía hoy continúan siendo útiles para las generaciones futuras. Y, lo que es más significativo, ella promocionó la importancia de la vida vegetal ante el público y los botánicos, aficionados y científicos».

Kathleen Murphy King (1893-1978), brióloga irlandesa de gran vocación

Durante largos años, la autoridad más importante en el estudio de las plantas sin flores de Irlanda fue la acreditada botánica Kathleen Murphy King. Los numerosos artículos que publicó, junto a su herbario compuesto por una colección de más de 4.000 especímenes, significaron grandes avances para los estudios sobre las briofitas de Irlanda, tal como se recuerda en el blog Ask about Ireland[399]. De hecho, su amplia obra justifica que fuera considerada como «una brióloga destacadísima» de su país.

Kathleen Murphy nació en Dublin el 5 de julio de 1893, hija de Bridget Monaghan y de Lawrence Murphy, quien regentaba un negocio de paños. Asistió a un colegio alemán y tuvo la opor-

---

[399] Kathleen King (1893 - 1978). Ask About Ireland. 14 May 2015

tunidad de aprender este idioma, condición que facilitó su desplazamiento a Berlín para cursar el bachillerato, que culminó con excelentes notas[400].

Tras retornar a Dublín, participó durante un breve periodo como música en el Abbey Theatre, también conocido como el Teatro Nacional de Irlanda, ya que desde niña había mostrado un particular interés por la música y tocaba el chelo con notable habilidad.

En 1918, Kathleen Murphy se casó con el médico Edward Thomas King, limitándose a partir de entonces al papel de ama de casa y al cuidado de sus cuatro hijos, como podemos leer en Wikipedia. Las restricciones económicas llegaron a partir de la muerte de su marido en 1933, cuando tuvo que mantener a la familia por sí misma. Valientemente, tomó la decisión de utilizar el jardín de su casa con el fin de conseguir frutas y vegetales para uso doméstico.

A medida que los cultivos avanzaban e iban prosperando, como ha descrito su biógrafa Patricia M. Byrne [401], el interés por la botánica de Murphy King fue creciendo, hasta que una actividad que había empezado por razones económicas se transformó en una apasionada vocación. La incipiente botánica amplió sus proyectos iniciales incluyendo todo tipo de plantas, incluso árboles, en su jardín.

Alrededor de 1947, Kathleen Murphy King se unió a la Irish Roadside Trees Association, un centro implicado en distribuir plantas y árboles con fines ornamentales para los parques, jardines y aceras de su ciudad. Además, colaboró con la sociedad de silvicultores de Irlanda, Society of Irish Foresters, y con el Dublin Naturalists Field Club, una importante institución fundada en

---

[400] Wikipedia. A.L. Kathleen King.
[401] Byrne, Patricia M. (2009). "King, Kathleen". In McGuire, James; Quinn, James (eds.) Dictionary of Irish Biography. Cambridge: Cambridge University Press

1886 con propósitos educativos, además de reunir a quienes tenían interés por conocer la historia natural de su entorno.

En este contexto, fueron las «plantas sin flores» las que con más intensidad despertaron la curiosidad y el interés de Kathleen Murphy King. Muy pronto se percató de que las briofitas (musgos, hepáticas y antoceros) apenas estaban registradas en Irlanda; algo que las catalogaba como un grupo muy poco estudiado y apenas conocido. Diligentemente, se dedicó a llenar ese hueco. Los pequeños musgos y las diminutas hepáticas, apenas visibles a simple vista, la impulsaron a comprarse un microscopio, conocedora de que se trataba de una herramienta esencial para examinar la delicada estructura de estas plantas.

Aunque muy pronto comprendió que se enfrentaba a una magna tarea, no por ello se acobardó. Todo lo contrario, haciendo gala de una creciente vocación investigadora, a lo largo de 20 años viajó por todo el país y buscó, con inagotable entusiasmo, el mayor número posible de especímenes para estudiar, describir y clasificar. Tal como informa Wikipedia, llevó a cabo esta ingente tarea sin un coche a su disposición, superando con éxito abundantes obstáculos y no pocas dificultades.

En 1949, Murphy King se incorporó a la acreditada Sociedad Británica de Briología (British Bryological Society), que la admitió como especialista en briofitas, pero honoraria; o sea, sin salario. Valga señalar que esta sociedad se encuentra entre las primeras en su especialidad fundadas en Europa; su principal finalidad es facilitar la comunicación entre las personas interesadas en las briofitas, de manera que puedan intercambiar especímenes, identificarlos correctamente y elaborar colecciones, así como generar fructíferos debates. Debido a sus conocimientos de alemán nuestra protagonista, perspicaz botánica autodidacta, podía leer y comprender la mayor parte de los trabajos realizados por sus contemporáneos europeos, además de mantener una activa correspondencia e intercambio de ejemplares, tal como ha descrito Patricia M. Byrne.

En 1950, cuando Murphy King tenía 57 años, realizó su primera publicación en la Irish Naturalists' Journal , una revista científica fundada en 1925 que desde entonces sale a la luz anualmente cubriendo todos los aspectos de la historia natural del país, según informa Wikipedia.

En la amplia obra de Murphy King destaca uno de sus descubrimientos más valorados: un musgo procedente de un pueblo del noroeste de Irlanda al que ella identificó en 1957. Hasta aquel año, ha descrito Patricia Byrne, ese musgo solo se conocía como un fósil en el Reino Unido. Tras este interesante hallazgo, paulatinamente, la incansable botánica fue añadiendo más especímenes no registrados con anterioridad en su país; entre ellos figuran algunas especies nuevas para la ciencia. Las productivas aportaciones de esta singular botánica se prolongaron hasta 1970, año en que publicaría su último artículo.

La valiosa obra de Murphy King no solo incrementó en gran medida los conocimientos sobre la distribución de los musgos y hepáticas en Irlanda. Además, su gran experiencia y erudición llegaron a ser tan amplios que numerosas universidades y otros centros se dirigían a ella con el fin de consultarla en la identificación de las pequeñas plantas sobre las que se había erigido en autoridad internacionalmente respetada.

La biógrafa Patricia M. Byrne ha rememorado que «Kathleen Murphy King fue una persona muy determinada, con notable capacidad de organización y destacada por su curiosidad y rigor científicos [...]. Hasta el final de su vida conservó una gran energía intelectual, y solo en 1977 cuando su vista empezó a fallar, decidió donar su herbario personal al National Herbarium de su país». Se trataba de un herbario de considerable valor, ya que contenía más de 4000 especímenes, la mayoría de Irlanda, aunque algunos procedían del Reino Unido y de otras partes de Europa. La comunidad especializada irlandesa ha considerado esta entrega como la más importante incorporación de briofitas desde comienzos de 1900.

El 28 de marzo de 1978 Kathleen Murphy King fallecía en su casa de Dublín a los 88 años de edad. Nos parece de interés hacernos eco de las palabras escritas en el blog Ask about Ireland, destacando que «Kathleen Murphy King fue un ejemplo de cuánto una "talentosa aficionada", con escasa formación institucional, puede aportar al legado científico de un país. Pese a que no tenía formación científica, su capacidad intelectual, entusiasmo y vitalidad demuestran que contribuyó significativamente al avance de la briología en Irlanda».

Ciertamente, con su obra, Kathleen Murphy King ha quedado incluida en el conjunto de las muchas mujeres vocacionales que lograron saltar los obstáculos destinados a impedir la participación femenina en la ciencia. Al igual que sus antecesoras, Murphy King colaboró activamente en la ampliación de los conocimientos de la época que le tocó vivir. Su vigorosa imagen de mujer inteligente y luchadora ha sido, y sigue siendo, un magnífico ejemplo de entrega y superación.

Margaret H. Fulford (1904-1999), investigando las briofitas de América del Norte y del Sur

En un tiempo en que las mujeres con vocación científica tenían oportunidades notablemente limitadas, la brióloga estadounidense Margaret Hannah Fulford entró en el mundo académico con paso firme. Poseedora de una fuerte voluntad, logró ser mundialmente conocida y respetada como una autoridad en hepáticas latinoamericanas, sobre todo, y también de Norteamérica.

Hija del abogado Alfred T. Fulford y de Lottie M. Holloway, Margaret nació el 14 de junio de 1904 en el estado de Ohio, USA. Cursó sus estudios universitarios en la Universidad de Cincinnati, UC (University of Cincinnati), donde se graduó en botánica en 1926. Desde muy pronto mostró una clara vocación por el estudio de los musgos y las hepáticas, tema que escogió para realizar un master. Bajo la dirección de una profesora de la misma universidad, la prominente botánica y ecóloga Emma Lucy Braun (1889-1971)[402] , en 1928 Margaret Fulford leyó una meritoria tesis de master. Las dos investigadoras encabezaron juntas el desarrollo del Herbario de la Universidad de Cincinnati, oficialmente reconocido en 1927.

En 1935, la joven botánica obtuvo el doctorado con un excelente trabajo dedicado a un género de hepáticas (The Genus *Bazzania* in North America), en la conocida Universidad de Yale (Yale University) dirigida por el destacado especialista en la flora de Connecticut Alexander Evans (1868-1959). Durante sus estudios de doctorado, Fulford ocupó el cargo de conservadora del herbario de la UC, para el que había sido contratada en 1927 y que ejerció hasta su retiro en 1974. Su excelente colección personal de hepáticas se encuentra actualmente en este herbario, donada por su autora[403].

Después de leer su doctorado, Margaret Fulford retornó a la Universidad de Cincinnati, donde continuó con sus clases, dirigió proyectos de investigación y se convirtió en un referente que inspiró a futuros botánicos y botánicas, tal como informa la página web de este centro[404].

Una prolífica vida profesional

Margaret Fulford desarrolló su trabajo académico a lo largo de más 47 años en el Departamento de Botánica de su universidad, avanzando por diversos rangos hasta alcanzar el más alto, esto es,

---

[402] Martínez Pulido, Carolina. https://mujeresconciencia.com/2017/04/19/emma-lucy-braun-botanica/
[403] Wikipedia. Margaret Hannah Fulford
[404] Margaret H. Fulford Herbarium at the University of Cincinnati. Página web de la Universidad de Cincinnati/ Arts and Sciences

profesora a tiempo completo. Su proyecto de investigación incluyó gran parte de las hepáticas de América del Norte y de América Latina, dedicándose especialmente a la formación, desarrollo y evolución de sus esporas. Recordemos que las esporas son cuerpos microscópicos unicelulares o pluricelulares que se forman con fines de dispersión y supervivencia en condiciones adversas. Su principal objetivo, al que la científica dedicó más tiempo, fue analizar meticulosamente la reproducción y el ciclo de vida de estas plantas.

Según ha descrito el profesor del departamento de botánica de la Universidad de Illinois (Southern Illinois University) Raymond E. Stotler[405], los resultados de las investigaciones pioneras de Fulford sobre la morfología, ecología y sistemática de las hepáticas y, posteriormente, también de los musgos, proporcionaron importantes conocimientos básicos para el ulterior desarrollo de los métodos y conceptos de la briología moderna.

La científica fue también una destacada profesora en la Estación Biológica de la Universidad de Michigan (University of Michigan Biological Station), entre 1947 y 1953. Se trata de un centro de investigación y enseñanza fundado en 1909 en la costa sur de un lago interior de Estados Unidos (Douglas Lake), que desde su inicios ha generado notables descubrimientos científicos relacionados con el avance de estudios ambientales.

Tanto en su actividad investigadora como docente, ha escrito Raymond Stotler, Fulford se esforzó por brindar enérgica ayuda a las mujeres que elegían la botánica como profesión. En diversas ocasiones, la profesora recordaba algunas humillaciones a las que se había visto sometida durante sus estudios de doctorado, citando como ejemplo que no siempre se le

---

[405] Stotler, Raymond E. (1987). Margaret H. Fulford: A Tribute. The Bryologist. 90 (4): 285-286

permitía participar en las clases con sus compañeros varones, teniendo que sentarse en el pasillo fuera del aula y escuchar con la puerta abierta.

En ningún momento Margaret Fulford se dejó amedrentar por obstáculos sexistas, ni de ningún otro tipo. Mantuvo con firmeza el propósito de progresar y conquistar nuevas metas en su profesión. Durante su carrera, Fulford recolectó más de 8.000 especímenes de hepáticas, describió 130 especies nuevas para la ciencia y escribió cuatro volúmenes de un manual sobre las hepáticas latinoamericanas (Manual of the Leafy Hepaticae of Latin America). Un inmenso legado que ha permanecido como una importante referencia hasta la actualidad. Estos libros contienen cientos de ilustraciones realizadas por Fulford, meticulosamente dibujadas a partir de preparaciones observadas al microscopio, como explicita la página web de la UC.

Además, a lo largo de su fecunda vida, la singular botánica publicó 70 artículos en destacadas revistas científicas especializadas, como ha dtallado el escritor William R. Burk en las necrológicas de la revista Ohio Journal of Science[406]. Asimismo, escribió numerosas biografías de científicos y artículos de divulgación.

Las publicaciones de Fulford abarcaron un radio aún mayor, ya que participó activamente en una sociedad dedicada a los musgos, The Sullivant Moss Society, que posteriormente ampliaría sus contenidos convirtiéndose en la prestigiosa American Bryological and Lichenological Society, una de las organizaciones botánicas más antiguas del país. También participó entre 1947 a 1974 como editora asociada en la acreditada revista The Bryologist editada por la misma sociedad; esta acreditada publicación, que presenta ilustraciones y descripciones botánicas, se edita trimestralmente en Nueva York desde el año 1898. Cabe subrayar que el número 4

---

[406] Burk, William R. (2002). Obituaries of the Members of The Ohio Academy of Science Report of the Necrology Committee, 2002. The Ohio Journal of Science. 102 (5): 133

correspondiente a 1987 de The Bryologist fue merecidamente dedicado a las contribuciones de la respetada investigadora.

Tanto dinamismo corrobora el indiscutido papel de liderazgo que alcanzó en la botánica de su tiempo. Igualmente, justifica que fuera merecedora de numerosos premios nacionales e internacionales en reconocimiento por su distinguida carrera. Y a todo ello hay que sumar que Margaret Hannah Fulford es hoy también recordada como una mujer luchadora, convencida de la igualdad entre mujeres y hombres[407].

Ursula Duncan (1910-1985), trabajando entre musgos y líquenes

En el barrio londinense de Kensington vio la luz el 17 de septiembre de 1910 una niña que recibió el nombre de Ursula Katherine Duncan. Desde pequeña, reveló una notable curiosidad por la naturaleza, un interés que poco a poco fue creciendo hasta convertirse en una clara vocación científica. Desde muy joven, mantuvo extensa correspondencia con numerosos profesionales y aficionados, lo cual contribuyó a que en su madurez llegara a ser una destacada botánica[408].

Ursula Duncan era hija de Dorothy Weston y del comandante John Alexander Duncan; un terrateniente de exitosa carrera naval. La familia, incluyendo a la hermana menor Frances, vivió en Londres durante la primera infancia de las niñas; cuando Úrsula tenía 9 años, en 1919, se trasladaron a Escocia (Arbroath), por lo que es considerada una científica escocesa.

Con ayuda de una institutriz, aunque estudiando de manera independiente, a los 15 años Ursula Duncan obtuvo el llamado

---

[407] Martínez Pulido, Carolina. Emma Lucy Braun, precursora de la ecología forestal. Mujeresconciencia.com/2022/10/26
[408] Wikipedia Ursula Katherine Duncan

«certificado escolar» (United Kingdom School Certificate), un diploma que legalizaba la cualificación estándar de segunda enseñanza, obteniendo una distinción en griego. Posteriormente, según ha relatado su ex alumno Peter W. James[409], miembro del Departamento de Botánica del Museo Británico, la joven Ursula visitó Grecia por un tiempo. Además, estudió música en la Royal Academic of Music y fue una distinguida pianista.

Tal como ha descrito el briólogo Mark Lawley[410] en la página web de la British Bryological Society, desde niña Ursula Duncan acompañaba a su padre en excursiones al campo con la intención de recolectar y estudiar las plantas del lugar. Durante estos paseos, se consolidó en ella un profundo interés por la botánica, que duraría toda su vida.

Inicialmente, la pasión de la joven estuvo dirigida al estudio de las flores, razón por la que se unió a la Wild Flower Society, una sociedad compuesta por un amplio rango de entusiastas botánicos que abarcaba desde profesionales formados hasta principiantes, y que organizaba excursiones al campo, así como animadas reuniones y debates. Además, la sociedad tenía una revista propia, llamada Wild Flower Magazine, que publicaba diversos artículos.

Un creciente interés por las briofitas

En 1938, Ursula Duncan se incorporó a la British Bryological Society y, a partir de entonces, empezó a desarrollar el tema que se convertiría en la principal actividad de su vida: la recolección y análisis de musgos, hepáticas y líquenes, como ha detallado Mark Lawley. Dada su inclinación por el estudio, decidió matricularse como alumna ex-

---

[409] James, Peter W. Obituario. Lichenologist. October 1986. Página Web, Brithish Bryological Society
[410] Lawley, Mark. Ursula Katharine Duncan (1910-1985). Página web de la British Bryological Society

terna en la Universidad de Londres, en la que se graduó en 1952, y donde posteriormente realizó un master en 1956.

Movida por una pujante decisión de buscar ejemplares en las regiones más inaccesibles de las montañas escocesas, Duncan consiguió realizar importantes hallazgos de especies de *Sphagnum*, un género taxonómicamente difícil estudiar. Se trata de los comúnmente llamados musgos de turbera, cuyos miembros pueden retener grandes cantidades de agua dentro de sus células. Sobre este tema publicó en 1961 una monografía ilustrada que, como ha subrayado Peter James, ha sido muy valorada entre sus colegas, además de ser una referencia para estudiantes de botánica y de ecología. «En sus estudios sobre las plantas sin flores, recuerda James, Ursula Duncan se sentía encantada con aquellos géneros que presentaban un desafío taxonómico».

La animosa brióloga elaboró un gran número de colecciones y mapas de registros, basados en los originales datos de campo obtenidos principalmente a partir de ejemplares recuperados en regiones muy poco exploradas. De hecho, entre 1964 y 1970 preparó cinco mapas sobre la distribución de los musgos de Escocia. Mantuvo, además, una extensa correspondencia con un amplio rango de especialistas; «su generosidad y amabilidad hacia sus amigos botánicos, jóvenes o mayores, aficionados o profesionales fueron el sello personal del estilo de Ursula, asentando su éxito en el ámbito de la botánica», ha descrito James.

Por su parte, Max Lawley anotaba que «en el campo fue invariablemente una compañía estimulante, y su intenso entusiasmo era contagioso. Siempre estaba dispuesta a compartir con otros su sorprendentemente amplio rango de conocimientos, incluso entre aquellos que daban los primeros y titubeantes pasos en briología». Más adelante, Lawley añade «quienes tuvieron el privilegio de disfrutar de la vigorizante compañía de Ursula Duncan en las montañas o quienes se esforzaban por mantener el paso de esa pequeña figura que caminaba a zancadas por empinadas laderas, podían intuir que ella no era una brióloga entre tantas, sino una excepcionalmente talentosa científica dotada de un amplio nivel de capacidades. Siempre modesta, durante el tiempo en que estuvo totalmente inmersa en la briología, resultaba difícil adivinar que esta singular científica era también una notable estudiosa de los clásicos, una hábil música y, además, poseía buenos conocimientos de arqueología».

El estudio de los líquenes

El citado Peter James ha descrito que Ursula Duncan fue una de las escasas personas que en la primera mitad del siglo XX mostró interés por estudiar los líquenes. Con la ayuda del afamado botánico inglés Walter Watson (1872-1960), doctorado en ciencias por la Universidad de Londres en 1922, y experto en la distribución de los líquenes de Gran Bretaña, Duncan alcanzó un profundo conocimiento de la materia. Su lúcida experiencia la llevó a escribir una guía sobre los líquenes, A Guide to the study of Lichens (1959), que años más tarde, en 1963, ampliaría con precisas ilustraciones, alcanzando gran aceptación entre sus colegas. En 1970, publicaba otro valorado libro sobre los líquenes británicos: Introduction to British Lichens.

La publicación del libro Flora of East Ross-shire en 1980, selló con notable éxito la culminación de muchos años de las incansables caminatas que Duncan realizó a lo largo y ancho de Escocia. La determinada científica a menudo exploraba sola, ya fuera por terrenos inhóspitos o por otros más accesibles, soportando todo tipo de tiempos atmosféricos. Señalemos que East Ross-shire, incluido en el título, hace referencia a una bella región situada en el este de las Tierras Altas de Escocia.

Los biógrafos han hecho hincapié en que Duncan puso su tiempo, sus conocimientos y el material por ella recolectado al servicio de las aspiraciones de jóvenes liquenólogos y liquenólogas, que jugaron un papel fundamental en el renacimiento de la materia en el Reino Unido. «Quienes tuvimos el privilegio de asistir a sus cursos y disfrutar de sus expediciones al campo o incorporarnos bajo su dirección a la British Lichen Society, hemos atesorado recuerdos de su enorme gozo, generosidad y buen humor en esas ocasiones», ha rememorado con afecto Peter James.

En este contexto, el ex alumno describe que «Ursula, naturalmente modesta, donde se sentía más feliz era en el campo; al aire libre estimulaba amable y pacientemente a los principiantes, a sus amigos, aficionados o profesionales, intercambiando especímenes y experiencias o bien liderando algunas de las muchas excursiones realizadas a distintas regiones de las Islas Británicas. Poseía un raro talento intuitivo que la hacía destacar como botánica de campo, además de estar naturalmente dotada como enseñante de una instintiva capacidad para transmitir entusiasmo y conocimientos cualquiera fuera el nivel de experiencia del receptor».

Merecidos reconocimientos a una científica espléndida

Por sus logros botánicos, Ursula Duncan recibió en su vida dos grandes honores. El primero, en 1969, fue la concesión de un Doctorado Honorario por la Universidad de Dundee, en «un recuerdo público de gratitud por su generosidad y amabilidad con todos aquellos a los que ayudó y con quienes compartió su entusiasmo por las plantas y sus hábitats, así como en reconocimiento por su sin igual contribución a la botánica británica. Su humanidad y filantropismo serán muy recordados, y sirven de ejemplo para todos nosotros», ha descrito Peter W. James.

Unos años después, en 1973, Ursula Duncan recibió la valorada H. H. Bloomer Medal, condecoración concedida por la prestigiosa Linnean Society; con este premio se valoraban las importantes contribuciones de la científica al conocimiento biológico En 1980, ha indicado Mark Lawley, después de 42 años de grandes aportaciones a la briología, Ursula Duncan fue elegida

Honorary Member del British Bryological Society, distinción de indudable prestigio científico.

A lo largo de toda su vida, Ursula Duncan reunió un importante y extenso herbario de plantas vasculares con abundante material cuidadosamente recolectado, que donó en 1983 a la Universidad de Dundee. Más tarde, ese mismo año cuando su salud se debilitaba, donó al Jardín Botánico de Edimburgo un herbario compuesto por «plantas sin flores» que contenía numerosos ejemplares de valiosos líquenes recolectados por ella.

El 27 de enero de 1985, Ursula Duncan fallecía en su domicilio de Arbroath. Un amplio círculo de colegas y amigos expresaron su tristeza ante la pérdida de una botánica singular que con su obra supo alcanzar gran respeto entre la comunidad especializada de su tiempo.

Creu Casas i Sicart (1913-2007), recordando a una reconocida botánica catalana

En una modesta familia de Barcelona nació el día 26 de abril de 1913 Creu Casas i Sicart, considerada hoy una de las mejores especialistas españolas en briología; disciplina que estudia los musgos y las hepáticas. Desde muy joven, mostró gran interés por las plantas, probablemente influida por la profesión de su padre, que era jardinero, al que, según ella misma ha relatado, observaba cuidadosamente. Un hábito que la impulsó a recolectar flores y crear su propio herbario.

En la página web de la Real Academia de la Historia, se describe que en 1931 la joven Creu Casas se matriculó en la Facultad de Farmacia de la Universidad de Barcelona (UB), porque esta carrera tenía un gran contenido de botánica. Durante sus estudios, tuvo la fortuna de tener como profesor al ilustre botánico Pius Font i Quer (1888-1964), quien fue un botánico, farmacéutico y químico estimado como uno de los nombres más importantes de la ciencia botánica española de mediados del siglo XX. Esta destacada figura influyó y estimuló la vocación de la joven estudiante (y de muchos otros alumnos y alumnas), siendo un docente clave en la universidad catalana.

Creu Casas finalizó sus estudios en el año 1936, coincidiendo con el estallido de la guerra civil española. Tres años más tarde, en 1939, al acabar la contienda tuvo que revalidar el título, ya que el nuevo régimen anuló los exámenes hechos antes de esa fecha. Al mismo tiempo que cursaba Farmacia, ha descrito el profesor de Biología Vegetal de la Universidad de Barcelona, Josep Vigo i Bonada (1937)[411], «Casas obtuvo el título de enfermera, que ni revalidó ni utilizó profesionalmente. Sí que ejerció, en cambio, como farmacéutica, aunque sin perder el contacto con los botánicos ni con las plantas».

En 1947, durante una excursión de estudio al aire libre, un profesor de botánica le ofreció la oportunidad de trabajar en su laboratorio. Al aceptar con entusiasmo esa propuesta, Casas empezaba su verdadera carrera profesional, ya que la investigación experimental estimuló profundamente su interés por la briología. Optó entonces por realizar su tesis doctoral sobre sobre los musgos y hepáticas presentes en el macizo montañoso del Montseny. En 1951 leyó el doctorado en Madrid; tesis que entre 1958 y 1959 salía a la luz publicada en dos volúmenes.

Una productiva carrera profesional

La vocación científica y los conocimientos de Casas fueron afianzándose a partir de la lectura de su tesis, sobre todo tras su participación en el curso práctico que impartió en Barcelona en 1952 la botánica ruso-francesa Valia Allorge, especialista en la flora del

---

[411] Vigo i Bonada, Josep. In Memoriam: Dra. Creu Casas Sicart (1913-2007). Anales del Jardín Botánico de Madrid. Vol. 64(2): 243-244. julio-diciembre 2007

Pirineo. Este curso, apuntaba la experta en briofitas y profesora de botánica de la Universidad de Valencia, Felisa Puche, «fue decisivo para que Creu Casas dedicara su carrera científica a las briófitas, desde entonces participó en varios congresos internacionales y con frecuencia iba al herbario del Museo de Criptogamia [plantas sin flores] de París a revisar muestras». Recordemos que por aquellas fechas había pocas referencias sobre el estudio de las briofitas tanto en la ciencia española como en la Península en general, lo que impulsó una asidua colaboración entre Casas y Allorge, que terminó convirtiéndose en una larga y estrecha amistad.

En los comienzos de sus trabajos de investigación, Creu Casas se dedicó con notable entusiasmo a la botánica de su región y, como ha escrito Vigo Bonada, «exploró con asiduidad las áreas asequibles desde su lugar de residencia; aparte del Montseny, rastreó el macizo de Garraf, los Pirineos, las Islas Baleares y Los Monegros». La científica, sin embargo, no se limitó a la vegetación más próxima, sino que, como señala Vigo Bonada «extendió sus estudios a diversas zonas peninsulares, entre las cuales destacan Sierra Nevada, el Sistema Ibérico, el Sistema Central, las montañas burgalesas, algunas sierras andaluzas y diversos macizos portugueses».

En lo que respecta a su carrera como docente, es llamativo que solo después de dieciocho años siendo profesora interina, esta activa científica obtuviera finalmente en 1966 una plaza fija de profesora. A partir de esa fecha, describe la página web de la Real Academia, pasó a enseñar Fitogeografía en el departamento de Botánica de la Facultad de Biología de la UB.

La profesora Felisa Puche ha subrayado que, en abril de 1969 Casas organizó un cursillo de Briología en la Universidad de Barcelona, al que asistieron profesores de diferentes centros españoles. «Se hicieron salidas al campo, se identificó el material recolectado y, además, se impartieron conferencias sobre distintos aspectos de la morfología, anatomía y sistemática de los briófitos». De aquí, continua Puche, «surgió la idea de crear un grupo de intercambio de briófitos, de cual arrancaría en 1970 la Briotheca Hispanica, que se mantiene activa y creciendo».

Por su parte, Vigo Bonada recuerda que ese curso de briología impartido en Barcelona «impulsó muchas vocaciones y procuró [a Creu Casas] colaboradores entusiastas en diversas universidades españolas».

Otro interesante aspecto destacado por Puche, hace referencia a que el material reunido en aquel curso «fue el punto de partida para muchos de los actuales herbarios de briofitas de diversas universidades, ya que en aquellos momentos era el único material de referencia que disponían los que empezaban a dedicarse a la briología».

En la actualidad, el herbario de la Universidad Autónoma de Barcelona es el más importante dedicado a las briofitas de la Península Ibérica. En él se encuentran unos 64.000 especímenes, la mayoría provenientes de los Países Catalanes y especialmente de los Pirineos. Incluye las recolecciones de la Dra. Creu Casas realizadas a partir de 1942, a las que se han ido sumando ejemplares recolectados por los y las briólogas de su escuela. Además, estas colecciones se han visto notablemente enriquecidas gracias a que desde 1969 la científica impulsó activamente intercambios de muestras con otros centros nacionales e internacionales.

La primera española catedrática de botánica

En 1971, la Universidad Autónoma de Barcelona (UAB) convocó un concurso de méritos para cubrir una cátedra de Botánica; Creu Casas envió su valioso currículo, se presentó y ganó dicho concurso. A finales del curso, en 1970-1971, se incorporó a la nueva universidad, siendo, como relata Puche, «la primera mujer que alcanzó la categoría de catedrática en la botánica española».

Al incorporarse a la UAB, Casas conoció a dos jóvenes profesoras: Montserrat Brugués y Rosa María Cros, que decidieron empezar la tesis doctoral sobre la flora briofítica de dos áreas de Cataluña, bajo la dirección de la nueva catedrática. Desde entonces, continúa relatando Puche, «fueron sus más estrechas colaboradoras, como lo prueban las numerosas publicaciones realizadas entre las tres». Al grupo se incorporó en diversas ocasiones la investigadora portuguesa y profesora de botánica en la Universidad de Lisboa, Cecília L. P. Sérgio Costa Gomes (1942).

Mientras realizaba su amplio y extenso trabajo como investigadora y docente, Casas se relacionó con diversos y acreditados especialistas, tanto españoles como extranjeros, y estableció importantes vínculos al tiempo que iba creando sus propios discípulos. En 1980, tuvo el honor de ser elegida la primera mujer en llegar a la presidencia de la Institució Catalana d'Història Natural. Unos años más tarde, a propuesta de la científica, se fundó en 1989 la Sociedad Española de Briología (SEB), siendo Creus Casas su primera presidenta[412]. Al respecto, su colega Felicia Puche, que ocupó el cargo de presidenta durante los años 2005 al 2009, ha señalado que «esta sociedad fue el resultado del trabajo y la ilusión de muchos briólogos que, con la Dra. Creu Casas a la cabeza, pensábamos que podía ser útil para fomentar el conocimiento de la Briología en España».

Los reconocimientos y premios concedidos a esta ilustre botánica son muy numerosos. Valga señalar, además de los ya citados, que, en el año 1981, fue nombrada miembro numeraria de la Real Academia de Farmàcia de Catalunya; en 1983 le fue otorgada la medalla Narcís Monturiol al mérito científico que concede la Generalitat de Catalunya, y en 2002 se le entregó el Premi de la Fundació Catalana para la Reçerca.

Entre los numerosos trabajos científicos publicados por Casas y su equipo, los y las especialistas destacan la Cartografía de las

---

[412] Creu Casas i Siscart, farmacéutica. Efemérides. Blog Mujeres con ciencia. 26-4-2007. Marta Macho Stadler, editora.

briofitas ibéricas. Esta obra es considerada de gran valor porque estableció las bases a partir de las cuales nacería con posterioridad la Cartografia de briòfits. Península ibèrica i Illes Balears, cuya primera versión tuvo lugar en 1994.

En el año 2006 salía a la luz un valorado libro titulado Handbook of Mosses of the Iberian Peninsula and the Balearic Islands. Escrita por Creu Casas, Montserrat Brugués, Rosa Maria Cros y la investigadora portuguesa Cecília Sérgio[413], esta obra fue muy bien catalogada por la comunidad especializada. Recientemente, en el año 2020, se ha reeditado actualizada y revisada su segunda edición.

A lo largo de su fructífera vida profesional, Creu Casas publicó en torno a 220 trabajos, lo que atestigua su intensa dedicación a la briología. De hecho, se mantuvo activa en su carrera académica hasta los 90 años, y sus colegas recuerdan que fue cada día a trabajar a la Universidad Autónoma de Barcelona hasta poco antes de morir.

La científica falleció en Bellaterra el 20 de mayo de 2007. Dos especies de briofitos llevan su nombre: *Acaulon casasianum* y *Orthotrichum casasianum*.

La citada profesora de la Universidad de Valencia, Felicia Puche[414], ha rememorado en una entrevista concedida al Jardín Botánico de la Universidad de Valencia que «durante la celebración de un congreso de Criptogamia, en León en el año 2007, hubo un momento especial. La organización hizo un homenaje a la Dra. Casas, que había fallecido unos meses antes, y fui la encargada, como presidenta de la SEB en ese momento, de recoger la pequeña escultura con una placa en su recuerdo para entregársela a su familia».

---

[413] Casas i Sicart, Creu; Montserrat Brugués Domènech, Rosa M. Cros i Matas, Cecília Sérgio (2001 y 2006). «Handbook of mosses of the Iberian Peninsula and the Balearic Islands». Institut d'Estudis Catalans (1ª edición). Barcelona, España

[414] Puche, Felisa (2007). Biografía De Creu Casas i Sicart. Sociedad Española de Briología (pp. 3-17).

En esa misma conversación, Puche afirmaba con orgullo, «sí, me considero discípula de la Dra. Creu Casas, porque ella me introdujo en el mundo de la briología y con ella aprendí las bases del trabajo [...]. Recuerdo los numerosos viajes a Bellaterra, a la Universidad Autónoma de Barcelona, cuando estaba haciendo la tesis para revisar juntas el material de confusa clasificación. En los ratos que ella tenía clase, yo me metía en el herbario (BCB) y pasaba horas mirando pliegos de aquellas especies que sólo había visto en los libros. También guardo muy buen recuerdo de las reuniones de briología en las que después del trabajo de campo, por la tarde noche, identificábamos las muestras recolectadas».

Con motivo del fallecimiento de la científica, Felisa Puche, ha dejado escrito en memoria de su maestra: «Quizás el mayor reconocimiento a su labor puede ser que en la actualidad España es uno de los países de Europa con mayor número de briólogos profesionales, con una actividad científica importante, que de una manera directa o indirecta se han formado y aprendido de ella. Su recuerdo permanecerá en nosotros».

Noris Salazar Allen (1947), despejando las claves de la vida temprana en nuestro planeta

Entre las plantas terrestres existen pequeños y bellos bosques en miniatura formados por un conjunto de diminutos vegetales agrupados bajo el nombre de briofitas, técnicamente *Bryophytas*, que incluyen a los musgos, las hepáticas y los antoceros. Se trata de plantas no vasculares, lo que significa que carecen de raíces y de los tejidos conductores que permiten distribuir el agua y los nutrientes por el cuerpo y sus estructuras. En su lugar, los absorben del entorno a través de la superficie corporal, tal como podemos leer en la página web de la British Bryological Society.

La primera mujer panameña especializada en el estudio de estas diminutas plantas fue la acreditada botánica Noris Salazar Allen [415](nacida el 30 de enero de 1947), profesora universitaria e investigadora con una extensa y rica proyección profesional. Su valioso trabajo está reflejado en las innumerables aportaciones que ha realizado al casi desconocido mundo de las pequeñas y valiosas briofitas de su país.

Nacida en un pueblo de las afueras de la ciudad de Panamá, desde su infancia Noris Salazar Allen fue una gran observadora del rico entorno vegetal en que creció. Como ha descrito la escritora Vannie Arrocha[416], una de las coautoras del libro Pioneras de la ciencia en Panamá (2022), Noris realizaba estimulantes paseos por el campo acompañada por sus padres, los cuales en sus propias palabras «forjaron en mí el amor por la naturaleza».

Antes de continuar, es de interés detenernos brevemente en el citado libro Pioneras de la ciencia en Panamá[417]. Representa el producto de una rigurosa investigación llevada a cabo por cinco especialistas coordinadas por la doctora Eugenia Rodríguez Blanco, que reúne las biografías de 24 destacadas científicas panameñas. En la introducción, las autoras hacen hincapié en que para ellas «no es suficiente con que el conocimiento generado sea publicado en las mejores revistas académicas posibles o en libros que principalmente consume la comunidad académica [...]. Somos conscientes de que sobre todo nos debemos a la sociedad y por eso dedicamos tiempo y recursos a comunicar nuestro trabajo a todo el público».

---

[415] Martínez Pulido, Carolina. Noris Salazar Allen, despejando las claves de la vida temprana en nuestro planeta. https://mujeresconciencia.com/2024/03/20

[416] Arrocha, Vannie (2022). La naturaleza como motor de una mente científica. En: Pioneras de la ciencia en Panamá, pp:240-246

[417] Rodríguez Blanco, Eugenia (coord.), Yolanda Marco Serra, Vannie Arrocha Morán, Patricia Rogers Marciaga y Katherine Marino (2022). Pioneras de la ciencia en Panamá. Ed. Novo

Como se indica en la página web de la revista panameña SE-NACYT, el equipo de investigación consiguió crear un libro atractivo que cumple con el meritorio propósito de quienes lo escriben: «visibilizar y entender la trayectoria de las primeras científicas panameñas, [ya que] nos da información valiosa sobre el país que hemos sido y nos debe ayudar a reflexionar sobre el país que queremos ser».

Retomando nuestro relato sobre la vida de Noris Salazar Allen, apuntemos que mientras cursaba el bachillerato, un entusiasta profesor de biología estimuló la curiosidad de la joven estudiante por el mundo de las plantas; lo hizo con tanto éxito que, al acabar su formación secundaria en 1965, la exalumna optó por matricularse en la carrera de botánica en la Universidad de Panamá. Dos años después, Salazar Allen conseguía una beca para continuar sus estudios de licenciatura en la Trinity Washington University, donde permaneció desde 1967 a 1969.

Una vez graduada, retornó a Panamá para incorporarse al departamento de botánica de la universidad. Tal como ella misma ha relatado en la página web de la International Association of Bryologists (IAB), «cuando regresé a Panamá, fui nombrada Profesora Asistente del Departamento de Botánica e inicié la Sección de Briología y Liquenología del herbario de la universidad; además, continué recolectando briofitas y líquenes».

Siempre deseosa de ampliar conocimientos, años más tarde esta emprendedora botánica realizó un master dedicado a las briofitas y su ecología en la Universidad de Nueva York (State University of New York at Geneseo), que defendió en 1973, como describe la autora en la página web del Instituto Smithoniano[418] (Smithonian Tropical Research Institute, STRI).

En 1981, Noris Salazar empezó a trabajar en su tesis, obteniendo el doctorado por la University of Alberta, Canadá, en

---

[418] Noris Salazar. Smithsonian Tropical Research Institute. 2016-10-24.

1986. Con respecto a esta estancia, ha relatado una significativa anécdota a Vannie Arrocha acerca de su profesor y tutor, quien le confesó sin tapujos que «"si tú no hubieras estado en una universidad estadounidense yo no te habría aceptado". Y eso a mí me pareció totalmente fuera de lugar porque hay universidades muy buenas en Latinoamérica y cualquiera con una maestría en uno de estos países puede hacer un doctorado y hacerlo bien».

Una vida profesional muy fecunda

Una vez doctorada, Noris Salazar Allen regresó a su país como profesora de botánica a tiempo completo en la Universidad de Panamá. Además, fue nombrada investigadora asociada del Instituto Smithoniano. Emprendió entonces un proyecto que, con el tiempo, ha ido alcanzando un notable éxito[419].

En varias entrevistas publicadas en la página web del citado Instituto, la científica ha detallado que «en mi laboratorio trabajamos con especies de musgos, hepáticas y antoceros. Estudiamos su distribución en varias regiones de Panamá, el tipo de hábitat donde crecen y comparamos la composición comunitaria que presentan en respuesta a factores ambientales y antropogénicos».

La experta insiste en que las briofitas, aunque de aspecto insignificante; sobre todo, debido a su pequeño tamaño, son organismos vivos con diversas peculiaridades muy importantes. En el laboratorio que Noris Salazar Allen dirige, estudian varias de estas características singulares. Por ejemplo, analizan su morfología, genética y relaciones de parentesco con el fin de comprender mejor su evolución. Como ha explicado la científica, «las briofitas surgieron hace unos 400 millones de años y algunas de las especies actuales son descendientes de los primeros colonizadores de la tierra. [Por

---

[419] Pérez, J. I. (2013-08-16). "Profile: Noris Salazar". Smithsonian Tropical Research Institute

esta razón,] encierran claves sobre las adaptaciones ecofisiológicas y químicas de la vida temprana en nuestro planeta».

«Las especies actuales [de briofitas] son producto de un proceso evolutivo que ha dado como resultado una diversidad genética inmensa y un potencial evolutivo aún desconocido, especialmente en aquellas que habitan en regiones tropicales», ha explicado Salazar Allen a Vanessa Crook[420], redactora de una página web del Smithonian. Advierte asimismo que estas pequeñas plantas «han contribuido a la abundante biodiversidad de la vida en la Tierra, y solo mediante investigaciones en colaboración multidisciplinar podremos abordar los abrumadores misterios de su evolución y diversificación. Es como un rompecabezas que nos fascina y nos desafía».

Se estima que en el mundo existen 22.000 especies de briofitas, y en Panamá se han contabilizado cerca de 1.250, continúa Salazar Allen. «Cada vez que encontramos una nueva especie nos dice algo más sobre cómo estas plantas fueron evolucionando a lo largo de millones de años [...]. Nosotros hemos descrito cuatro nuevas especies y tres subespecies; sin embargo, a pesar de los avances más recientes todavía falta información sobre muchos aspectos del ciclo de vida, ecología y evolución de las briofitas tropicales. Los conocimientos básicos en torno a su biodiversidad y hábitat, continúa la científica, son aun escasamente conocidos incluso en el Neotrópico, que es la zona más rica en estas plantas».

Recordemos que Neotrópico es un término utilizado en biogeografía para identificar la región tropical del continente americano que incluye casi toda América del Sur, Centroamérica, las Antillas, una parte de Estados Unidos y una parte de México (Wikipedia).

La envergadura del proyecto evolutivo de la profesora Noris Salazar Allen ha sido elogiada por la autorizada botánica Alicia

---

[420] Crooks, Vanessa. Pequeñas plantas en un gran mundo cambiante. Smithonian Tropical Research Institute. Febrero 2021.

Ibáñez, también investigadora del Smithonian Tropical Research Institute, quien recalca el gran valor que conlleva haber estudiado las briofitas a nivel regional. Un esfuerzo que Salazar Allen y dos de sus colaboradores culminaron con un excelente libro titulado Guide to the Bryophytes of Tropical America, «considerado una obra de referencia sobre los musgos, las hepáticas y los antoceros».

Las briofitas y el medio ambiente

En diversas entrevistas y entradas en las páginas web del Smithonian, Salazar Allen hace un claro alegato en defensa de la composición y estructura de los bosques tropicales, y desvela su estrecha relación con las comunidades de briofitas. Sostiene que «la estructura de la corteza de algunos árboles y la organización del bosque, por ejemplo, si es abierto o cerrado, estacional o húmedo todo el tiempo, son aspectos importantes para determinar qué briofitas crecen, dónde y por qué».

La científica no olvida poner el acento en que «el cambio climático, la polución y la interrupción del bosque (talas, incendios, construcción de carreteras, etc.) juegan un papel determinante sobre las comunidades de briofitas [...]. Algunas de estas pequeñas plantas requieren nichos muy específicos y una vez que estos nichos han desaparecido, también desaparecen ellas».

En defensa de estos diminutos vegetales, tantas veces infravalorados, Salazar Allen subraya otra valiosa propiedad: «Se encuentran entre las primeras plantas capaces de colonizar terrenos desnudos e iniciar así la formación de los suelos; actividad fundamental pues permitirá el crecimiento de nuevas especies durante las primeras etapas de sucesión ecológica y repoblación». Por ejemplo, continúa la profesora, «cuando un ecosistema atraviesa una perturbación y comienza a regenerarse, ya sea después de una erupción volcánica, un incendio forestal, una deforestación descontrolada, etc., las briofitas tienen la capacidad de dispersase rápidamente y estabilizar la superficie del terreno, reduciendo la erosión y evaporación de agua».

En esta misma línea, insiste la investigadora, «los bosques con musgos resultan vitales para almacenar grandes cantidades hídricas; de hecho, entre el 20% y el 40% del agua de lluvia se acumula en estas plantas; gracias a su capacidad de absorción pueden incluso capturar humedad de la niebla, ya que en las zonas nubosas actúan como esponjas y proveen una reserva acuífera para el bosque y las aguas subterráneas. También capturan, almacenan y reciclan nutrientes, ofreciendo protección y alimento para muchos invertebrados». Y por si esto fuera poco, añade Salazar Allen, «al retener el exceso de agua evitan las inundaciones y la erosión de los suelos». Sin embargo, la experta denuncia muy molesta que «en algunos lugares, los valiosos musgos son extraídos de sus hábitats naturales para utilizarlos como adornos, por ejemplo, de nacimientos en Navidad»

Todo lo expuesto revela, según ha indicado la investigadora en una entrevista concedida a la científica Vanessa Crooks, que «las briofitas son un organismo modelo muy interesante. Cumplen una importante función en los ecosistemas dada la forma en que se adaptan a los ambientes actuales y a los cambios causados por el calentamiento global». Tan valiosas propiedades, reitera la experta con firmeza, exigen «no solo profundizar aún más en su estudio, sino también proteger a las pequeñas briofitas del vandalismo y la depredación».

El prometedor futuro de las briofitas en biotecnología

Reflejando la amplitud del proyecto en que está implicada Noris Salazar Allen y su equipo de investigación, sobresale el considerable interés que encierra el estudio cuidadoso de las briofitas en el ámbito de la biomedicina. Y explica al respecto que «estudiamos la utilidad de los abundantes metabolitos secundarios de estas minúsculas plantas, puesto que muchos de ellos constituyen una fuente potencial de principios activos útiles para la elaboración de medicamentos, por ejemplo, analgésicos, antibacterianos, antivirales, fungicidas, e incluso antitumorales frente a ciertas cepas de células cancerosas».

Recordemos que los metabolitos secundarios son compuestos químicos sintetizados por las plantas (y también por las bacterias y los hongos), que cumplen funciones no esenciales para la supervivencia, lo que significa que su falta no es letal para el organismo, aunque sí puede producir cierto deterioro a largo plazo. Se trata de moléculas complejas difíciles de sintetizar en el laboratorio, cuya presencia y propiedades biológicas reconocidas en las briofitas durante los últimos años, está alentando el desarrollo de modernas técnicas biotecnológicas.

En este sentido, Salazar Allen ha señalado en la página web del Smithonian, 2016, que «las hepáticas han sido uno de los grupos más analizados. La mayoría poseen cuerpos aceitosos, esto es, pequeños orgánulos rodeados por una membrana que sintetizan en su interior gran diversidad de metabolitos secundarios». Hallazgos de este estilo justifican la búsqueda de fuentes naturales de productos farmacéuticos, con avances que están convirtiendo a las briofitas en una prometedora riqueza por su considerable interés para la investigación biomédica.

Una científica que creó escuela

Con su extensa labor a lo largo de más de 35 años, Noris Salazar Allen ha alcanzado, como hemos intentado reflejar, notables logros en su campo de investigación. Sin embargo, toda esa intensa actividad no impidió que la experta también desarrollara su gusto por la docencia y fuese una profesora muy respetada y querida por el alumnado. Esta singular científica, no solo se interesó por los alumnos universitarios, ya que, como ella misma ha declarado a Vannie Arrocha, «la manera de despertar el interés por la ciencia es desde la infancia, y ojalá se llevara a los niños al campo desde pequeños». Su deseo por fomentar la curiosidad por las plantas desde la educación primaria, estimuló a Salazar Allen a elaborar un libro infantil para colorear titulado Las briofitas. El mundo de las plantas pequeñas [421].

Tras su larga entrevista a tan especial experta, la citada Vannie Arrocha concluye que «la segunda contribución que Salazar Allen ha hecho a su país se basa en las personas, sus estudiantes; aquellos que formó como botánicos especializados [...]. Noris siempre se esmeró por ser una guía de honradez, trabajo duro, honestidad, integridad, aspectos que deben prevalecer en cualquier profesión».

Por su parte, el botánico panameño Alberto Taylor doctor en morfología vegetal, ha referido a Vannie Arrocha que las profesoras Noris Salazar Allen y Mireya Correa (1940-2022), especialista en plantas vasculares y primera botánica panameña, «fueron dos mujeres pilares del departamento de botánica [de la Universidad de Panamá] que sirvieron como referentes a sus estudiantes».

En la misma esfera, Noris Salazar Allen ha reiterado en más de una ocasión que su objetivo principal está en dar a conocer unas plantas ignoradas por la mayor parte de la sociedad. Y acerca de su principal logro, afirma que fue «potenciar una colección [de briofitas] en la Universidad de Panamá que quedará para la futura formación de especialistas, de eso me enorgullezco».

Ciertamente, gracias a Salazar Allen existe en el Herbario de Briofitas de la Universidad de Panamá un inestimable registro de estas minúsculas y valiosas plantas. Ella, sin embargo, no olvida a su compañera, Mireya Correa, y durante la entrevista con Vannie Arrocha, recuerda un tiempo en que «ella [Correa] era la directora del herbario y estaba a cargo de las plantas vasculares; por mi parte, yo era la encargada de las briofitas y los líquenes, además de

---

[421] Salazar Allen, Noris. Las briofitas. El mundo de las plantas pequeñas. Editora Novo Art, 2011 - 24 páginas.

ayudar a la formación del herbario de hongos». Hoy sus colegas rememoran con orgullo que ambas botánicas consiguieron conjuntamente dar un poderoso impulso al mencionado herbario.

En concreto, durante más tres décadas Noris Salazar Allen fue ampliando las colecciones de la Sección de Briofitas y Líquenes desde unos 50 especímenes hasta más de 10.000, como consta en la página web del Smithonian. Los especímenes recolectados por la científica son también parte de la colección del herbario del New York Botanic Garden y del Royal Botanic Garden Edinburgh; en estas instituciones están asimismo depositadas muestras de ADN de especies que la botánica panameña ha recolectado en sus múltiples expediciones.

Científica justamente premiada

A lo largo de su prolífica vida profesional, Noris Salazar Allen ha recibido diversos premios y reconocimientos por parte de la comunidad especializada. Por citar solo un ejemplo, recordemos que en 2011 se le otorgó el prestigioso Riclef Grolle Award for Excellence in Bryodiversity Research, concedido en Londres por la International Association of Bryologists «en reconocimiento a los investigadores o investigadoras que han contribuido de manera sobresaliente a la diversidad de las briofitas».

Para terminar, transcribimos un bello párrafo que refleja parte de la labor de esta notable científica: «En un día claro, el océano Atlántico y el Pacífico son visibles desde Mt. Calvario en el Parque Nacional Omar Torrijos de Panamá. Pero a menudo las remotas montañas desaparecen entre la niebla oscureciendo ambos océanos. Noris Salazar Allen, científica del Smithonian está allí para recolectar las especies de plantas más diminutas que crecen en este clima cálido frecuentado por violentas tormentas» (Parque Nacional El Copé). Un buen racimo de palabras para alguien que ha combinado y combina el trabajo científico con la generosidad profesional.

COMENTARIO FINAL, A MODO DE EPÍLOGO

Las cosas no serían como son para las mujeres de hoy
si otras muchas antes que ellas
no hubieran luchado por su visibilidad y sus derechos
Beatriz Moncó

Con este comentario final pretendemos terminar de rendir cuentas al relato de una de esas asociaciones tan propias de la historia científica: desarrollo del conocimiento en una de sus ramas y la presencia creciente de mujeres en la génesis de esos dominios del saber. Estas páginas han discurrido con un hilo argumental en el que se han aunado biografías y aportes, pero sin perder de vista cuáles eran las condiciones personales y relaciones de sus protagonistas en los entornos próximos.

Nuestro intento principal, por consiguiente, ha sido conciliar y ensamblar los tres vectores que confluían en el proyecto del libro: contribuir a dar un lugar de reconocimiento a las llamadas «plantas sin flores»; verificar que en esa tarea ha sido decisivo el protagonismo de mujeres, fuesen como amateurs y aficionadas vocacionales, o en su condición derivada de la formación académica de universitarias e investigadoras; por último, no se ha perdido de vista que ningún acontecimiento, vivencia o resultado, es ajeno al entramado complejo de los contextos temporales y espaciales que condicionan las ideas, status y clases, conflictos y oportunidades.

Al objeto de dar a las lectoras y lectores líneas que sustenten su aproximación al tema, hemos utilizado quizás con cierta reiteración, apelar a los motores causales en los que a mi entender se ha cimentado nuestro enfoque. En principio, los dos vectores que más nos han servido de pilares en epígrafes y capítulos serían: el de los «rescates», a quienes la historia escrita había ido dejando fuera; y el de los «descubrimientos» que han ido trastocando los entornos y visiones, con sus consecuencias de carácter científico y social, y también en lo disciplinar.

Las «plantas sin flores» no han dejado de ganar posiciones en su consideración científica, a medida que la investigación de ambos géneros ha enriquecido el saber con sus descubrimientos, tras aplicarse nuevos métodos que han descifrado estructuras y condiciones de sus ciclos de vida y los efectos ecológicos. Con esos aportes ha eclosionado algo que a nivel divulgativo no se había insistido lo suficiente: el de las funciones estratégicas de esas plantas para la vida planetaria y las mejoras en el bienestar de los seres vivos. Necesario para ir abandonando aquellos tópicos de insignificancia y poco atractivo. Hechos que, lógicamente han modificado los estudios, paradigmas y los debates.

En todo el texto se ha procurado resaltar los méritos del talento, la valentía y pasión de aquellas mujeres que defendieron sus preferencias hacia esos organismos, ya fuera por azar, guías instructivas o dedicaciones profesionalizadas. Por eso, han conquistado el derecho a figurar en el tablero de referentes de distinguidos/as en esta materia. Una justa reivindicación en la que han sido primordiales los análisis con perspectiva de género; esto es, los llevados a cabo desprovistos en lo posible de juicios y prejuicios revestidos de supuestos mentales, ideológicos o de otra índole claramente alejados de lo sustancial.

La presencia de las y los rescatadores es fundamental para la ciencia, ya que no solamente sacan a flote personajes de valía condenados al olvido por razones e intenciones siempre negativas, sino porque además permiten que el acervo común en cuestión, se ilustre con correctas interpretaciones y alusiones sobre un algo perteneciente a la temática implicada.

Por último, y aunque sea de colateral influencia en nuestro hilo argumental, se comprende mejor lo que ha ido sucediendo si no se pasan por alto considerandos de gran significado en el contexto de la época abarcada. Muchas veces nos detuvimos en situaciones personales y hasta en anécdotas recogidas en algunos epígrafes. En esas señas se remarcaban las restricciones de discriminación y la reducción de los márgenes de maniobra que habían tenido las mujeres en esos tiempos.

Los vínculos entre los asuntos de nuestro relato y aquellos que les envolvían procedentes de tantos otros aspectos, merecen al menos unas meras menciones. Especial relieve concedemos al gran salto tecnológico fruto de una atmósfera de gran cambio educativo, social y político, económico y relacional en los espacios donde residía la gente, y en los que además se potenciaron los flujos de contactos e intercambios entre países. En concreto, los avances tecnológicos fueron la matriz de aplicaciones revolucionarias en la investigación: el microscopio electrónico; la fotografía especializada; la multiplicación del apoyo a las tareas de laboratorio que incorporaban nuevos instrumentos, medios e ingredientes utilizados; el indudable aval y alcance representado por la impresión bibliográfica; la expansión de redes pioneras en la comunicación impulsadas por asociaciones, instituciones, medios de comunicación (prensa, radio, soportes escritos, intercambios culturales, eventos promovidos por ese ramificado tejido asociativo…).

Los fuertes aldabonazos ocurridos en aquellas tensiones entre épocas, modificaron desde los contextos generales, al aterrizaje del micro mundo formado por una tipología de organismos en los que fueron inmiscuyéndose mujeres hasta ser coprotagonistas de lo que iba sabiéndose. Entre el todo y partes concretas encontramos vínculos poderosos.

Creemos muy positivo acompañar a las y los rescatadores, y a quienes en la actualidad juzgan lo que sucede y se hace por los contenidos y no por el género de quien lo ha realizado. No es poco dar estos pasos, a sabiendas que la meta igualitaria va oteándose en/con la marcha hacia ella.

Se ha comprobado cómo en los tres vectores aludidos, la complejidad iba ganando influencia, y cómo el conocimiento con sus nuevas verdades empíricas movía las fronteras y horizontes de la ciencia. De ahí el papel decisivo de esgrimir fundados argumentos para que sean calibradas y aceptadas las verdades. Por eso, compartimos lo que también han señalado tantas autoras científicas: esas verdades irán orientando qué banderas deben arriarse y qué obituarios registrar. Nuestra historia de plantas y biografías ha tratado de responder a ese selectivo buen criterio.

BIBLIOGRAFÍA

INTRODUCCIÓN

Lechado, José Manuel (2018). Científicas. Una historia, muchas injusticias. Silex ediciones. Madrid

Lipscomb, Diana (1995). Women in Systematics. Annual Re¬view of Ecology and Systematics. Vol. 26, pp. 323-341. Published By: Annual Reviews

Martínez Pulido, Carolina (2023). *Botánicas, mujeres sembrando ciencia.* Círculo Rojo. Madrid

Pérez Sedeño, Eulalia. Las mujeres en la historia de la ciencia. 8/03/2007. http://www.prbb.org/quark/27/027060.htm

Poullain De La Barre, F.: De l'égalité des deux sexes: Discourse physique et moral, Jean Du Puis, París, 16

CAPÍTULO 1

About bryophytes. British Bryological Society

Adriana Schnek y Graciela Flores. *Invitación a la Biologia* (6ª ed.) Panamericana.

Algas y plantas marinas. 3 de marzo de 2017. L'Acuàrium. Barcelona. https://www.aquariumbcn.com/animales-flora-marina/algas-y-plantas-marinas/

Algas y Plantas. El mundo submarino de Galicia. https://www.13grados.com/algas-y-plantas.

Algas y plantas. El mundo submarino de Galicia. https://www.13grados.com/algas-y-plantas

Algas, todo un mundo por descubrir. http://www.barrame-da.com.ar/dp/index.php?option=com_content&task=-view&id=708&Itemid=27

Borunda, Alejandra. Acidificación de los óceanos. *National Geographic*.

BP Hodkinson, JL Allen, LL Forrest, B Goffinet, E Sérusiaux,... (2014). Lichen-symbiotic cyanobacteria associated with Peltigera have an alternative vanadium-dependent nitrogen fixation system European Journal of Phycology 49 (1), 11-19

Briofitas (Wikipedia)

Bryophyte. En: *Britannica*

Bryophytes of New York City (NYBG). https://www.nybg.org/plant-research-and-conservation/science-programs/center-for-conservation-strategy/new-york-city-ecoflora/plants-of-new-york-city/bryophytes-of-new-york-city/#:~:text=Search-,BRYOPHYTES%20OF%20NEW%20YORK%20CITY,-Bryophytes%20are%20a

Critical Reviews in Plant Sciences, 2021.Taylor & Francis

Crooks, Vanessa. Importancia de las briofitas. *Smithsonian Tropical Research Institute*. March 8th, 2021

Daly, Natasha. «¿Qué es el plancton?» 24 de noviembre de 2023, *Medio Ambiente. National Geographic*

Elrod, Alice B. Montana Scientist makes Global Discovery. Visit Nw Montana «European seaweeds under pressure: Consequences for commu¬nities and ecosystem functioning»

Freeman, Scott (2010). *Biología* 3ª edición. Pearson Educación. S.A. Madrid 2009

Fungi Foundation. https://www.ffungi.org/

Hongusto. Conociendo el Reino Fungi.

Horn, A. et al. Natural products from bryophytes: from basic biology to biotechnological applications.

https://es.wikipedia.org/wiki/Agar-agar

https://es.wikipedia.org/wiki/Alga_verde

https://es.wikipedia.org/wiki/Phaeophyceae

https://es.wikipedia.org/wiki/Potencia_(farmacolog%C3%ADa)

https://es.wikipedia.org/wiki/Rhodophyta

https://www.britishbryologicalsociety.org.uk/learning/about-bryophytes/#:~:text=Become%20a%20member-About%20bryophytes,-HomeLearning

https://www.nationalgeographic.es/medio-ambiente/que-es-la-acidificacion-de-los-oceanos-y-por-que-se-produce

https://www.nhm.ac.uk/press-office/press-releases/natural-history-museum-s-professor-juliet-brodie-contributes-to-.html

https://www.sciencedirect.com/journal/journal-of-sea-research

https://www.themarinediaries.com/tmd-blog/the-botanical-ocean-seaweeds-and-their-ecology

Johnston, Eddie, 24 june 2022.Lichen Adventurer: Elke Mac¬kenzie. Royal Botanical Gardens, Kew. Journal of Sea Research. Volume 98, April 2015 (Elsevier).

Juliet Brodie contributes to Kew's State of the World's Plants and Fungi 2020.

Liquen. Wikipedia

Mahmoud El-Manaway, Islam and Hamdy Rashedy, Sarah (2022). *The Ecology and Physiology of Seaweeds: An Overview* https://www.researchgate.net/publication/359551565_The_Ecology_and_Physiology_of_Seaweeds_An_Overview#fullTextFileContent

Martínez Pulido, Carolina. https://mujeresconciencia.com/2023/12/13/wanda-quilhot-palma-importante-figura-de-la-liquenologia-latinoamericana/

Ogilvie, Marilyn Bailey; Harvey, Joy Dorothy (2000). *The Biographical Dictionary of Women in Science: L-Z* Taylor & Francis. p. 986

Osterloff, Emily. A window into the world of seaweeds

Puy y Alquiza, María Jesus y Velia Yolanda Ordaz Zubia. Los líquenes, Universidad de Guanajuato (México)

Qinton, Elisa. The Botanical Ocean: Seaweeds and their Ecology. 26/08/ 2019

Reino Fungi. https://concepto.de/reino-fungi/#:~:text=InicioBiolog%C3%ADa-,Reino%20fungi,-Te%20explicamos%20qu%C3%A9

Rordíguez, Héctor. El verdadero pulmón del planeta está en los océanos. *National Geographic*. 3 de enero de 2023.

Rosmarie Honegger, (2000). «Simon Schwendener (1829-1919) and the Dual Hypothesis of Lichens». *The Bryologist* 103 (2)

Ruggiero MA, Gordon DP, Orrell TM, Bailly N, Bourgoin T, et al. (2015) A Higher Level Classification of All Living Organisms. PLoS ONE 10(6)

Salazar Allen, Noris and José A Gudiño, 2020. *Octoblepharum peristomiruptum* (*Octoblepharaceae*) a new species from the Neotropics. *PhytoKeys*

Saucedo García, Aurora. «Historia de la micología». Hongos / DOSSIER /marzo de 2023 https://www.revistadelauniversidad.mx/articles/ae4c44bd-c68b-4b9e-b65b-1d88f25bb-4fe/historia-de-la-micologia#:~:text=Historia%20de%20la,Aurora%20Saucedo%20Garc%C3%ADa

Scott, Chey. Scholastic Fantastic: EWU professor Jessica Allen studies the diverse world of lichens. Two species she discovered are named after famous women. *Inlander*. September 30 2019.

Sierra Praeli, Yvette. «El reino Fungi: un fantástico mundo poblado de hongos». 19 de abril, 2023. *Mongabay*, periodismo ambiental independiente en Latinoamérica.

Spiribille, Toby; Tuovinen, Veera; other co-authors, and 13 (2016). "Basidiomycete yeasts in the cortex of ascomycete macrolichens". *Science*. 353 (6298): 488-492.

State of the World's Plants and Fungi 2023. https://www.kew.org/sites/default/files/2023-10/State%20of%20the%20World%27s%20Plants%20and%20Fungi%202023.pdf

State of the World's Plants and Fungi 2023. https://www.kew.org/sites/default/files/2023-10/State%20of%20the%20World%27s%20Plants%20and%20Fungi%202023.pdf

Toby Spribille. Wikipedia

Tortora, Gerard J.; Funke, Berdell R.; Case, Christine L. (2007). *Introducción a la microbiología*. Ed. Médica Panamericana

CAPÍTULO 2

About bryophytes https://www.britishbryologicalsociety.org.uk/learning/about-bryophytes/#:~:text=Become%20a%20member-,About%20bryophytes,-HomeLearningAbout

Ainsworth, G. C (1976). *Introduction to the History of Mycology*. Cambridge University Press.

Alice Tangerini". American Society of Botanical Artists. Archived from the original on April 13, 2016

Almira Phelps. History of American Women. https://www.womenhistoryblog.com/2013/08/almira-phelps.html

Baker Hervey, Alpheus, *Sea Mosses: A Collector's Guide and an Introduction to the Study of Marine Algae* (Boston: S.E. Cassino, 1881), 19 -28. https://doi.org/10.5962/bhl.title.64258

Blackwell, Meredith; Emory Simmons and Sabine Huhndorf (2008) Margaret Elizabeth Barr Bigelow 1923-2008. Pages 281-283.

Boalch, G. T.; Fogg, G. E. (1991). "Mary Winifred Parke 23 (March 1908 - 17 July 1989)". *Biographical Memoirs of Fellows of the Royal Society.* 37 (November 1991): 382-397.

Bonta, Marcia Myers (1991). *Women in the Field: America's Pioneering Women Naturalists.* Texas A & M University Press

Boonekamp, P.M., et al. (2019). Johanna Westerdijk (1881-1961). The impact of the grand lady of phytopathology in the Netherlands from 1917 to 2017. *Eur J Plant Pathol* 154, 11-16 (2019)

British Lichen Society 2023. Bulletin no 123, pp 29-33

Brown, David. A Naturalist's Overlooked Devotion to Mind and Morels. *The Washington Post.* September 9, 1996.

Byrne, Patricia M. (2009). "King, Kathleen". In McGuire, James; Quinn, James (eds.) *Dictionary of Irish Biography.* Cambridge: Cambridge University Press

Cancio, Ibon. *Mary Parke, the phycologist with 'green fingers' for tiny marine algae* 22. de marzo 2021.

Carvajal, Yuri (2012). «Investigación apasionada en ciencias básicas en Chile: una conversación con Wanda Quilhot»

[Passionate Research in Basic Sciences in Chile: A Conversation with Wanda Quilhot]. *Revista Chilena de Salud Pública* (Santiago, Chile: Equipo Editorial) 16 (2): 181-184.

Clayton Margaret (2003). Falkland Islands Seaweed Survey *(PDF)*. *The Shackleton Scholarship Fund. p. 1.*

Cohen, Alina. (Oct 15, 2018). The 19th-Century Botanist Who Changed the Course of Photography. ART SY

Creese M.R.S. *Ladies in the laboratory. II: West European women in Science, 1800-1900: a survey of their contributions to research.* Scarecrow Press; Lanham, USA & London, UK: 2004

Creese, Mary R. S. Annie Lorrain Smith (1854-1937). *Oxford Diccionary.* 6 May 2005

Creese, Mary R.S. & Thomas Creese (1998). Ladies in the Laboratory? American and British Women in Science, 1800-1900: A Survey of Their Contributions to Research. Scarecrow Press (Lanham, MD

Crooks, Vanessa. Pequeñas plantas en un gran mundo cambiante. *Smithonian Tropical Research Institute.* Febrero 2021.

De Bakcsy, Dale (24 January 2018). How 18th Century Botanist Catharina Helena Dorrien Created Girls' Science Education. Women You Should Know

Diz, Lucia (2023). *Ellas ilustran BOTÁNICA.* Consejo Superior de Investigaciones Científicas. Madrid

Downes, Liz. *Slade's British Marine Algae.* James Cook University. Australia. https://jcu.pressbooks.pub/yonge/chapter/slades-british-marine-algae/#:~:text=SLADE%E2%80%99S%20BRITISH%20MARINE%20ALGAE

Dree-Baker, Kathleen M. 2022. Then And Now: Women Making Waves In The Science Of Seaweed. University of Tasmania. https://www.imas.utas.edu.au/news/news-items/women-making-waves-in-science-of-seaweed

Dzieweczynski, Emily (2022). *Celebrate Women's History Month with us by learning about Josephine Tilden, an algae expert and the first woman scientist at the University of Minnesota.* Bell Museum. University of Minnesota.

Erna Schenck Walter. https://en.wikipedia.org/wiki/Erna_Walter

Eschbach E. S. (1993). *The higher education of women in England and America, 1865-1920.* Garland New York, USA.

Fara, Patricia (2004). *Pandora's breeches: women, science and power in the Enlightenment.* London: Pimlico. p. 205.

Fara, Patricia (2021). Gulielma Lister: the female botanist who became the queen of slime mould. BBC History Magazine.

Farnham, Christie Ane (1995) *The Education of The Southern Belle.* New York University Press. Fundadora, además de la revista sobre la historia de las mujeres (*The Journal of Women's History*)

Fogg, G.E. (2004). Parke, Mary Winifred (1908-1989). Oxford Dictionary of National Biography *(online ed.)*

Fungi (Basel). 2022 Jun 28;8(7):675. doi: 10.3390/jof8070675.

Geraldine Reid, Ph.D. From the Shore to the Sublittoral: Liverpool's Algal Women.

Giaimo, Cara. The Forgotten Victorian Craze for Collecting Seaweed. Blog *Atlas Obscura.* November 14, 2016

Haines, Catharine (2001). *International Women in Science: A Biographical Dictionary to 1950* (Google eBook)

Harvey, Ellie. «Growing in Plain Sight: Women in the British Lichen Society Archives»

Healy, R.A., et al. «Lois Hattery Tiffany, 1924-2009». Mycologia. Volume 102, 2010

Helt, Anna Marija. The Fungi-Mad Ladies of Long Ago. Art & Art History. JSTOR. August 9, 2023

Historique du Cercle Royal Marie-Anne Libert. 2012-06-30.

Horsfield, Margaret , 2016.The Enduring Legacy of Josephine Tilden. Hakai Magazine.

https://en.wikipedia.org/wiki/Bedford_College,_London

https://en.wikipedia.org/wiki/William_A._Hammond

https://www.atlasobscura.com/articles/the-forgotten-victorian-craze-for-collecting-seaweed

Hunter Oatman-Stanford: When Housewives Were Seduced by Seaweed. November 7th, 2013

Hussey, Anna M. Reed (1847). *Illustrations of British Mycology: Containing figures and descriptions of the funguses of interest and novelty indigenous to Britain in two volumes.* London.

Hutcheson, Emily. Scientist of The Day, Anna Weber-Van Bosse. March 27, 2021

Ibon Cancio, *Mary Parke, the phycologist with 'green fingers' for tiny marine algae.* 22. de marzo 2021

James, Peter Wilfred. Obituario. *Lichenologist.* October 1986, 18:4, pp. 383-385

Kathleen King (1893-1978). *Ask About Ireland.* 14 May 2015

Kraševec, Nada. Towards a Fungal Science That Is Independent of Researchers' Gender.

Las Cañadas Del Teide. Published online by Cambridge University Press: 28 March 2007

Lawley, Mark (2021). Eleonora Armitage (1865-1961) *britishbryologicalsociety.org.uk*.

Leadbeater, Barry. Irene Manton: A Biography (1904-1988). The Linnean Society of London. Special Issue No 5. 2004.

Legido, Toya y Luis Castelo (Eds.). *Herbarios imaginados. Entre el arte y la ciencia*. Ediciones Complutense. Madrid. 2020

Lejido, Toya (2023). *Ellas ilustran BOTÁNICA*. Consejo Superior de Investigaciones Científicas. Madrid.

Leonard, Lois. Helen Gilkey (1886-1972). Oregon Encyclopedia (5-6-2019).

Liberman, Ellen. The Changing Face of Fieldwork. March 12, 2018. The University of Rhode Island (URI)

Lindley, John (1856). *Lady´s Botany*. London, James Ridgway and Sons, Piccadilly.

Madelin, M. F. (1991). Obituary: Lilian E Hawker: 19 May-1908. February 1991. *Mycological Research*. 95: 1343-1344

Maroske, Sara and Tom W. May (2018). Naming names: the first women taxonomists in mycology. Stud Mycol. 2018 Mar; 89: 63-84

Martínez Pulido, Carolina (2013). *Botánicas. Mujeres sembrando ciencia*. Ed. Círcurlo Rojo. Madrid

Martínez Pulido, Carolina. Ana Crespo, primera presidenta en la Academia de las Ciencias de España. Blog Mujeres con ciencia. 1109/2024.

Martínez Pulido, Carolina. https://mujeresconciencia. com/2016/02/24/cerebro-femenino-cerebro-masculino/

Martínez Pulido, Carolina. https://mujeresconciencia. com/2019/04/23/anna-atkins-creativa-cientifica-del-siglo-xix-que-vinculo-la-botanica-y-la-fotografia/

Miller, Mary F. (July 1910). Carolyn Wilson Harris. *The Bryologist.* 13 (4): 86.

Money, Nicholas P. Women mycologists. March 4th. 2016

Morril Smith. Anne. Wikipedia.

Morse, Elizabeth J. Marcet, Jane Haldimand (1769-1858). *Oxford Dictionary of National Biography*, online ed.

Mulvihill, Mary. To Matilda Knowles: a woman's life in lichen honoured in death *Irish Times.* Oct 9 2014

Ogilvie, M. & Harvey J., editors. *The biographical dictionary of women in science: pioneering lives from ancient times to the mid-20th century.* 2 vols. Routledge; Abingdon, UK & New York, USA: 2000.

Palmieri, Patricia Ann. *In Adamless Eden: The Community of Women Faculty at Wellesley.* p. 11

Pérez, J. I. (2013-08-16). Profile: Noris Salazar. *Smithsonian Tropical Research Institute*

Perlmutter, Gary. *NCBG Newsletter.* March-April 2008. Report from the Herbarium

Popular Science Montly. https://es.wikipedia.org/wiki/Popular_Science#:~:text=Enlaces%20externos-,Popular%20Science,-16%20idiomas

Pradeep K. Divakar, Eva Barreno, Leopoldo Sancho and H. Thorsten Lumbsch. *Ana Crespo: a 70th birthday tribute.* Published online by Cambridge University Press: 8 May 2018

Prithvi Kini. The Role of Women in Mycology: A Tribute. (Blog Novedo)

Prithvi Kini. The Role of Women in Mycology: A Tribute. Blog *Novedo.*

Quartino, María Liliana (2005). «*Carmen Pujals (1916-2005)*». Bol. Soc. Argent. Bot. v.40 n.1-2 Córdoba ene./jul. 2005

Quilhot, Wanda et al. (2002). Efectos de la radiación ultra violeta solar en la acumulación de [compuestos fotoprotectores], Boletín del Museo Nacional de Historia Natural, Chile 51: 75-80.

Rossiter, Margaret (1982) *Women Scientists in America: Before Affirmative Action, 1940-1972*. Baltimore. Johns Hopkins University Press

Rudolph, Emanuel D. (1982). «Women in Nineteenth Century American Botany. A Generally Unrecognized Constituency». *American Journal of Botany*. Vol. 69, No. 8 (Sep., 1982), pp. 1346-1355 (10 pages). Published By: Wiley

Saini, Ángela (2018). *Inferior*. Círculo de Tiza. Madrid

Scott, Bronwen. The Seaweed Queens of Torquay: Amelia Griffiths and Mary Wyatt. May 11, 2021. Página web *Medium*

Shteir, Ann B. (1996). *Cultivating women, cultivating science : Flora's daughters and botany in England, 1760-1860*. Baltimore and London: Johns Hopkins University Press. pp. 89-93

Stotler, Raymond E. (1987). Margaret H. Fulford: A Tribute. *The Bryologist*. 90 (4): 285-286

Strange, Phillip (2014). The Queen of Seaweeds - The Story of Amelia Griffiths, an Early 19th Century Pioneer of Marine Botany. Philip Strange Science and Nature Writing. 19 August. 2014

Thorsten Lumbsch, H. and Heidi Döring (2011) A tribute to Aino Marjatta Henssen (1925-2011). Published online by Cambridge University Press: 12 December 2011

Volume 14, Issue 4 (2018). https://doi.org/10.1177/155019
061801400405

Watts, Ruth Routledge (2007). *Women in science: a social and cultural history*. London, UK & New York, USA

Westlake, Mary. What is botanical art? Royal Botanic Gardens Kew. 26 April 2019

CAPÍTULO 3

Micólogas

DeBakcsy, Dale (24 January 2018). How 18th Century Botanist Catharina Helena Dorrien Created Girls' Science Education. Women You Should Know

Geller-Grimm, Fritz (31 July 2018). Catharina Helena Dörrien (1717-1795). Museum Wiesbaden Natural History State Collection

Maroske, Sara & Tom W. May. Naming names: the first women taxonomists in mycology. Studies in Mycology, Volume 89, Number 1, 1 March 2018, pp. 63-84(22)

Viereck, Regina (2000). *Zwar sind es weibliche Hände - Die Botanikerin und Pädagogin Catharina Helena Dörrien (1717-1795)*.Frankfurt/New York: Campus publisher

Wikipedia. Marie-Anne Libert

Wikipedia. Gran hambruna irlandesa

Anna Maria Hussey. *Linda Hall Library*. Linda Hall Library of Science, Engineering & Technology. Retrieved 3 April 2016.

Mrs. Hussey's Mushrooms | Chicago Botanic Garden. *www.chicagobotanic.org*. Retrieved 9 March 2020.

Women's Work. *womenswork.lindahall.org*. Retrieved 9 March 2020.

Hussey, Anna Maria (1847-1855). *Illustrations of British mycology*. London: Reeve, Benham and Reeve. doi:10.5962/bhl. title.3606. Retrieved 10 April 2016.

Oxford Dictionary of National Biography http://www.oxforddnb.com

Helen Gwynne Vaughan. *Oxford Dictionary of National Biography* (online ed.). Oxford University Press. 2004.

Dearnley, Elizabeth. Fungi and the forces: The pioneering life of Helen Gwynne-Vaughan. University of London. 2020.

Beharrell, Will; Douglas, Gina. "New Exhibition: Celebrating the Linnean Society's First Women Fellows". *The Linnean Society of London.* 2020.

Wikipedia. Helen Gwynne Vaughan

Brown, David. A Naturalist's Overlooked Devotion to Mind and Morels. *The Washington Post.* September 9, 1996.

Haines, John. *Women's History in the Collections: Mary Banning,* en Women's History.

Heist, Annette (Sep 1999). "Joyous Mushrooms". *Natural History.* 48.

Steedman, Emily J. "Mary Elizabeth Banning (1822-1903)". *Archives of Maryland (Biographical series).* Maryland State Archives, 2013.

Stegman, Carol B (2002). "Mary Elizabeth Banning". *Women of Achievement in Maryland History.* Ed. Suzanne Nida Seibert: 191-192.

Wikipedia: Mary Elizabeth Banning

Creese, Mary R. S.; Creese, Thomas M. (2004). *Ladies in the Laboratory II: West European Women in Science, 1800-1900: a Survey of Their Contributions to Research.* Scarecrow Press. p. 105.

Maroske, Sara and Tom W. May (2018). *Naming names: the first women taxonomists in mycology*. *Stud Mycol*. Mar, 89: 63-84.

Rousseau, M., *Necrologie Madame J. E. Bommer, nee Elisa Destrée*, in: *Bulletin de la Société royale de Botanique de Belgique*, 47 (1910), 256-261.

Wikipedia: *Élise Caroline Destrée Bommer*.

Wikipedia: Mariette Hannon Rousseau.

Creese, Mary R. S. (2004). 'Smith, Annie Lorrain (1854-1937)', Oxford Dictionary of National Biography, *Oxford University Press*

Fara, Patricia (2021). Gulielma Lister: the female botanist who became the queen of slime mould. BBC History Magazine

Ferris, Paul (2009). «Gulielma Lister 1860 -1949». *Wanstead Wildlife*.

Haskins, E.F. (1999). "Miss Gulielma Lister F.L.S. remembered". *Mycologist*. **13** (2): 54-56.

Ramsbottom, John (1949). "Miss Gulielma Lister". *Nature*. **164** (4159): 94

"Women artists". www.nhm.ac.uk. 15 April 2023

Gertrude Simmons Burlingham (1872 - 1952). Historical Biographies of Mycologists. Mushroom the Journal. 2010

Lentz, David & Marlene Bellengi (1996). «A Brief History of the Graduate Studies Program at The New York Botanical Garden». Vol. 48, No. 3. (Jul. -Sep., 1996), pp. 404-412

Rogerson Clark T. and Gary J. Samuels (1996). «Mycology at The New York Botanical Garden, 1895-1995». Brittonia, 48(3), pp. 389-398. 1996, by The New York Rotanical Garden, Bronx, NY.

Seaver, Fred J. (1953). Gertrude Simmons Burlingham: 1872-1952. *Mycologia*. **45** (1): 136-138.

Wikipedia: Gertrude Simmons Burlingham

Bloch, Ellen. A Unique and Lovely Little Fungal Collection. Posted in Nuggets from the Archives on April 7, 2014.

Elizabeth Eaton Morse collection of photographs of Pacific Coast states fungi. Biographical note. Harvard Library

Wikipedia. Elizabeth Eaton Morse

Leslie Linder (2012). "The Journal of Beatrix Potter from 1881 to 1897" by Beatrix Potter

Beatrix Potter. En: Australian National Herbarium

Lear, Linda (2007). *Beatrix Potter: a life in nature*. St. Martin's Press, New York

McDowell, Marta. *Beatrix Potter's Gardening Life*. Timber Press. 2015.

Breedlove B. «Beatrix Potter, author, naturalist, mycologist». Emerg Infect Dis. 2019

Beatrix Potter (1866-1943). The Tale of the Linnean Society

P.S., Mushrooms Are Extremely Beautiful. Jstor Dayly. March 16, 2020. The Editors

The Art of Perception. Amy Herman

The Mushroom Drawings of Violetta Delafield. *Stevenson Library Digital Collections, Bard College*

Wikipedia. *Violetta White Delafield*

Helen Gwynne Vaughan. *Oxford Dictionary of National Biography* (online ed.). Oxford University Press. 2004.

Dearnley, Elizabeth. "Fungi and the forces: The pioneering life of Helen Gwynne-Vaughan". University of London. 2020.

Beharrell, Will; Douglas, Gina. "New Exhibition: Celebrating the Linnean Society's First Women Fellows". *The Linnean Society of London.* 2020.

Wikipedia. Helen Gwynne Vaughan

Benavente, Rocío. Joanna Westerdijk *Mujeres con ciencia.com* 2022/03/17

Boonekamp, P.M., et al. (2019). Johanna Westerdijk (1881-1961). The impact of the grand lady of phytopathology in the Netherlands from 1917 to 2017. *Eur J Plant Pathol* 154, 11-16 (2019).

Money, Nicholas P. Women mycologists. March 4th 2016

Samson Robert A., Huub A. van der Aa and G. Sybren de Hoog (2004). Centraal Bureau voor Schimmelcultures: hundred years microbial resource centre. *Studies in Mycology* 50: 1-8.

Ten Houten, J. G. (1 July 1963). Johanna Westerdijk, 1883-1961. *Journal of General Microbiology.* 32 (1): 1-9.

Wikipedia. Johanna Westerdijk

Ainsworth, G. C. (1996). *Brief biographies of British mycologists* (PDF). Stourbridge, West Midlands: British Mycological Society. pp. 166-167

Blackwell, E.M. (1973). Obituary: Elsie M. Wakefield. *Transactions of the British Mycological Society* 60: 167-174

Ink David. Worth a thousand words: The hidden histories of botanical illustrations. Royal Botanic Gardens, Kew. 23 November 2023

Lynn Parker. Fabulous fungi: the illustrations of Elsie M. Wakefield. Royal Botanic Gardens, Kew. 12 October 2018

Ogilvie, Marilyn & Joy Harvey, (2000). *The Biographical Dictionary of Women in Science: L-Z.* Routledge.

Wikipedia: Elsie Maud Wakefield

Wilkins, J. S. & Malte C. Ebach (2013). *The Nature of Classification.* Palgrave Macmillan. London.

"Archives West: Helen M. Gilkey Papers, 1910-1974". *archiveswest.orbiscascade.org.* (2019).

Leonard, Lois. Helen Gilkey (1886-1972). Oregon Encyclopedia (5-6-2019).

Wikipedia: Helen M. Gilkey

Ainsworth, Geoffrey C. (1996). *Brief Biographies of British Mycologists* (John Webster, David Moore, eds), pp. 83-84 (British Mycological Society)

Carlile, Michael J. (2005). «Two influential mycologists: Helen Gwynne-Vaughan (1879-1967) and Lilian Hawker (1908-1991)», *The Mycologist.* 19: 129-131 doi:10.1017/S0269-915X(05)00305-8

Madelin, M. F. (1991). Obituary: Lilian E Hawker: 19 May-1908. February 1991. *Mycological Research.* 95: 1343-1344.

Wikipedia. Lilian E. Hawker

Blackwell, Meredith; Emory Simmons and Sabine Huhndorf (2008). Margaret Elizabeth Barr Bigelow 1923-2008. Pages 281-283. Published online: 20 Jan 2017

Margaret Barr Obituary. The Times Colonists

«Lois Hattery Tiffany, a Tribute». *A Small Fox in a Big World.*

«Lois Hattery Tiffany». Iowa State University website.

Healy, R.A., et al. «Lois Hattery Tiffany, 1924-2009». *Mycologia.* Volume 102, 2010 - Issue 4

«L. H. (Lois Hattery) Tiffany papers, 1940-2010, undated». Iowa State University Library, University Archives Collections.

Prairie dedication to honor former Iowa State professor. *Cherokee Chronicle Times*, Sept. 12, 2013.

Wikipedia: «Lois Hattery Tiffany» (1924-2009)

Aldazabal, Jokin. Los hongos y sus historias secretas desveladas por María Teresa Telleria. 30 de septiembre de 2011. Programa de Radio Eukadi *Pompas De Papel*.

Anatomía de un proyecto de investigación por Prof. María Teresa Tellería. Página web del Real Jardín Botánico. 21/01/2016

Aznárez Malén. Aventureras: María Teresa Tellería. *El Pais Semanal* 07-08-2005

Camacho, Catherine (20 de mayo de 2018). Expedición confirma que el parque Madidi es el área protegida más biodiversa del mundo. *Los Tiempos*

Día de Darwin en el Real Jardín Botánico. 12 febrero, 2017

Homenaje del RJB-CSIC a la Profesora de Investigación María Teresa Telleria con motivo de su jubilación. Real Jardín Botánico. Madrid, 24 de febrero de 2022

Tellería, María Teresa (2021). *Sin permiso del rey*. Editorial: Espasa. Madrid

Liquenólogas

"Book-Notes, News, &c". *Journal of Botany, British and Foreign*. 53: 38. 1915.

150 Years of Smithsonian Research in Latin America: Maria do Carmo Bandeira

Arévalo Caty, 27 junio, 2024. Ana Crespo, primera mujer en presidir la Real Academia de Ciencias de España. Efeminista. Madrid

Bediaga Begonha; Ariane Luna Peixoto & Tarciso S. Filgueiras. Maria Bandeira: uma botânica pioneira no Jardim Botânico do Rio de Janeiro. Análise. Hist. cienc. saude-Manguinhos 23 (3). Jul-Sep 2016

Blake, Sally & Robin W Woods. Vallentin, Elinor Frances (1873-1924). Dictionary of Falklands Biography.

Brears, Robert C. (n.d.). «The first woman and female scientists in Antarctica». *Oceanwide Expeditions*. Vlissingen.

Carvajal, Yuri (2012). «Investigación apasionada en ciencias básicas en Chile: una conversación con Wanda Quilhot» [Passionate Research in Basic Sciences in Chile: A Conversation with Wanda Quilhot]. *Revista Chilena de Salud Pública* (Santiago, Chile: Equipo Editorial) 16 (2): 181-184.

Castellanos, A, y R. A. Pérez Moreau. 1945. *Los tipos de vegetación de la República Argentina*. Universidad Nacional de Tucumán, Facultad de Filosofía y Letras, Monografías del Instituto de Estudios Geográficos 4. 154 pp

Clayton Margaret (2003). Falkland Islands Seaweed Survey *(PDF) (Report). The Shackleton Scholarship Fund. p. 1.*

Creese, Mary R. S. Annie Lorrain Smith (1854-1937). *Oxford Diccionary.* 6 May 2005

Filgueiras, Tarciso S.; Ariane Luna Peixoto & Begonha Bediaga (2014). Maria Bandeira, an elusive brazilian botanist. *Polish Botanical Journal* 59(2): 151-163

Hament, Ellyn (2001). «A Warmer Climate for Women in Antarctica». *Origins Antarctica: Scientific Journeys from McMurdo to the Pole.* San Francisco, California.

Hebert P., A. Cywinska, S. Ball and J. deWaard (2003). Biological identifications through DNA barcodes. Proceedings of the Royal Society of London. Series B, Biological Sciences. 270:313-321

Henson, Pamela (2003). What holds the earth together: Agnes Chase and American Agrostology. Journal of the History of Biology, v.36, n.3, p.437-460

Jahns, H. M. Acharius Medallists. Aino Henssen". *International Association of Lichenology (lichenology.org).*

James, Peter Wilfred. Obituario. *Lichenologist.* October 1986, 18:4, pp. 383-385

Krapovickas, Antonio. *Marta María Grassi* (1921-2005). Necrológica

La evolución de los líquenes y la simbiosis en los últimos 250 millones de años. Naturaleza con derechos. August 26, 2020.

Lawley, Mark. Ursula Katharine Duncan (1910-1985). Página web de la *British Bryological Society*

Macho Stadler, Marta. Ana María Crespo de las Casas, bióloga. 30/03/2017. Efemérides. Blog Mujeres conciencia

Maroske, Sara & Tom W. May (2018). Naming names: the first women taxonomists in mycology. *Studies in Mycology.* Leading women in fungal biology. 89: 63-84

Marquand, C. V. B. (1923). Additions to the Flora of the Falkland Islands. *Bulletin of Miscellaneous Information (Royal Botanic Gardens, Kew).* (10): 369-371. JSTOR.

Matilda Knowles - Obituary. *The Irish Naturalists' Journal.* 4 (10). 1933.

Matilda Knowles plaque unveiled at the National Botanic Gardens. National Botanic Gardens of Ireland. 12 October 2014.

Mitchell, M. E. (2014). De Bary's legacy: the emergence of differing perspectives on lichen symbiosis (PDF). *Huntia*. 15 (1): 5-22

Mulvihill, Mary. To Matilda Knowles: a woman's life in lichen honoured in death *Irish Times*. Oct 9 2014

Nelson EC (2004). Knowles, Matilda Cullen (1864-1933). *Oxford Dictionary of National Biography*. Oxford University Press. 2014

Pradeep K. Divakar, Eva Barreno, Leopoldo Sancho and H. Thorsten Lumbsch. Ana Crespo: a 70th birthday tribute. Published online by Cambridge University Press: 8 May 2018

Quilhot, Wanda et al. (1998). Categorías de Conservación de Líquenes Nativos de Chile. Boletín del Museo Nacional de Historia Natural, Chile 47: 9-22

Quilhot, Wanda et al. (2002). Efectos de la radiación UV solar en la acumulación de [compuestos fotoprotectores], Boletín del Museo Nacional de Historia Natural, Chile 51: 75-80.

Quilhot, Wanda et al. (2012). «Lichens of Aisen, Southern Chile». Gayana Bot. 69(1): 57-87

Real Academia de las Ciencias, 26 de junio de 2024. Ana Crespo, elegida presidenta de la Real Academia de Ciencias

Thorsten Lumbsch, H. and Heidi Döring (2011) A tribute to Aino Marjatta Henssen (1925-2011). Published online by Cambridge University Press: 12 December 2011

Turrill, William B. (1922). Illustrations of the Flowering Plants and Ferns of the Falkland Islands. *Nature* 109, 370.

Vera Nicolás, Pascual. 29 noviembre, 2016. Ana Crespo. Revista Campus Digital

Wikipedia Ursula Katherine Duncan

Wikipedia. Aino Hessen.

Wikipedia. Elinor Vallentin

Wikipedia: Anne Lorraine Smith

Wikipedia: Matilda Cullen Knowles

Wright, Charles Henry (1911). The Mosses and Hepaticae of West Falkland Islands, from the collections of Mrs. Elinor Vallentin. Botanical Journal of the Linnean Society.

Wright, Charles Henry (1911). On the Flora of the Falkland Islands. *Journal of the Linnean Society, Botany. 39 (273): 313.*

Ficólogas

Amelia Griffiths, Torbay's forgotten female scientist. Torbay Weekly.14 Apr 2021

Diz, Lucía (2023). Botánicas y fotografía, artistas y científicas. En *Ellas ilustran Botánica.* Toya Legido (coord.). Consejo Superior de Investigaciones Científicas. Madrid.

Dytor, Frankie. Amelia Grifffiths' Seaweed Collection. Página Web University of Exeter. 28 abril 2021

Scott, Bronwen. The Seaweed Queens of Torquay: Amelia Griffiths and Mary Wyatt. May 11, 2021. Página web *Medium*

Strange, Phillip (2014) The Queen of Seaweeds - The Story of Amelia Griffiths, an Early 19th Century Pioneer of Marine Botany. *Philip Strange Science and Nature Writing.* 19 August 2014

Downes, Liz. *Slade's British Marine Algae.* James Cook University. Australia.

Giaimo, Cara. The Forgotten Victorian Craze for Collecting Seaweed. Blog *Atlas Obscura*. November 14, 2016

Hervey, Alpheus Baker. *Sea Mosses: A Collector's Guide and an Introduction to the Study of Marine Algae* (Boston: S.E. Cassino, 1881), 19 -28

Gifford, Isabella. "Memorial of Miss Warren of Flushing, Cornwall." *RCPS Annual Report*, pp. 11-14.

Naylor, Simon (2010). *Regionalizing Science: Placing Knowledges in Victorian England.* Series: Science and culture in the nineteenth century (11). Pickering & Chatto: London.

Ogilvie, Marilyn & Joy Harvey, eds., *The Biographical Dictionary of Women in Science: Pioneering Lives From Ancient Times to the Mid-20th Century*, pp. 1396-97.

Stackhouse, Emily. "Obituary". *Journal for the Royal Institution of Cornwall*, October 1865, p. xviii.

Wikipedia. Elizabeth Andrew Warren

Anna Atkins English photographer and botanist. Encyclopaedia Britannica

Cohen, Alina. (Oct 15, 2018). *The 19th-Century Botanist Who Changed the Course of Photography*. ART SY

Diz, Lucía (2023). *Ellas ilustran BOTÁNICA*. Editorial CSIC http://editorial.csic.es

Farago, Jason. She Needed No Camera to Make the First Book of Photographs, *The New York Times,* 15 noviembre 2018

Parish History: Anna Atkins. Halstead Parish Council, 17 marzo 2010

Martínez Pulido, Carolina. https://mujeresconciencia. com/2019/04/23/anna-atkins-creativa-cientifica-del-siglo-xix-que-vinculo-la-botanica-y-la-fotografia/

Moorhead, Joanna. Blooming marvellous: the world's first female photographer - and her botanical beauties, *The Guardian*, 22 febrero 2018

«Seeing is believing. 700 years of scientific and medical illustration. Photography. Cyanotype photograph. Anna Atkins (1799-1871)». *The New York Public Library.* 11 agosto 2009

Peres, Michael R. (2007). *The Focal Encyclopedia of Photography: Digital Imaging, Theory and Applications, History, and Science.* 4th edition. Amsterdam and Boston: Elsevier/Focal Press

Ruiz Ruiz, Isabel (2018). *Mujeres 4.* Ed. Ilustropos

Talbot, William H. F. (1844-46). *The Pencil of Nature.* Longman, Brown, Green & Longmans

Butler, Patricia (1999). *Irish botanical illustrators and flower painters.* ACC Art Books. p. 160

Ellen Hutchins. Her Scientific Achievements. Página web dedicada a su biografía

Heardman, Clare (abril de 2015). «Ellen Hutchins - Ireland's 'first woman botanist'». *BSBI News* 129: 48-51.

Marsh, Louise (23 July 2015). Ellen Hutchins, Ireland's first female botanist. *BSBI News and Views.* Botanical Society of British Isles

Wikipedia. Ellen Huchins

Cara Giaimo. The Forgotten Victorian Craze for Collecting Seaweed. Blog *Atlas Obscura.* November 14, 2016

Drain, Susan (2004). «Gatty [née Scott], Margaret (1809-1873)». *Oxford Dictionary of National Biography* (online ed.). Oxford University Press.

Dytor, Frankie. Amelia Grifffiths' Seaweed Collection. Página Web University of Exeter. April 28, 2021

Wikipedia. Margaret Gatty

Anna Weber-van Bosse, the Netherlands' first female marine researcher of international stature. Página web: Royal Netherlands Institute for Sea Research

Creese, Mary (2004). *Ladies in the Laboratory II*. Oxford, UK: Scarecrow Press, INC. pp. 106-110.

Hutcheson, Emily. Scientist of The Day, Anna Weber-Van Bosse. March 27, 2021

Theberge, Albert E. The Siboga Expedition. Hydro International. April 12, 2021

Wikipedia: Anna Antoinette Weber-van Bosse

Atkinson, George Francis (1910). *Minnesota Algae by Josephine Tilden...Review. Science.* **36**: 82. JSTOR

Brady, Tim (January-February 2008). *The Algae of Acrimony.* University of Minnesota

Dzieweczynski, Emily (2022). *Celebrate Women's History Month with us by learning about Josephine Tilden, an algae expert and the first woman scientist at the University of Minnesota.* Bell Museum. University of Minnesota.

Horsfield, Margaret (13 June 2016). T*he Enduring Legacy of Josephine Tilden. Hakai Magazine.*

Jones, Kenneth Lester (1966-10-01). *Winifred Chase, Intrepid Spirit. Michigan Botanist.* 5 (4): 183-191 - via Biodiversity Heritage Library.

MacMillan, Conway (1902). *Minnesota Seaside Station. Popular Science Monthly.*

Ogilvie, Marilyn Bailey & Joy Dorothy Harvey (2000) The Biographical Dictionary of Women in Science: L-Z. Taylor & Francis. pp. 1289-1290

Tilden, Josephine Elizabeth (1915). *Index Algarum Universalis*. Volumen 1. University of Minnesota.

Wayne, Tiffany K. (2011). *American Women of Science Since 1900: Essays A-H*. Santa Barbara, California: ABC-CLIO, LLC. p. 918

Ashcroft, Louise. The Way of the Gull. *Victoria Gallery and Museum*. University of Liverpool.

International Day of Women and Girls in Science. *Special Collections & Archives at the University of Liverpool Library*. University of Liverpool

Reid, Geraldine (2018). From the Shore to the Sublittoral: Liverpool's Algal Women. *Collections*. 14 (4).

Wikipedia: Margery Knight

Reid, Geraldine. In focus: Elsie Conway, Phycologist. *National Museums Liverpool*.

Wikipedia: Elsie Conway

Alemañy Castilla, Claudia. Sidnie e Irene Manton, dos hermanas que amaron las ciencias naturales . Mujeres con ciencia 2020/11/03 en Vidas científicas.

Cancio, Ibon. Irene Manton, the algal cell biologist and her electron microscope. EMBRC network. 12 Apr. 2021.

Leadbeater, Barry. Irene Manton: A Biography (1904-1988). The Linnean Society of London. Special Issue No 5. 2004.

Macho Stadler, Marta, Irene Manton, estudiosa de helechos y algas, ZTFNews, 17 abril 2014

Preston, Reginald Dawson. Irene Manton, 17 April 1904 - 13 May 1988. Biographical Memoirs of Fellows of the Royal Society 35 (1990):248-261.

Irene Manton, botánica, Mujeres con ciencia, Efemérides, 17 abril 2015

Wikipedia Irene Manton

Women in Science series. Irene Manton. Posted on 18-11-2012 by Web Editors

Tristán. Rosa M. Ruth M. Patrick, un siglo salvando ríos con las 'joyas del mar.'*Mujeres con ciencia*, Vidas científicas, 26 diciembre 2023

Wikipedia: Ruth Myrtle Patrick

Peck, Robert McCracken (2013). In Memoriam: Ruth Patrick (1907-2013). American Society of Naturalist.

Zauzmer, Jullie. Ruth Patrick, ecology pioneer, dyes at 105.September 23, 2013. *The Washington Post*

Boalch, G. T.; Fogg, G. E. (1991). "Mary Winifred Parke 23 (March 1908 - 17 July 1989)". *Biographical Memoirs of Fellows of the Royal Society.* 37 (November 1991): 382-397.

Cancio, Ibon. *Mary Parke, the phycologist with 'green fingers' for tiny marine algae* 22. de marzo 2021.

Fogg, G.E. (2004). Parke, Mary Winifred (1908-1989). Oxford Dictionary of National Biography *(online ed.).*

Haines, Catharine (2001). *International Women in Science: A Biographical Dictionary to 1950 (Google eBook)*

Knight, Margery & Mary W. Parke. *Manx Algae* (1931)

Ogilvie, Marilyn and Joy Harvey (2000). *The Biographical Dictionary of Women in Science*, Routledge

Plymouth Algal Culture Collection (PDF). *The Phycologist* (67). Autumn 2004

Norton, T.A. (1987). Elsie M. Burrows (1913-1986). *British Phycological Journal.* 22 (4): 317-319.

Reid, Geraldine (2018). From the Shore to the Sublittoral: Liverpool's Algal Women. *Collections.* 14 (4): 455-475.

Wikipedia. Elsie M. Burrows

Ferraro, Daiana Paola, Laura Isabel de Cabo, Marcela Mónica Libertelli, María Liliana Quartino, Laura Chornogubsky, Soledad Tancoff, Yolanda Davies & Laura Edith Cruz. «Mujeres científicas del Museo Argentino de Ciencias Naturales: "Las Cuatro de Melchior"». Rev. Mus. Argentino Cienc. Nat., n.s. 22(2): 249-264, 2020.

Hadad, Carolina. «Las cuatro de Melchior: quiénes fueron las primeras argentinas en liderar una expedición antártica». *La Nación.* 15 de diciembre de 2021

Macho Stadler, Marta. https://mujeresconciencia.com/2019/01/13/carmen-pujals-botanica/

Quartino, María Liliana (2005). «Carmen Pujals (1916-2005)». Bol. Soc. Argent. Bot. v.40 n.1-2. Córdoba ene./jul. 2005

Bellgrove Alecia (2017). A life well lived: Joanna Jones (Kain) 1930-2017. *Journal of Applied Phycology.* Springer. [De este artículo existen cinco versiones]

Wikipedia: Joanna Kain Jones

Briólogas

Clara Eaton Cummings. Global Plants. JSTOR

Clara Eaton Cummings. Wikipedia.

Kiser, Helene Barker (1999). Clara Eaton Cummings. In Pamela Proffitt (ed.). *Notable Women Scientists*. Gale Group.

Palmieri, Patricia Ann. *In Adamless Eden: The Community of Women Faculty at Wellesley*. p. 11.

The Granite Monthly: A New Hampshire Magazine. Granite Monthly Co. 1907-01-01 (Wikipedia)

Bonta, Marcia Myers (1991). *Women in the Field: America's Pioneering Women Naturalists*. Texas A & M University Press.

Encyclopædia Britannica (2014). «Elizabeth Gertrude Knight Britton».

James, Edward T. et al. (1971). *Notable American Women: A Biographical Dictionary (1607-1950)*. Radcliffe College. Harvard University Press.

Kass, Lee B. (1997). «Elizabeth Gertrude Knight Britton» (1858-1934)». In Grinstein, Louise S.; Biermann, Carol A.; Rose, Rose K. (eds.). *Women in the Biological Sciences: A Biobibliographic Sourcebook*. Westport, CT: Greenwood Press. pp. 51-61.

Martínez Pulido, Carolina. https://mujeresconciencia.com/2022/05/17/elizabeth-knight-britton-botanica-extraordinaria/

New York Botanical Garden (2014). «Bryology at the New York Botanical Garden».

Rafalko, Ann (11 May 2013). «Morning Eye Candy: Britton Rock». Plant Talk: Inside the New York Botanical Garden

Wikipedia: Anna Murray Vail

"Armitage, Eleanora (1865-1961)". JSTOR Global Plants. *plants. jstor.org*. 19 April 2013.

Lawley, Mark (2021). Eleonora Armitage (1865-1961) *britishbryologicalsociety.org.uk.*

Foster, W. D. (2020). The History of the Moss Exchange Club. *britishbryologicalsociety.org.uk.*

Wikipedia. Eleanora Armitage

Brown, Margaret (1936). *Liverworts and Mosses of Nova Scotia.* Proceedings of The Nova Scotia.

Brown, Margaret S. (October 1937). «Mosses from Syria». *The Bryologist.* 40 (5): 84-85.

«Brown, Margaret Sibella (1866-1961) on JSTOR». October 13, 2018. Institute of Science, Vol. 19, pt. 2, pp.161-198

Lawley, Mark (2021). «Members of the Moss Exchange Club (1896-1923) and British Bryological Society (1923-1945)» (PDF). *The British Bryological Society*

Wikipedia. Margaret Sibella Brown

"About the BRIT Herbarium". FWBG-BRIT. September 4, 2022.

"Whitehouse, Eula (1892-1974) on JSTOR". 28 September 2018.

Cottrell, Debbie Mauldin. Whitehouse, Eula (1892-1974), TSHA (Texas State Historical Association)

Dr. Eula Whitehouse. Hidden Treasures, Phytophilia, Phytophilia Blog. March 16, 2018

Eula Whitehouse and the Cryptogams. March 2018. Botanical Research Institute of Texas

Whitehouse, Eula, tshaonline.org. 15 June 2010

Wikipedia: Eula Whitehouse

Byrne, Patricia M. (2009). "King, Kathleen". In McGuire, James; Quinn, James (eds.) *Dictionary of Irish Biography.* Cambridge: Cambridge University Press

Kathleen King (1893 - 1978). *Ask About Ireland.* 14 May 2015

Wikipedia. A.L. Kathleen King

Burk, William R. (2002). Obituaries of the Members of The Ohio Academy of Science Report of the Necrology Committee, 2002. *The Ohio Journal of Science.* 102 (5): 133.

Margaret H. Fulford Herbarium at the University of Cincinnati. Página web de la Universidad de Cincinnati/ Arts and Sciences.

Martínez Pulido, Carolina. Emma Lucy Braun, precursora de la ecología forestal. https://mujeresconciencia. com/2022/10/26/emma-lucy-braun-precursora-de-la-ecologia-forestal/

Stotler, Raymond E. (1987). Margaret H. Fulford: A Tribute. *The Bryologist.* 90 *(4): 285-286*

Wikipedia. Margaret Hannah Fulford

James, Peter Wilfred. Obituario. *Lichenologist.* October 1986, 18:4, pp383-385

Lawley, Mark. Ursula Katharine Duncan (1910-1985). Página web de la *British Bryological Society*

Wikipedia Ursula Katherine Duncan

Arrocha, Vannie (2022). La naturaleza como motor de una mente científica. En: *Pioneras de la ciencia en Panamá*, pp:240-246.

Crooks, Vanessa. Pequeñas plantas en un gran mundo cambiante. *Smithonian Tropical Research Institute.* Febrero 2021

Noris Salazar. *Smithsonian Tropical Research Institute.* 2016-10-24.

Pérez, J. I. (2013-08-16). "Profile: Noris Salazar". *Smithsonian Tropical Research Institute.*

Rodríguez Blanco, Eugenia (coord.), Yolanda Marco Serra, Vannie Arrocha Morán, Patricia Rogers Marciaga y Katherine Marino (2022). *Pioneras de la ciencia en Panamá.* Ed. Novo

Salazar Allen, Noris. *Las briofitas. El mundo de las plantas pequeñas.* Editora Novo Art, 2011 - 24 páginas